“十二五”国家重点图书出版规划项目

先进制造理论研究与工程技术系列

HYDRAULIC TRANSMISSION

液压传动

（第5版）

主编 姜继海 胡志栋 王 昕

哈爾濱工業大學出版社

内 容 提 要

全书共分11章。第1章简述液压传动系统工作原理、组成、特点及应用;第2章介绍液压传动系统所用工作介质;第3章介绍液压流体力学基础;第4、5、6和7章分别介绍液压传动系统所使用的动力元件、执行元件、控制元件和辅助元件;第8章介绍主要液压回路;第9章介绍典型液压传动系统;第10章介绍液压传动系统设计计算和液压传动系统原理图拟定等;第11章简单介绍液压伺服系统。

本书既可作为高等学校机械类专业本科学生的教材,也可作为成人教育学院和高职高专机械类专业及相近专业学生的教材,还可供相关专业工程技术人员参考。

图书在版编目(CIP)数据

液压传动/姜继海等主编.—5版.—哈尔滨:
哈尔滨工业大学出版社,2015.1(2016.1重印)
ISBN 978-7-5603-4954-1

Ⅰ.液… Ⅱ.姜… Ⅲ.液压传动 Ⅳ.TH137

中国版本图书馆CIP数据核字(2014)第237232号

责任编辑 黄菊英 李子江
封面设计 卞秉利
出版发行 哈尔滨工业大学出版社
社 址 哈尔滨市南岗区复华四道街10号 邮编150006
传 真 0451-86414749
网 址 http://hitpress.hit.edu.cn
印 刷 哈尔滨市工大节能印刷厂
开 本 787mm×1092mm 1/16 印张16.25 字数390千字
版 次 2015年1月第5版 2016年1月第2次印刷
书 号 ISBN 978-7-5603-4954-1
定 价 30.00元

第5版前言

本书是以姜继海主编的《液压传动》(2009年第4版)内容为基础,根据原国家教委制定的高等工程教育基础课程和技术基础课程教学基本要求,结合使用本书的教学体会和兄弟院校的反馈意见,以及哈尔滨工业大学机械设计制造及其自动化专业液压传动课程多年的教学经验进行修订的。在修订过程中,依然贯彻基础理论以必需、够用为度,注重应用性、综合性的原则,全书以流体力学为基础,以液压传动系统为主线,以能初步设计液压传动系统为目的,以液压传动回路为基本框架,以实验教学和习题为巩固学习内容的手段,力求通俗易懂,学以致用,强调能力的培养和基本技能的训练。本书在修订过程中注意吸收了部分兄弟院校在教学中的教学经验和教学内容。

本次修订主要进行了以下几方面的工作:

(1)结合国家有关最新标准,对原版中过时的名词、术语、符号、量纲和图形符号等进行了修正;

(2)改正了原版中的文字、插图和图形符号错误,增加了液压元件或者系统的实物图;

(3)对原版中的部分内容进行了充实、调整和补充,每章都配有经过精选的例题和习题;

(4)为了适应多媒体教学的需要,本次修订增加了与本书配套的电子版教学内容(部分教学动画、教材插图(表)、电子教案),可免费以E-mail形式赠送给使用本书的教师(联系电话:86416203、86418760),有问题可与主编联系(E-mail:jjhlxw@ hit. edu. cn)。同时,近期将出版与本书配套的《液压传动同步辅导和习题精解》,以供广大读者进一步理解和巩固课堂所学知识。

参加本书修订工作的有:哈尔滨工业大学姜继海(第1、5、8章)、东北林业大学胡志栋(第2、3、6、10章)、吉林大学王昕(第4、7、9、11章)。本书由姜继海统编,吴盛林主审。

由于编者水平有限,书中难免有疏漏和不当之处,敬请广大读者予以批评指正。

编　者

2015年1月

目　录

第1章　概　　论

一部完整的机器主要由动力装置、传动装置、控制调节装置和工作装置四部分组成。传动装置只是一个中间环节，其作用是把动力装置（电动机、内燃机等）的输出功率传送给工作装置。传动有多种类型，如机械传动（齿轮、轴、曲轴等）、电力传动（感应电动机、直线电动机、转矩电动机等）、液体传动、气体传动以及它们的组合——复合传动等。

用液体作为工作介质来进行能量传递的传动方式称为液体传动。按照其工作原理的不同，液体传动可分为液压传动和液力传动。液压传动主要是利用液体的压力能来传递能量；而液力传动则主要是利用液体的动能来传递能量。

液压传动又称为容积式液压传动。由于液压传动有许多突出的优点，因此它被广泛地应用于机械制造、工程机械、建筑机械、石油化工、交通运输、军事器械、矿山冶金、航海、轻工、农机、渔业、林业等各方面。同时，它也被应用到航天航空、海洋开发、核能工程、地震预测等各个技术领域中。

本书主要介绍以液压油作为工作介质的液压传动技术以及作为液压传动技术的基础理论——液压流体力学基础。

总体来讲，液压传动是利用液压泵将动力装置的机械能转变为液体的压力能，利用液压缸或液压马达将液体的压力能再转变为机械能，用来驱动负载，并获得工作装置需要的力、运动速度和运动方向（或转矩、转动角速度和转动方向）。

本章介绍液压传动的技术发展情况、工作原理、组成、优缺点及液压传动的应用。

1.1　液压传动技术的发展

20世纪是液压技术快速发展的一个时代。从20世纪初的矿物油作为动力传递工作介质的引入，到柱塞泵、三大类阀的发明，到20世纪四五十年代电液伺服阀的发明和电液伺服控制理论的确立，再到70年代插装阀和比例阀的发明，这些都是液压技术领域极具革命性的技术进步。经过近一个世纪的发展，目前液压技术在元件结构和工作原理方面有一定创新，但液压技术本身却从其相关技术中受益较多。正如1998年德国国际流体技术年会（IFK）上引用的数据表明，近二十年来，液压技术的发展来源于自身的科研成果所占比例仅约20%，来源于其他领域的发明占50%，移植其他技术的成果占30%。液压技术正是在汲取相关技术和与其替代性技术的竞争中得以发展的。

1.1.1　液压传动技术的发展状况

就目前而言，液压技术主要应用在大功率传递、功率质量比大、用电不方便、高动态响应场合等不同领域中。

1. 液压元件

（1）元件的小型化、模块化。如：电磁阀的驱动功率逐渐减小，从而既适合电子器件的直接控制，同时也节省了能耗；螺纹插装阀的大量运用，使系统的功能拓展更加灵活。

(2)节能化。变量泵在国外的研发已日趋成熟。目前，恒压变量、流量压力复合控制，恒功率、比例伺服控制等技术已被广泛地集成到柱塞泵上，节能、减少系统发热已成为系统设计时必须考虑的问题之一。值得一提的是变频调速技术得到了足够的重视。采用定量泵变转速的调速方案是与恒转速变量泵相异的一种思路，目前的研究尚处于初级阶段。

(3)新材料的应用。新材料(如陶瓷技术)的使用是与非矿物油工作介质液压元件的要求及提高摩擦副的寿命联系在一起的。目前，已有德、英、芬兰等国的厂商在纯水液压件上使用了该项技术。新型磁性材料的运用是与电磁阀、比例阀的性能提高结合在一起的，由于磁通密度的提高，可以使液压阀的推力更大，其直接作用使液压阀的控制流量更大、响应更快、工作更可靠。

(4)环保。环保的要求体现了现代工业的人文关怀。环保的液压元件应当至少无泄漏、低噪声，这也是液压元件发展的一个永恒的主题。

(5)非矿物油工作介质液压元件。非矿物油工作介质液压元件是应用于特殊场合的液压元件，如要求耐燃、安全、卫生的场合，这时就需要考虑采用高水基或纯水液压元件。能源危机催生了此类液压元件的诞生，但目前的发展动力可能更大程度上与环保、工作介质的廉价及其安全性相关。目前，丹麦的 Danfoss 公司提供了成套的 NESSIE 系列纯水液压元件，并已在食品等行业得到了应用。

2. 系统集成与控制技术

(1)比例阀技术。比例阀技术的发展源于增大频宽及控制精度，旨在使其性能接近伺服阀。同时，比例阀又沿着标准化、模块化及廉价的方向发展，以促进其应用。如 Bosch 的带位置反馈的比例伺服阀，其性能已很接近电液伺服阀的性能。又如螺纹插装式比例阀，在某些工程机械中得到了应用。

(2)电液伺服技术。电液伺服阀是最早将液压技术引入自动控制领域的伺服技术，但电液伺服阀的结构自发明以来少有改进，除了在高频响应的场合外，其传统地位正日益受比例技术的挑战。MOOG 公司已开始生产与比例阀类似的采用永磁式线性力马达的直接驱动式伺服阀(DDV)。

(3)控制理论。液压控制系统正从不断发展的自动控制理论中获益，并不断丰富控制理论的实践。目前，自适应控制、鲁棒控制、模糊控制及神经网络控制等均得到了不同程度的运用。

3. 密封技术

自从液压技术诞生以来，工作介质的泄漏一直是困扰着业界人士的一大难题。泄漏导致矿物油的浪费及对环境的污染、系统传动效率的降低等。在静密封领域，橡胶类密封件拥有不可替代的地位，当然，根据应用场合(如温度)的不同，密封件材料又有丁腈橡胶和氟橡胶之分。在动密封领域，聚四氟乙烯(PTFE)已拥有不可动摇的地位。近年来，密封技术的进步也主要集中在 PTFE 的使用方面。随着对材料及密封机理的深入了解，已可以在 PTFE 中有针对性的添加某些元素以达到提高性能的要求。国外许多大的密封件公司均有针对不同应用场合的材料配方以强化某一方面的性能。

4. 流体传动的控制理论

液压伺服控制是一种典型的伺服控制，随着控制理论的不断发展而发展，纵观当今液压伺服控制的研究现状,控制学科的一些较成熟的研究成果,从 PID 控制、优化控制到各种智能控制,液压伺服控制几乎都有应用。

1.1.2 液压传动技术的发展趋势

随着电子技术、计算机技术、信息技术、自动控制技术及新工艺、新材料的发展和应用,液压传动技术也在不断创新。液压传动技术已成为工业机械、工程建设机械及国防尖端产品不可缺少的重要技术。而其向自动化、高精度、高效率、高速化、高功率、小型化、轻量化方向发展,是不断提高它与电传动、机械传动竞争能力的关键。21 世纪的液压技术应当主要靠现有技术的改进和扩展,以满足相关领域未来发展的要求,其主要的发展趋势集中在以下几个方面。

1.液压现场总线技术

现场总线是连接智能化仪表和自动化系统的全数字式、双向传输、多分支结构的通信网络。现场总线控制系统一般简化为工作站和现场设备两层结构,故其可以看作是一个由数字通信设备和监控设备组成的分布式系统。从计算机角度看,现场总线是一种工业网络平台;从通信角度看,现场总线是一种新型的全数字、串行、双向、多路设备的通信方式;从工程角度看,现场总线是一种工厂结构化布线。随着现代制造技术的飞速发展,流体控制技术和电子控制技术的结合越来越紧密,在液压领域越来越多的人开始使用或关注总线技术在液压系统中的应用,液压技术人员也越来越感受到现场总线技术的优越性。液压现场总线控制系统是在液压总线的供油路和回油路间安装数个开关液压源,其与各自的控制阀、执行元件相连接。开关液压源包括液感元件、高速开关阀、单向阀和液容元件。根据开关液压源功能不同,它可组合成升压型或降压增流型开关液压源。由于将开关源的输入端直接挂在液压总线上,可通过高速开关方式加以升压或降压增流。该系统克服了传统液压系统无法实现升压和降压增流问题,最终输出与各执行元件需求相适应的压力和流量。

2. 自动化控制软件技术

在多轴运动控制中,采用 SPS 可编程控制技术。在这种情况下,以 PC 机为基础的现代控制技术也和许多自动化控制领域一样,有着自己的用武之地。自动化控制软件将 SPS 的工作原则与操作监控两项任务集于一身。操作监控技术在伺服驱动中已经发展得比较成熟,并且具有强大的功能和功率。在大量的实践中已经证明,以微机软件为基础的控制方案在不同类型的液压控制中也是非常有效的控制方案。利用液压技术控制回路(控制阀、变量泵)和执行元件(液压缸、液压马达)大量不同的变型与组合配置,可以提供多种不同特性的控制方案。有些液压控制运动与电气驱动运动类似,因此,这样的液压运动控制也可以当作电气运动控制来对待和处理。

3. 水压元件及系统

水压传动技术是基于绿色设计和清洁生产技术而重新崛起的一门新技术,是新型工业化发展进程中出现的一门绿色新技术。由于水具有清洁、无污染、廉价、安全、取之方便、再利用率高、处理简单等突出优点,用其取代矿物油作为液压系统工作介质时,不仅能够解决未来因石油枯竭带来的能源危机,而且能够最大限度地解决因矿物油泄漏和排放带来的污染与安全问题,符合环境保护和可持续发展的要求,因此人们开始重新考虑和认识这一清洁能源作为液压系统工作介质的重要性,并已引起普遍关注,成为现代水压传动技术发展最直接的动力。从某种意义上讲,液压技术的发展是一个元件与工作介质互相适应和协调发展的过程。现在的水压元件计划用普通水或天然海水作为介质,其技术难点就集中到了元件本身。液压元件的发展越来越依赖于材料科学和制造技术的进步,这在水压元件中体现得尤为突出。在现代技术条件下,可以制造出在密封、自润滑、抗腐蚀等性能方面适应纯水甚至海水介质的液压元件。

4. 液压节能技术

液压传动系统能量损失包括各元件中运动件的机械摩擦损失、泄漏损失、溢流损失、节流损失及输入、输出功率不匹配的无功损失等。机械摩擦损失、泄漏损失所占比例与所选元件本身的机械效率、容积效率、介质黏度、回路密封性及系统组成的复杂程度有关;溢流损失、节流损失所占比例与回路和控制形式有关;输入、输出功率不匹配的无功损失所占比例与控制策略有关。因此,节能是液压技术的重要课题之一,随着人们对节能和环保要求的日益提高,有效使用能源和降低噪声已成为液压行业的重要指标。纵观国内外液压技术发展历程,无时无刻不伴随节能的需要及创新。

除了产品和技术不断创新之外,很重要的一点是让用户能很方便选用创新技术和产品。从而使他们自身的设备或产品得到更新换代或创造更高的附加值。因此,为客户提供优化的技术方案十分重要,如提供软件方便用户选择和设计。近十年来,由于液压技术借助微电子技术,大力发展电液传动与控制,使液压技术产生了新的活力。液压技术的主要竞争者是机械传动和电气传动,只要沿着机电一体化方向走下去,并不断跟踪和移植信息技术、计算机技术、摩擦磨损技术、润滑技术、自动控制技术以及新材料、新工艺等成果,充分发挥液压技术功率密度大等优点,克服漏泄和噪声大等缺点,液压技术作为现代传动与控制的重要组成部分,将逐步扩大应用领域,保持强大的竞争力,并不断向前发展。

1.1.3　我国液压传动技术的发展现状

我国的液压技术是随着新中国的建立和发展而发展起来的。从 1952 年上海机床厂试制出我国第一件液压元件(齿轮泵)起,至今,大致经历了创业奠基、体系建立、成长发展、引进提高等几个发展阶段。

20 世纪 50 年代初期,我国没有专门的液压元件制造厂,上海、天津、沈阳、长沙等地机床厂的液压车间自产自用仿前苏联的径向柱塞泵、叶片泵、组合机床用液压操纵板、磨床操纵箱及液压刨床、给液压机配套的高压柱塞泵等元件。此期间的液压产品多为管式连接,结构差,性能是国际上 20 世纪 40 年代的水平。1959 年,国内建立了首家专业化液压元件制造企业——天津液压件厂。

进入 20 世纪 60 年代,液压技术的应用从机床行业逐渐推广到农业机械和工程机械等领域,为了解决仿苏产品品种单调、结构笨重和性能落后的问题,并满足日益增长的主机行业的需要,我国的液压工业从仿制开始走上自行开发设计的道路。60 年代初,我国液压元件的统一规划组织及技术开发工作分别划归北京机床研究所、济南铸锻机械研究所、广州机床研究所和大连组合机床研究所等有关科研院所管理。1965 年,为适应液压机械从中低压向高压方向的发展,成立了榆次液压件厂,并引进了日本油研公司公称压力 21 MPa 的中高压系列液压阀及全部制造加工、试验设备。同时引进 30 万美元的液压元件国外样机,组织测绘仿制。1966~1968 年,以广州机床研究所(现广州机械科学研究院)为主,联合开发设计了公称压力为2.5 MPa和6.3 MPa的中低压系列液压元件，包括方向、压力、流量三大类液压阀及液压泵、液压马达等187个品种和1 000余个规格，并相继批量投产。1966年，北京机床研究所研制成功了喷嘴挡板式电液伺服阀并用于电火花机床。1967年，济南铸锻机械研究所完成了32 MPa的CY14－1型轴向柱塞泵的系列设计。1968年，在公称压力21 MPa液压阀系列基础上，有关科研院所和企业设计了我国第一套较为完整的公称压力31.5 MPa的高压液压阀系列图纸，并在有关液压元件制造厂陆续投入生产，在各行业获得广泛使用。到60年代末70年代初，随着生产机械化的发展，特别是在为第二汽车制造厂等主机企业提供高效、自动化设备的带动下，液压元件制造业出现了迅速发展的局面，一批中小企业也转型成为液压件专业制造厂。1968年，我国液压元件年产量已接近20万件，至此已基本形成数个独立的液压元件制造工业体系。

20世纪70年代，在高压液压阀品种规格逐渐增多的情况下，为了实现标准化、系列化和通用化，扩大品种，提高质量，追赶国际先进水平，1973年，有关科研单位、高等院校、专业制造厂等10多个单位参加，组成液压阀联合设计组，在分析对比同内外同类液压阀产品的设计、结构、性能、工艺特点及国内液压阀生产现状基础上，完成了我国公称压力32 MPa高压阀新系列图纸的设计。该系列图纸吸收了国内外产品的优点，100多个品种、3 000多个规格，特别是使安装连接尺寸与国际相应有关标准得到了统一。1978年，通过了全系列图纸的审查及样机的试制、试验、鉴定等一系列工作，并推广生产。70年代期间，广州机床研究所研制成功电液比例溢流阀、电液比例流量阀，并与上海液压件一厂合作研制了IK系列液压集成块(1973年)；大连组合机床研究所开始叠加阀研究(1974年)；北京机床研究所试制成功QDY2型电液伺服阀及QDM型电液脉冲马达(1975年)；济南铸锻机械研究所研制成功插装阀及其液压系统(1977年)。同期，还研制成功了摆线转子泵及液压蓄能器等液压产品。

经过20多年的艰苦探索和发展，特别是20世纪80年代初期引进美国、日本、德国的先进技术和设备，使我国的液压技术水平有了很大的提高。到目前为止，我国的液压行业已形成了一个门类比较齐全、有一定生产能力和技术水平的工业体系。我国的液压件已从低压到高压形成系列，并生产出许多新型的元件，如插装式锥阀、电液比例阀、电液数字控制阀等。液压产品有1 200个品种、10 000多个规格(含液力产品60个品种、500个规格)，已基本能适应各类主机产品的需要，重大成套装备的品种配套率也可达60%以上，并开始有少量出口。

目前，我国的液压元件制造业已能为包括金属材料工程、铁路与公路运输、建材建筑、工程机械及农林牧机械、家电五金、轻工纺织、航空与河海工程、计量质检与特种设备、国防及武器设备、公共设施与环保等行业在内的多种部门提供较为齐全的液压元件产品。我国机械工业在认真消化、推广国外引进的先进液压技术的同时，大力研制、开发国产液压件新产品，加强产品质量可靠性和新技术应用的研究，积极采用国际标准，合理调整产品结构，对一些性能差，且不符合国家标准的液压件产品，采取逐步淘汰的措施。

尽管我国液压工业已取得了很大的进步，但与世界先进水平相比，还存在不少差距，主要反映在以下几个方面。

(1)产品品种少；液压技术使用率较低；技术水平低，质量不稳定，早期故障率高，可靠性差；特别是机电一体化的元件和系统，目前国内尚未广泛应用。

(2)专业化程度低,规模小,经济效益差。
(3)科研开发力量薄弱,技术进步缓慢。
(4)目前产品尚未打开国际市场,但国际市场容量很大,故我国出口的发展空间很大。

总之,我国液压技术与世界主要工业国家相比,还有一定的差距。

1.2 液压传动系统的工作原理和组成

1.2.1 液压传动系统的工作原理

图1.1所示为一台驱动机床工作台运动的液压传动系统。这个系统可使工作装置作直线往复运动、克服负载及各种其他阻力和调节工作台的运动速度。下面以此为例来了解一般液压传动系统的工作原理和基本组成。

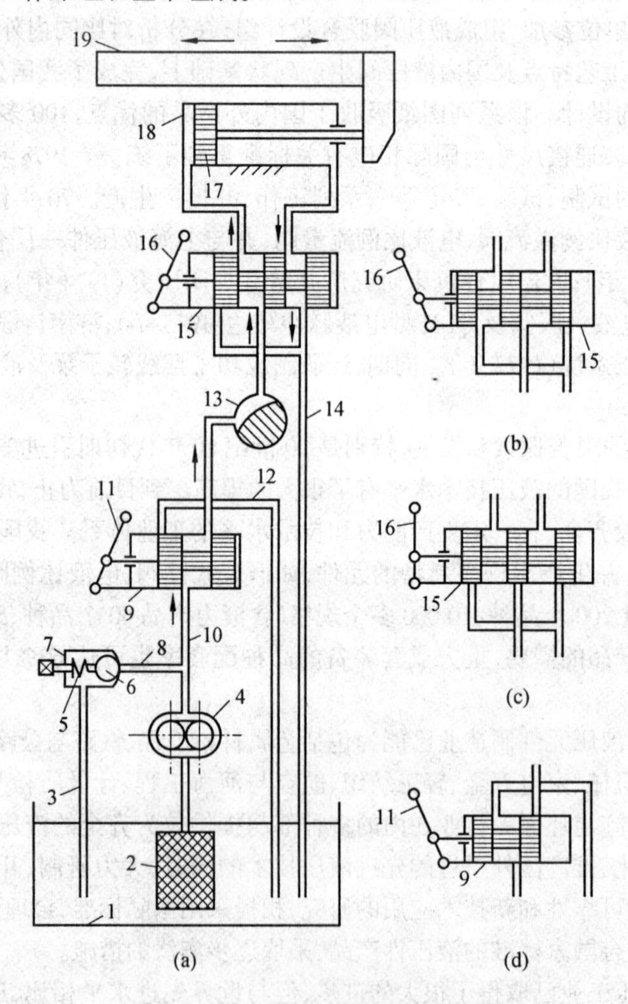

图1.1 机床工作台液压传动系统

1—油箱;2—过滤器;3、12、14—回油管;4—液压泵;5—弹簧;6—钢球;7—溢流阀;8—压力油支管;9—开停阀;10—压油管;11—开停手柄;13—节流阀;15—换向阀;16—换向手柄;17—活塞;18—液压缸;19—工作台

在图 1.1(a)中,液压泵 4 由电动机驱动旋转,从油箱 1 中吸液压油。液压油经过滤器 2 进入液压泵 4,液压泵输出的压力油经管压油 10、开停阀 9、节流阀 13、换向阀 15 进入液压缸 18 左腔,推动液压缸中的活塞 17 和工作台 19 一起向右移动。这时,液压缸 18 右腔的液压油经换向阀 15 和回油管 14 排回油箱。

如果将换向手柄 16 转换成图1.1(b)所示的状态,则液压泵 4 输出的液压油将经过开停阀 9、节流阀 13 和换向阀 15 进入液压缸 18 右腔,对液压缸的活塞 17 产生推力。与此同时,液压缸 18 左腔的液压油可经换向阀 15 和回油管 14 排回油箱。这样,液压缸的活塞 17 在其右侧液压油压力的推动下(这时左侧液压油的压力很小)带着工作台 19 向左运动。其中,开停阀 9 的阀芯有两个(左、右)工作位置,换向阀 15 的阀芯有三个(左、中、右)工作位置。

工作台 19 的运动速度是由节流阀 13 来调节的。当节流阀口开大时,单位时间内进入液压缸 18 的液压油增多,工作台的运动速度增大;当节流阀口关小时,工作台的运动速度减小。

为了克服移动负载和工作台所受到的各种阻力,液压缸必须能够产生一个足够大的推力,这个推力是由液压缸中的液压油压力产生的。要克服的阻力越大,液压缸中的液压油压力越高;反之压力就越低。为了使液压缸中的液压油能克服负载和各种阻力,液压泵的工作压力必须高于液压缸中液压油的压力,因此需要调节液压泵的工作压力。单位时间输入液压缸中液压油的多少是通过节流阀 13 调节的,定量液压泵 4 输出的多余油液须经溢流阀 7 和回油管 3 排回油箱,这只有在压力油支管 8 中的液压油压力对溢流阀的钢球 6 的作用力等于或略大于溢流阀中弹簧 5 的预紧力时,液压油才能顶开溢流阀中的钢球流回油箱。所以,在图 1.1 所示的液压传动系统中,液压泵出口处的液压油压力是由溢流阀决定的,调节溢流阀 7 中弹簧 5 的预压缩量,就可以调节液压泵的工作压力。过滤器 2 用来滤除液压油中的杂质,保护液压泵 4 及液压传动系统。

如果将换向阀手柄 16 转换成图1.1(c)所示的位置,液压泵 4 输出的液压油全部经溢流阀 7 和回油管 3 排回油箱,不输送到液压缸中,这时工作台停止运动,而系统保持溢流阀调定的压力。

如果将开停手柄 11 转换成图1.1(d)所示的位置,液压泵 4 输出的油液将经开停阀 9 和回油管 12 排回油箱,这时工作台就停止运动,而液压传动系统卸荷。

从上面的例子可以看出:

(1) 液压传动是以液体作为工作介质来传递动力和运动的。

(2) 液压传动是以液体在密封容腔(液压泵的出口到液压缸)内所形成的压力能来传递动力和运动的。

(3) 液压传动中的工作介质是在受控制、受调节的状态下进行工作的。

液压传动系统中的能量传递和转换情况如图 1.2 所示,这种能量的转换能够满足生产需要。

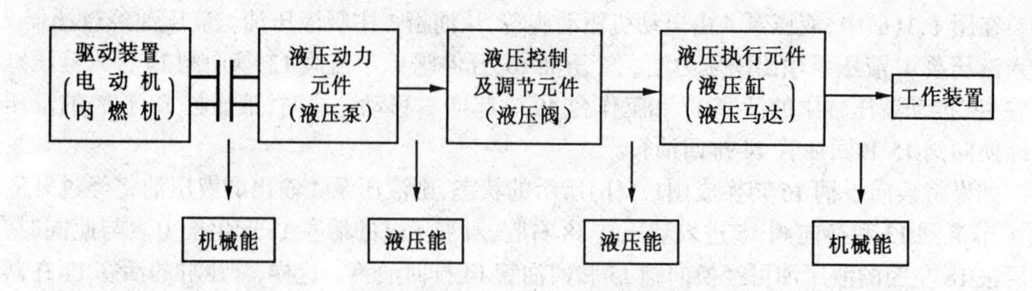

图 1.2　液压传动系统中的能量传递和转换

1.2.2　液压传动系统的组成

从液压传动系统图 1.1 及液压传动系统中的能量传递和转换图 1.2 可以看出,液压传动系统由以下五部分组成:

(1) 液压动力元件。液压动力元件指液压泵,它是将驱动装置的机械能转换为液压能的装置,其作用是为液压传动系统提供压力油,是液压传动系统的动力源。

(2) 液压执行元件。液压执行元件指液压缸或液压马达,它是将液压能转换为机械能的装置,其作用是在压力油的推动下输出力和速度或转矩和角速度,以驱动工作装置做功。

(3) 液压控制调节元件。它包括各种液压阀类元件,其作用是用来控制液压传动系统中液压油的流动方向、压力和流量,以保证液压执行元件(工作装置)完成指定工作。

(4) 液压辅助元件。液压辅助元件如油箱、油管、过滤器等,它们对保证液压传动系统正常工作有着重要的作用。

(5) 液压工作介质。工作介质指传动液体,通常被称为液压油或液压液。

1.2.3　液压传动系统的图形符号

图 1.1 中组成液压传动系统的各个元件是用半结构式图形绘制出来的。这种图形直观性强,容易理解,但绘制起来比较麻烦,特别是当液压传动系统中的液压元件比较多时更是如此。所以,在工程实际中,除某些特殊情况外,一般都是用简单的图形符号来绘制液压传动系统工作原理图。对图 1.1 所示的液压传动系统,工作原理图采用国家标准 GB/T 786.1—2009 所规定的液压图形符号(见附录)进行绘制,如图 1.3 所示。在这里,图中的符号只表示元(辅)件的功能、操作(控制)方法及外部连接口,不表示元(辅)件的具体结构和参数,也不表示连接口

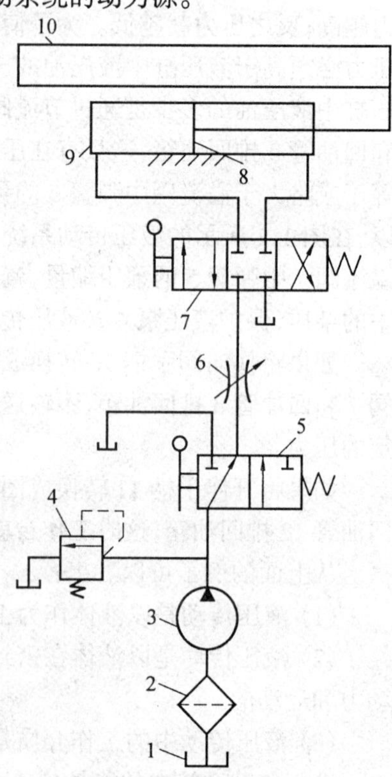

图 1.3　用图形符号绘制的机床工作台液压传动系统

1—油箱;2—过滤器;3—液压泵;4—溢流阀;5—开停阀;6—节流阀;7—换向阀;8—活塞;9—液压缸;10—工作台

的实际位置和元(辅)件的安装位置。在绘制液压元件的图形符号时,除非特别说明,图中所示状态均表示元(辅)件的静止位置或零位置,并且除特别注明的符号或有方向性的元(辅)件符号外,它们在图中可根据具体情况水平或垂直绘制。使用这些图形符号后,可使液压传动系统图简单明了,方便绘制。

当有些液压元件无法用图形符号表达或在国家标准中未列入时,可根据标准中规定的符号绘制规则和所给出的基本符号进行派生。当无法用标准直接引用或派生时,或有必要特别说明系统中某一元(辅)件的结构和工作原理时,可采用局部结构简图或采用它们的结构或半结构示意图表示。在用图形符号来绘制液压传动系统工作原理图时,符号的大小应以清晰美观为原则,绘制时可根据图纸幅面的大小酌情处理,但应保持图形本身的适当比例。

1.3 液压传动的特点

液压传动相对于其他传动有以下主要优点:

(1) 在同等体积下,液压传动能产生出更大的动力,也就是说,在同等功率下,液压传动的体积小、质量小、结构紧凑,即它具有大的功率密度或力密度。

(2) 液压传动容易做到对执行元件速度的无级调节,而且调速范围大,对速度的调节还可以在工作过程中进行。

(3) 液压传动工作平稳,换向冲击小,便于实现频繁换向。

(4) 液压传动易于实现过载保护,能实现自润滑,使用寿命长。

(5) 液压传动易于实现自动化,便于对液体的流动方向、压力和流量进行调节和控制,更容易与电气、电子控制或气动控制结合起来,实现复杂的运动和操作。

(6) 液压元件易于实现标准化、系列化和通用化。液压传动装置便于设计、制造和推广使用。

当然,液压传动还存在以下明显缺点:

(1) 液压传动中的泄漏和液体的可压缩性使其无法保证严格的传动比。

(2) 液压传动有较多的能量损失(泄漏损失、摩擦损失等),因此,传动效率相对较低。

(3) 液压传动装置的工作性能对油温的变化比较敏感,不宜在较高或较低的温度下工作。

(4) 液压传动在出现故障时不易找出原因。

1.4 液压传动的应用

液压传动主要应用如下:

(1) 一般工业机械:包括塑料加工机械(注塑机)、压力机械(锻压机)、重型机械(废钢压块机)、液压机床(全自动六角车床、平面磨床)等,如图1.4所示。

(2) 行走机械:包括工程机械(挖掘机)、起重机械(汽车吊)、建筑机械(打桩机)、汽车(转向器、减振器)、农业机械(联合收割机)等,如图1.5所示。

(3) 钢铁工业机械:包括冶金机械(轧辊调整装置)、提升装置(电极升降机)、薄板轧机等,如图1.6所示。

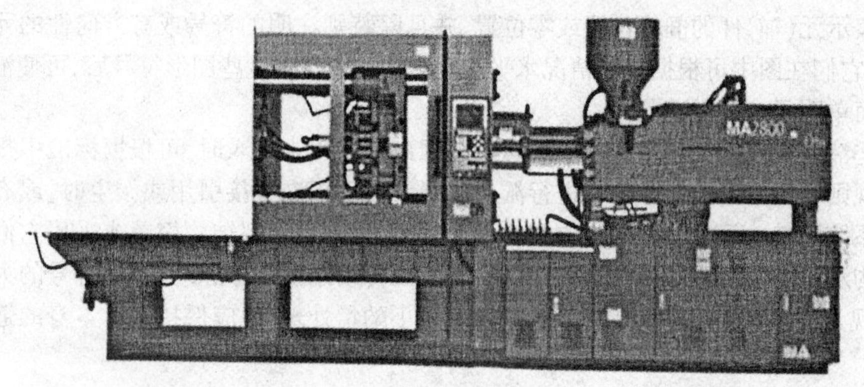

(a) 注塑机

(b) 锻压机

(c) 废钢压块机

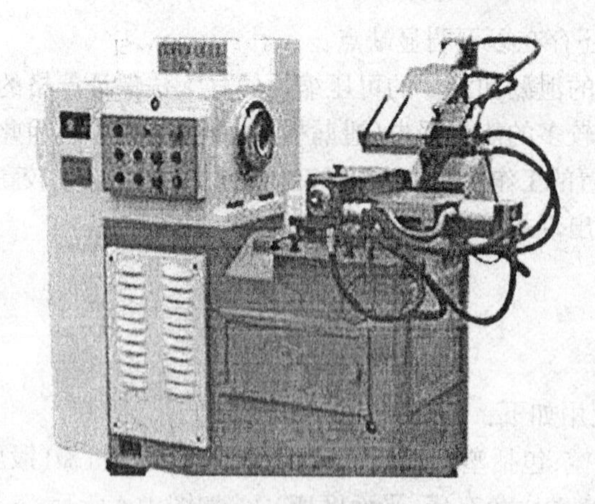

(d) 液压全自动车床

图 1.4　液压传动在一般工业机械中的应用

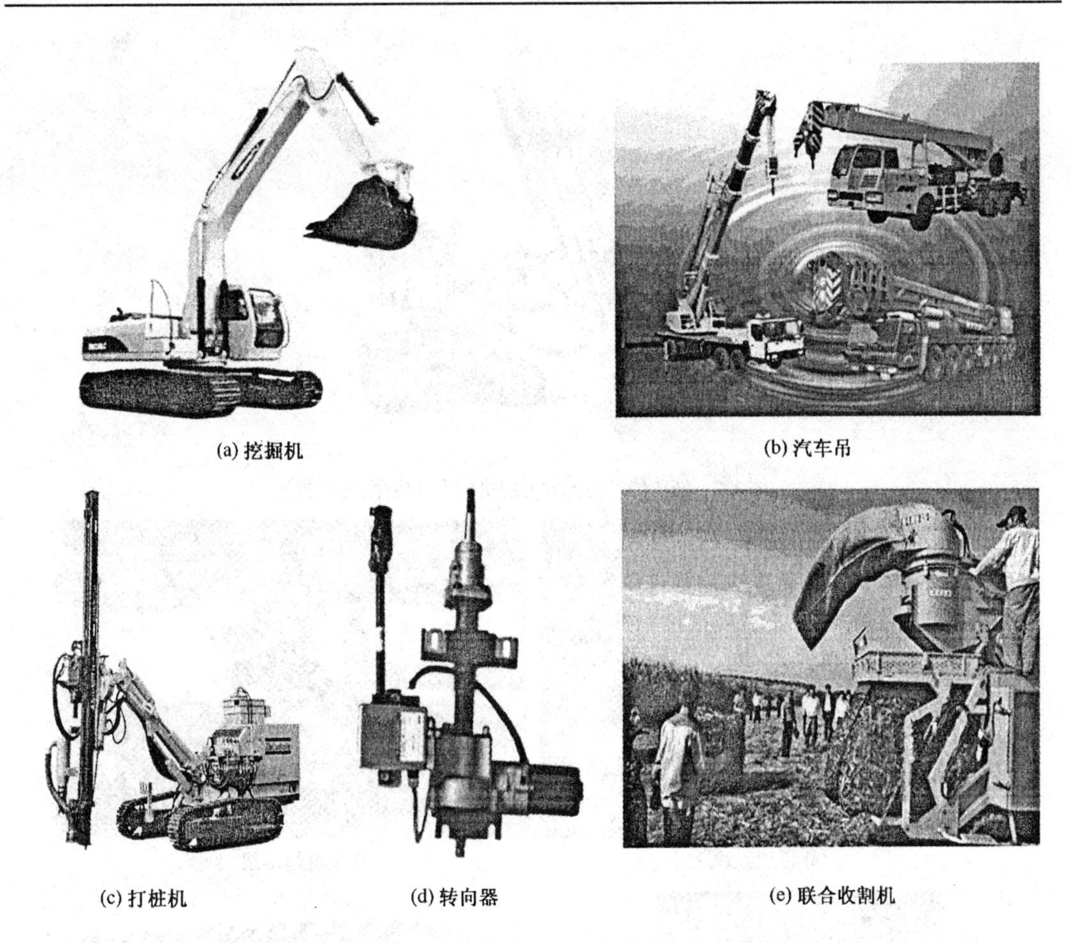

(a) 挖掘机 (b) 汽车吊

(c) 打桩机 (d) 转向器 (e) 联合收割机

图1.5 液压传动在行走机械中的应用

(a) 轧钢机 (b) 电极升降机

图1.6 液压传动在钢铁工业机械中的应用

(4) 土木工程机械:包括防洪闸门及堤坝装置(浪潮防护挡板)、河床升降装置、桥梁操纵机构和矿山机械(凿岩机)等,如图1.7所示。

(5) 发电设备:包括涡轮机(调速装置)等。

(6) 特殊装备:包括巨型天线控制装置、测量浮标、飞机起落架的收放装置及方向舵控制装置、升降台等,如图1.8所示。

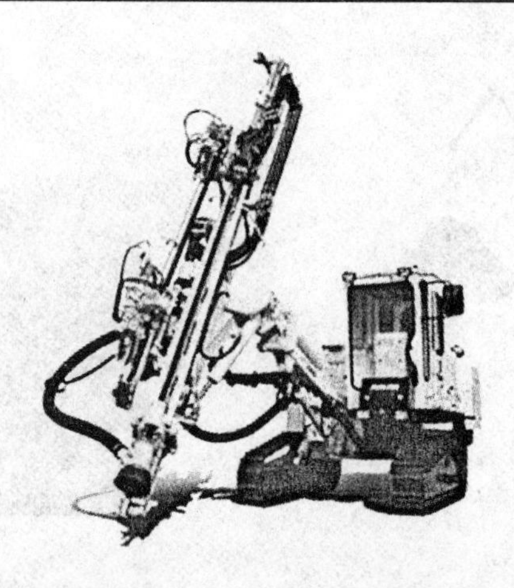

图 1.7 液压传动在土木工程机械中的应用(凿岩机)

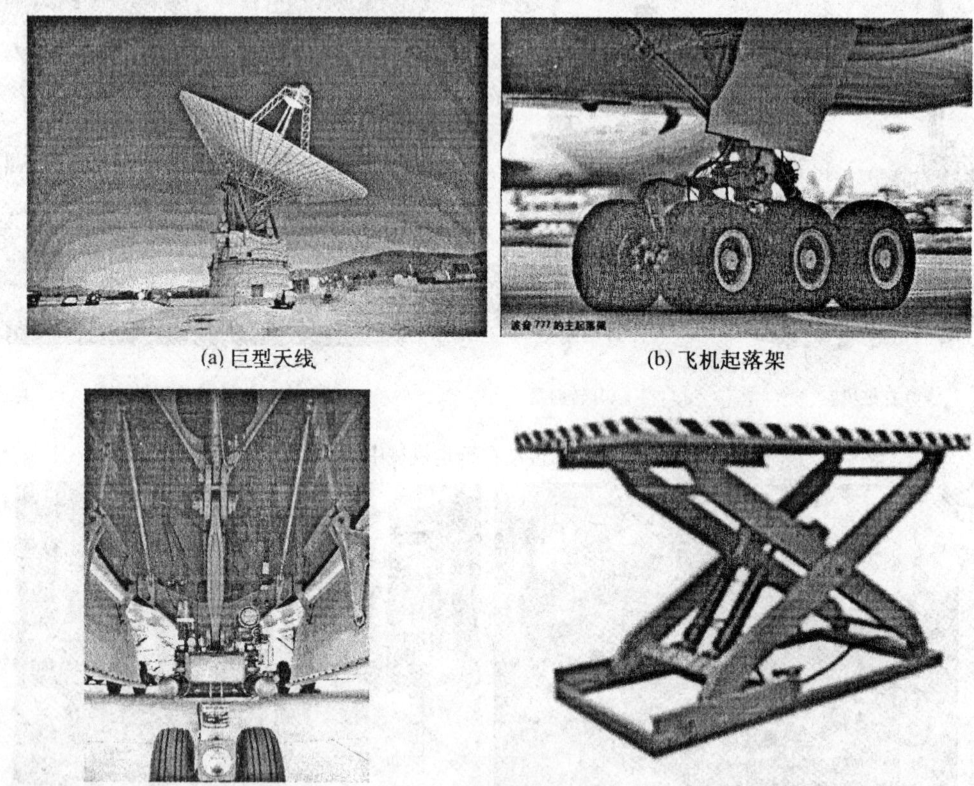

(a) 巨型天线 (b) 飞机起落架

(c) 飞机方向舵 (d) 升降台

图 1.8 液压传动在特殊装备中的应用

(7) 船舶装备:包括甲板起重机械(绞车)、船头门、舱壁阀、船尾推进器等,如图 1.9 所示。

(8) 军事装备:包括火炮操纵装置、舰船减摇装置、仿真转台等,如图 1.10 所示。

上述的概略说明还不能包括所有应用的可能性。用液压传动系统传递动力、运动和控制的应用相当广泛,它在当今的各个领域中都占有一席之地。目前,液压传动技术在实现高压、高速、大功率、高效率、低噪声、长寿命、高度集成化等方面都取得了很大的进展。与此同时,由于它与微电子技术密切配合,能在尽可能小的空间内传递出尽可能大的功率,并加以

(a) 甲板起重机

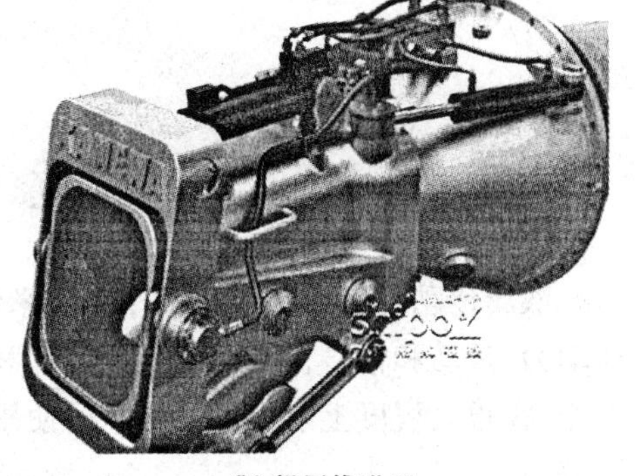

(b) 船尾推进器

图 1.9　液压传动在船舶装备中的应用

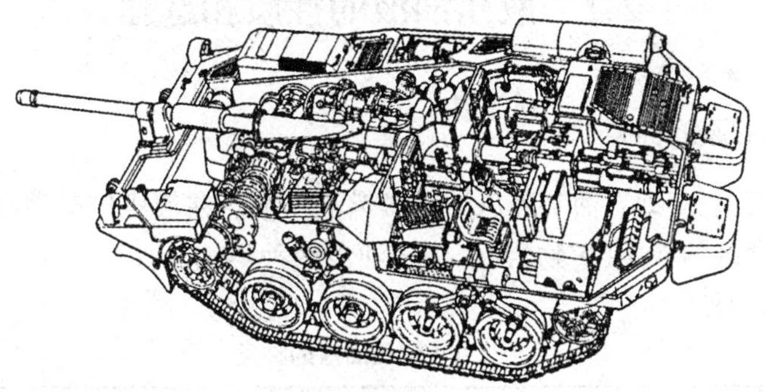

(a) 坦克车

(b) 减摇鳍

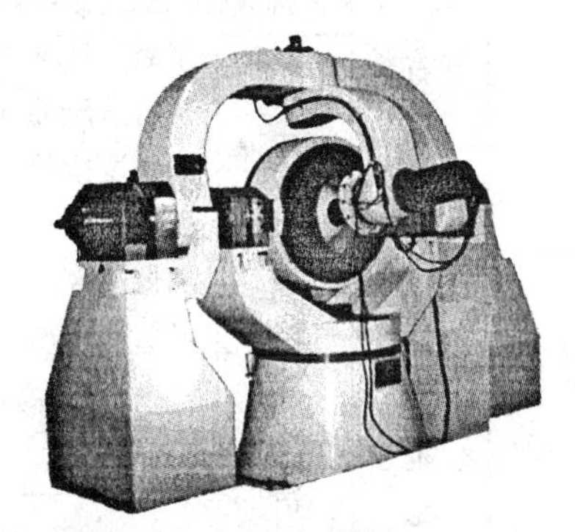

(c) 仿真转台

图 1.10　液压传动在军事装备中的应用

准确控制,从而使得它在各行各业中发挥更巨大的作用。

思考题和习题

1.1　液体传动有哪两种形式？它们的主要区别是什么？

1.2　什么叫液压传动？液压传动所用的工作介质是什么？

1.3　液压传动系统由哪几部分组成？各组成部分的作用是什么？

1.4　液压传动的主要优缺点是什么？

1.5　结合图 1.3 简述工作台左右运动时,阀 5 和阀 7 的位置及进、回油液的流动路线。

1.6　图 1.3 液压系统的工作压力和液压缸 9 活塞的运动速度是怎样调节的？

第2章　液压油液

液压传动是以液体作为工作介质来传递能量的。在液压传动系统中,液压油液用来传递动力、运动和信号,并起到润滑、冷却和防锈等作用。液压传动系统能否可靠、有效长期地工作,在很大程度上取决于系统中所使用的液压油液。因此,必须对液压油液有比较清晰的了解。

2.1　液压油液的性质和选择

2.1.1　液压油液的种类

液压油液有两大类,即石油基液压油和难燃液压液。在液压传动系统中所使用的液压油液大多数是石油基的液压(矿物)油。液压油液的种类细分如表2.1所示(GB 11118.1—2011、ISO12922:1999)。

表2.1　液压油液的种类

<table>
<tr><td rowspan="15">液压油液</td><td rowspan="7">石油基液压油</td><td colspan="3">无抗氧化剂的精制矿物油(L-HH)</td></tr>
<tr><td rowspan="6">专用液压油</td><td colspan="2">抗氧防锈液压油(L-HL)</td></tr>
<tr><td colspan="2">抗磨液压油(L-HM)</td></tr>
<tr><td colspan="2">高黏度指数液压油(L-HR)</td></tr>
<tr><td colspan="2">低温液压油(L-HV)</td></tr>
<tr><td colspan="2">超低温液压油(L-HS)</td></tr>
<tr><td colspan="2">液压导轨油(L-HG)</td></tr>
<tr><td rowspan="8">难燃液压液</td><td rowspan="4">含水液压液</td><td rowspan="2">高含水液压液(L-HFA)</td><td>水包油乳化液(L-HFAE)</td></tr>
<tr><td>水的化学溶液(L-HFAS)</td></tr>
<tr><td colspan="2">油包水乳化液(L-HFB)</td></tr>
<tr><td colspan="2">含聚合物水溶液(水-乙二醇液)(L-HFC)</td></tr>
<tr><td rowspan="4">合成液压液</td><td colspan="2">磷酸酯无水合成液(L-HFDR)</td></tr>
<tr><td colspan="2">氯化烃无水合成液(L-HFDS)</td></tr>
<tr><td colspan="2">HFDR+HFDS混合液(L-HFDT)</td></tr>
<tr><td colspan="2">其他成分的无水合成液(L-HFDU)</td></tr>
</table>

其中,L代表润滑剂类液压油。

石油基的液压油是以机械油为基料,精炼后按需要加入适当的添加剂而制成。所加入的添加剂大致有两类:一类是用来改善液压油化学性质的,如抗氧化剂、防锈剂等;另一类是用来改善液压油物理性质的,如增黏剂、抗磨剂等。石油基的液压油润滑性好,但抗燃性差。由此根据实际需要又研制出难燃型液压液(含水型、合成型等)供选择,以满足轧钢机、压铸机、挤压机等对耐高温、热稳定、不腐蚀、无毒、不挥发、防火等方面的要求。

我国目前的液压传动系统中仍有采用机械油和汽轮机油的。机械油是一种工业用润滑油，价格低，但物理化学性能较差，使用时易生成黏稠胶质堵塞液压元件，影响液压传动系统的性能，压力越高，越容易出现问题。

无(或含有少量)抗氧化剂的精制矿物油(HH)的品质比机械油高，适用于无低温性能、防锈性、抗乳化性和空气释放能力等特殊要求的一般循环润滑系统。

抗氧防锈液压油(HL)中加有抗氧化、防锈等添加剂，常用于低压传动系统，在液压传动系统中使用最广。

抗磨液压油(HM)是在抗氧防锈液压油的基础上改善了抗磨性的液压油，适用于低、中、高压传动系统。

高黏度指数液压油(HR)是在抗氧防锈液压油的基础上改善了黏温性能的液压油，适用于环境温度变化较大和工作条件恶劣的低压传动系统。

低温液压油(HV)是在抗磨液压油的基础上改善了黏温性能的液压油，适用于环境温度变化大和工作条件恶劣的低、中、高压传动系统。

超低温液压油(HS)是一种既具有抗磨性能、又具有低温性能的高级液压油，主要用于严寒地区工作条件的工程机械、引进设备和车辆的中压或高压液压系统，例如电缆井泵以及船舶起重机、挖掘机、大型吊车等液压系统。使用温度在 - 30℃以下。

液压导轨油(HG)是在抗磨液压油的基础上改善了黏 - 滑性的液压油，适用于液压系统和导轨润滑系统合用的设备。

水包油(O/W)乳化液(HFAE)是一种乳化型高水基液，通常含水 80%以上，低温性、黏温性和润滑性差，但难燃性好，价格便宜。适用于煤矿液压支柱液压传动系统及不要求回收废液、不要求有良好润滑性但有良好难燃性要求的机械设备中的低压传动系统。

水的化学溶液(HFAS)是一种含有化学品添加剂的高水基液，低温性、黏温性和润滑性差，但难燃性好，价格便宜，适用于需要难燃液的低压传动系统或金属加工设备。

油包水(W/O)乳化液(HFB)通常含油 60%以上，其余为水和添加剂，低温性差，难燃性比磷酸酯无水合成液差，适用于冶金、煤矿等行业的中、高压及高温和易燃场合的液压传动系统。

含聚合物水溶液，即水 - 乙二醇液(HFC)是含乙二醇或其他聚合物的水溶液，低温性、黏温性和对橡胶适应性好，难燃性好，但比磷酸酯无水合成液差，适用于冶金和煤矿等行业的低、中压液压传动系统。

磷酸酯无水合成液(HFDR)是以无水的各种磷酸酯为基础加入各种添加剂制成，难燃性较好，但黏温性、低温性较差，使用温度范围宽，对大多数金属不会产生腐蚀作用，但能溶解许多非金属材料，因此必须选择合适的密封材料，此外，这种液体有毒，适用于冶金、火力发电、燃气轮机等高温高压下操作的液压传动系统。

其他几类难燃液压液，例如，氯化烃无水合成液(HFDS)、HFDR + HFDS 混合液(HFDT)和其他成分的无水合成液(HFDU)等，也都各有特点，要充分了解其特性后恰当应用。

2.1.2 液压油液的物理性质

1. 液压油液的密度和重度

(1) 密度：对于均质液体，单位体积内的液体质量被称为密度 ρ。

$$\rho = \frac{m}{V} \tag{2.1}$$

式中　m——液体的质量(kg)；

V——液体的体积(m^3)。

液压油液的密度因液体的种类而异，常用液压油液的密度数值见表2.2。

表2.2　几种液压油液在15℃、101 325 Pa下的密度

种　类	液压油 L-HM32	液压油 L-HM46	水包油乳化液(L-HFAE)	油包水乳化液(L-HFB)	水-乙二醇(L-HFC)	磷酸酯(L-HFDR)
$\rho/(kg \cdot m^{-3})$	0.87×10^3	0.875×10^3	0.9977×10^3	0.932×10^3	1.06×10^3	1.15×10^3

石油基液压油在15℃时的密度可取为900 kg/m^3左右。在实际使用中，可认为它不受温度和压力的影响。

(2) 重度：对于均质液体，单位体积内的液体重量被称为重度γ。

$$\gamma = \frac{G}{V} \tag{2.2}$$

或

$$\gamma = \rho g \tag{2.3}$$

式中　G——液体的重量(N)；

g——重力加速度(m/s^2)。

2. 液压油液的可压缩性

液体在受压力作用时，其体积减小。液体受压力的作用而使液体体积发生变化的性质被称为液体的可压缩性。

液体可压缩性的大小可以用体积压缩系数κ来表示，其定义为：受压液体在单位压力变化时发生的体积相对变化量，即

$$\kappa = -\frac{1}{\Delta p}\frac{\Delta V}{V} \tag{2.4}$$

式中　Δp——压力变化量(Pa)；

ΔV——在Δp作用下，液体体积的变化量(m^3)；

V——压力变化前的液体体积(m^3)。

因为压力增大时液体的体积减小，所以上式的等号右边必须冠一负号，以便使液体的体积压缩系数κ为正值。

液体体积压缩系数的倒数被称为液体的体积弹性模量，简称体积模量，用K表示，即

$$K = \frac{1}{\kappa} = -\Delta p \frac{V}{\Delta V} \tag{2.5}$$

体积弹性模量K的数值等于液体的压力增量与体积相对变化量的比值。在使用中，可用K值来说明液体抵抗压缩能力的大小。表2.3给出了几种常用液压油液的体积弹性模量。由表2.3可知，石油基液压油体积模量的数值是钢($K = 2.06 \times 10^5$ MPa)的1/(100～150)，即它的可压缩性是钢的100～150倍。

表2.3　几种液压油液在20℃、101 325 Pa下的体积弹性模量

种　类	石油基液压油	水-乙二醇基	乳化液型	磷酸酯型
K/MPa	$(1.4 \sim 2.0) \times 10^3$	3.15×10^3	1.95×10^3	2.65×10^3

在实际使用中,由于在液体内不可避免地会混入未溶解的空气等原因,使其抗压缩能力显著降低。在一定压力下,液压油液中混入体积分数为1%的气体时,其体积弹性模量降低为纯油的50%左右;如果混有体积分数为10%的气体,则其体积弹性模量仅为纯油的10%左右。这会影响液压传动系统的工作性能。因此,在有较高要求或压力变化较大的液压传动系统中,应尽量减少液压油液中混入气体和其他易挥发性物质(如煤油、汽油等)的含量。由于液压油液中的气体难以完全排除,在工程计算中常取液压油液的体积弹性模量为7×10^2 MPa左右。

液压油液的体积弹性模量K与温度、压力有关。温度升高时,K值减小;压力增大时,K值增大。在液压油液正常的工作压力范围内,K值会有5%~25%的变化,但这种变化不成线性关系。当压力大于3 MPa时,K值基本上不再增大。

因此在讨论液压传动系统的静态性能时,通常将液体看成是不可压缩的;而在研究液压元件和系统的动态特性时,液体的体积弹性模量将成为影响其动态特性的重要因素,不能忽略。

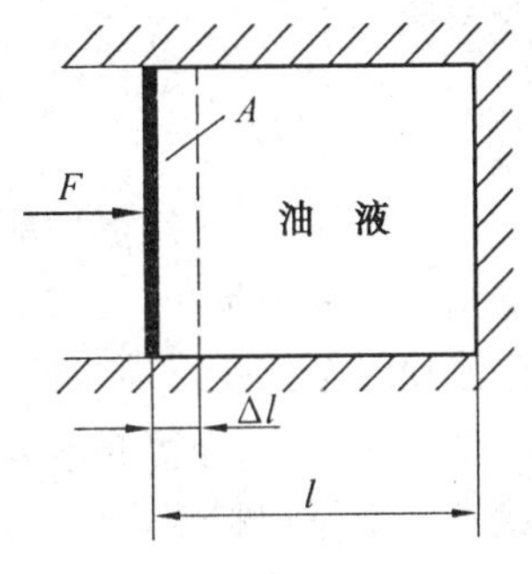

图2.1 液压弹簧刚度计算

当考虑液体的可压缩性时,封闭在容器内的液体在外力作用下的情况极像一根弹簧,外力增大,体积减小;外力减小,体积增大。这种液压弹簧的刚度k_h在液体承压面积A不变时(图2.1),可以通过压力变化$\Delta p=\Delta F/A$、体积变化$\Delta V=A\Delta l$(Δl为液柱长度变化值)和式(2.5)求出,即

$$k_h=-\frac{\Delta F}{\Delta l}=\frac{A^2K}{V} \tag{2.6}$$

3. 液压油液的黏性

液体在外力作用下流动或有流动趋势时,液体内分子间的内聚力要阻止液体质点的相对运动,由此产生一种内摩擦力或切应力,这种性质被称为液体的黏性。

液体的黏性所起的作用是阻滞、延缓液体内部液层的相互滑动,即反映了液体抵抗剪切的能力。黏性的大小可以用黏度来度量。

液体流动时,由于液体的黏性以及液体和固体壁面间的附着力,会使液体内部各液层间的流动速度大小不等。如图2.2所示,设两平行平板间充满液体,下平板固定不动,上平板以速度u_0向右运动。由于液体的黏性作用,紧贴下平板液体层的速度为零,紧贴上平板液体层的速度为u_0,而中间各液层的速度则视它距下平板距离的大小按线性规律或曲线规律变化。其中,速度快的液层带动速度慢的液层,而速度慢的液层对速度快的液层起阻滞作用。不同速度液层之间的相对滑动,必然在层与层之间产生内部摩擦力。这种摩擦力作为液体内力,总是成对出现,且大小相等、方向相反,作用在相邻两液层上。实验表明,液体流动时相邻液层间的内摩擦力F_f与液层接触面积A和液层间的速度梯度du/dy成正比,即

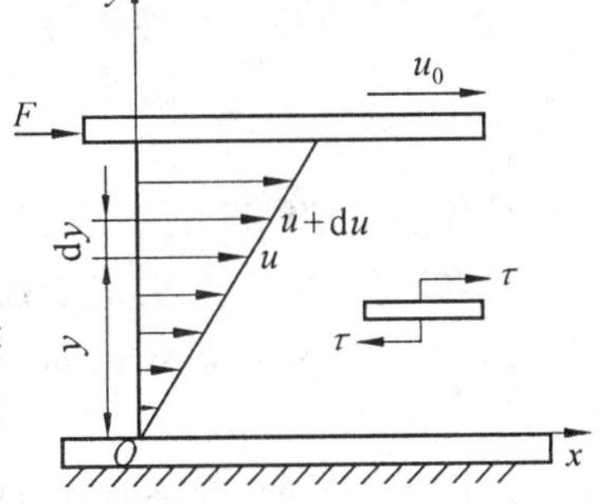

图2.2 液体黏性示意图

$$F_f = \mu A \frac{du}{dy} \tag{2.7}$$

式中 μ——比例常数,称为黏度系数或动力黏度(Pa·s);

A——各液层间的接触面积(m^2);

du/dy——速度梯度,即在速度垂直方向上的液体流动速度的变化率(s^{-1})。

这就是牛顿液体内摩擦定律。若液体的动力黏度 μ 只与液体种类有关,而与速度梯度无关,则这种液体称为牛顿液体。一般石油基液压油都是牛顿液体。

如以 τ 表示液体的内摩擦切应力,即液层间单位面积上的内摩擦力,则有

$$\tau = \frac{F_f}{A} = \mu \frac{du}{dy} \tag{2.8}$$

或改写成

$$\mu = \frac{F_f/A}{du/dy} = \frac{\tau}{du/dy} \tag{2.9}$$

由此可见,在一定的切应力 τ 的作用下,动力黏度 μ 越大,速度梯度 du/dy 越小,则液体发生剪切变形越小,也就是说,液体抵抗液层之间发生剪切变形的能力越强,即黏度是液体在流动时抵抗变形能力的一种度量。

由上式可知,在静止液体中,因速度梯度 $du/dy=0$,内摩擦力 τ 也为零,所以液体在静止状态下不呈现黏性。

黏性是液体最重要的物理性质之一,黏性大小会直接影响系统的工作,其大小用黏度来表示,它是液压系统选择液压油液的主要指标。常用的液体黏度有三种,即动力黏度、运动黏度和相对黏度。

(1) 动力黏度。动力黏度 μ 又称为绝对黏度,由式(2.9)可得

$$\mu = \frac{F_f}{A \frac{du}{dy}} \tag{2.10}$$

由式(2.10)可知,液体动力黏度 μ 的物理意义是:液体在单位速度梯度下流动或有流动趋势时,相接触的液层间单位面积上产生的内摩擦力。动力黏度的法定计量单位为 Pa·s ($N\cdot s/m^2$),非法定计量单位为 P(泊,$dyne\cdot s/cm^2$),它们之间的关系是

$$1\ Pa\cdot s = 10\ P$$

(2) 运动黏度。液体的动力黏度 μ 与其密度 ρ 的比值,被称为液体的运动黏度 ν,即

$$\nu = \frac{\mu}{\rho} \tag{2.11}$$

液体的运动黏度没有明确的物理意义,但它在工程实际中经常用到。因为它的单位只有长度和时间的量纲,类似于运动学的量,所以被称为运动黏度。它的法定计量单位为 m^2/s,非法定计量单位为 St(斯),它们之间的关系是

$$1\ m^2/s = 10^4\ St = 10^6\ cSt(厘斯)$$

在中国,运动黏度是划分液压油牌号的依据。国家标准 GB/T 3141—1994 中规定,液压油的牌号就是用它在温度为 40℃时的运动黏度平均值(单位为 mm^2/s)来表示的。例如 32 液压油,就是指这种油在 40℃时的运动黏度平均值为 32 mm^2/s,其运动黏度范围为 28.8~35.2 mm^2/s。

(3) 相对黏度。动力黏度和运动黏度是理论分析和计算时经常使用的黏度单位,但它们都难以直接测量。因此,在工程上常常使用相对黏度。相对黏度又称为条件黏度,它是采用特定的黏度计在规定的条件下测量出来的黏度。用相对黏度计测量出它的相对黏度后,再根据相应的关系式换算出运动黏度或动力黏度,以便于使用。中国、德国、前苏联等采用的相对黏度为恩氏黏度°E,美国、英国等用赛氏黏度 SUS,美国、英国还用雷氏秒 RS,法国等用巴氏度°B 等等。

用恩氏黏度计测定液压油液的恩氏黏度:把 200 mL 温度为 t℃的被测液体装入恩氏黏度计的容器内,测出液体经容器底部直径为 2.8 mm 的小孔流尽所需时间 t_1 s,并将它和同体积的蒸馏水在 20℃时流过同一小孔所需时间 t_2 s(通常 $t_2 = 51$ s)相比,其比值即是被测液体在温度 t℃下的恩氏黏度,即$°E_t = t_1/t_2$。一般以被测液体 20℃、40℃和 100℃作为测定其恩氏黏度的标准温度,由此而得到的恩氏黏度分别用$°E_{20}$、$°E_{40}$和$°E_{100}$来标记。

恩氏黏度与运动黏度之间的换算关系式为

$$\nu = \left(7.31°E - \frac{6.31}{°E}\right) \times 10^{-6}\ \mathrm{m^2/s} \tag{2.12}$$

例 2.1 如图2.3所示的黏度计,若 $D = 100$ mm, $d = 98$ mm, $l = 200$ mm,其密度 $\rho = 900$ kg/m³,外筒转速 $n = 8$ r/s 时,测得的转矩 $T = 40$ N·cm,求油液的动力黏度、运动黏度和条件黏度各是多少(忽略黏度计底部液体黏性的影响)?

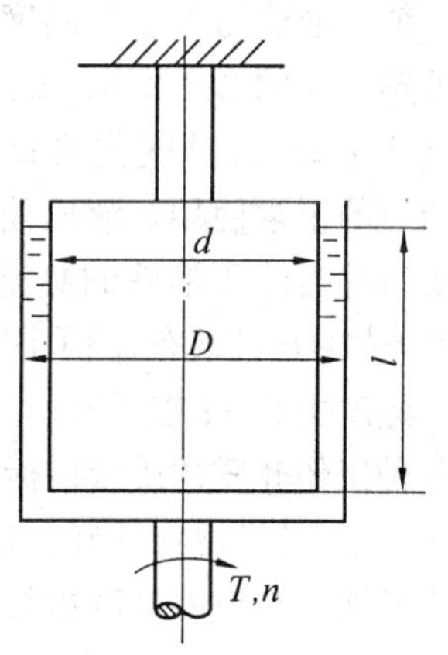

图 2.3 例题 2.1 附图

解 (1)动力黏度

在公式(2.7)两端乘以旋转黏度计的旋转半径 $D/2$,可得到转矩 T,即

$$T = \frac{D}{2}F_f = \frac{D}{2}\mu A\frac{\mathrm{d}u}{\mathrm{d}y}$$

由此可得到油液的动力黏度

$$\mu = \frac{2T}{DA}\frac{\mathrm{d}y}{\mathrm{d}u} = \frac{2T}{DA\dfrac{\mathrm{d}u}{\mathrm{d}y}}$$

假设各液层间的速度按线性规律分布(牛顿液体),即速度梯度为常数时,则有

$$\frac{\mathrm{d}u}{\mathrm{d}y} = \frac{\pi Dn}{(D-d)/2}$$

同时将上式和 $A = \pi Dl$ 代入上面得到的动力黏度公式,则有

$$\mu = \frac{2\times 40\times 10^{-2}}{100\times 100\times 200\times 10^{-9}\pi}\times\frac{(100-98)\times 10^{-3}}{2\times 8\times 100\times 10^{-3}\pi} = 0.051\ \mathrm{Pa\cdot s}$$

(2)运动黏度

$$\nu = \frac{\mu}{\rho} = \frac{0.051}{900} = 57\times 10^{-6}\ \mathrm{m^2/s}$$

(3)条件黏度

$$\nu = \left(7.31°E - \frac{6.31}{°E}\right)\times 10^{-6}\ \mathrm{m^2/s}$$

$$57\times 10^{-6} = \left(7.31°E - \frac{6.31}{°E}\right)\times 10^{-6}$$

$$°E_1 = 7.91,°E_2 = -0.11(\text{负值无意义})$$

答：液压油的动力黏度是0.051 Pa·s，运动黏度是57×10^{-6} m²/s，条件黏度是$°E_1=7.91$。

事实上，液体的黏度是随着液体的压力和温度而变化的。对液压油来说，压力增大时，黏度增大。但在一般液压系统使用的压力范围内，黏度增大的数值很小，可以忽略不计。

当压力大于 50 MPa 时，黏度将急剧增大。压力对黏度的影响可用下式计算

$$\nu_p=\nu_a e^{cp}\approx\nu_a(1+cp) \tag{2.13}$$

式中 ν_p——压力为 p 时液体的运动黏度(m²/s)；

ν_a——大气压下液体的运动黏度(m²/s)；

e——自然对数的底；

c——系数，对于石油基液压油，$c=0.015\sim0.035$；

p——液体的压力(MPa)。

液压油液的黏度对温度的变化十分敏感。如图 2.4 所示，温度升高，黏度显著下降，这种变化将直接影响液压油液的正常使用。液压油液的这种性质被称为液压油液的黏温特性。不同种类的液压油液有着不同的黏温特性。

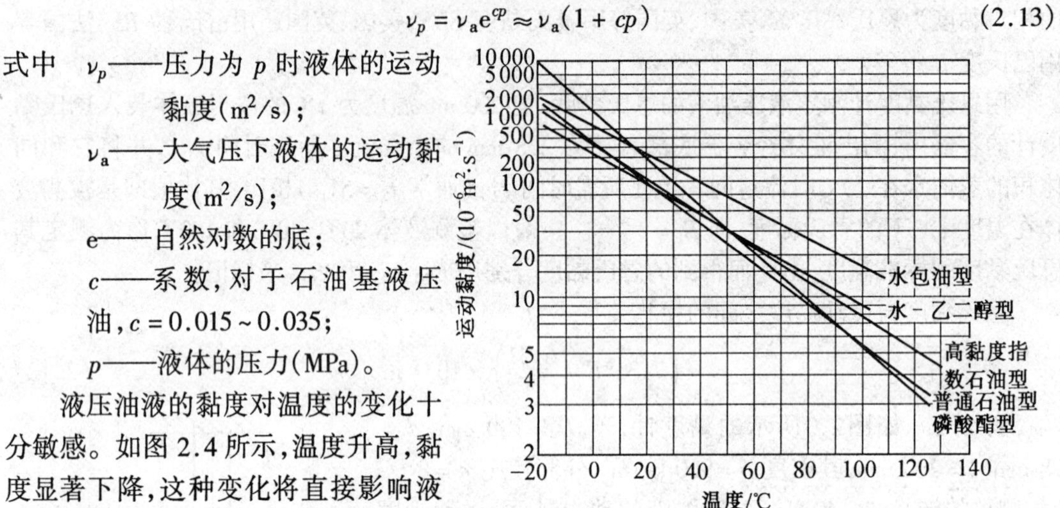

图 2.4 液压油黏度和温度之间的关系

黏度指数 *VI* 表示液体的黏度随温度变化的程度与标准液的黏度变化程度之比。通常在各种工作介质的质量指标中都给出黏度指数。黏度指数高，黏温曲线平缓，表示黏度随温度变化小，其黏温特性好。目前精制液压油及有添加剂的液压油，黏度指数可大于 100。几种典型液压油液的黏度指数见表 2.4。

表 2.4 几种典型液压油液的黏度指数 *VI*

介质种类	石油基液压油 L－HM	石油基液压油 L－HR	石油基液压油 L－HG	高含水液压油 L－HFA	油包水乳化液 L－HFB	水－乙二醇 L－HFC	磷酸酯 L－HFDR
黏度指数 *VI*	≥95	≥160	≥90	≈130	130～170	140～170	－31～170

在实际应用中，温度升高，液压油液黏度下降的性质直接影响液压油液的使用，其重要性不亚于黏度本身。液压油液黏度的变化直接影响液压系统的性能和泄漏，因此希望黏度随温度的变化越小越好。一般液压系统要求工作介质的黏度指数应在 90 以上，当系统的工作温度范围较大时，应选用黏度指数高的液压油液。

2.1.3 对液压油液的要求及选用

1. 对液压油液的要求

不同的液压传动系统、不同的使用条件对液压油液的要求也不相同，为了更好地传递动力和运动，液压传动系统所使用的液压油液应具备以下的基本性能：

(1) 合适的黏度,润滑性能好,并具有较好的黏温特性。

(2) 质地纯净、杂质少,并对金属和密封件有良好的相容性。

(3) 对热、氧化、水解和剪切有良好的稳定性。

(4) 抗泡沫性、抗乳化性和防锈性好,腐蚀性小。

(5) 体积膨胀系数小,比热容大,流动点和凝固点低,闪点和燃点高。

(6) 对人体无害,对环境污染小,成本低,价格便宜。

2. 液压油液的选用

正确合理地选择液压油液,对保证液压传动系统正常工作、延长液压传动系统和液压元件的使用寿命以及提高液压传动系统的工作可靠性等都有重要影响。

对液压油液的选用,首先应根据液压传动系统的工作环境和工作条件来选择合适的液压油液类型,然后再选择液压油液的黏度。

植物油及动物油中含有酸性和碱性杂质,腐蚀性大、化学稳定性差。因此,在液压传动系统中一般常采用矿物油。

在选用液压油时,一般需要考虑的因素见表2.5。

表2.5 选用液压油时需要考虑的因素

系统工作环境方面的考虑	是否抗燃(闪点、燃点);抑制噪声的能力(空气溶解度、消泡性);废液再生处理及环境污染要求;毒性和气味
系统工作条件方面的考虑	压力范围(润滑性、承载能力);温度范围(黏度、黏温特性、剪切损失、热稳定性、氧化率、挥发度、低温流动性);转速(气蚀、对支承面浸润能力)
液压油液质量方面的考虑	物理化学指标;对金属和密封件的相容性;过滤性能、吸斥水性能、吸气情况、抗水解能力、对金属的作用情况、去垢能力;防锈、防腐蚀能力;抗氧化稳定性;剪切稳定性;电学特性(耐电压冲击强度、介电强度、导电率、磁场中极化程度)
经济性方面的考虑	价格及使用寿命;维护、更换的难易程度

3. 选择液压油液类型

在选择液压油液类型时,最主要的是考虑液压传动系统的工作环境和工作条件,若系统靠近300℃以上高温的表面热源或有明火场所,就要选择如表2.1所示的难燃型液压液。其中:对液压液用量大的液压传动系统,建议选用乳化型液压液;用量小的选用合成型液压液。当选用了矿物油型液压油后,首选的是专用液压油;在客观条件受到限制时,也可选用普通液压油或汽轮机油。

4. 选择液压油液的黏度

对液压传动系统所使用的液压油液来说,首先要考虑的是黏度。黏度太大,液流的压力损失和发热也大,使系统的效率降低;黏度太小,泄漏增大,也会使液压传动系统的效率降低。因此,应选择使系统能正常、高效和可靠工作的油液黏度。

在液压传动系统中,液压泵的工作条件最为严峻。它不但压力大、转速和温度高,而且液压油液被泵吸入和压出时受到的剪切作用大,所以,一般根据液压泵的要求来确定液压油液的黏度。同时,因油温对液压油液的黏度影响极大,过高的油温不仅改变了液压油液的黏度,而且还会使常温下平和、稳定的液压油液变得带有腐蚀性,分解出不利于使用的成分,或因过量的汽化而使液压泵吸空，无法正常工作。所以，应根据具体情况控制油温，使泵和系统在液压油的最佳黏度范围内工作。对各种不同的液压泵，在不同的工作压力、工作温度下，液压泵的用油黏度范围及推荐用油见表 2.6。

表 2.6 液压泵的用油黏度范围及推荐用油

<table>
<tr><th rowspan="2">名　称</th><th colspan="2">黏度范围/[$10^{-6}(m^2·s^{-1})$]</th><th rowspan="2">工作压力
MPa</th><th rowspan="2">工作温度
℃</th><th rowspan="2">推荐用油</th></tr>
<tr><th>允　许</th><th>最　佳</th></tr>
<tr><td rowspan="2">叶片泵/(1 200 r/min)</td><td rowspan="2">16 ~ 220</td><td rowspan="2">26 ~ 54</td><td rowspan="2">7</td><td>5 ~ 40</td><td>L - HH32，L - HH46</td></tr>
<tr><td>40 ~ 80</td><td>L - HH46，L - HH68</td></tr>
<tr><td rowspan="2">叶片泵/(1 800 r/min)</td><td rowspan="2">20 ~ 220</td><td rowspan="2">25 ~ 54</td><td rowspan="2">14 以上</td><td>5 ~ 40</td><td>L - HL32，L - HL46</td></tr>
<tr><td>40 ~ 80</td><td>L - HL46，L - HL68</td></tr>
<tr><td rowspan="6">齿轮泵</td><td rowspan="6">4 ~ 220</td><td rowspan="6">25 ~ 54</td><td rowspan="2">12.5 以下</td><td>5 ~ 40</td><td>L - HL32，L - HL46</td></tr>
<tr><td>40 ~ 80</td><td>L - HL46，L - HL68</td></tr>
<tr><td rowspan="2">10 ~ 20</td><td>5 ~ 40</td><td>L - HL46，L - HL68</td></tr>
<tr><td>40 ~ 80</td><td>L - HM46，L - HM68</td></tr>
<tr><td rowspan="2">16 ~ 32</td><td>5 ~ 40</td><td>L - HM32，L - HM68</td></tr>
<tr><td>40 ~ 80</td><td>L - HM46，L - HM68</td></tr>
<tr><td rowspan="2">径向柱塞泵</td><td rowspan="2">10 ~ 65</td><td rowspan="2">16 ~ 48</td><td rowspan="2">14 ~ 35</td><td>5 ~ 40</td><td>L - HM32，L - HM46</td></tr>
<tr><td>40 ~ 80</td><td>L - HM46，L - HM68</td></tr>
<tr><td rowspan="2">轴向柱塞泵</td><td rowspan="2">4 ~ 76</td><td rowspan="2">16 ~ 47</td><td rowspan="2">35 以上</td><td>5 ~ 40</td><td>L - HM32，L - HM68</td></tr>
<tr><td>40 ~ 80</td><td>L - HM68，L - HM100</td></tr>
<tr><td>螺杆泵</td><td>19 ~ 49</td><td></td><td>10.5 以上</td><td>5 ~ 40</td><td>L - HL32，L - HL46</td></tr>
</table>

2.2 液压油液的污染和控制

一般来说，液压油液的污染是液压传动系统产生故障的主要原因，它严重地影响着液压传动系统工作的可靠性及液压元件的寿命。因此，液压油液的正确使用、科学管理以及污染控制是提高液压传动系统的可靠性及延长液压元件使用寿命的重要手段。

2.2.1 液压油液污染原因

液压油液被污染的原因是很复杂的，但大体上有以下几个方面：

(1) 残留物的污染。这主要指液压元件在制造、储存、运输、安装、维修过程中，以及管道、油箱在运输、安装过程中带入的砂粒、铁屑、磨料、焊渣、锈片、棉纱和灰尘等，虽然经过清洗，但未清洗干净而残留下来的残留物所造成的液压油液污染。

(2) 侵入物的污染。这主要指周围环境中的污染物，例如空气、尘埃、水滴等通过一切可能的侵入点，如外露的活塞杆、油箱的通气孔和注油孔等侵入系统所造成的液压油液污染。

(3) 生成物的污染。这主要指液压传动系统在工作过程中所产生的金属微粒、密封材料磨损颗粒、涂料剥离片、水分、气泡及油液变质后的胶状物等所造成的液压油液污染。

液压油液的污染用污染度等级来表示，它是指单位体积液压油液中固体颗粒污染物的含量，即液压油液中所含固体颗粒的浓度。为了定量地描述和评定液压油液的污染程度，国际标准 ISO4406 中已经给出了污染度等级标准（表 2.7），污染度等级用两个数码表示，前面的数码代表 1 mL 液压油液中尺寸不小于 5 μm 的颗粒等级，后面的数码代表 1 mL 液压油液中尺寸不小于 15 μm 的颗粒数等级，两个数码之间用斜线分隔，例如污染度等级数码为 18/15 的液压油，表示它在每毫升内不小于 5 μm 的颗粒数在 1 300 ~ 2 500 之间，不小于 15 μm 的颗粒数在 160 ~ 320 之间。

表 2.7 ISO4406 污染度等级

每毫升颗粒数		等级数码	每毫升颗粒数		等级数码
大于	上限值		大于	上限值	
80 000	160 000	24	10	20	11
40 000	80 000	23	5	10	10
20 000	40 000	22	2.5	5	9
10 000	20 000	21	1.3	2.5	8
5 000	10 000	20	0.64	1.3	7
2 500	5 000	19	0.32	0.64	6
1 300	2 500	18	0.16	0.32	5
640	1 300	17	0.08	0.16	4
320	640	16	0.04	0.08	3
160	320	15	0.02	0.04	2
80	160	14	0.01	0.02	1
40	80	13	0.005	0.01	0
20	40	12	0.002 5	0.005	0.9

2.2.2 液压油液污染危害

液压油液被污染后，对液压传动系统、液压元件所造成的主要危害是：

(1) 固体颗粒和胶状生成物堵塞过滤器，使液压泵吸油不畅、运转困难，产生噪声，堵塞阀类元件的小孔或缝隙，使阀类元件动作失灵。

(2) 微小固体颗粒会加速有相对滑动零件表面的磨损，使液压元件不能正常工作；同时，它也会划伤密封件，使泄漏流量增加。

(3) 水分和空气的混入会降低液压油液的润滑性，并加速其氧化变质；产生气蚀，使液压元件加速损坏；使液压传动系统出现振动、爬行等现象。

2.2.3 液压油液污染控制

为了延长液压元件的使用寿命，保证液压传动系统的正常工作，应将液压油液的污染程度控制在一定范围内。一般常采取如下措施来控制污染：

(1) 减少外来的污染。液压传动系统的管件、接头和油箱在装配前后必须严格清洗，用机械方法除去残渣和表面氧化物，然后进行酸洗。液压传动系统在组装后要进行全面清洗，最好用系统工作时使用的油液清洗，特别是液压伺服系统，最好要经过几次清洗来保证清洁。油箱通气孔要加空气滤清器,给油箱加油要用滤油车,对外露件应装防尘密封,并经常检查,定期更换。液压传动系统的维修,液压元件的更换、拆卸,应在无尘区进行。

(2) 滤除系统产生的杂质。应在系统的相应部位安装适当精度的过滤器,并且要定期检查、清洗或更换滤芯。

(3) 控制液压油液的工作温度。液压油液的工作温度过高,会加速其氧化变质,产生各种生成物,缩短它的使用期限。所以要限制油液的最高使用温度。

(4) 定期检查更换液压油液。应根据液压设备使用说明书的要求和维护保养规程的有关规定,定期检查更换液压油液。更换液压油液时要清洗油箱,冲洗系统管道及液压元件。

为了有效地控制液压传动系统的污染,保证液压传动系统的工作可靠性和液压元件的使用寿命,国家制定的典型液压元件和液压传动系统清洁度等级见表 2.8 和表 2.9(表中数值为污染度等级数码)。

表 2.8 典型液压元件清洁度等级

液压元件类型	优等品	一等品	合格品	液压元件类型	优等品	一等品	合格品
各种类型液压泵	16/13	18/15	19/16	活塞缸和柱塞缸	16/13	18/15	19/16
一般液压阀	16/13	18/15	19/16	摆动缸	17/14	19/16	10/17
伺服阀	13/10	14/11	15/12	液压蓄能器	16/13	18/15	19/16
比例控制阀	14/11	15/12	16/13	过滤器壳体	15/12	16/13	17/14
液压马达	16/13	18/15	19/16				

表 2.9 典型液压传动系统清洁度等级

液压传动系统类型	清洁度等级										
	12/9	13/10	14/11	15/12	16/13	17/14	18/15	19/16	20/17	21/18	22/19
对污染敏感的系统											
伺服系统											
高压系统											
中压系统											
低压系统											
低敏感系统											
数控机床液压传动系统											
机床液压传动系统											
一般机械液压传动系统											
行走机械液压传动系统											
重型机械液压传动系统											
冶金轧钢设备液压传动系统											

思考题和习题

2.1 液压油液的黏度有几种表示方法?它们各用什么符号表示?它们又各用什么单位?

2.2 液压油液有哪几种类型?液压油液的牌号与黏度有什么关系?

2.3 密闭容器内液压油液的体积压缩系数 κ 为 $1.5\times10^{-3}\ \mathrm{MPa}^{-1}$,压力在 1 MPa 时的容积为 2 L。求在压力升高到 10 MPa 时液压油液的容积为多少?

2.4 20℃时 200 mL 蒸馏水从恩氏黏度计中流尽的时间为 51 s,如果 200 mL 的某液压油液在 40℃时从恩氏黏度计中流尽的时间为 232 s,已知该液压油液的密度为 900 $\mathrm{kg/m^3}$,求该液压油的恩氏黏度、运动黏度和动力黏度各是多少?

2.5 已知某液压油液在 20℃时的恩氏黏度为 $°E_{20}=10$,在 80℃时为 $°E_{80}=3.5$,求温度为 60℃时该液压油液的运动黏度。

2.6 液压油液的选用应从哪几个方面给予考虑?

2.7 液压油液的污染原因主要来自哪几个方面?应该怎样控制液压油液的污染?

2.8 有两种黏度不同的液压油液,分别装在两个容器中,不用仪器,你怎样判别哪个容器中的黏度大?

第3章 液压流体力学基础

流体力学是研究流体在外力作用下平衡和运动规律的一门学科,它涉及许多方面的内容,这里主要讲述与液压传动有关的流(液)体力学基本内容,为以后学习、分析、使用及设计液压传动系统打下必要的理论基础。

3.1 液体静力学

液体静力学主要讨论液体在静止时的平衡规律及这些规律的应用。所谓静止液体是指液体内部质点之间没有相对运动。即使是盛装液体的容器本身是匀速运动的,也可认为液体是处于相对静止的状态,即是静止液体。

3.1.1 液体的压力

作用在液体上的力有两种,即质量力和表面力。与液体质量有关并且作用在质量中心上的力称为质量力,质量力作用在液体的所有质点上,其大小与液体的质量成正比,如重力、惯性力等。单位质量液体所受的力称为单位质量力,它在数值上等于重力加速度。与液体表面面积有关并且作用在液体表面上的力称为表面力,表面力作用在所研究液体的表面上,它可以在液体与容器或两种液体的界面上,也可在液体内部任一位置。单位面积上作用的表面力称为应力。应力分为法向应力和切向应力。当液体静止时,由于液体质点之间没有相对运动,不存在切向摩擦力,所以静止液体的表面力只有法向应力。由于液体质点之间的凝聚力很小,不能受拉,因此法向应力只能总是沿着液体表面的内法线方向作用。这里把液体在单位面积上所受的内法线方向法向力简称为压力,通常用 p 来表示。

液体的压力有如下基本性质:

(1)液体的压力沿着内法线方向作用于承压面。

(2)静止液体内任一点处的压力在各个方向上都相等。

由此可知,静止液体总是处于受压状态,并且其内部的任何质点都受平衡压力的作用。

3.1.2 静止液体中的压力分布

在重力作用下,密度为 ρ 的液体在容器中处于静止状态,其外加压力为 p_0,它的受力情况如图 3.1(a)所示。为了求在容器内任意深度 h 处的压力 p,假想从液面往下切取一个垂直小液柱作为研究体。设液柱的底面积为 ΔA、高为 h,如图 3.1(b)所示。由于液柱处于受力平衡状态,于是在垂直方向上列出它的静力平衡方程,有

$$p\Delta A = p_0\Delta A + F_G \tag{3.1}$$

式中 F_G——液柱的重力,$F_G = \rho gh\Delta A$,则式(3.1)又可

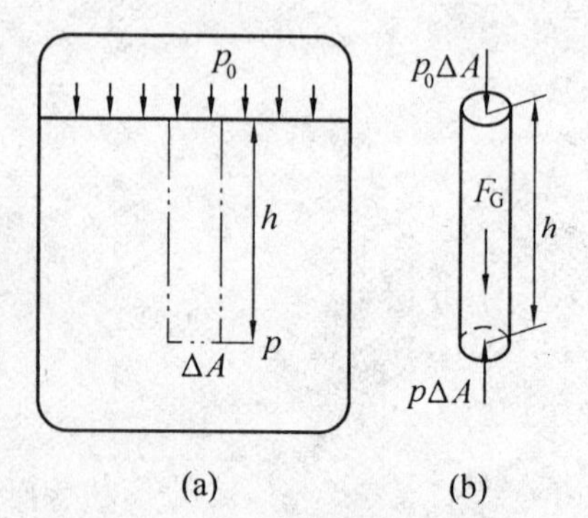

图 3.1 重力作用下的静止液体

写为

$$p\Delta A = p_0\Delta A + \rho gh\Delta A \tag{3.2}$$

进行整理后，有

$$p = p_0 + \rho gh \tag{3.3}$$

式(3.3)是液体静力学基本方程式。由式(3.3)可知，重力作用下的静止液体，其压力分布有如下特点：

(1) 静止液体内任一点处的压力都由两部分组成：一部分是液面上的压力 p_0，另一部分是该点以上液体自重所形成的压力，即 ρg 与该点离液面深度 h 的乘积。当液面上只受大气压力 p_a 作用时，则液体内任一点处的压力为

$$p = p_a + \rho gh \tag{3.4}$$

(2) 静止液体内的压力 p 随液体深度 h 成线性递增规律分布。

(3) 离液面深度 h 相同的各点组成了等压面，这个等压面为一水平面。

例 3.1　如图3.2所示，容器内充满油液。已知油的密度 $\rho = 900\ \text{kg/m}^3$，活塞上的作用力 $F = 10\ 000\ \text{N}$，活塞的直径 $d = 2\times10^{-1}\text{m}$，活塞的厚度 $H = 5\times10^{-2}\text{m}$，活塞的材料为钢，其密度为 $7\ 800\ \text{kg/m}^3$。求活塞下方深度为 $h = 0.5\ \text{m}$ 处的液体压力是多少(因液体内外都受大气压力的作用，所以不考虑大气压力对求解的影响)？

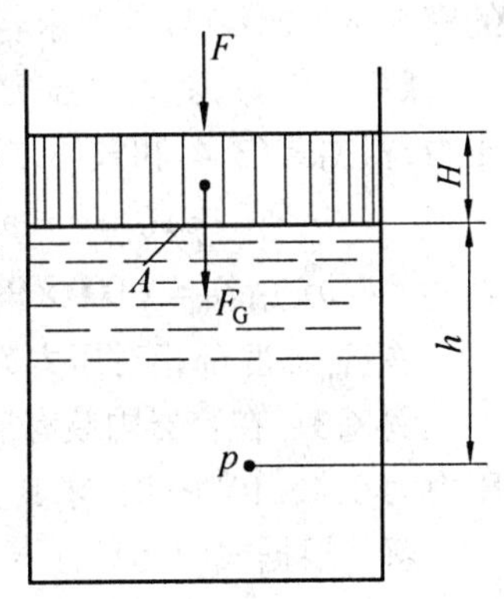

图 3.2　例题 3.1 附图

解　活塞的重力为

$$F_G = \text{密度}\times\text{体积}\times\text{重力加速度}$$

$$F_G = 7\ 800\times\frac{\pi}{4}(2\times10^{-1})^2\times5\times10^{-2}\times9.81 = 120.2\ \text{N}$$

由活塞重力所产生的表面压力为

$$p_{\text{重}} = \frac{F_G}{A} = \frac{120.2}{\frac{\pi}{4}\times(2\times10^{-1})^2} = 3\ 826.1\ \text{N/m}^2$$

由作用力 F 所产生的表面压力为

$$p_{\text{表}} = \frac{F}{A} = \frac{10\ 000}{\frac{\pi}{4}\times(2\times10^{-1})^2} = 318\ 309.9\ \text{N/m}^2$$

由液体重力所产生的质量压力为

$$p_{\text{液}} = \rho gh = 900\times9.81\times0.5 = 4\ 414.5\ \text{N/m}^2$$

根据式(3.3)，且 $p_0 = p_{\text{重}} + p_{\text{表}}$，则深度 h 处的压力为

$$p = p_0 + \rho gh = p_{\text{重}} + p_{\text{表}} + p_{\text{液}}$$

$$p = 3\ 826.1 + 318\ 309.9 + 4\ 414.5 = 326\ 550.5\ \text{N/m}^2 = 3.3\times10^5\ \text{Pa}$$

答：活塞下方深度 $h = 0.5\ \text{m}$ 处的液体压力为 $3.3\times10^5\ \text{Pa}$。

由这个例子可以看出，液体在受外力作用的情况下，由液体自重所产生的压力相对很小，在液压传动系统中可以忽略不计，从而可以近似认为整个液体内部的压力是相等的。以后在分析液压传动系统的压力时，一般都采用此结论。

3.1.3 压力的表示方法和单位

液体压力有两种表示方法,即绝对压力和相对压力。以绝对真空为基准来进行度量的压力叫做绝对压力;以大气压力为基准来进行度量的压力叫做相对压力。大多数测压仪表在大气压的作用下没有指示,所以,仪表指示的压力都是相对压力,又称表压力。在液压技术中,如不特别说明,所提到的压力均是指相对压力。如果液体中某点处的绝对压力小于大气压力,这时该点的绝对压力比大气压力小的那部分数值,称为这点的真空度。由图 3.3 可知,以大气压为基准计算压力值时,基准以上的正值是表压力;基准以下的负值的绝对值就是真空度,即

$$\text{相对压力(表压力)} = \text{绝对压力} - \text{大气压力} \tag{3.5}$$

$$\text{真空度} = \text{大气压力} - \text{绝对压力} \tag{3.6}$$

例 3.2　在一高度为10 m的容器内充满水。已知水的密度 $\rho = 1\,000\ \text{kg/m}^3$,求容器底部的相对压力是多少?

解　因为只受大气压力的作用,并且这里只求相对压力,根据式(3.4)和式(3.5),则有

$$p_{相对压力} = p - p_a = \rho g h$$

$$p_{相对压力} = 1\,000 \times 9.81 \times 10 = 98\,100\ \text{Pa}$$

答:容器底部相对压力为 98 100 Pa。

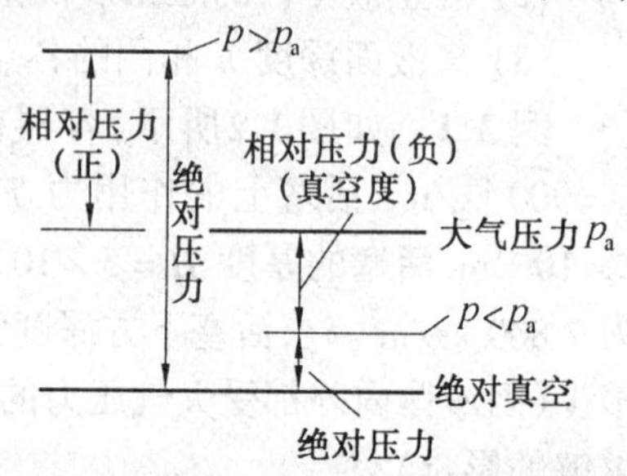

图 3.3　绝对压力、相对压力和真空度

例 3.3　在容器内装有液体,当液体内部某点的绝对压力为 0.4×10^5 Pa 时,求其真空度是多少(取大气压近似为 $p_a = 1 \times 10^5$ Pa)?

解　根据式(3.6),有

$$p_{真空度} = p_a - p = 1 \times 10^5 - 0.4 \times 10^5 = 0.6 \times 10^5\ \text{Pa}$$

答:该点的真空度为 0.6×10^5 Pa。

压力的法定计量单位是 Pa(帕,N/m^2),$1\ \text{Pa} = 1\ \text{N/m}^2$,$1 \times 10^6\ \text{Pa} = 1\ \text{MPa}$(兆帕)。以前沿用过的和有些部门惯用的一些压力单位还有 bar(巴)、at(工程大气压,即 kgf/cm^2)、atm(标准大气压)、mmH_2O(毫米水柱)或 mmHg(毫米水银柱)等。在实际工作中,当要求不严格时,可认为 $1\ \text{kgf/cm}^2 \approx 1$ bar,常用压力单位的换算关系见表 3.1。

表 3.1　常用压力单位的换算关系

bar	Pa	kgf/cm^2	bf/in^2	atm	mmH_2O	mmHg
1	1×10^5	1.019 72	1.45×10	0.986 923	$1.019\,72 \times 10^4$	$7.500\,62 \times 10^2$

3.1.4 静止液体中的压力传递

如图 3.2 所示密闭容器内的静止液体,当外力 F 变化引起外加压力 $p_{表}$ 发生变化时,若液体仍保持原来的静止状态,则液体内任一点的压力将发生同样大小的变化。即在密闭容器内,施加于静止液体上的压力可以等值传递到液体内各点。这就是静压传递原理,或称为帕斯卡原理。

在图 3.2 中,活塞上的作用力 F 是外加负载,A 为活塞截面的面积,根据静压传递原理,容器内的压力将随负载 F 的变化而变化,并且各点处压力的变化值相等。在不考虑活

塞和液体重力所引起压力变化的情况下,液体中的压力为

$$p=\frac{F}{A} \tag{3.7}$$

由此可见,作用在活塞上的外负载越大,容器内的压力就越大。若负载恒定不变,则压力不再增大,这说明容器中的压力是由外界负载决定的,这是液压传动中的一个基本概念。

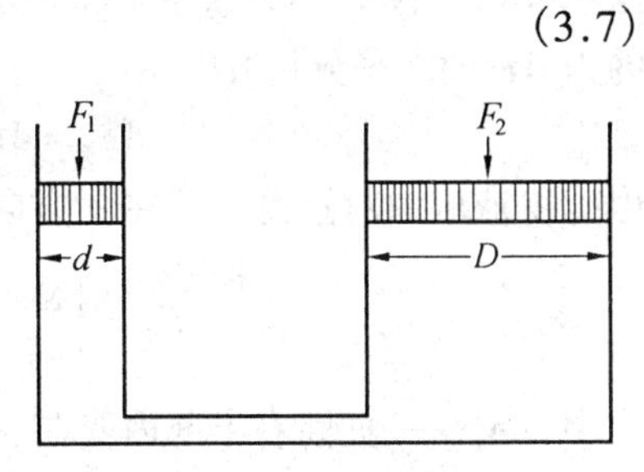

图 3.4 例题 3.4 附图

例 3.4 如图3.4所示的两个相互连通的液压缸,已知大缸内径 $D=100$ mm,小缸内径 $d=20$ mm,大活塞上放置重物的重力为 $F_2=50\ 000$ N。求在小活塞上所施加的力 F_1 多大才能使大活塞顶起重物?

解 根据静压传递原理,由外力产生的压力在两连通的液压缸中相等,即

$$\frac{F_1}{\frac{\pi d^2}{4}}=p=\frac{F_2}{\frac{\pi D^2}{4}}$$

因此顶起重物应在小活塞上施加的力为

$$F_1=\frac{d^2}{D^2}F_2=\frac{20^2}{100^2}\times 50\ 000=2\ 000\ \text{N}$$

答:在小活塞上所施加的力 F_1 为 2 000 N。

这里也说明了压力决定于负载的概念。作用在大活塞上的外力 F_2 越大,施加于小活塞上的力 F_1 也必须大,则在缸筒内的压力 p 也就越大。但压力只增高到相应于活塞面积能克服负载的程度为止。若负载恒定不变,则压力不再增大,由此说明了液压千斤顶等液压起重机械的工作原理,它体现了液压传动能够使力放大的作用。

3.1.5 液体静压力作用在固体壁面上的力

在设计液压元件时,经常要计算液体静压力作用在平面或曲面等固体壁面上的液压力,如液压缸活塞所受的液压力等。

静止液体和固体壁面相接触时,固体壁面上各点在某一方向上所受液压力的总和,就是液体在该方向上作用于固体壁面上的力。

固体壁面为平面时,如不计重力作用(即忽略式(3.3)中的 ρgh 项),平面上各点处的静压力大小相等。作用在固体壁面上的液压力 F 等于静压力 p 与承压面积 A 的乘积,其作用力方向垂直于壁面,即

$$F=pA \tag{3.8}$$

当固体壁面为曲面时,曲面上液压作用力在 x 方向上的总作用力 F_x 等于液体静压力 p 和曲面在该方向投影面积 A_x 的乘积,即

$$F_x=pA_x \tag{3.9}$$

例 3.5 求图3.5中压力为 p 的液压油对液压缸缸筒内壁面的作用力。

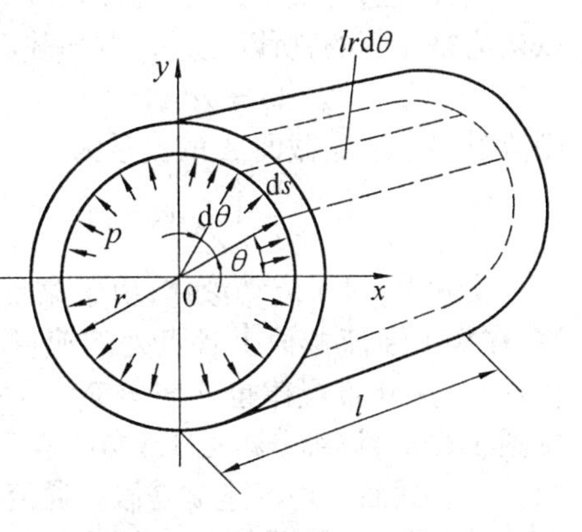

图 3.5 例题 3.5 附图

解　为求液压油对右半部缸筒内壁在 x 方向上的液压作用力 F_x，可在内壁上取一微小面积 $dA = lds = lrd\theta$（这里 l 和 r 分别为缸筒的长度和半径），则液压油作用在这部分面积上的力 dF 的水平分量 dF_x 为

$$dF_x = dF\cos\theta = p\,dA\cos\theta = plr\cos\theta d\theta$$

由此得液压油对缸筒内壁在 x 方向上的作用力为

$$F_x = \int_{-\frac{\pi}{2}}^{\frac{\pi}{2}} dF_x = \int_{-\frac{2}{\pi}}^{\frac{\pi}{2}} plr\cos\theta d\theta = 2plr = pA_x$$

式中　A_x——缸筒右半部内壁在 x 方向上的投影面积，$A_x = 2rl$。

3.2　液体动力学

本节主要讨论液体流动时的流动状态、运动规律及能量转换等问题，这些都是液体动力学的基础及液压传动中分析问题和设计计算的理论依据。液体流动时，由于重力、惯性力，黏性摩擦力等因素影响，其内部各处质点的运动状态是各不相同的。这些质点在不同时间、不同空间处的运动变化对液体的能量损耗有一定影响。但对液压技术来说，所感兴趣的只是整个液体在空间某特定点处或特定区域内的平均运动情况；此外，流动液体的运动状态还与液体的温度、黏度等参数有关。为了便于分析，一般都假定在等温条件下（此时可以把黏度看作常量，密度只与压力有关）来讨论液体的流动情况。

3.2.1　基本概念

1. 通流截面、流量和平均流速

液体在管道中流动时，垂直于流动方向的截面称为通流截面。在单位时间内流过某一通流截面的液体体积称为体积流量，简称为流量。流量以 q 来表示，单位为 m^3/s 或 L/min。由流量的定义可知

$$q = \frac{V}{t} \tag{3.10}$$

式中　V——流过通流截面液体的体积（m^3）；

　　　t——流过液体体积为 V 所用的时间（s）。

当液流通过微小的通流截面 dA 时，如图 3.6(a) 所示，液体在该截面上各点的速度 u 可以认为是相等的，所以流过该微小截面的流量为

$$dq = u\,dA$$

则流过整个通流截面 A 的流量为

$$q = \int_A u\,dA$$

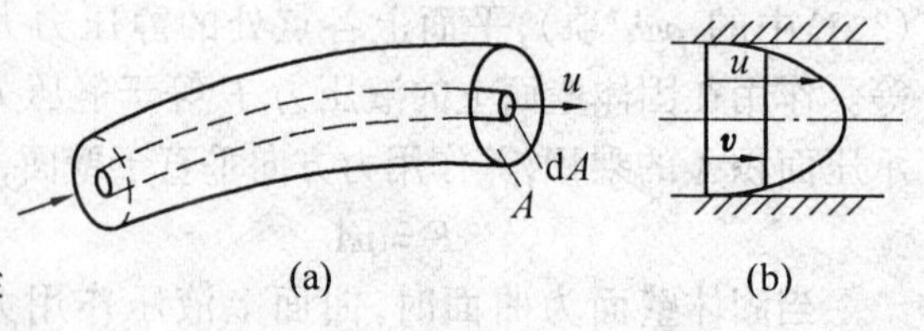

图 3.6　液体流量和平均流速

实际上，对于流动液体，由于黏性力的作用，在整个通流截面上各点处的速度 u 是不相等的，其分布规律也比较复杂，不易确定，见图 3.6(b)，详细分析见 3.3 节。在工程实际使用中，可以采用截面平均流速 v 来进行分析和计算。截面平均流速 v 是假设通流截面上各点的流速均匀分布，液体以此截面平均流速 v 流过此截面的流量等于以实际速度 u 流过此截面的流量，即

$$q = \int_A u \, dA = vA$$

由此可得出通流截面 A 上的平均流速为

$$v = \frac{q}{A} \tag{3.11}$$

在工程实际中，所关心的是整个液体在某特定空间或特定区域内的平均运动情况，因此通流截面上的平均流速 v 更有实际应用价值。例如，液压传动系统中液压缸工作时，活塞的运动速度就等于缸体内液体的平均流速，由此可以根据上式建立起活塞运动速度 v、液压缸有效作用面积(通流截面) A 和流量 q 三者之间的关系。当液压缸的有效作用面积 A 不变时，活塞运动速度 v 取决于输入液压缸的流量 q。

2. 理想液体、定常流动

研究液体流动时必须考虑到液体黏性的影响，但由于这个问题相当复杂，所以在开始分析时，可以假设液体没有黏性，寻找出液体流动的基本规律后，再考虑黏性作用的影响，并通过实验验证的方法对假设条件下所得到的结论进行补充或修正。对液体的可压缩性问题也可以用这种方法处理。一般把既无黏性又不可压缩的假想液体称为理想液体。

液体流动时，如果液体中任一空间点处的压力、速度和密度等都不随时间变化，则称这种流动为定常流动(或称为稳定流动、恒定流动)；反之，如果液体中任一空间点处的压力、流速和密度中有一个参数随时间变化，则称为非定常流动或时变流动。

在工程上，液体在管道中的流动通常看作是定常流动。

3.2.2 液体连续性方程

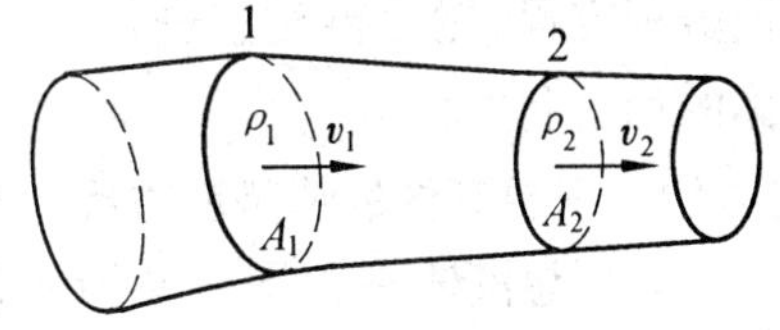

图 3.7 液流连续性原理

液体连续性方程是质量守恒定律在流体力学中的一种具体表现形式。如图 3.7 所示的液体在具有不同通流截面的任意形状管道中做定常流动时，可任取 1、2 两个不同的通流截面，其面积分别为 A_1 和 A_2，在这两个截面处的液体密度和截面平均流速分别为 ρ_1、v_1 和 ρ_2、v_2。由于是定常流动，在这两个截面之间的液体密度 ρ、压力 p、速度 v 都不随时间而变化，在管道壁不变形的情况下，两个截面之间的液体质量不随时间变化，所以根据质量守恒定律，在单位时间内流过这两个通流截面的液体质量相等，即

$$\rho_1 v_1 A_1 = \rho_2 v_2 A_2$$

当忽略液体的可压缩性时，即 $\rho_1 = \rho_2$，则有

$$v_1 A_1 = v_2 A_2 \tag{3.12}$$

由此得

$$q_1 = q_2 \quad 或 \quad q = vA = \text{const}(常数)$$

这就是液体在管道中做定常流动时的液体连续性方程，它说明液体在同一管道中做定常流动时(忽略管道变形)，流过各通流截面的体积流量是相等的(即液流是连续的)。因此在管道中流动的液体，其流速和通流截面的面积成反比。

当管道上有分支时，通过总管道的流量为各分支管道流量的总和。

例 3.6 如图3.8所示,已知流量 $q_1=25$ L/min,小活塞杆直径 $d_1=20$ mm,小活塞直径 $D_1=75$ mm,大活塞杆直径 $d_2=40$ mm,大活塞直径 $D_2=125$ mm,假设没有泄漏流量,求大、小活塞的运动速度 v_1 和 v_2 各是多少?

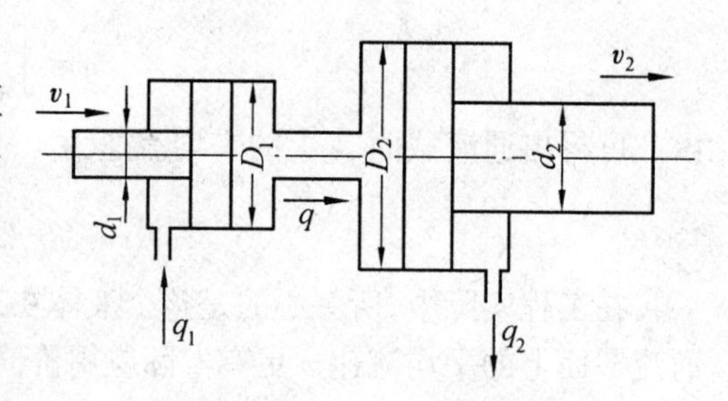

图 3.8 例题 3.6 附图

解 根据液体连续性方程 $q=vA$,所求的大、小活塞的运动速度 v_1 和 v_2 分别为

$$v_1=\frac{q_1}{\frac{\pi}{4}D_1^2-\frac{\pi}{4}d_1^2}=\frac{25\times10^{-3}}{60\times\left[\frac{\pi}{4}(0.075^2-0.020^2)\right]}=0.102\ \text{m/s}$$

$$v_2=\frac{\frac{\pi}{4}D_1^2v_1}{\frac{\pi}{4}D_2^2}=\frac{0.075^2\times0.102}{0.125^2}=0.036\ 72\ \text{m/s}$$

答:大小活塞的运动速度分别是 $v_1=0.102$ m/s、$v_2=0.367\ 2$ m/s。

3.2.3 伯努利方程

伯努利方程是能量守恒定律在流体力学中的一种具体表现形式。为了研究方便,先讨论理想液体的伯努利方程,然后再对它进行修正,最后给出实际液体的伯努利方程。

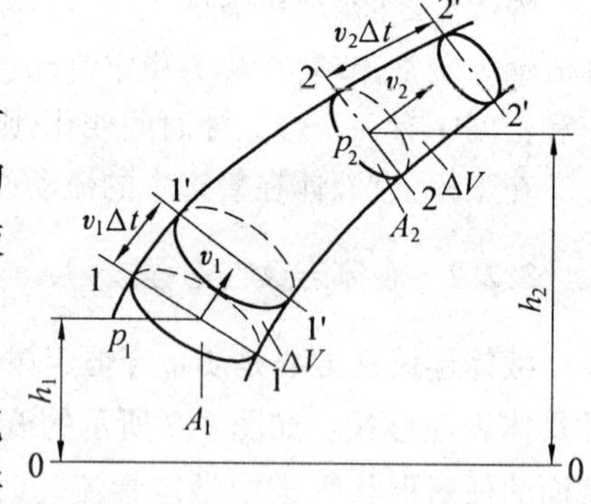

图 3.9 理想液体伯努利方程推导

1. 理想液体的伯努利方程

设理想液体在如图 3.9 所示的管道中做定常流动。任取两通流截面 1—1 和 2—2 之间的液流作为研究对象,设两通流截面的中心到基准面之间的高度分别为 h_1 和 h_2,两通流截面面积分别为 A_1 和 A_2,其压力分别为 p_1 和 p_2。由于是理想液体,在通流截面上的液体流速是均匀分布的,因此可设两通流截面上液体的平均流速分别为 v_1 和 v_2。假设经过很短的时间 Δt 后,1—2 段之间的液体移动到 1′—2′位置。现在分析该段液体在 Δt 时间前后能量的变化情况。

(1) 外力所做的功。作用在该段液体上的外力有侧面力和两端面上的压力,因理想液体无黏性,侧面不产生摩擦力,所以外力所做的功只是两端面上压力做功的代数和,即

$$W=p_1A_1v_1\Delta t-p_2A_2v_2\Delta t$$

由流量连续性方程可知

$$A_1v_1=A_2v_2=q$$

或

$$A_1v_1\Delta t=A_2v_2\Delta t=q\Delta t=\Delta V$$

式中 ΔV——1—1′或 2—2′微小段液体的体积。因此有

$$W=(p_1-p_2)\Delta V$$

(2)液体机械能的变化。因是理想液体的定常流动,经过 Δt 时间后,中间 1′—2 段液体

的力学参数均未发生变化，故这段液体的能量没有增减。液体机械能的变化仅表现在 1—1′ 和 2—2′两小段液体的能量差别上。由于前后两段液体有相同的质量，即

$$\Delta m = \rho v_1 A_1 \Delta t = \rho v_2 A_2 \Delta t = \rho q \Delta t = \rho \Delta V$$

所以两段液体的位能差 $\Delta E_{位}$ 和动能差 $\Delta E_{动}$ 分别为

$$\Delta E_{位} = \rho g q \Delta t (h_2 - h_1) = \rho g \Delta V (h_2 - h_1)$$

$$\Delta E_{动} = \frac{1}{2} \rho q \Delta t (v_2^2 - v_1^2) = \frac{1}{2} \rho \Delta V (v_2^2 - v_1^2)$$

根据能量守恒定律，外力对液体所做的功等于该液体能量的变化量，即 $W = \Delta E_{位} + \Delta E_{动}$，代入相关公式，可得

$$(p_1 - p_2)\Delta V = \rho g \Delta V (h_2 - h_1) + \frac{1}{2} \rho \Delta V (v_2^2 - v_1^2)$$

将上式各项分别除以微小段液体的体积 ΔV，整理后得理想液体伯努利方程为

$$p_1 + \rho g h_1 + \frac{1}{2} \rho v_1^2 = p_2 + \rho g h_2 + \frac{1}{2} \rho v_2^2 \tag{3.13}$$

或写成

$$p + \rho g h + \frac{1}{2} \rho v^2 = \text{const}(常数) \tag{3.14}$$

式(3.14)中各项分别是单位体积液体的压力能、位能和动能。理想液体伯努利方程的物理意义是：在密闭管道中做定常流动的理想液体具有压力能、位能和动能三种形式的能量。在液体流动过程中，这三种形式的能量可以互相转化，但各通流截面上三种能量之和为恒定值。

2. 实际液体的伯努利方程

实际液体在管道中流动时，由于液体存在黏性，会产生内摩擦力，消耗能量；同时，管道局部形状和尺寸的骤然变化，使液体产生扰动，液体质点相互撞击等，也消耗能量。因此，实际液体流动有能量损失，这里可设单位体积液体在两通流截面间流动的能量损失为 Δp_w。

此外，由于实际液体在管道通流截面上的流速是不均匀的，在用平均流速代替实际流速计算动能时，必然会产生误差。为了修正这个误差，需引入动能修正系数 α。

因此，实际液体的伯努利方程为

$$p_1 + \rho g h_1 + \frac{1}{2} \rho \alpha_1 v_1^2 = p_2 + \rho g h_2 + \frac{1}{2} \rho \alpha_2 v_2^2 + \Delta p_w \tag{3.15}$$

式中，动能修正系数 α_1 和 α_2 的值与流动状态有关，当液体紊流时，取 $\alpha = 1$，层流时，取 $\alpha = 2$（紊流和层流的概念在下一节中介绍）。

实际液体伯努利方程的物理意义与理想液体伯努利方程的物理意义基本相同，但是考虑到实际液体的流动速度和流动时的能量损失，增加了动能修正系数和能量损失 Δp_w 项。

实际液体的伯努利方程的物理意义是：实际液体在管道中做定常流动时，具有压力能、动能和位能三种形式的机械能。在流动过程中这三种形式的能量可以相互转化。但是上游截面这三种能量的总和等于下游截面这三种能量总和加上从上游截面流到下游截面过程中的能量损失。

伯努利方程揭示了液体流动过程中的能量变化规律。它指出，对于流动的液体来说，如果没有能量的输入和输出，液体内的总能量是不变的。它是流体力学中一个重要的基本方程。它不仅是进行液压传动系统分析的基础，而且还可以对多种流体技术问题进行研究和

计算。

在应用伯努利方程时,应注意高度 h 和压力 p 是指通流截面上同一点的两个参数。

例 3.7 如图3.10所示,液压传动系统中的泄漏油从垂直安放的圆管中流出,如管的直径 $d_1 = 10$ cm,管口处截面平均流速 $v_1 = 1.4$ m/s,求管垂直下方 $H = 1.5$ m 处液体的平均流速 v_2 和液柱的直径 d_2 各是多少?

解 在油液从管中自由流出时,可不必考虑液体内摩擦力和液柱与空气之间的摩擦能量损失 Δp_w 的影响,因此,对管口 1—1 和 $H = 1.5$ m 的 2—2 两截面列出理想液体的伯努利方程为

$$p_1 + \rho g h_1 + \frac{1}{2}\rho v_1^2 = p_2 + \rho g h_2 + \frac{1}{2}\rho v_2^2$$

式中,$h_1 = H = 1.5$ m,$h_2 = 0$,$p_1 = p_2$,将各参数代入上式,则可导出

$$h_1 + \frac{v_1^2}{2g} = \frac{v_2^2}{2g}$$

经变换可得油液在 2—2 截面的平均流速 $v_2 = \sqrt{2gh_1 + v_1^2}$,即

$$v_2 = \sqrt{2 \times 9.81 \times 1.5 + 1.4^2} = 5.6 \text{ m/s}$$

由连续性方程得

$$q_1 = q_2 = \frac{\pi}{4} d_1^2 v_1 = \frac{\pi}{4} d_2^2 v_2$$

经变换可得在 2—2 截面的液柱直径

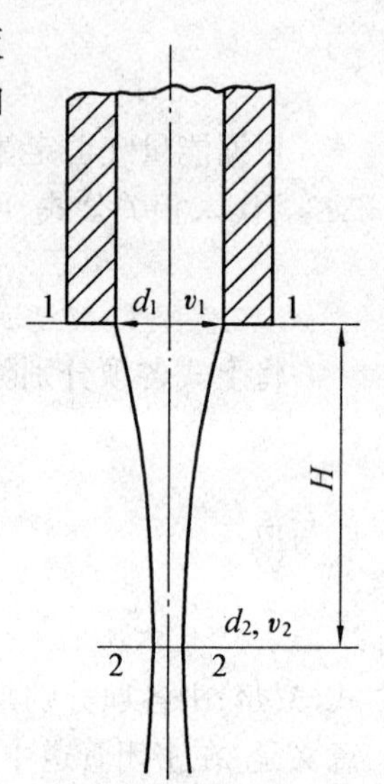

图 3.10 例题 3.7 附图

$$d_2 = \sqrt{\frac{v_1 d_1^2}{v_2}} = \sqrt{\frac{1.4 \times 0.1^2}{5.6}} = 0.05 \text{ m}$$

答:圆管垂直下方 $H = 1.5$ m 处液体的截面平均流速 $v_2 = 5.6$ m/s,液柱直径 $d_2 = 0.05$ m。

3.2.4 动量方程

动量方程是动量定律在流体力学中的具体应用。在液压传动中,要计算液流作用在固体壁面上的力时,应用动量方程求解比较方便。

刚体力学动量定律指出,作用在物体上的外力等于物体在力作用方向上单位时间内动量的变化量,即

$$\sum \boldsymbol{F} = \frac{m(\boldsymbol{v}_2 - \boldsymbol{v}_1)}{\Delta t}$$

对于做定常流动的液体,若忽略其可压缩性,可将 $m = \rho \Delta V = \rho q \Delta t$ 代入上式,并考虑以平均流速代替实际流速会产生误差,因而引入动量修正系数 β,则可写出如下形式的动量方程为

$$\sum \boldsymbol{F} = \rho q(\beta_2 \boldsymbol{v}_2 - \beta_1 \boldsymbol{v}_1) \tag{3.16}$$

式中 $\sum \boldsymbol{F}$——作用在液体上所有外力的矢量和(N);

$\boldsymbol{v}_1$、$\boldsymbol{v}_2$——液流在前、后两个通流截面上的平均流速矢量(m/s);

β_1、β_2——动量修正系数,紊流时 $\beta = 1$,层流时 $\beta = 4/3$;

ρ、q——液体的密度(kg/m^3)和流量(m^3/s)。

式(3.16)为矢量方程,使用时应根据具体情况将式中的各个矢量分解为指定方向上的投影值,再列出该方向上的动量方程。例如,在指定 x 方向上的动量方程可写成如下形式,即

$$\sum F_x = \rho q(\beta_2 v_{2x} - \beta_1 v_{1x}) \tag{3.17}$$

在工程实际问题中,往往要求出液流对通道固体壁面的作用力,即动量方程中 $\sum \boldsymbol{F}$ 的反作用力 $\sum \boldsymbol{F}'$,它被称为稳态液动力。在指定 x 方向上的稳态液动力计算公式为

$$F'_x = -\sum F_x = \rho q(\beta_1 v_{1x} - \beta_2 v_{2x}) \tag{3.18}$$

根据式(3.18)可求得作用在滑阀阀芯上的稳态液动力,同时可以证明该稳态液动力通常是关闭阀口。当液流反方向通过同一阀口时,可得相同结论。

例3.8 如图3.11所示,水平面上的弯管,已知1—1截面压力 $p_1 = 98$ kPa, $v_1 = 4$ m/s, $\rho = 1\ 000$ kg/m³, $g = 9.8$ N/kg, $d_1 = 0.2$ m, $d_2 = 0.1$ m,转角 $\theta = 45°$,不计水头损失,求水流对弯管的作用力 F 是多少?

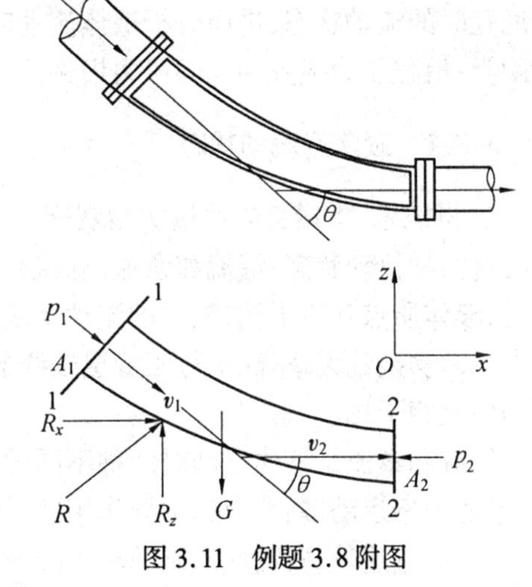

图3.11 例题3.8附图

解 (1)连续方程

$$v_2 = v_1\left(\frac{d_1}{d_2}\right)^2 = 4\times v_1 = 16\ \text{m/s}$$

$$q = v_1 A_1 = 4\times 0.785\times 0.2^2 = 0.126\ \text{m}^3/\text{s}$$

取弯管轴线所在平面为基准面

$$h_1 = h_2 = 0, \Delta p_w = 0$$

(2)用实际液体的伯努利方程求 p_2

$$p_1 + \rho g h_1 + \frac{1}{2}\rho\alpha_1 v_1^2 = p_2 + \rho g h_2 + \frac{1}{2}\rho\alpha_2 v_2^2 + \Delta p_w$$

取 $\alpha_1 = \alpha_2 = 1$,有

$$\frac{p_2}{\rho g} = \frac{p_1}{\rho g} + \frac{v_1^2}{2g} - \frac{v_2^2}{2g} = -21.95\ \text{kPa}$$

$$p_2 = -21.95\ \text{kPa}$$

说明断面2—2有负压。

(3)用动量方程求水流对弯管的作用力 F

$$F_{p1} = p_1 A_1, F_{p2} = p_2 A_2$$

$$F_{p1x} = p_1 A_1 \cos\theta, F_{p1z} = p_1 A_1 \sin\theta$$

x 方向的动量方程

$$F_{p1x}\cos\theta - F_{p2} + R_x = \rho q(v_2 - v_1\cos\theta)$$

$$R_x = \rho q(v_2 - v_1\cos\theta) - F_{p1x}\cos\theta + F_{p2} = -688\ \text{N}$$

z 方向的动量方程

$$-F_{p1z}\sin\theta + R_z = \rho q(0 + v_1\sin\theta)$$

$$R_z = \rho q v_1 \sin\theta + F_{p1z}\sin\theta = 2\ 265\ \text{N}$$

合力与水平方向夹角

$$R=\sqrt{R_x^2+R_z^2}=2\ 367\ \text{N}\quad \theta=\arctan\left|\frac{R_z}{R_x}\right|=16.9°$$

3.3　液体流动时的压力损失

实际液体具有黏性,流动时会产生阻力。为了克服阻力,流动的液体需要损耗掉一部分能量,这种能量损失可归纳为实际液体伯努利方程中的 Δp_w 项。Δp_w 具有压力的量纲,通常被称为压力损失。在液压传动系统中,压力损失使液压能转变为热能,它将导致系统的温度升高。因此,在设计液压系统时,要尽量减少压力损失。本节介绍液体流经圆管、接头和阻尼孔时的流动状态,进而分析液体流动时所产生的能量损失,即压力损失。压力损失可分为两类:沿程压力损失和局部压力损失。

3.3.1　液体的流动状态

19 世纪末,雷诺首先通过实验观察了水在圆管内的流动情况,并发现液体在管道中流动时有两种流动状态:层流和紊流(湍流)。这个实验被称为雷诺实验。实验结果表明,在层流时,液体质点互不干扰,液体的流动呈线性或层状,且平行于管道轴线;而在紊流时,液体质点的运动杂乱无章,除平行于管道轴线的运动外,还存在着剧烈的横向运动,液体质点在流动中互相干扰。

层流和紊流是液体流动时两种不同的流态。层流时,液体的流速低,液体质点受黏性约束,不能随意运动,黏性力起主导作用,液体的能量主要消耗在液体之间的摩擦损失上;紊流时,液体的流速较高,黏性的制约作用减弱,惯性力起主导作用,液体的能量主要消耗在动能损失上。

通过雷诺实验还可以证明,液体在圆形管道中的流动状态不仅与管内的通流截面平均流速 v 有关,还和管道的直径 d、液体的运动黏度 ν 有关。实际上,液体流动状态是由上述三个参数所组成的被称为雷诺数 Re 的无量纲数来判定,即

$$Re=\frac{vd}{\nu}\tag{3.19}$$

对于非圆截面管道,雷诺数 Re 可用下式表示,即

$$Re=\frac{4vR}{\nu}\tag{3.20}$$

通流截面的水力半径 R 可用下式计算

$$R=\frac{A}{\chi}\tag{3.21}$$

式中　A——通流截面面积(m^2);

χ——湿周,即有效截面的管壁周长(m)。

直径为 d 的圆形截面管道水力半径为

$$R=\frac{A}{\chi}=\frac{\frac{\pi}{4}d^2}{\pi d}=\frac{d}{4}$$

图 3.12 给出了面积相等但形状不同的通流截面,它们的水力半径是不同的。由计算可

知，圆形通流截面的水力半径最大，环形通流截面的水力半径最小。水力半径的大小对管道通流能力有很大的影响。水力半径大，液流和管壁接触的周长短，管壁对液流的阻力小，通流能力大。这时，即使通流截面面积小，也不容易阻塞。

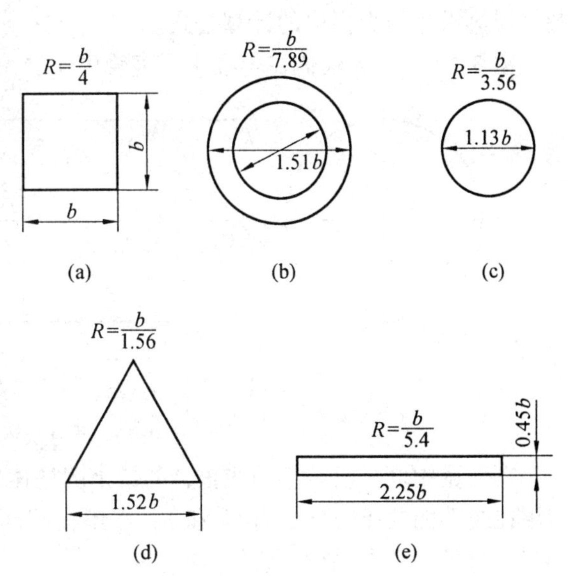

图 3.12　部分通流截面的水力半径

雷诺数是液体在管道中流动状态的判别数。对于不同情况下的液体流动状态，如果液体流动时的雷诺数 Re 相同，它们的流动状态也就相同。液流由层流转变为紊流时的雷诺数和由紊流转变为层流时的雷诺数是不相同的，后者的数值要小，所以一般都用后者作为判断液流流动状态的依据，称为临界雷诺数，记作 Re_{cr}。当液流的实际雷诺数 Re 小于临界雷诺数 Re_{cr}时，液流为层流；反之，液流为紊流。液流管道的临界雷诺数由实验确定。常见不同管道的临界雷诺数如表3.2所示。

表 3.2　常见液流管道的临界雷诺数

管　道	Re_{cr}	管　道	Re_{cr}
光滑金属圆管	2 320	带环槽的同心环状缝隙	700
橡胶软管	1 600 ~ 2 000	带环槽的偏心环状缝隙	400
光滑的同心环状缝隙	1 100	圆柱形滑阀阀口	260
光滑的偏心环状缝隙	1 000	锥阀阀口	20 ~ 100

雷诺数的物理意义是：雷诺数是液流的惯性作用对黏性作用的比。当雷诺数较大时，说明惯性力起主导作用，这时液体处于紊流状态；当雷诺数较小时，说明黏性力起主导作用，这时液体处于层流状态。

例 3.9　液体在光滑金属管道中流动，其通流截面平均流速 $v = 3$ m/s，管道内径 $d = 20$ mm，油液黏度 $\nu = 30 \times 10^{-6}$ m²/s，确定液体的流动状态。

解　计算雷诺数

$$Re = \frac{vd}{\nu} = \frac{3 \times 0.02}{30 \times 10^{-6}} = 2\ 000$$

由表 3.2 可知，金属管 $Re_{cr} = 2\ 320$。由于 $Re = 2\ 000 < 2\ 320$，故液体的流动状态为层流。

3.3.2　沿程压力损失

液体在等径直管中流动时，因摩擦和质点的相互扰动而产生的压力损失被称为沿程压力损失。液体的流动状态不同，所产生的沿程压力损失也有所不同。

1. 液体层流时的沿程压力损失

层流时液体质点做有规则的流动，是液压传动中最常见的现象。在设计和使用液压传动系统时，都希望管道中的液流保持这种流动状态。这里，先讨论其流动情况，然后再推导圆管层流沿程压力损失的计算公式。

图 3.13 所示为液体在等径水平直管中作层流流动的情况。

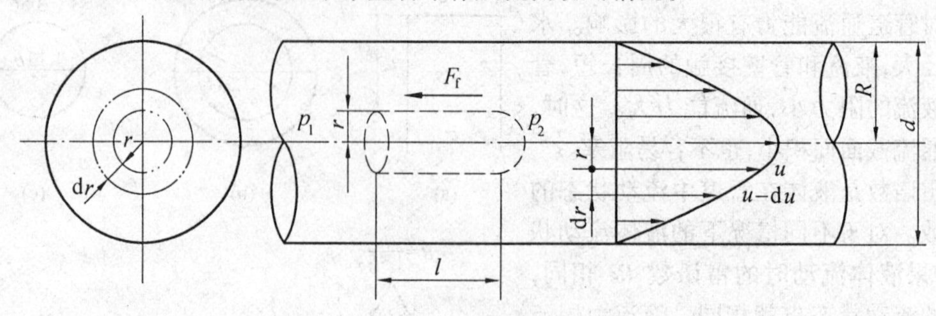

图 3.13 圆管层流流动分析

在液流中取一段与管轴线重合的微小圆柱体作为研究对象，设它的半径为 r，长度为 l，作用在两端面的压力分别为 p_1 和 p_2，作用在侧面的内摩擦力为 F_f。液流在做匀速运动时处于受力平衡状态，故在水平方向上有

$$(p_1-p_2)\pi r^2=F_f$$

由式(2.7)可知，液体内摩擦力为 $F_f=-2\pi rl\mu\mathrm{d}u/\mathrm{d}r$(其中负号表示流速 u 随半径 r 的增大而减小)，若令 $\Delta p=p_1-p_2$，并将 F_f 代入上式，整理可得

$$\mathrm{d}u=-\frac{\Delta p}{2\mu l}r\mathrm{d}r$$

对上式进行积分，并代入相应的边界条件，即当 $r=R$ 时，$u=0$，得

$$u=\frac{\Delta p}{4\mu l}(R^2-r^2) \tag{3.22}$$

可见管内液体质点的流速在半径方向上按抛物线规律分布。最小流速在管壁 $r=R$ 处，其值为 $u_{\min}=0$；最大流速在管轴线 $r=0$ 处，其值为 $u_{\max}=\frac{\Delta p}{4\mu l}R^2=\frac{\Delta p}{16\mu l}d^2$。

对于微小环形通流截面面积 $\mathrm{d}A=2\pi r\mathrm{d}r$，所通过的流量为

$$\mathrm{d}q=u\mathrm{d}A=2\pi ur\mathrm{d}r=2\pi\frac{\Delta p}{4\mu l}(R^2-r^2)r\mathrm{d}r$$

对其积分，可得

$$q=\int_0^R 2\pi\frac{\Delta p}{4\mu l}(R^2-r^2)r\mathrm{d}r=\frac{\pi R^4}{8\mu l}\Delta p=\frac{\pi d^4}{128\mu l}\Delta p \tag{3.23}$$

根据通流截面平均流速的定义，液体在管道内的平均流速是

$$v=\frac{q}{A}=\frac{1}{\frac{\pi}{4}d^2}\frac{\pi d^4}{128\mu l}\Delta p=\frac{d^2}{32\mu l}\Delta p \tag{3.24}$$

将式(3.24)与最大流速 $u_{\max}$ 值比较可知，截面平均流速 v 为最大流速 $u_{\max}$ 的 1/2。

将式(3.24)整理后得，沿程压力损失为

$$\Delta p_\lambda=\Delta p=\frac{32\mu lv}{d^2} \tag{3.25}$$

从式(3.25)可以看出，当直管中的液流为层流时，其沿程压力损失与液体黏度、管长、流速成正比，而与管径的平方成反比。适当变换沿程压力损失计算公式，可改写成如下形式

$$\Delta p_{\lambda}=\frac{64\nu}{dv}\frac{l}{d}\frac{\rho v^{2}}{2}=\frac{64}{Re}\frac{l}{d}\frac{\rho v^{2}}{2}=\lambda\frac{l}{d}\frac{\rho v^{2}}{2} \tag{3.26}$$

式中　λ——沿程阻力系数(对应关系见图 3.14)。对于圆管层流,理论值 $\lambda=64/Re$。考虑到实际圆管截面可能有变形,以及靠近管壁处的液层可能被冷却等因素,在实际计算时,可对金属管取 $\lambda=75/Re$,橡胶管 $\lambda=80/Re$。

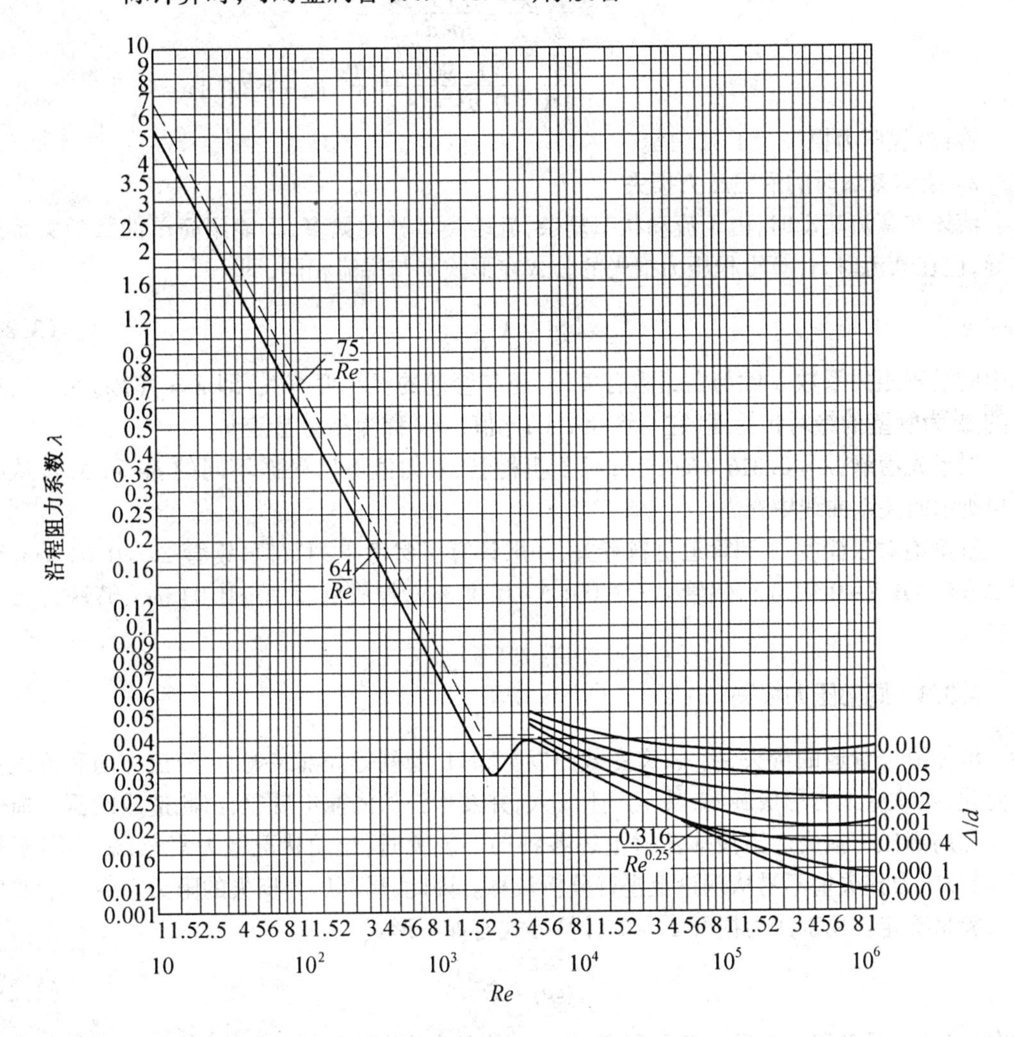

图 3.14　沿程阻力系数 λ 曲线图

例 3.10　已知泵的流量 $q=50$ L/min,液压油为 L-HL46 液压油,油液温度为 50℃,泵的吸油管长度 $L=1$ m,吸油管内径 $d=30$ mm,求吸油管为金属管时,其沿程压力损失为多少?

解　油液在吸油管中的截面平均流速为

$$v=\frac{q}{A}=\frac{50\times10^{-3}}{\frac{\pi}{4}\times0.03^{2}\times60}\ \text{m/s}=1.18\ \text{m/s}$$

L-HL46 液压油在 50℃时的运动黏度 $\nu=30\times10^{-6}\ \text{m}^2/\text{s}$,在 40℃时的运动黏度为 $\nu=41\times10^{-6}\ \text{m}^2/\text{s}$,密度 $\rho=900\ \text{kg/m}^3$,其雷诺数为

$$Re = \frac{vd}{\nu} = \frac{1.18 \times 0.03}{30 \times 10^{-6}} = 1\ 180$$

已知金属管 $Re_c = 2\ 320$,由于 $Re = 1\ 180 < 2\ 320$,故为层流。

沿程压力损失为

$$\Delta p_\lambda = \lambda \frac{l}{d} \frac{\rho v^2}{2} = \frac{75}{Re} \frac{L}{d} \frac{\rho v^2}{2} =$$

$$\frac{75}{1\ 180} \times \frac{1}{0.03} \frac{900 \times 1.18^2}{2} \text{Pa} = 1\ 327\ \text{Pa}$$

答:沿程压力损失为 1 327 Pa。

2. 液体紊流时的沿程压力损失

液体在紊流流动时,由于流动状态复杂,流动类型种类繁多,不能用简单的数学关系式推导,但在紊流时,计算沿程压力损失的公式在形式上与层流相同,即

$$\Delta p_\lambda = \lambda \frac{l}{d} \frac{\rho v^2}{2} \tag{3.27}$$

式中的沿程阻力系数 λ 除与雷诺数有关外,还与管壁的粗糙度有关,即 $\lambda = f(Re, \Delta/d)$,这里的 Δ 为管壁的绝对粗糙度,它与管径 d 的比值 Δ/d 称为相对粗糙度。

对于光滑管,$\lambda = 0.316\ 4Re^{-0.25}$;对于粗糙管,$\lambda$ 的值可以根据不同的 Re 和 Δ/d 从图 3.14所示的关系曲线中查出。

管壁绝对粗糙度 Δ 和管道材料有关,一般计算可参考下列数值:钢管 $\Delta = 0.04$ mm,铜管 $\Delta = 0.001\ 5 \sim 0.01$ mm,铝管 $\Delta = 0.001\ 5 \sim 0.06$ mm,橡胶软管 $\Delta = 0.03$ mm,铸铁管 $\Delta = 0.25$ mm。

3.3.3 局部压力损失

液体流经管道的弯头、接头、突变截面以及阀口、滤网等局部装置时,液流方向和流速发生变化,在这些地方形成旋涡,甚至产生气穴,并发生强烈的撞击现象,由此造成的压力损失被称为局部压力损失。当液体流过上述各种局部装置时,流动状况极为复杂,影响因素较多,局部压力损失值不易从理论上进行分析计算。因此,局部压力损失的阻力系数一般要依靠实验来确定。局部压力损失 Δp_ξ 的计算公式有如下形式

$$\Delta p_\xi = \xi \frac{\rho v^2}{2} \tag{3.28}$$

式中 ξ——局部阻力系数。各种局部装置结构的 ξ 值可通过实验测定,通常可查有关手册。

液体流过各种阀类的局部压力损失亦服从公式(3.28),但因阀内的通道结构复杂,按此公式计算比较困难,故阀类元件局部压力损失 Δp_V 的实际计算常用公式为

$$\Delta p_V = \Delta p_n \left(\frac{q}{q_n} \right)^2 \tag{3.29}$$

式中 Δp_n——阀在额定流量 q_n 下的压力损失(可以从阀的产品样本或设计手册中查出)(Pa);

q——通过阀的实际流量(m^3/s);

q_n——阀的额定流量(m^3/s)。

3.3.4　管路系统总压力损失

整个管路系统的总压力损失应为所有沿程压力损失和所有局部压力损失之和，即

$$\sum \Delta p_w = \sum \Delta p_\lambda + \sum \Delta p_\xi = \sum \lambda \frac{l}{d}\frac{\rho v^2}{2} + \sum \xi \frac{\rho v^2}{2} \tag{3.30}$$

在液压传动系统中，绝大多数压力损失转变为热能，造成系统温度升高，泄漏增大，影响系统的工作性能。从计算压力损失的公式可以看出，减小流速，缩短管道长度，减少管道截面突变，提高管道内壁的加工质量等，都可使压力损失减小。其中流速的影响最大，故液体在管路中的流速不应过高。但流速太低，也会使管道和阀类元件的尺寸加大，并使成本增高，因此要综合考虑确定液体在管道中的流速，管道中推荐的流速可查有关手册。

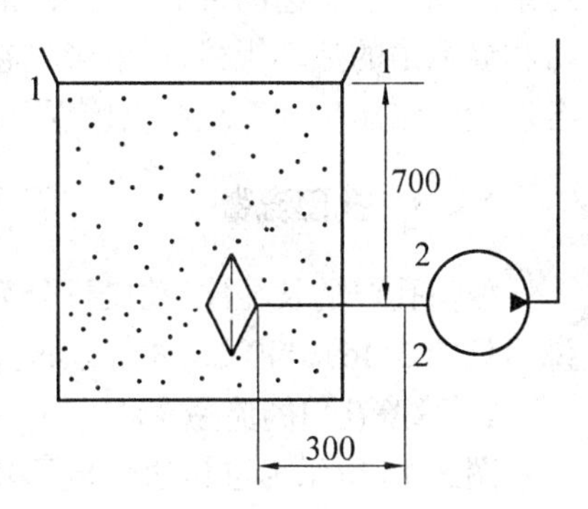

图 3.15　例题 3.11 附图

例 3.11　如图 3.15 所示，液压泵安装在油箱液面以下。液压泵的流量 $q = 25$ L/min，所用液压油液的运动黏度 $\nu = 20$ mm²/s，液压油液密度 $\rho = 900$ kg/m³，假设吸油管为光滑圆管，管道直径 $d = 20$ mm，过滤器的压力损失为 0.2×10^5 Pa，求液压泵吸油口处的绝对压力是多少？

解　取液压泵吸油管的管轴为基准面，列出油箱液面 1—1 和液压泵吸油口截面 2—2 的实际液体的伯努利方程为

$$p_1 + \rho g h_1 + \frac{1}{2}\rho\alpha_1 v_1^2 = p_2 + \rho g h_2 + \frac{1}{2}\rho\alpha_2 v_2^2 + \Delta p_w$$

其中，两截面上的已知参数为 $p_1 = p_a = 1.013 \times 10^5$Pa，$h_1 = 0.7$ m，$h_2 = 0$，其截面平均流速 v_2 为

$$v_2 = \frac{q}{A_2} = \frac{q}{\frac{\pi}{4}d_2^2} = \frac{4 \times 25 \times 10^{-3}}{\pi \times 2^2 \times 10^{-4} \times 60} = 1.326 \text{ m/s}$$

因油箱液面面积较大，所以 $v_1 \ll v_2$，因此可认为 $v_1 = 0$。由断面 1—1 到 2—2 的总能量损失 $\Delta p_w = \Delta p_\lambda + \Delta p_\xi$。为确定动能修正系数 α_2，以便计算沿程损失 Δp_λ，需要先判定液流的流态。由雷诺数公式得

$$Re = \frac{v_2 d_2}{\nu} = \frac{1.326 \times 0.02}{20 \times 10^{-6}} = 1\ 326 < 2\ 320(\text{层流})$$

由此可知 $\alpha_2 = 2$，则沿程损失为

$$\Delta p_\lambda = \frac{32\mu l v}{d^2} = \frac{32 \times 900 \times 20 \times 10^{-6} \times 0.3 \times 1.326}{(0.02)^2} = 572.832 \text{ Pa}$$

将上述得到的数值代入伯努利方程中，可得液压泵吸油口处的绝对压力

$$p_2 = p_1 + \rho g h_1 - \frac{1}{2}\rho\alpha_2 v_2^2 - \Delta p_w =$$

$$101\ 300 + 900 \times 9.81 \times 0.7 - \frac{1}{2} \times 900 \times 2 \times (1.326)^2 - 0.2 \times 10^5 - 572.8 = 85\ 325 \text{ Pa}$$

答：液压泵吸油口处绝对压力 $p_2 = 85\ 325$ Pa。

3.4 孔口和缝隙流量

在液压传动中常利用液体流经阀的小孔或缝隙来控制系统的压力和流量，以此来达到对系统调压或调速的目的。另外，液压元件中的泄漏也属于缝隙流动。因此，研究液体在孔口和缝隙中的流动规律，了解影响它们的因素，才能为正确分析液压元件、系统工作性能及合理设计液压传动系统提供依据。

3.4.1 孔口流量

根据孔口的长径比，孔口可分为三种：当孔口的长径比 $\delta/d \leqslant 0.5$ 时，称为薄壁孔(参数说明见图 3.16)；当$0.5 < \delta/d \leqslant 4$时，称为短孔；当 $\delta/d > 4$ 时，称为细长孔。

1. 薄壁孔口的流量

图 3.16 所示为进口边做成刃口形的典型薄壁孔口。由于液体的惯性作用，液流通过孔口时要产生收缩现象，在靠近孔口的后方出现收缩成最小的通流截面 2—2。对于薄壁圆孔，当孔前通道直径与小孔直径之比 $d_1/d \geqslant 7$ 时，流速的收缩作用不受孔前通道内壁的影响，这时的收缩被称为完全收缩；反之，当 $d_1/d < 7$ 时，孔前通道对液流进入小孔起导向作用，这时的收缩被称为不完全收缩。

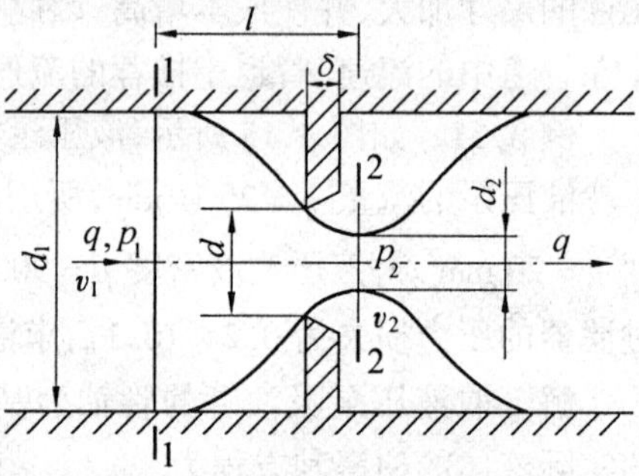

图 3.16 薄壁小孔液流

现对孔前通道截面 1—1 和收缩截面 2—2 之间的液体列出实际液体的伯努利方程

$$p_1 + \rho g h_1 + \frac{1}{2}\rho\alpha_1 v_1^2 = p_2 + \rho g h_2 + \frac{1}{2}\rho\alpha_2 v_2^2 + \Delta p_{\mathrm{w}}$$

式中，$h_1 = h_2$；因 $v_1 \ll v_2$，则 v_1 可以忽略不计；因为收缩截面的流动是紊流，则 $\alpha_2 = 1$；Δp_{w} 为总压力损失，在这里

$$\Delta p_{\mathrm{w}} = \lambda \frac{l}{d}\frac{\rho v_2^2}{2} + \xi\frac{\rho v_2^2}{2} = \left(\lambda\frac{l}{d} + \xi\right)\frac{\rho v_2^2}{2}$$

式中 λ——液体流过截面 1—1 和截面 2—2 之间 l 距离的沿程损失系数；

l——液体流过截面 1—1 和截面 2—2 之间的距离(m)；

d——孔口直径(m)；

ξ——液体流过孔口处的局部损失系数。

将其代入后，可得

$$v_2 = \frac{1}{\sqrt{1 + \lambda\dfrac{l}{d} + \xi}}\sqrt{\frac{2}{\rho}(p_1 - p_2)} = C_v\sqrt{\frac{2}{\rho}\Delta p} \tag{3.31}$$

式中 Δp——通道截面 1—1 和收缩截面 2—2 之间的压力差(Pa)，$\Delta p = p_1 - p_2$；

C_v——速度系数，$C_v = v_2/v_T$，这里 $C_v = \dfrac{1}{\sqrt{1 + \lambda\dfrac{l}{d} + \xi}}$；

v_T——孔口直径为 d 处通流流动截面平均速度(m/s)。

由此可得通过薄壁孔口的流量公式为

$$q = A_2 v_2 = C_v C_c A_T \sqrt{\frac{2}{\rho}\Delta p} = C_q A_T \sqrt{\frac{2}{\rho}\Delta p} \tag{3.32}$$

式中　A_2——收缩截面的面积(m^2),$A_2 = \pi d_2^2/4$;

C_c——收缩系数,$C_c = A_2/A_T = d_2^2/d^2$;

A_T——孔口直径为 d 的通流截面面积(m^2),$A_T = \pi d^2/4$;

C_q——流量系数,$C_q = q_1/q_T$,这里 $C_q = C_v C_c$;

q_T——孔口直径为 d 处液流流量(m^3/s)。

C_c、C_v 和 C_q 的数值可由实验确定。在液流完全收缩的情况下,当 $Re \leqslant 10^5$ 时,C_q、C_c、C_v 与 Re 之间的关系如图3.17所示,或按下列关系计算

$$C_q = 0.964 Re^{-0.05} (Re = 800 \sim 5\ 000) \tag{3.33}$$

当 $Re > 10^5$ 时,它们可被认为是不变的常数,计算时,可取平均值 $C_c = 0.61 \sim 0.63$、$C_v = 0.97 \sim 0.98$ 和 $C_q = 0.6 \sim 0.62$。当液流不完全收缩($d_1/d < 7$)时,流量系数可增大到 $C_q = 0.7 \sim 0.8$。当孔口不是薄刃式,而是带棱边或小倒角时,C_q 值将更大。由于薄壁孔口的流程短,流量对油温的变化不敏感,因此流量稳定,适合于做节流器。但薄壁孔口加工困难,因此实际应用较多的是短孔。

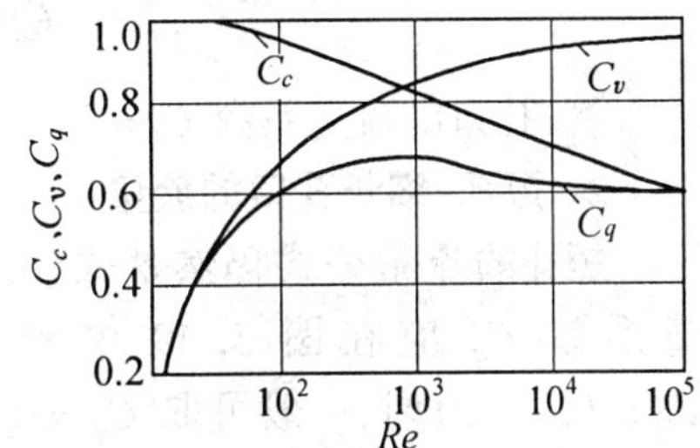

图3.17　小孔的 $C_q - Re$、$C_v - Re$、$C_c - Re$ 曲线

例3.12　如图3.18所示,容器所盛的水在水位差 $H = 2$ m的作用下,经 $d = 10$ mm 的孔口流入大气,如果已知流量 $q = 0.3$ L/s,求此时孔口的流量系数 C_q、速度系数 C_v 和截面收缩系数 C_c。射流某一截面中心的坐标 $x = 3$ m 和 $y = 1.2$ m。

解　(1) 求速度系数 C_v。在水流出后,可以不必考虑水流与空气之间的摩擦能量损失 Δp_w 的影响,因此,以水面1—1和水流出的射流孔中心2—2两截面列理想液体伯努利方程

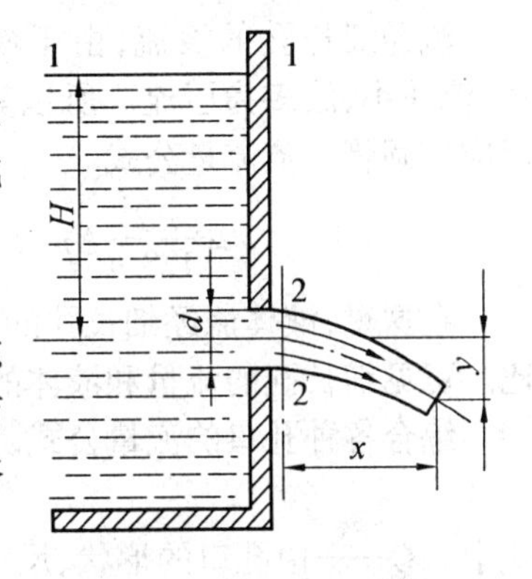

图3.18　例题3.12附图

$$p_1 + \rho g h_1 + \frac{1}{2}\rho v_1^2 = p_2 + \rho g h_2 + \frac{1}{2}\rho v_2^2$$

其中,$p_1 = p_2 = p_a$,$h_1 = 2$ m,$h_2 = 0$,并设 $v_1 = 0$。把这些数值代入上式并进行整理,可得容器出口2—2处的截面平均速度 $v_2 = \sqrt{2gH}$。

在射流截面中心坐标 $x = 3$ m 和 $y = 1.2$ m 处,液体流动速度可由运动方程 $x = v_0 t$ 联立 $y = gt^2/2$ 来求得 $v_0 = x\sqrt{\dfrac{g}{2y}}$。

由速度系数定义 $C_v = v_0/v_2$,可得

$$C_v = \frac{v_0}{v_2} = \frac{x\sqrt{\frac{g}{2\gamma}}}{\sqrt{2gH}} = \frac{x}{2\sqrt{\gamma H}} = \frac{3}{2\sqrt{1.2\times 2}} = 0.968$$

(2) 求流量系数 C_q。

截面 2—2 处的计算流量为

$$q_2 = v_2 A = \sqrt{2gH}\times\frac{\pi}{4}d$$

由流量系数 $C_q = \frac{q}{q_2}$，可得

$$C_q = \frac{q}{q_2} = \frac{3\times 10^{-4}}{\sqrt{2\times 9.81\times 2}\times\frac{\pi}{4}\times 0.01^2} = 0.61$$

(3) 求截面收缩系数 C_c。

$$C_c = \frac{A_2}{A} = \frac{C_q}{C_v} = \frac{0.61}{0.968} = 0.63$$

答：孔口的流量系数 $C_q = 0.61$，速度系数 $C_v = 0.968$，收缩系数 $C_c = 0.63$。

2. 短孔、细长孔口的流量

短孔的流量公式仍然是式(3.32)，但流量系数 C_q 应在图 3.19 中查出。而当 $dRe/l > 1\,000$ 时，一般可取 $C_q = 0.82$。短孔比薄壁孔口容易制作，因此特别适合于做固定节流器。

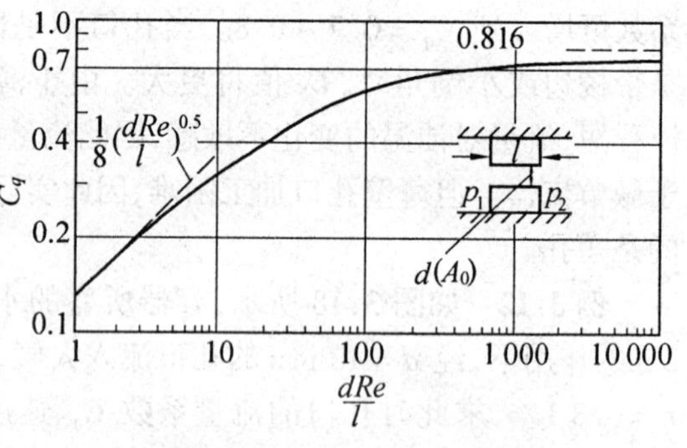

图 3.19　短孔流量系数

流经细长孔的液流，由于黏性而流动不畅，流速小，故多为层流。所以其流量计算可以应用圆管层流流量公式

$$q = \frac{\pi d^4}{128\mu l}\Delta p \tag{3.34}$$

在这里，液体流经细长孔的流量 q 和孔前后的压差 Δp 成正比，而和液体的黏度 μ 成反比。可见细长孔的流量和液体的黏度有关。这一点是和薄壁孔口的特性大不相同的。

综合各种孔口的流量公式，可以归纳出一个流量的通用公式

$$q = CA_T\Delta p^{\varphi} \tag{3.35}$$

式中　C——由孔口的形状、尺寸和液体性质决定的系数；对于细长孔，有 $C = d^2/32\mu l$；对于薄壁孔和短孔，有 $C = C_q\sqrt{2/\rho}$；

A_T——孔口的通流截面面积(m^2)；

Δp——孔口的两端压力差(Pa)；

φ——由孔口的长径比决定的指数，薄壁孔 $\varphi = 0.5$，细长孔 $\varphi = 1$。

这个流量的通用公式经常用于分析孔口的流量压力特性。

3.4.2　缝隙流量

液压元件中的各零件，特别是有相对运动的各零件之间，一般都存在缝隙(或称为间隙)。流过缝隙的液体是泄漏，这个流量就是缝隙泄漏流量。由于缝隙通道狭窄，液流受壁

面的影响较大，流速小，因此缝隙液流的流态均为层流。

通常来讲，缝隙流动有三种情况：一种是由缝隙两端压力差造成的流动，称为压差流动；另一种是形成缝隙的两壁面做相对运动所造成的流动，称为剪切流动；此外，这两种流动同时存在时，称为压差剪切流动。

1．平行平板缝隙的流量

图 3.20 所示为平行平板缝隙间的液体流动情况。设缝隙高度为 h，宽度为 b（垂直于 $\mathrm{d}x\mathrm{d}y$），长度为 l，一般有 $b \gg h$ 和 $l \gg h$，设两端的压力分别为 p_1 和 p_2，其压差为 $\Delta p = p_1 - p_2$。从缝隙液流中取出一微小的平行六面体 $b\mathrm{d}x\mathrm{d}y$，其左右两端面所受的压力分别为 p 和 $p+\mathrm{d}p$，上下两侧面所受的摩擦切应力分别为 τ 和 $\tau+\mathrm{d}\tau$，则在水平方向上的力平衡方程为

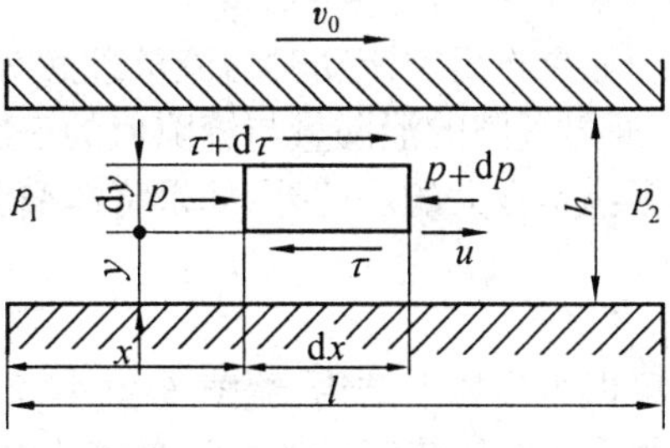

图 3.20　平行平板缝隙液流

$$pb\mathrm{d}y + (\tau + \mathrm{d}\tau)b\mathrm{d}x = (p + \mathrm{d}p)b\mathrm{d}y + \tau b\mathrm{d}x$$

将上式展开并移项，得

$$\mathrm{d}\tau b\mathrm{d}x = \mathrm{d}pb\mathrm{d}y$$

将第 2 章中的式(2.8)$\left(\tau = \dfrac{F_{\mathrm{f}}}{A} = \mu\dfrac{\mathrm{d}u}{\mathrm{d}y}\right)$代入，并整理后，得

$$\frac{\mathrm{d}^2u}{\mathrm{d}y^2} = \frac{1}{\mu}\frac{\mathrm{d}p}{\mathrm{d}x}$$

对 y 积分两次，得

$$u = \frac{1}{2\mu}\frac{\mathrm{d}p}{\mathrm{d}x}y^2 + C_1y + C_2 \tag{3.36}$$

式中　C_1、C_2——积分常数。当平行平板间的相对运动速度为 v_0 时，利用边界条件：$y=0$ 处，$u=0$；$y=h$ 处，$u=v_0$，得 $C_1 = -\dfrac{h}{2\mu}\cdot\dfrac{\mathrm{d}p}{\mathrm{d}x}$，$C_2=0$；此外，液流作层流时，压力 p 只是 x 的线性函数，即

$$\frac{\mathrm{d}p}{\mathrm{d}x} = \frac{p_2 - p_1}{l} = -\frac{p_1 - p_2}{l} = -\frac{\Delta p}{l}$$

把这些关系分别代入式(3.36)，并考虑到运动平板有可能反方向运动，可得

$$u = \frac{\Delta p}{2\mu l}(h - y)y \pm \frac{v_0}{h}y$$

由此得液体在平行平板缝隙中压差剪切流动时的流量为

$$q = \int_0^h bu\mathrm{d}y = \int_0^h \left[\frac{\Delta p}{2\mu l}(h-y)y \pm \frac{v_0}{h}y\right]b\mathrm{d}y = \frac{bh^3}{12\mu l}\Delta p \pm \frac{v_0}{2}bh \tag{3.37}$$

很明显，只有在 $v_0 = -h^2\Delta p/(6\mu l)$ 时，平行平板缝隙间才不会有液流通过。对于式(3.37)中的"±"号的确定方法如下：如图 3.21 所示，在长平板相对于短平板移动的方向和压差方向相同时，取"+"号；方向相反时，取"-"号。

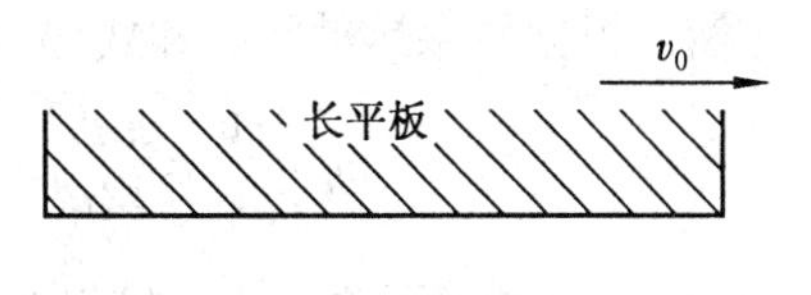

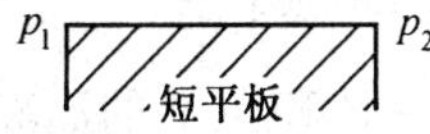

图 3.21　公式(3.37)正负号确定

当平行平板间没有相对运动（$v_0 = 0$），即仅为压差流动时，其值为

$$q = \frac{bh^3}{12\mu l}\Delta p \tag{3.38}$$

当平行平板两端没有压差($\Delta p = 0$),即仅为剪切流动时,其值为

$$q = \frac{v_0}{2}bh \tag{3.39}$$

如果将压差流动时的流量理解为液压元件缝隙中的泄漏量,则可以看到,在压差流动时,通过缝隙的泄漏量与缝隙值的三次方成正比,这说明液压元件内缝隙的大小对其泄漏量的影响是很大的。此外,如果将泄漏所造成的功率损失写成

$$P_l = \Delta pq = \Delta p\left(\frac{bh^3}{12\mu l}\Delta p \pm \frac{v_0}{2}bh\right) \tag{3.40}$$

便可以得出如下结论:缝隙 h 愈小,泄漏功率损失也愈小。但是,并不是缝隙 h 愈小愈好。h 的减小会使液压元件中的摩擦功率损失增大,缝隙 h 有一个使这两种功率损失之和达到最小的最佳值。

2. 圆环缝隙的流量

在液压缸的活塞和缸筒之间,液压阀的阀芯和阀孔之间,都存在着圆环缝隙。圆环缝隙有同心和偏心两种情况,它们的流量公式不同。

(1) 流过同心圆环缝隙的流量。如图3.22所示的同心圆环缝隙。其圆柱体直径为 d,缝隙值为 h,缝隙长度为 l。如果将圆环缝隙沿圆周方向展开,就相当于一个平行平板缝隙。因此,只要用 πd 来替代式(3.37)中的 b,就可以得到内外表面之间有轴向相对运动的同心圆环缝隙流量公式

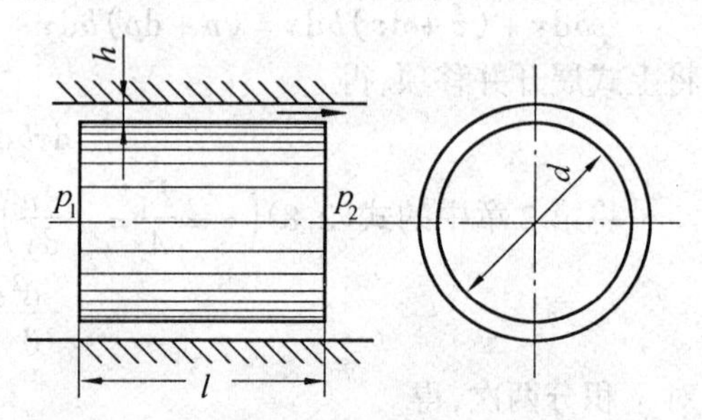

图 3.22　同心环形缝隙间液流

$$q = \frac{\pi dh^3}{12\mu l}\Delta p \pm \frac{v_0}{2}\pi dh \tag{3.41}$$

当相对运动速度 $u_0 = 0$ 时,即为内外表面轴向之间无相对运动的同心圆环缝隙流量公式

$$q = \frac{\pi dh^3}{12\mu l}\Delta p \tag{3.42}$$

例 3.13　如图 3.23 所示,柱塞直径 $d = 19.9$ mm,缸套直径 $D = 20$ mm,长 $l = 70$ mm,柱塞在 $F = 40$ N 力的作用向下运动,并将油液从缝隙中挤出。若柱塞与缸套同心,油液的黏度 $\mu = 0.784 \times 10^{-3}$ Pa·s,求柱塞下落 $H = 0.1$ m 所需要的时间是多少?

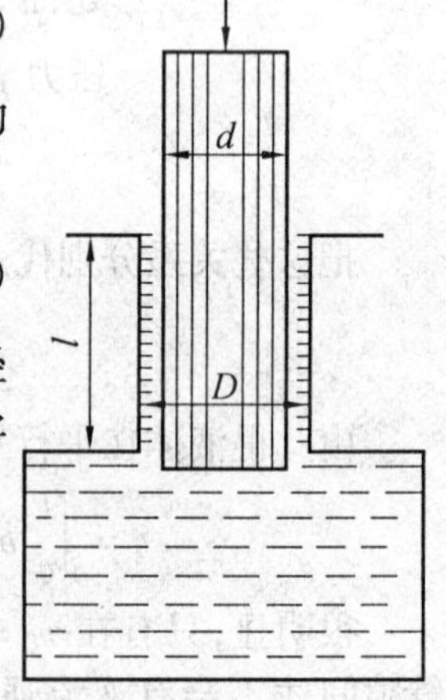

图 3.23　例题 3.13 附图

解　根据柱塞运动状态和式(3.41),有

$$q = \frac{V}{t} = \frac{\pi dh^3}{12\mu l}\Delta p - \frac{v_0}{2}\pi dh$$

式中　V——柱塞下降 0.1 m 排出的液体体积(m³),$V = \frac{\pi}{4}d^2H$;

v_0——体积为 V 的油液从同心圆环缝隙 h 流出的相对运动速度,$v_0 = H/t$。

$$t=\frac{V}{\frac{\pi dh^3}{12\mu l}\Delta p-\frac{\pi dh}{2}v_0}=\frac{\frac{\pi}{4}d^2H}{\frac{\pi dh^3}{12\mu l}\Delta p-\frac{\pi dh}{2}v_0}$$

将 v_0 代入上式,并整理,可得

$$t=\frac{3dH}{\frac{h^3}{\mu l}\Delta p-6h\frac{H}{t}}$$

整理后,可得柱塞下落 $H=0.1$ m 所需要的时间

$$t=\frac{3\mu lH}{h^3\Delta p}(d+2h)$$

其中,压差 $\Delta p=\frac{F}{\pi d^2/4}$,将同心圆环缝隙 $h=(D-d)/2$ 代入上式,可得

$$t=\frac{3\pi\mu ld^2H}{4F\left(\frac{D-d}{2}\right)^3}\times\left[d+2\left(\frac{D-d}{2}\right)\right]=\frac{6\pi\mu ld^2}{F(D-d)^3}\times D$$

则有

$$t=\frac{6\times\pi\times0.784\times10^{-3}\times70\times10^{-3}\times19.9^2\times10^{-6}\times0.1}{40\times[(20-19.9)\times10^{-3}]^3}\times20\times10^{-3}=20.5\ (\mathrm{s})$$

答:柱塞下落 $H=0.1$ m 所需要的时间是 20.5 s。

(2) 流过偏心圆环缝隙的流量。若内外圆环不同心,且其偏心距为 e,则形成偏心圆环缝隙。如图 3.24 所示。其流量公式为

$$q=\frac{\pi dh^3}{12\mu l}\Delta p(1+1.5\varepsilon^2)\pm\frac{v_0}{2}\pi dh \tag{3.43}$$

式中 h——内外圆同心时的缝隙值(m);

ε——相对偏心率,$\varepsilon=e/h$。

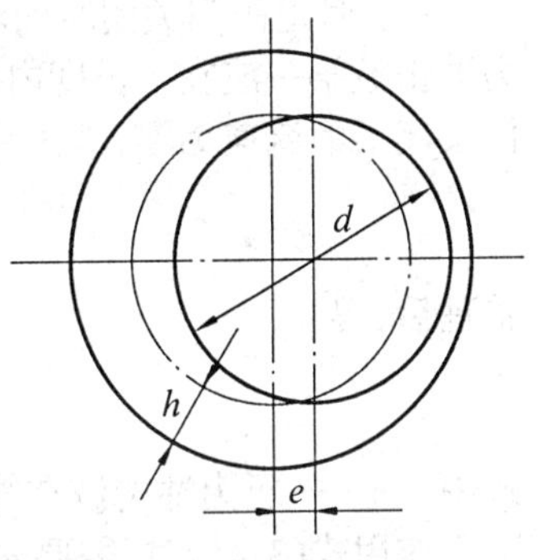

图 3.24 偏心环形缝隙间液流

由式(3.43)可以看到,当 $\varepsilon=0$ 时,它就是同心圆环缝隙的流量公式;当 $\varepsilon=1$ 时,即在最大偏心情况下,理论上其压差流量为同心圆环缝隙压差流量的 2.5 倍,但在实际中为 2 倍左右。可见在液压元件中,为了减小圆环缝隙的泄漏,应使相互配合的零件尽量处于同心状态,例如,在滑阀阀芯上加工出一些压力平衡槽,便能达到使阀芯和阀套同心配合的目的。

3.5 液压冲击和气穴现象

在液压传动系统中,液压冲击和气穴现象会给系统带来不利影响,因此需要了解这些现象产生的原因,并采取措施加以防治。

3.5.1 液压冲击

在液压传动系统中,常常由于一些原因而使液体压力突然急剧上升,形成很高的压力峰值,这种现象被称为液压冲击。

1. 液压冲击产生的原因

在阀门突然关闭或液压缸快速制动等情况下，液体在系统中的流动会突然受阻。这时，由于液流和移动部件的惯性作用，液体就从受阻端开始，迅速将动能逐层转换为液压能，因而产生了压力冲击波；此后，这个压力波又从该端开始反向传递，将压力能逐层转化为动能，这使得液体又反向流动；然后，在另一端又再次将动能转化为压力能，如此反复地进行能量转换。由于这种压力波的迅速往复传播，便在系统内形成压力振荡。这一振荡过程，由于液体受到摩擦力以及液体和管壁的弹性作用不断地消耗能量，才使振荡过程逐渐衰减而趋向稳定。

2. 液压冲击的危害

系统中出现液压冲击时，液体瞬时压力峰值可以比正常工作压力大好几倍。液压冲击会损坏密封装置、管道或液压元件，还会引起设备振动，产生很大噪声。有时冲击会使某些液压元件如压力继电器、顺序阀等产生误动作，影响系统正常工作。

3. 冲击压力

假设系统正常工作的压力为 p，产生压力冲击时的最大压力为

$$p_{\max} = p + \Delta p \tag{3.44}$$

式中　Δp——冲击压力的最大升高值(Pa)。

由于液压冲击是一种非定常流动，动态过程非常复杂，影响因素很多，故精确计算 Δp 值是很困难的。这里仅给出两种液压冲击情况下 Δp 值的近似计算公式。

(1) 管道阀门关闭时的液压冲击。设管道通流截面面积为 A，产生冲击的管长为 l，压力冲击波第一波在 l 长度内传播的时间为 t_1，液体的密度为 ρ，管中液体的平均流速为 v，阀门关闭后的流速为零，液压冲击时的压力升高值 Δp 可由动量方程计算

$$\Delta pA = \rho Al\frac{v}{t_1}$$

整理后，得

$$\Delta p = \rho l\frac{v}{t_1} = \rho cv \tag{3.45}$$

式中　c——压力冲击波在管中的传播速度(m/s)，$c = l/t_1$。

应用式(3.45)时，需要先知道 c 值的大小，而 c 值不仅和液体的体积弹性模量 K 有关，而且还和管道材料的弹性模量 E、管道的内径 d 及壁厚 δ 有关。

$$c = \frac{\sqrt{\dfrac{K}{\rho}}}{\sqrt{1+\dfrac{d}{\delta}\dfrac{K}{E}}} \tag{3.46}$$

在液压传动中，c 值一般在 900 ~ 1 400 m/s 之间。若管中平均流速 v 不是突然降为零，而是降为 v_1，则式(3.45)可写成

$$\Delta p = \rho c(v - v_1) \tag{3.47}$$

设压力冲击波在管中往复一次的时间为 t_c，$t_c = 2l/c$。当阀门关闭时间 $t < t_c$ 时，称为突然关闭，此时压力峰值很大，这时的冲击称为直接冲击，其值可按式(3.45)或式(3.47)计算；当 $t > t_c$ 时，阀门不是突然关闭，此时压力峰值较小，这时的冲击称为间接冲击，其 Δp 值可按下式计算

$$\Delta p = \rho c(v - v_1)\frac{t_c}{t} \tag{3.48}$$

例 3.14　已知图3.25所示装置中管道的内径 $d=20\times10^{-3}$ m,管壁厚 $\delta=2\times10^{-3}$ m,管长 $l=20\times10^{-3}$ m,管壁材料的弹性模量 $E=2\times10^{5}$ MPa,液体的体积模量 $K=1.4\times10^{3}$ MPa,液体的密度 $\rho=900$ kg/m³,液体在管中初始截面平均流速 $v=4$ m/s,压力 $p=2$ MPa。求当阀门关闭时间 $t=1\times10^{-3}$ s时,管内的最大压力 $p_{\max}$。

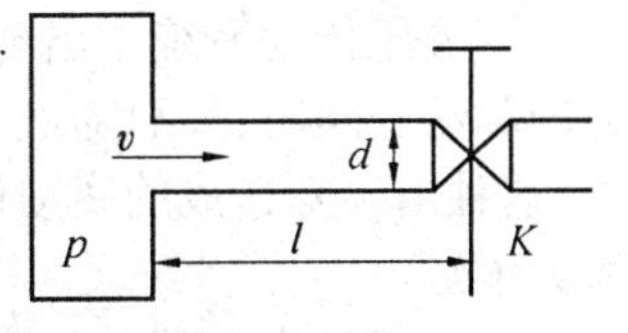

图 3.25　例题 3.14 附图

解　先计算压力冲击波的传播速度 c。由式(3.46)可得

$$c=\frac{\sqrt{\dfrac{K}{\rho}}}{\sqrt{1+\dfrac{d}{\delta}\dfrac{K}{E}}}=\frac{\sqrt{\dfrac{1.4\times10^{9}}{900}}}{\sqrt{1+\dfrac{20\times10^{-3}}{2\times10^{-3}}\dfrac{1.4\times10^{9}}{2\times10^{11}}}}=1\ 205.7\ \text{m/s}$$

再计算出 t_c

$$t_c=\frac{2l}{c}=\frac{2\times0.8}{1\ 205.7}=1.33\times10^{-3}\ \text{s}$$

由于 $t=1\times10^{-3}$ s,所以 $t<t_c$,属于直接冲击,根据式(3.45),有

$$\Delta p=\rho cv=900\times1\ 205.7\times4\ \text{Pa}=4.34\times10^{6}\ \text{Pa}=4.34\ \text{MPa}$$

答:管内的最大压力为4.34 MPa。

(2) 运动部件制动时的液压冲击。设总质量为 $\sum m$ 的运动部件在制动时的减速时间为 Δt,速度减小值为 Δv,液压缸有效作用面积为 A,则根据动量定理,得

$$\Delta p=\frac{\sum m\Delta v}{A\Delta t}\tag{3.49}$$

上式中忽略了阻尼和泄漏等因素,计算结果偏大,但比较安全。

4. 减小压力冲击的措施

分析式(3.48)、(3.49)中 Δp 的影响因素,可以归纳出减小液压冲击的主要措施:

(1) 尽可能延长阀门关闭和运动部件制动换向的时间。在液压传动系统中采用换向时间可调的换向阀就可做到这一点。

(2) 正确设计阀口,限制管道流速及运动部件速度,使运动部件制动时的速度变化比较均匀。例如,在机床液压传动系统中,通常将管道流速限制在4.5 m/s以下,液压缸驱动的运动部件速度一般不宜超过10 m/min等。

(3) 在某些精度要求不高的工作机械上,使液压缸两腔油路在换向阀回到中位时瞬时互通。

(4) 适当加大管道直径,尽量缩短管道长度。加大管道直径不仅可以降低流速,而且还可以减小压力冲击波速度 c 值;缩短管道长度的目的是减小压力冲击波的传播时间 t_c;必要时,还可在冲击区附近设置卸荷阀和安装液压蓄能器等缓冲装置来达到此目的。

(5) 采用软管,以增加系统的弹性。

3.5.2　气穴现象

在流动的液体中,如果某处的压力低于空气分离压时,原先溶解在液体中的空气就会分离出来,从而导致液体中出现大量的气泡,这种现象称为气穴现象;如果液体中的压力进一步降低,降低到该液体的饱和蒸气压,液体将迅速汽化,产生大量蒸气泡,使气穴现象更加严重。

当液压传动系统中出现气穴时，大量的气泡破坏了液流的连续性，从而造成了流量和压力的脉动。同时，气泡随液流进入高压区时又急剧破灭，所产生的高温和高压会使金属剥蚀，这种由气穴造成的腐蚀作用称为气蚀。气蚀会使液压元件的工作性能变坏，并使其寿命大大缩短。

气穴多发生在阀口和液压泵的进口处。由于阀口的通道狭窄，液流的速度增大，压力则下降，容易产生气穴；当液压泵的安装高度过大，吸油管直径太小，吸油阻力太大，或液压泵的转速过高，造成进口处真空度过大，也会产生气穴。

为减少气穴和气蚀的危害，通常采取下列措施：

(1) 减小孔口或缝隙前后的压力降。一般希望孔口或缝隙前后的压力比 $p_1/p_2<3.5$。

(2) 降低液压泵的吸油高度，适当加大吸油管直径，限制吸油管内液流的流速，尽量减小吸油管路中的压力损失(如及时清洗过滤器或更换滤芯等)。对于自吸能力差的液压泵要安装辅助液压泵供油。

(3) 管路要有良好的密封，防止空气进入。

(4) 提高液压元件中零件的抗气蚀能力，采用抗腐蚀能力强的金属材料，减小零件表面粗糙度等。

思考题和习题

3.1 什么叫压力？压力有几种表示方法？液压系统的压力与外界负载有什么关系？

3.2 在图 3.26 中，液压缸直径 $D=150$ mm，活塞直径 $d=100$ mm，负载 $F=5\times10^4$ N。若不计液压油自重及活塞或缸体的质量，求题 3.2 图所示两种情况下液压缸内的液体压力是多少？

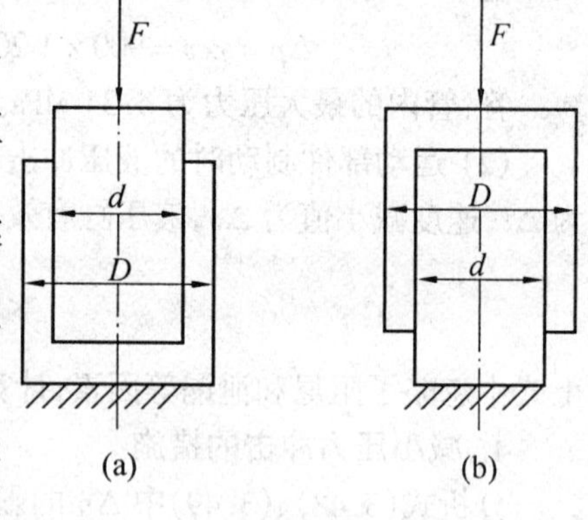

图 3.26

3.3 如图 3.27 所示的液压千斤顶，小柱塞直径 $d=10$ mm，行程 $s=25$ mm，大柱塞直径 $D=50$ mm，重物产生的力 $F=50\,000$ N，手压杠杆比 $L:l=500:25$，求：(1)此时密封容积中的液体压力是多少？(2)杠杆端施加力 F_1 为多少时，才能举起重物？(3)杠杆上下动作一次，重物的上升高度是多少？

3.4 如图 3.28 所示的连通器中，内装两种液体，其中已知一种液体是水，其密度 $\rho_1=1\,000$ kg/m^3，$h_1=60$ cm，$h_2=75$ cm，求另一种液体的密度 ρ_2 是多少？

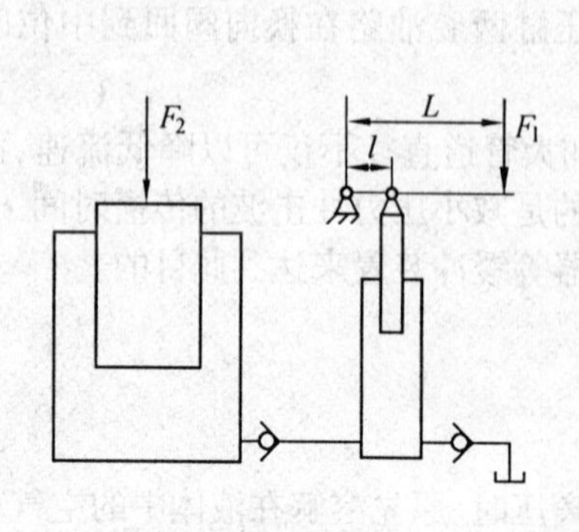

图 3.27

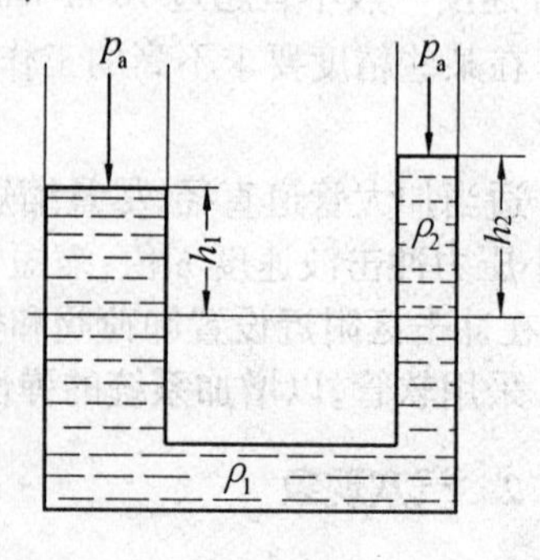

图 3.28

3.5　解释下述概念：理想流体、定常流动、通流截面、流量、平均流速、层流、紊流和雷诺数。

3.6　说明连续性方程的本质是什么？它的物理意义是什么？

3.7　说明伯努利方程的物理意义，并指出理想液体伯努利方程和实际液体伯努利方程有什么区别？

3.8　如图3.29中所示的压力阀，当 $p_1 = 6$ MPa时，液压阀动作。若 $d_1 = 10$ mm，$d_2 = 15$ mm，$p_2 = 0.5$ MPa，求：(1)弹簧的预压力 F_s；(2)当弹簧刚度 $k = 10$ N/mm时的弹簧预压缩量 x。

3.9　压力表校正装置原理如图3.30所示，已知活塞直径 $d = 10$ mm，丝杆导程 $S = 2$ mm，装置内油液的体积弹性模量 $K = 1.2\times10^3$ MPa。当压力为1个大气压（$p_a \approx 0.1$ MPa）时，装置内油液的体积为200 mL。若要在装置内形成21 MPa压力，求手轮3要转多少转？

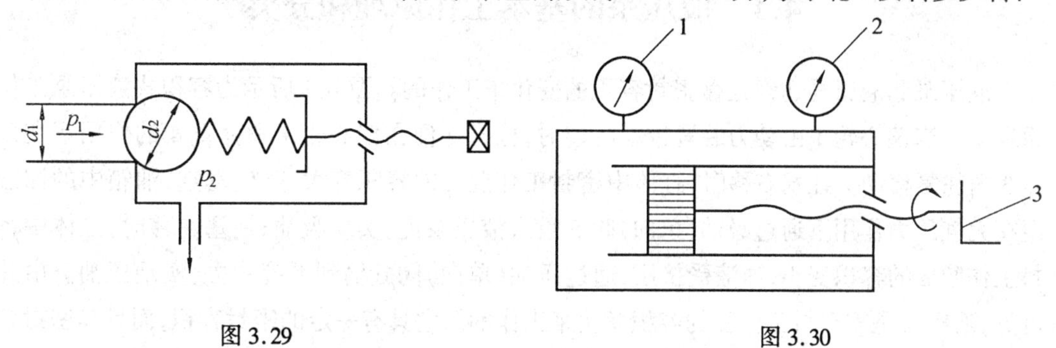

图3.29　　图3.30

3.10　如图3.31所示，液压泵的流量 $q = 25$ L/min，吸油管直径 $d = 25$ mm，液压泵入口吸油腔比油箱液面高出400 mm。如果只考虑吸油管中的沿程压力损失 Δp_λ，当用32液压油，并且油温为40℃时，液压油的密度 $\rho = 900$ kg/m^3，求液压泵吸油口处的真空度是多少？

3.11　如图3.32所示，液压泵从一个大容积的油池中抽吸润滑油，流量为 $q = 1.2$ L/s，油液的黏度°$E = 40$，密度 $\rho = 900$ kg/m^3，假设液压油的空气分离压为2.8 m水柱，吸油管长度 $l = 10$ m，直径 $d = 40$ mm，如果只考虑管中的摩擦损失，求液压泵在油箱液面以上的最大允许安装高度 H 是多少？

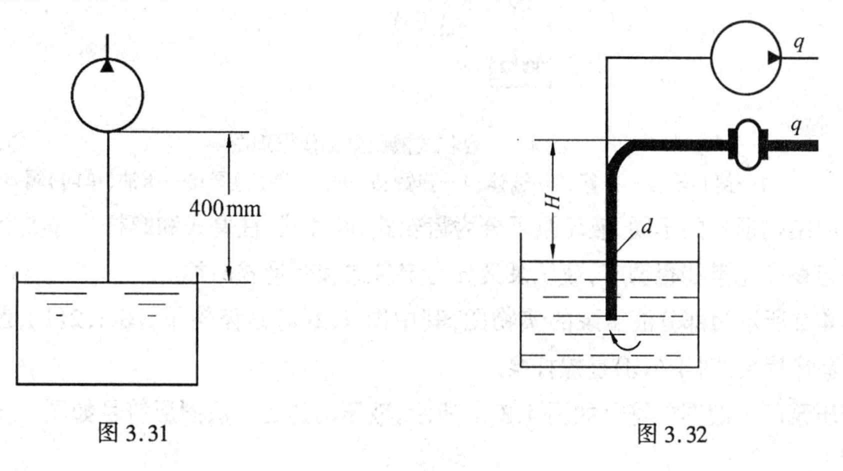

图3.31　　图3.32

第 4 章　液压泵和液压马达

液压泵和液压马达都是液压传动系统中的能量转换元件。其中液压泵由驱动装置驱动，把输入的机械能转换成为液压油的压力能再输出到液压系统中去，它是液压传动系统中的动力元件；而液压马达则是将输入液压油的压力能转换成机械能，输出转矩和角速度，用来使工作装置做功，它是液压传动系统中的执行元件。

4.1　液压泵的基本工作原理和分类

液压泵和液压马达都是靠密封容积的变化来工作的。图 4.1 所示为容积式液压泵工作原理图。当偏心轮 1 由动力装置带动旋转时，柱塞 2 便在偏心轮 1 和弹簧 4 的作用下在泵体 3 内往复移动。柱塞右移时，缸体中密封工作腔 a 的容积变大，产生真空，油箱中的油液便在大气压力作用下通过吸油(单向)阀 5 吸入液压泵内，实现吸油；柱塞左移时，缸体中密封工作腔 a 的容积变小，油液受挤压，通过压油(单向)阀 6 输到系统中去，实现压油。由此可见，液压泵是靠密封工作腔的容积变化来工作的。它具有一定的密封容积，而且其密封容积是变化的，同时还要有吸、压油部分。液压泵输出液压油流量的大小，由密封工作腔的容积变化量和单位时间内的变化次数决定。因此这类液压泵又称为容积式泵。

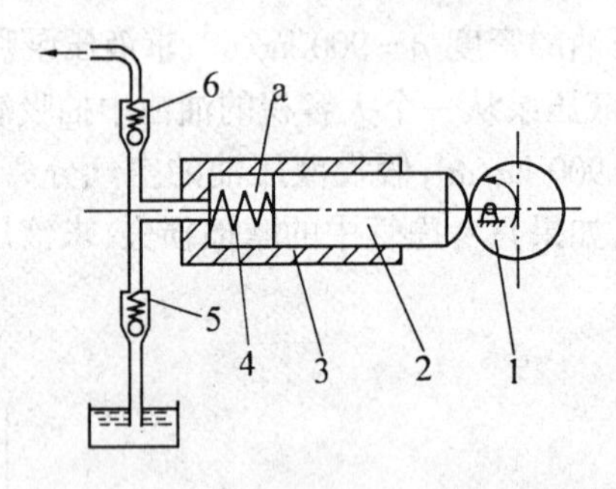

图 4.1　容积式液压泵工作原理图

1—偏心轮；2—柱塞；3—缸体；4—弹簧；5—吸油(单向)阀；6—压油(单向)阀

按照结构形式的不同，液压泵可分为齿轮式、叶片式、柱塞式和螺杆式等类型；按照密封工作腔容积变化量能否调节，液压泵又分为定量式和变量式两类。

图 4.2 所示为部分液压泵的实物图，其中图 4.2(a)是齿轮泵，图 4.2(b)是柱塞泵，图 4.2(c)是叶片泵，图 4.2(d)是螺杆泵。

液压泵的一般图形符号如图 4.3(a)所示，液压马达的一般图形符号如图 4.3(b)所示。

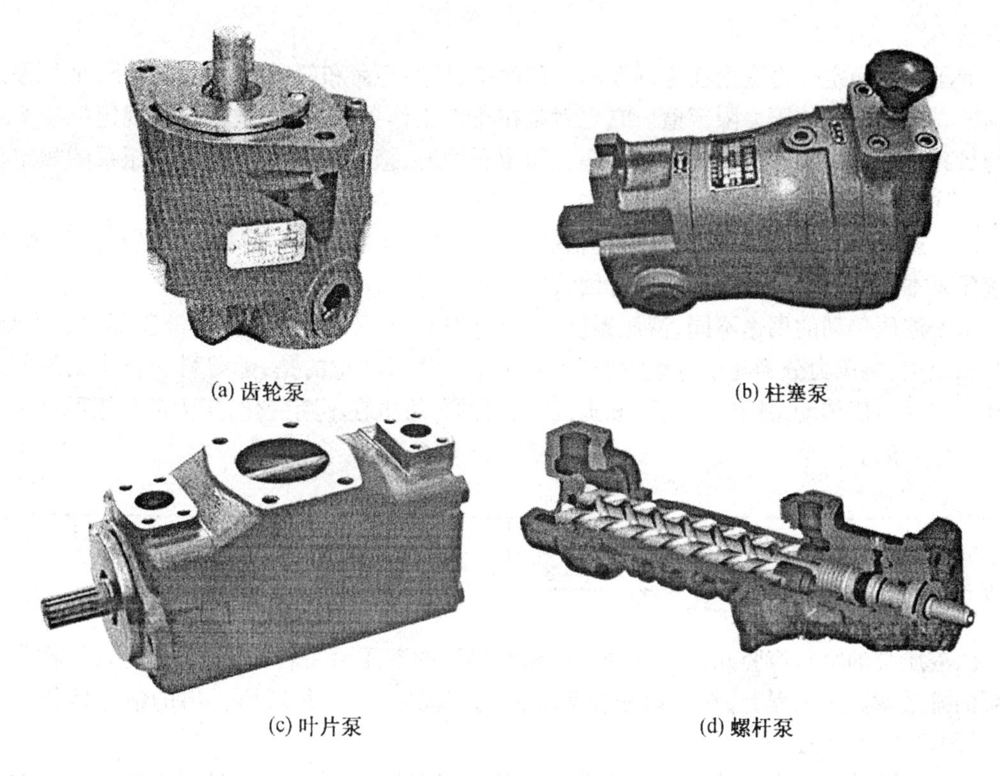

(a) 齿轮泵　(b) 柱塞泵

(c) 叶片泵　(d) 螺杆泵

图 4.2　液压泵实物图

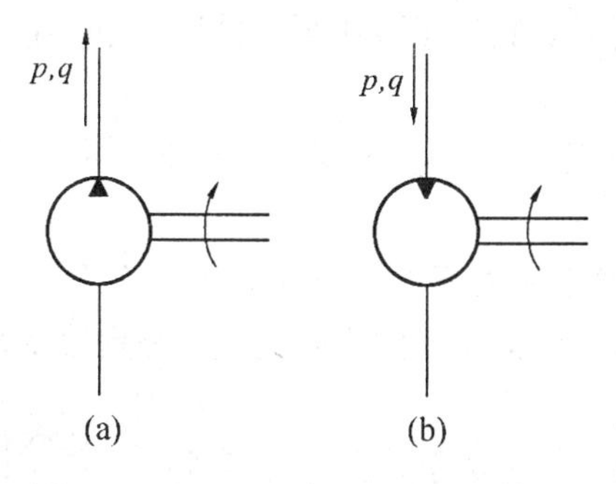

图 4.3　液压泵和液压马达图形符号

4.2　液压泵的基本性能参数和特性曲线

4.2.1　液压泵的基本性能参数

液压泵的基本性能参数主要是指液压泵的压力、排量和流量、功率和效率等。

1. 压力

液压泵的压力 p 主要是工作压力和额定压力。

液压泵的工作压力是指它在实际工作时输出液压油的压力值，即液压泵出油口处的压力值，也称为系统压力。此压力取决于系统中阻止液体流动的阻力。阻力(负载)增大，则工作压力升高；反之则工作压力降低。因此，同一个液压泵，在大小不同的负载下工作，其工作压力是不同的。

液压泵的额定压力是指在保证泵的容积效率、使用寿命和额定转速的前提下,液压泵连续运转时允许使用的压力限定值。它也就是在正常工作条件下,按试验标准规定能连续运转的最高压力。当液压泵的工作压力超过额定压力时,液压泵就会过载。液压泵的额定压力要标注在产品铭牌上或产品说明书中。

此外还有液压泵的最高压力,它是指液压泵在短时间内所允许超载使用的极限压力,它受液压泵本身密封性能和零件强度等因素的限制。

由于液压传动的用途不同,液压系统所需要的压力也不同,为了便于液压元件的设计、生产和使用,将压力分为几个等级,列于表 4.1 中。值得注意的是,随着科学技术的不断发展和人们对液压传动系统要求的不断提高,压力的分级也在不断变化,压力的分级原则也不是一成不变的。

表 4.1 压力分级

压力分级	低压	中压	中高压	高压	超高压
p/MPa	≤2.5	>2.5~8	>8~16	>16~32	>32

2. 排量和流量

由液压泵的密封容腔几何尺寸变化计算而得到的液压泵每转排出液体的体积,称为液压泵的排量 V。在工程上,它可以用在无泄漏的情况下,泵轴每转所排出的液体体积来表示,常用单位为 mL/r。

由液压泵的密封容腔几何尺寸变化计算而得到的液压泵在单位时间内排出液体的体积,称为液压泵的理论流量 q_t。它等于液压泵的排量 V 和转速 n 的乘积,即

$$q_t = nV \tag{4.1}$$

液压泵在工作时的输出流量称为液压泵的实际流量 q。这时的流量必须考虑液压泵的泄漏。

液压泵在额定转速和额定压力下输出的流量,称为液压泵的额定流量 q_n。

由于液压泵存在泄漏,所以液压泵的实际流量和额定流量都小于理论流量。

3. 功率

液压泵的输入能量为机械能,其表现为转矩 T 和角速度 ω;液压泵的输出能量为液压能,表现为压力 p 和流量 q。液压缸的输入能量为液压能,其表现为压力 p 和流量 q;液压缸的输出能量为机械能,表现为推力 F 和运动速度 v。以图 4.4 所示的泵 - 缸系统为例,液压泵的输入功率 P_i 为

$$P_i = \omega T = 2\pi nT \tag{4.2}$$

液压泵的输出功率 P_o 为

$$P_o = Fv = pAv = pq \tag{4.3}$$

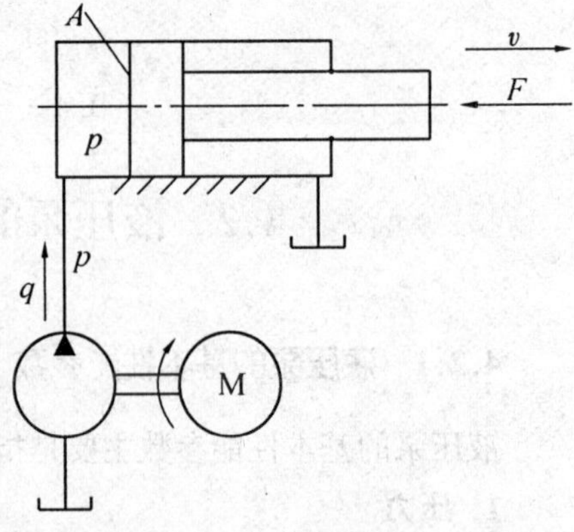

图 4.4 液压泵功率计算

当忽略能量转换及输送过程中的损失时,液压泵的输出功率应该等于输入功率,即液压泵的理论功率为

$$P_t = Fv = pAv = pq_t = pVn = \omega T_t = 2\pi nT_t \tag{4.4}$$

式中　ω——液压泵的角速度(rad/s)；

T_t——液压泵的理论转矩(N·m)。

4. 效率

实际上，液压泵在工作中有能量损失，因此其输出功率 P_o 小于输入功率 P_i，二者的关系是

$$P_i = \frac{P_o}{\eta} \tag{4.5}$$

式中　η——液压泵的总效率。

液压泵的总效率由两部分组成，即容积效率和机械效率。

液压泵由于存在泄漏，因此它的实际输出流量 q 为

$$q = q_t - q_l \tag{4.6}$$

式中　q_l——液压泵的泄漏量(m^3/s)。

液压泵的实际输出流量 q 和泄漏量 q_l 都与液压泵的工作压力 p 有关，泵的泄漏量 q_l 随泵的输出压力 p 的升高而加大，从而导致实际输出流量 q 随泵的输出压力 p 的升高而减小。

液压泵实际输出流量 q 与理论流量 q_t(在实际测量中，通常用空载流量代替理论流量)的比值，称为液压泵的容积效率，以 η_V 表示

$$\eta_V = \frac{q}{q_t} = \frac{q_t - q_l}{q_t} = 1 - \frac{q_l}{q_t} = 1 - \frac{q_l}{Vn} \tag{4.7}$$

由于液压泵内零件之间的间隙很小，泄漏液压油的流态可以看作是层流，所以泄漏量 q_l 和液压泵的工作压力 p 成正比关系，即

$$q_l = k_l p \tag{4.8}$$

式中　k_l——液压泵的泄漏系数 $m^3/(s \cdot Pa)$。

故又有

$$\eta_V = 1 - \frac{k_l p}{Vn} \tag{4.9}$$

由于液压泵存在机械摩擦(相对运动零件之间的摩擦及液体的黏性摩擦)，因此它的实际输入转矩 T_i 必然大于理论转矩 T_t。液压泵理论转矩 T_t 与实际输入转矩 T_i 的比值，称为液压泵的机械效率，以 η_m 表示

$$\eta_m = \frac{T_t}{T_i} \tag{4.10}$$

或根据式(4.4)，将 $T_t = pV/2\pi$ 代入式(4.10)，得

$$\eta_m = \frac{pV}{2\pi T_i} \tag{4.11}$$

因此，液压泵的总效率可写成

$$\eta = \frac{P_o}{P_i} = \frac{pq}{2\pi n T_i} = \frac{q}{Vn}\frac{pV}{2\pi T_i} = \eta_V \eta_m \tag{4.12}$$

液压泵的总效率、容积效率和机械效率可以通过实验测得。

4.2.2　液压泵特性曲线

图4.5是液压泵在转速、油温保持基本不变的条件下，有关参数随工作压力不同而变化

的特性曲线。

由图可见，液压泵的理论流量 q_t 不随液压泵的压力 p 变化。由于液压泵的泄漏量 q_l 随压力 p 升高而增大，所以液压泵的实际输出流量 q 随压力 p 的升高而降低，而容积效率 η_V 也随之降低。总效率 η 开始随压力 p 的增大很快上升，达到最大值后，又逐步下降。由容积效率 η_V 和总效率 η 这两条曲线的变化，可以看出机械效率 η_m 的变化情况。液压泵在低压时，机械摩擦损失在总损失中所占的比重较大，其机械效率 η_m 很低。随着工作压力的提高，机械效率 η_m 很快提高。在达到某一值后，机械效率 η_m 大致保持不变，从而表现出总效率曲线几乎和容积效率曲线平行下降的变化规律。

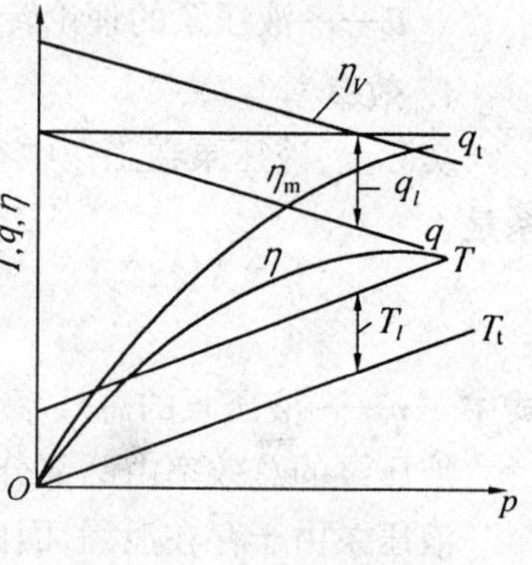

图 4.5　液压泵特性曲线

例 4.1　某液压泵的输出压力 $p=10$ MPa，转速 $n=1\ 450$ r/min，排量 $V=46.2$ mL/r，容积效率 $\eta_V=0.95$，总效率 $\eta=0.9$。求液压泵的输出功率和驱动泵的电动机功率各是多少？

解　(1)求液压泵的输出功率。液压泵输出的实际流量为

$$q=q_t\eta_V=Vn\eta_V=46.2\times10^{-3}\times1\ 450\times0.95=63.64\ \text{L/min}$$

则液压泵的输出功率为

$$P_o=pq=\frac{10\times10^6\times63.64\times10^{-3}}{60}=10.6\times10^3\ \text{W}=10.6\ \text{kW}$$

(2)求电动机的功率。电动机功率即液压泵的输入功率

$$P_i=\frac{P_o}{\eta}=\frac{10.6}{0.9}=11.78\ \text{kW}$$

答：液压泵的输出功率 $P_o=10.6$ kW，电动机功率 $P_i=11.78$ kW。

4.3　齿　轮　泵

齿轮泵是一种常用的液压泵。它的主要优点是：结构简单，制造方便，价格低廉，体积小，质量小，自吸性能好，对油液污染不敏感，工作可靠。其主要缺点是：流量和压力脉动大，噪声大，排量不可调(是定量泵)。齿轮泵被广泛地应用在采矿、冶金、建筑、航空、航海、农林等各类机械中。

齿轮泵按照其啮合形式的不同，有外啮合和内啮合两种。外啮合齿轮泵应用较广，本节着重介绍它的工作原理和结构性能。

4.3.1　齿轮泵的工作原理

外啮合齿轮泵的实物图和结构简图如图 4.6 所示。泵体 1 内有一对互相啮合的外齿轮 2 和 3，齿轮的两端有端盖密封。这样由泵体、齿轮的各个齿槽和端盖形成了多个密封工作腔，同时轮齿的啮合线又将左右两腔隔开，形成了吸、压油腔。当齿轮按图示方向旋转时，右侧吸油腔内的轮齿相继脱离啮合，密封工作腔容积不断增大，形成部分真空，在大气压力作用下经吸油管从油箱吸进液压油，并被旋转的轮齿齿间带入左侧。左侧压油腔由于轮齿不断进入啮合，使密封工作腔容积减小，液压油受到挤压被输出送往系统。这就是齿轮泵的工

作原理。在齿轮泵的啮合过程中,啮合点沿啮合线移动,这样就把吸油区和压油区分开,这样随着齿轮泵轴的连续旋转,不断地输出液压油液。

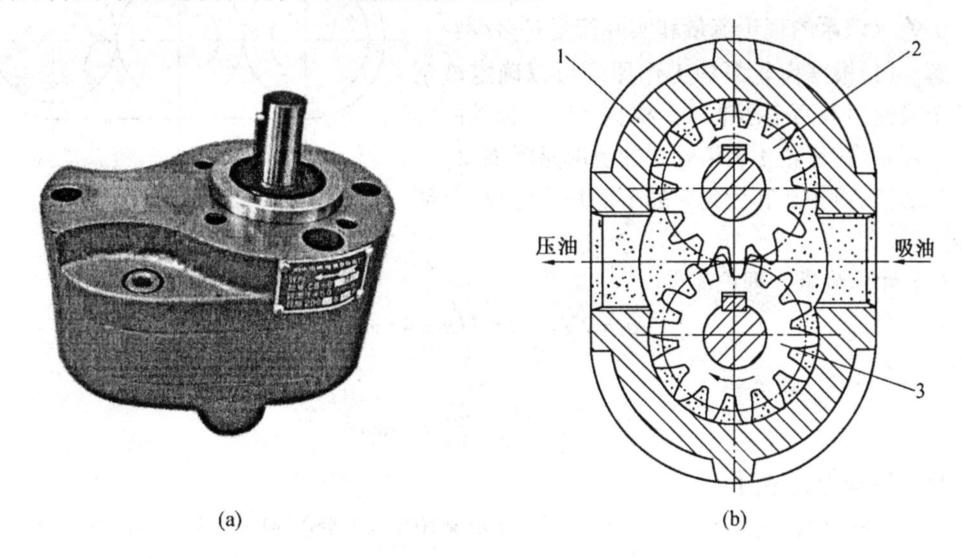

图 4.6　外啮合齿轮泵的实物图和结构简图

1—泵体;2—主动齿轮;3—从动齿轮

4.3.2　齿轮泵的排量和流量

外啮合齿轮泵的排量可近似看作两个啮合齿轮的齿槽容积之和。若假设齿槽容积等于轮齿体积,则当齿轮齿数为 z、模数为 m、节圆直径为 d(其值等于 mz)、有效齿高为 h(其值等于 $2m$)、齿宽为 b 时,齿轮泵的排量近似值为

$$V = \pi dhb = 2\pi zm^2 b \tag{4.13}$$

实际上,齿槽容积比轮齿体积稍大一些,并且齿数越少,差值越大,因此需用式(3.33)~(3.50)来代替式(4.13)中的 π 值(齿数少时,取大值),以补偿误差,即齿轮泵的排量为

$$V = (6.66 \sim 7) zm^2 b \tag{4.14}$$

由此得齿轮泵的输出流量为

$$q = (6.66 \sim 7) zm^2 bn\eta_V \tag{4.15}$$

实际上,由于齿轮泵在工作过程中啮合点沿啮合线移动,使其工作油腔的容积变化率是不均匀的。因此,齿轮泵的瞬时流量是脉动的。流量脉动会直接影响到系统工作的平稳性,引起压力脉动,使管路系统产生振动和噪声。如果脉动频率与系统的固有频率一致,还将引起共振,加剧振动和噪声。若用 q_{max}、q_{min}分别表示最大、最小瞬时流量,q 表示平均流量,则流量脉动率 σ 可用下式表示

$$\sigma = \frac{q_{max} - q_{min}}{q} \tag{4.16}$$

流量脉动率是衡量容积式泵流量品质的一个重要指标。在容积式泵中,齿轮泵的流量脉动最大,并且齿数愈少,流量脉动率愈大。这是外啮合齿轮泵的一个缺点。所以,齿轮泵一般用于对工作平稳性要求不高的场合,要求平稳性高的高精度机械不宜采用齿轮泵。

例 4.2　如图 4.7 所示的齿轮泵示意图,(1)确定该泵有几个吸油和压油口?(2)若三个

齿轮的结构参数相同,其齿顶圆直径 $D=48$ mm,齿宽 $b=25$ mm,齿数 $z=14$,$n=1\ 450$ r/min,容积效率 $\eta_V=0.9$,求该泵的理论流量和实际流量是多少?

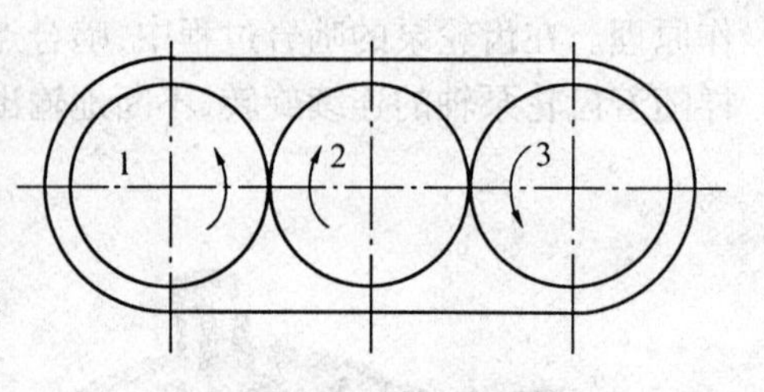

图 4.7　例题 4.2 附图

解　(1)根据齿轮泵的工作原理可以确定该泵有两个吸油口和两个压油口。根据各啮合齿轮的旋转方向可知道,齿轮 1 和齿轮 2 的上部是吸油口,下部是压油口;齿轮 2 和齿轮 3 的下部是吸油口,上部是压油口。

(2) 计算流量。理论流量

$$q_t=2Vn=2\pi dhbn=4\pi zm^2bn$$

其中,模数

$$m=\frac{D}{z+2}=\frac{48}{16}=3\ \text{mm}$$

则所得到的理论流量为

$$q_t=4\pi zm^2bn=4\pi\times14\times(3\times10^{-3})^2\times25\times10^{-3}\times1\ 450/60=9.566\times10^{-4}\ \text{m}^3/\text{s}$$

实际流量　　$q=q_t\eta_V=9.566\times10^{-4}\times0.9=8.61\times10^{-4}\ \text{m}^3/\text{s}$

答:该液压泵的理论流量是 $9.566\times10^{-4}\ \text{m}^3/\text{s}$,实际流量是 $8.61\times10^{-4}\ \text{m}^3/\text{s}$。

4.3.3　齿轮泵结构分析

如图 4.8 所示的齿轮泵,由于受其结构的影响,存在着如下几个共性问题。

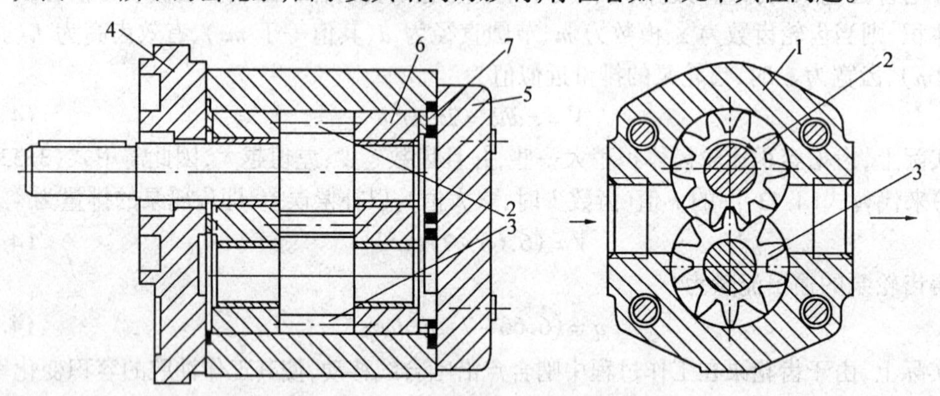

图 4.8　齿轮泵结构简图

1—壳体;2—主动齿轮;3—从动齿轮;4—前端盖;5—后端盖;6—浮动轴套;7—压力盘

1. 困油现象

齿轮泵要平稳地工作,齿轮啮合的重合度 ε 必须大于 1,即有两对轮齿同时啮合的时刻,因此,就会有一部分液压油困在两对轮齿所形成的封闭油腔之内,如图 4.9 所示。这个封闭容积先随齿轮转动逐渐减小(由图 4.9(a)到图 4.9(b)),然后又逐渐增大(由图 4.9(b)到图 4.9(c))。封闭容积减小,会使被困液压油受挤压而产生高压,并从缝隙中流出,导致液压油发热,轴承等机件也受到附加的不平衡负载作用;封闭容积的增大又会造成局部真空,使溶于液压油中的气体分离出来,产生气穴,这就是齿轮泵的困油现象。困油现象使齿轮泵产生强烈的噪声并引起振动和气蚀,降低泵的容积效率,影响工作的平稳性,缩短使用寿命。

消除困油的方法,通常是在两端盖板上开卸荷槽(图4.9(d)中的虚线),使封闭容积减小时,通过右边的卸荷槽与压油腔相通;封闭容积增大时,通过左边的卸荷槽与吸油腔相通。两卸荷槽的间距必须确保在任何时候都不使吸油腔和压油腔相通。

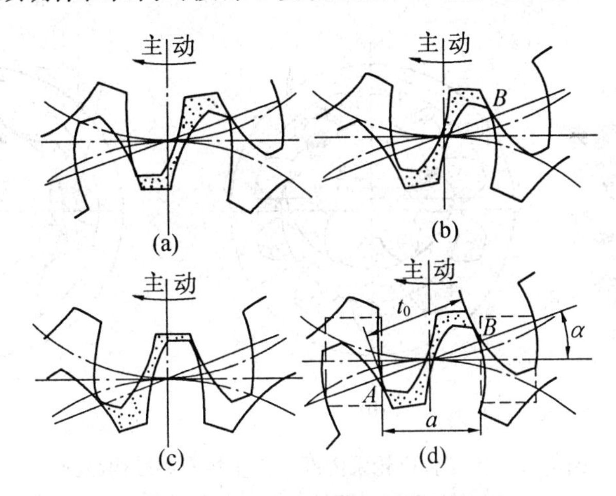

图4.9　齿轮泵困油现象及其消除措施

2. 径向不平衡力

在齿轮泵中,液体作用在齿轮外缘的压力是不均匀的,从低压腔到高压腔,压力沿齿轮旋转的方向逐齿递增,因此齿轮和轴会受到径向不平衡力的作用。工作压力越高,径向不平衡力也越大。径向不平衡力很大时,能使泵轴弯曲,导致齿顶接触泵体,产生摩擦;同时也加速轴承的磨损,降低轴承使用寿命。为了减小径向不平衡力的影响,常采取缩小压油口的办法,使压油腔的压力油仅作用在一个齿到两个齿的范围内;同时适当增大径向间隙,使齿顶不和泵体接触。

3. 端面泄漏及端面间隙的自动补偿

齿轮泵压油腔的压力油可通过三条途径泄漏到吸油腔去:一是通过齿轮啮合线处的间隙;二是通过泵体内孔和齿顶间的径向间隙;三是通过齿轮两端面和盖板间的端面间隙。在这三类间隙中,端面间隙的泄漏量最大。液压泵的压力愈高,由间隙泄漏的液压油就愈多,因此,一般齿轮泵只用于低压系统。为减小泄漏,用减小间隙的方法并不能取得好的效果,因为泵在经过一段时间工作后,由于磨损而使间隙变大,泄漏又会增加。为提高齿轮泵的压力和容积效率,需要从结构上采取措施,对端面间隙进行自动补偿。

通常采用的自动补偿端面间隙装置有浮动轴套式(图4.8)和弹性侧板式两种。浮动轴套式齿轮泵的浮动轴套是浮动安装的,轴套外侧的空腔与泵的压油腔相通。所引入的压力油使轴套或侧板紧贴在齿轮端面上,泵输出的压力愈高,贴得愈紧,因而自动补偿端面磨损和减小间隙。当泵工作时,浮动轴套受油压的作用而压向齿轮端面,将齿轮两侧面压紧,从而补偿了端面间隙。

4.3.4　内啮合齿轮泵

内啮合齿轮泵有渐开线齿形和摆线齿形两种,其渐开线齿形内啮合齿轮泵内部结构实物图和结构简图如图 4.10(a)和 4.10(b)。这两种内啮合齿轮泵的工作原理和主要特点皆同于外啮合齿轮泵。在渐开线齿形内啮合齿轮泵中,小齿轮和内齿轮之间要装一块月牙隔板,以便把吸油腔和压油腔隔开,如图 4.10(b)。摆线齿形内啮合齿轮泵又称摆线转子泵,在这种泵中,小齿轮和内齿轮只相差一齿,因而不需设置隔板,如图 4.10(c)。内啮合齿轮泵中的小齿轮是主动轮。

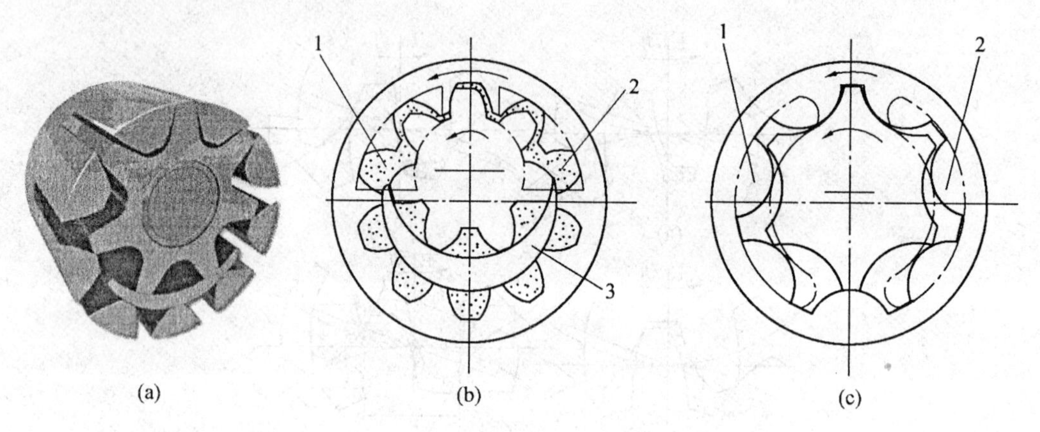

图 4.10　内啮合齿轮泵内部结构实物图和结构简图

1—吸油腔;2—压油腔;3—月牙隔板

内啮合齿轮泵的结构紧凑、尺寸小、质量小、运转平稳、噪声低,在高转速工作时有较高的容积效率。但在低速高压下工作时,压力脉动大,容积效率低,所以一般用于中低压系统。在闭式系统中,常用这种泵作为补油泵。内啮合齿轮泵的缺点是:齿形复杂,加工困难,价格较贵。

4.4 叶片泵

叶片泵在机床、工程机械、船舶、压铸及冶金设备中应用十分广泛。和其他液压泵相比较,叶片泵具有结构紧凑、体积小、质量小、流量均匀、运转平稳、噪声低等优点。但也存在着结构比较复杂、吸油条件苛刻、工作转速有一定的限制、对油液污染比较敏感等缺点。

按照工作原理,叶片泵可分为单作用式和双作用式两种。双作用式和单作用式相比,它的径向力是平衡的,受力情况比较好,应用较广。

4.4.1 双作用叶片泵的工作原理

图 4.11 所示为双作用叶片泵的内部结构图、结构简图和部分零件简图。定子的两端装有配流盘,定子 3 的内表面曲线由两段大半径圆弧、两段小半径圆弧以及四段过渡曲线组成。定子 3 和转子 2 的中心重合。在转子 2 上沿圆周均布开有若干条(一般为 12 或 16 条)与径向成一定角度(一般为 13°)的叶片槽,槽内装有可自由滑动的叶片。在配流盘上,对应于定子四段过渡曲线的位置开有四个腰形配流窗口,其中两个与泵吸油口 4 连通的是吸油窗口;另外两个与泵压油口 1 连通的是压油窗口。当转子 2 在传动轴带动下转动时,叶片在离心力和底部液压力(叶片槽底部与压油腔相通)的作用下压向定子 3 的内表面,在叶片、转子、定子与配流盘之间构成若干密封空间。当叶片从小半径曲线段向大半径曲线段滑动时,

叶片外伸,这时所构成的密封容积由小变大,形成部分真空,液压油便经吸油窗口吸入;而处于从大半径曲线段向小半径曲线段滑动的叶片缩回,所构成的密封容积由大变小,其中的液压油受到挤压,经过压油窗口压出。这种叶片泵每转一周,每个密封容腔完成两次吸、压油过程,故这种泵称为双作用叶片泵。同时,泵中两吸油区和两压油区对称,使作用在转子上的径向液压力互相平衡,所以这种泵又被称为平衡式叶片泵或双作用卸荷式叶片泵。这种泵的排量不可调,因此它是定量泵。

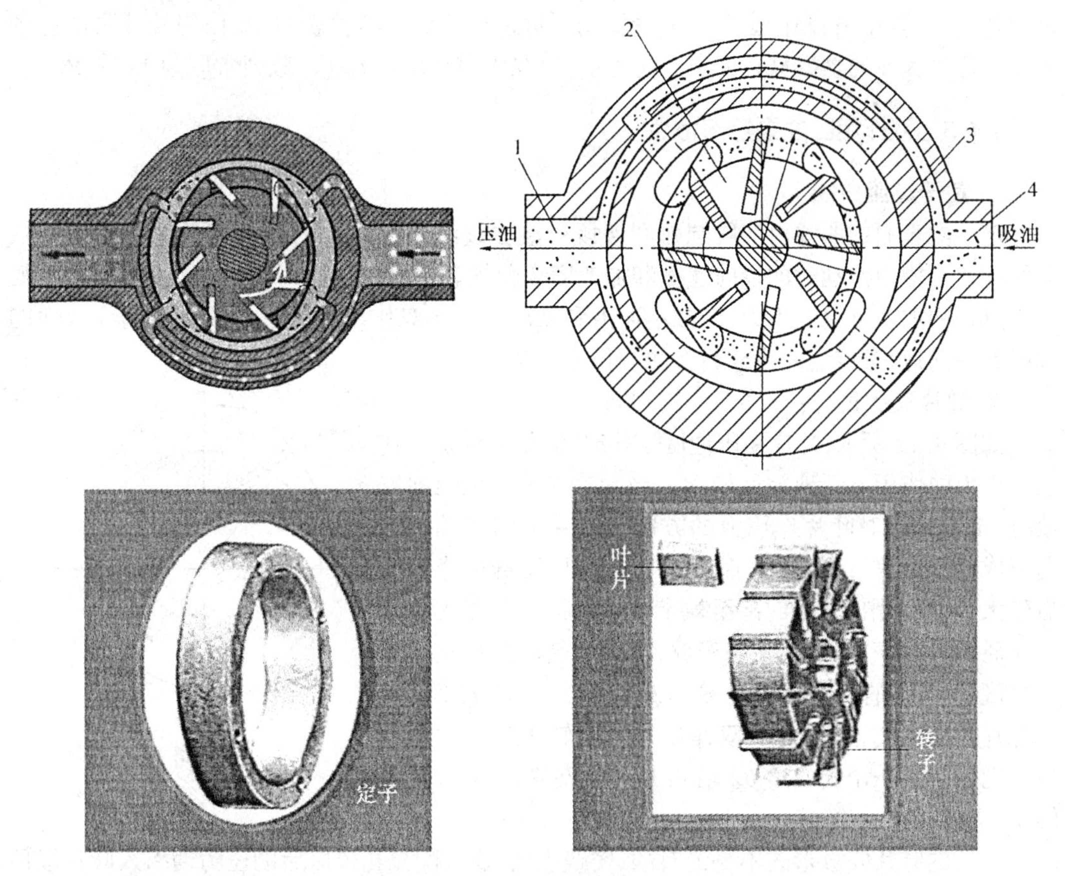

图4.11 双作用叶片泵内部结构图、结构简图和部分零件图

1—泵压油口;2—转子;3—定子;4—泵吸油口

4.4.2 双作用叶片泵的排量和流量

由图4.11可知,泵轴转一转时,从吸油窗口流向压油窗口的液体体积是大半径为 R、小半径为 r、宽度为 b 的圆环的体积。因为是双作用泵,所以它的排量为

$$V = 2\pi(R^2 - r^2)b \tag{4.17}$$

则泵的实际输出流量为

$$q = Vn\eta_V = 2\pi(R^2 - r^2)bn\eta_V \tag{4.18}$$

式中 b——叶片的宽度(m)。

叶片体积对排量无影响,其原因是,在压油腔叶片缩回排出的液体体积补偿了叶片在压油腔所占据的体积。

如不考虑叶片厚度,在一定的条件下,则理论上双作用叶片泵无流量脉动。这是因为在压油区位于压油窗口的叶片不会造成它前后两个工作腔之间的隔绝不通(图 4.11),此时,这两个相邻的工作腔已经连成一体,形成了一个组合的密封工作腔。随着转子的匀速转动,位于大、小半径圆弧处的叶片均在圆弧上滑动,因此组合密封工作腔的容积变化率是均匀的。但在实际上,由于存在制造工艺误差、两圆弧有不圆度等因素,也不可能完全同心;其次,叶片有一定的厚度,根部又连通压油腔,叶片底槽在吸油区时,消耗压力油,但在压油区时,压力油又被压出,同样会造成流量脉动。由理论分析和实验表明,双作用叶片泵的脉动率在叶片数为 4 的整数倍且大于 8 时最小,故双作用叶片泵的叶片数通常取为 12 或 16。

4.4.3 双作用叶片泵结构特点

1. 定子过渡曲线

定子内表面的曲线由四段圆弧和四段过渡曲线组成(图 4.11)。理想的过渡曲线不仅应使叶片在槽中滑动时的径向速度和加速度变化均匀,而且应使叶片转到过渡曲线和圆弧交接点处的加速度突变不大,以减小冲击和噪声。目前双作用叶片泵一般都使用综合性能较好的等加速、等减速曲线或高次曲线作为过渡曲线。

2. 叶片安放角

如图 4.12 所示,叶片在压油区工作时,它们均受定子内表面推力的作用不断地缩回槽内。当叶片在转子的径向安放时,定子表面对叶片作用力的方向与叶片沿槽滑动的方向所成的压力角 β 较大,因而叶片在槽内所受到的摩擦力也较大,使叶片滑动困难,甚至被卡住或折断。为了解决这一矛盾,可以将叶片不按径向安放,而是顺转动方向前倾一个角度 θ,这时的压力角就是 $\beta' = \beta - \theta$。压力角减小有利于叶片在槽内的滑动,所以双作用叶片泵转子的叶片槽常做成向前倾斜一个安放角 θ。在叶片前倾安放时,叶片泵的转子不允许反转。

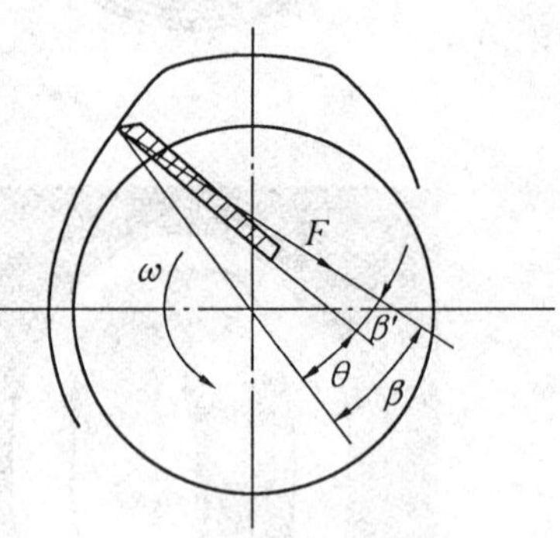

图 4.12 双作用叶片泵叶片倾角

上述的叶片安放形式不是绝对的,实践表明,通过配流孔道以后的压力油引入叶片根部后,其压力值小于叶片顶部所受的压油腔压力,因此在压油区推压叶片缩回的力除了定子内表面的推力之外,还有液压力(由顶部压力与根部压力之差引起),所以上述压力角过大使叶片难以缩回的推理就不十分确切。目前,有些叶片泵的叶片做径向安放仍能正常工作。

3. 端面间隙的自动补偿

叶片泵同样存在着泄漏问题,特别是端面的泄漏。为了减少端面泄漏,采取的间隙自动补偿措施是将配流盘的外侧与压油腔连通,使配流盘在液压推力作用下压向定子。泵的工作压力愈高,配流盘就会愈加贴紧定子。同时,配流盘在液压力作用下发生变形,亦对转子端面间隙进行自动补偿。

4. 提高工作压力的主要措施

双作用叶片泵转子所承受的径向力是平衡的,因此工作压力的提高不会受到这方面的限制。同时泵采用配流盘对端面间隙进行补偿后,泵在高压下工作也能保持较高的容积效率。双作用叶片泵工作压力的提高,主要受叶片与定子内表面之间磨损的限制。

前面已经提到,为了保证叶片顶部与定子内表面紧密接触,所有叶片的根部都是与压油腔相通的。当叶片处于吸油区时,其根部作用着压油腔的压力,顶部却作用着吸油腔的压力,这一压力差使叶片以很大的力压向定子内表面,加速了定子内表面的磨损。当泵的工作压力提高时,这个问题就更显突出,所以必须在结构上采取措施,使吸油区叶片压向定子的作用力减小。可以采取的措施有多种,下面介绍在高压叶片泵中常用的双叶片结构和子母叶片结构。

(1) 双叶片结构。如图 4.13 所示,在转子 2 的每一槽内装有两片叶片 1,叶片的顶端和两侧面的倒角构成 V 形通道,使根部压力油经过通道进入顶部(图中未标出通油孔道),这样,叶片顶部和根部压力相等,但承压面积并不一样,从而使叶片 1 压向定子 3 的作用力不致过大。

(2) 子母叶片结构。子母叶片又称复合叶片,如图 4.14 所示。母叶片 1 的根部 L 腔经转子 2 上的油孔始终和顶部油腔相通,而子叶片 4 和母叶片 1 之间的小腔 C 通过配流盘经 K 槽总是接通压力油。当叶片在吸油区工作时,推动母叶片 1 压向定子 3 的力仅为小腔 C 的油压力,此力不大,但能使叶片与定子接触良好,保证密封。

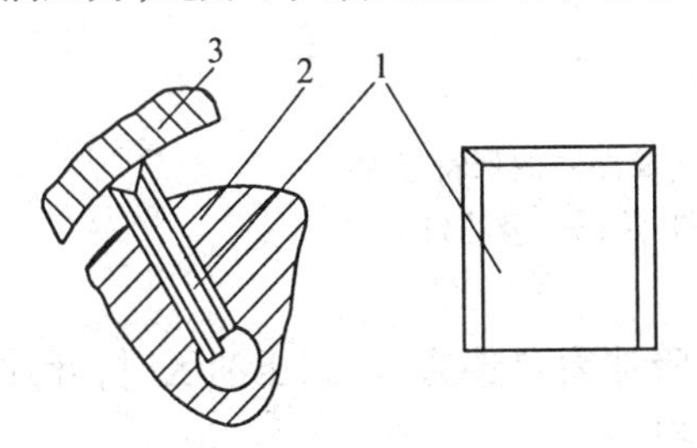

图 4.13　双叶片结构
1—叶片;2—转子;3—定子

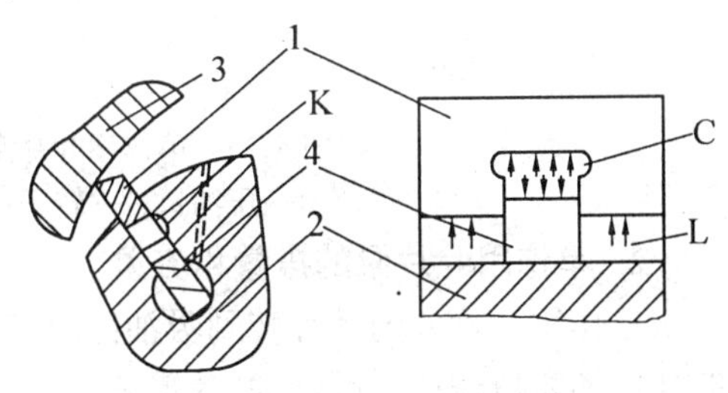

图 4.14　子母叶片结构
1—母叶片;2—转子;3—定子;4—子叶片

4.4.4　双联叶片泵

将两个双作用叶片泵的主要工作部件装在一个泵体内,同轴驱动,并在油路上实现二泵并联工作,就构成双联叶片泵。双联叶片泵有两个各自独立的出油口,在使用时,两泵的输出流量可以分开工作,也可以合并使用。

双联叶片泵多用于机床进给系统,这时的双联泵采用一小流量泵和一大流量泵进行组合。当执行机构带动工作部件做轻载快进或快退时,可以使小流量和大流量两泵同时供给低压液压油;当重载慢速工进时,高压小流量泵单独供液压油,大流量泵输出的液压油在极低的压力下流回油箱,实现卸荷。系统中采用双联泵可以节省功率损耗,减少液压油发热。

4.4.5　单作用叶片泵

1. 单作用叶片泵的工作原理

图 4.15 所示为单作用叶片泵实物图、结构简图和图形符号。与双作用叶片泵明显不同的是,单作用叶片泵的定子内表面是一个圆形,转子与定子之间有一偏心量 e,两端的配流盘上只开有一个吸油窗口和一个压油窗口。当转子旋转一周时,每一叶片在转子槽内往复滑动一次,每相邻两叶片间的密封腔容积发生一次增大和缩小的变化,容积增大时通过吸油

窗口吸液压油,容积减小时通过压油窗口将液压油挤出。由于这种泵在转子每转一周过程中,每个密封容腔吸油、压油各一次,故称为单作用叶片泵。又因这种泵的转子受有不平衡的液压作用力,故又称为不平衡式叶片泵。由于轴和轴承上的不平衡负荷较大,因而使这种泵工作压力的提高受到了限制。改变定子和转子间的偏心距 e 值,可以改变泵的排量,因此单作用叶片泵是变量泵。

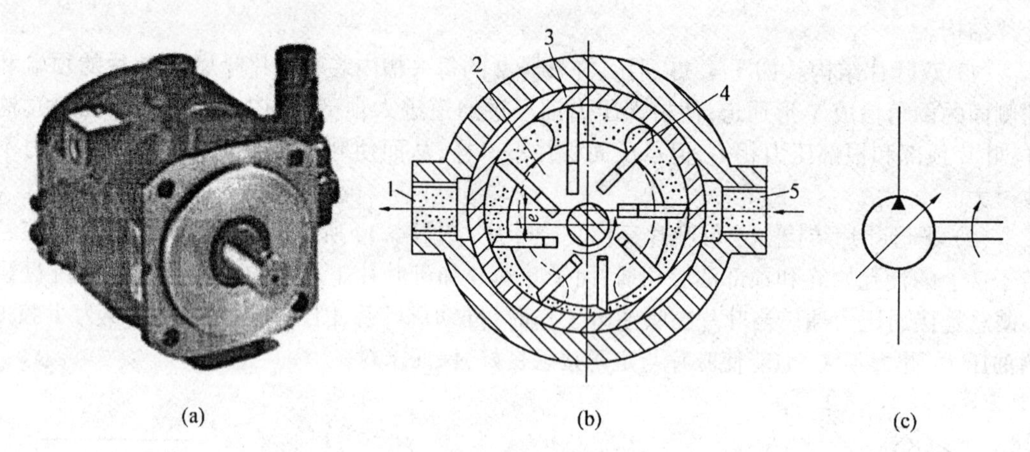

图 4.15　单作用叶片泵实物图、结构简图和图形符号

1—压油口;2—转子;3—定子;4—叶片;5—吸油口

2. 单作用叶片泵的排量和流量

单作用叶片泵的叶片转到吸油区时,叶片根部与吸油窗口连通,转到压油区时,叶片根部与压油窗口连通。因此,叶片厚度对排量计算无影响。

如图 4.16 所示,当单作用叶片泵的转子每转一转时,每两相邻叶片间的密封容积变化量为 V_1-V_2。若近似把 AB 和 CD 看作中心为 O_1 的圆弧,当定子内径为 D 时,此二圆弧的半径则分别为 $(\frac{D}{2}+e)$ 和 $(\frac{D}{2}-e)$。设转子直径为 d,叶片宽度为 b,叶片数为 z,则有

$$V_1=\pi\left[(\frac{D}{2}+e)^2-(\frac{d}{2})^2\right]\frac{\beta}{2\pi}b=\pi\left[(\frac{D}{2}+e)^2-(\frac{d}{2})^2\right]\frac{b}{z}$$

$$V_2=\pi\left[(\frac{D}{2}-e)^2-(\frac{d}{2})^2\right]\frac{\beta}{2\pi}b=\pi\left[(\frac{D}{2}-e)^2-(\frac{d}{2})^2\right]\frac{b}{z}$$

式中　β——两相邻叶片所夹的中心角,$\beta=\frac{2\pi}{z}$。

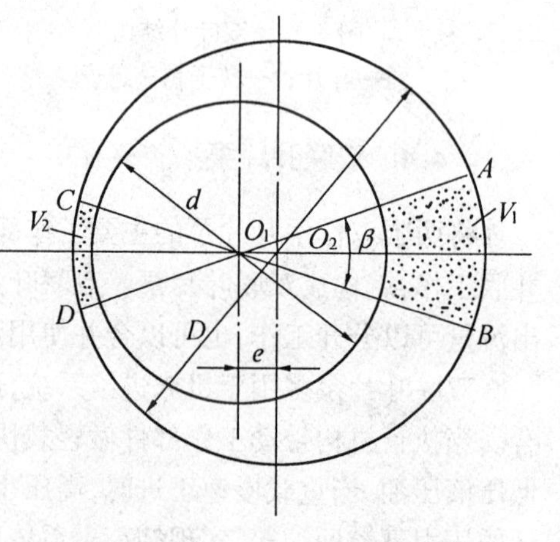

图 4.16　单作用叶片泵排量计算

因排量 $V=(V_1-V_2)z$,故将以上两式代入排量公式,并加以整理,即得该泵的排量近似表达式为

$$V=2\pi beD \tag{4.19}$$

泵的实际流量为

$$q_P=2\pi beDn\eta_V \tag{4.20}$$

式(4.20)也表明,只要改变偏心距 e,即可改变泵的输出流量。

单作用叶片泵的定子内径和转子外径都为圆柱面,由于偏心安置,其容积变化是不均匀

的,因此有流量脉动。理论分析表明,叶片数为奇数时,脉动率较小,而且泵内的叶片数越多,流量脉动率就越小。考虑到上述原因和结构上的限制,一般叶片数为13或15。

3. 单作用叶片泵的结构要点

(1) 为了调节泵的输出流量,需移动定子位置,以改变偏心距 e。

(2) 径向液压作用力不平衡,因此限制了泵工作压力的提高。

(3) 存在困油现象。由于定子和转子两圆柱面偏心安置,当相邻两叶片同时在吸、压油窗口之间的密封区内运动时,封闭容腔会产生困油现象。为了消除困油现象带来的危害,通常在配流盘压油窗口边缘开三角形卸荷槽。

(4) 叶片后倾。单作用叶片泵叶片倾角安装的主要矛盾不在压油腔,而在吸油腔。因为单作用叶片泵在压油区的叶片根部通压力油;在吸油区的叶片根部不通压力油,与吸油口连通。为了使吸油区的叶片能在离心力的作用下顺利甩出,叶片采取后倾一个角度安放。通常后倾角为24°。

4. 限压式变量叶片泵

单作用叶片泵的变量方法有手动调节和自动调节两种。自动调节变量泵又根据其工作特性的不同,可分为限压式、恒压式和恒流量式三类,其中以限压式应用最多。

限压式变量叶片泵是利用泵排油压力的反馈作用来实现变量的,它有内反馈和外反馈两种形式,下面分别说明它们的工作原理和特性。

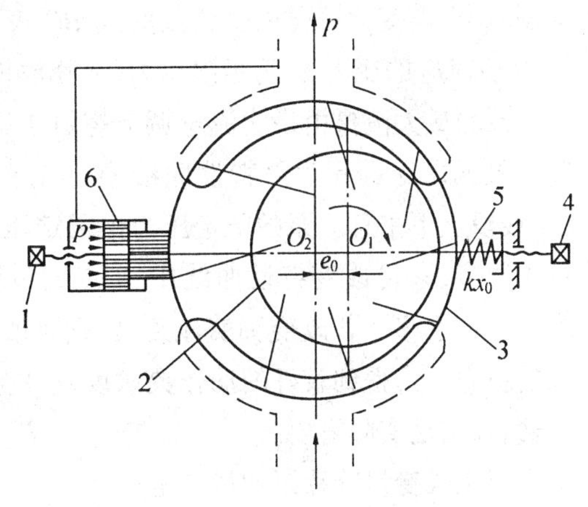

图4.17　外反馈限压式变量叶片泵工作原理

1—最大流量调节螺钉;2—转子;3—定子;4—限定压力调节螺钉;5—限压弹簧;6—反馈液压缸

(1) 外反馈式变量叶片泵的工作原理。如图4.17所示,转子2的中心 O_1 是固定的,定子3可以左右移动,在限压弹簧5的作用下,定子3被推向左端,使定子中心 O_2 和转子中心 O_1 之间有一初始偏心量 e_0。它决定了泵的最大流量 q_{max}。定子3的左侧装有反馈液压缸6,其油腔与泵出口相通。在泵工作过程中,液压缸6的活塞对定子3施加向右的反馈力 pA(A 为反馈液压缸6有效作用面积)。若泵的工作压力达到 p_B 值时,定子所受的液压力与弹簧力相平衡,有 $p_BA = kx_0$(k 为弹簧刚度,x_0 为弹簧的预压缩量),这里 p_B 称为泵的限定压力。当泵的工作压力 $p < p_B$ 时,$pA < kx_0$,定子不动,保持最大偏心距 e_0 不变,泵的流量也维持在最大值 q_{max};当泵的工作压力 $p > p_B$ 时,$pA > kx_0$。限压弹簧被压缩,定子右移,偏心距减小,泵的流量也随之迅速减小。

(2) 内反馈变量叶片泵的工作原理。内反馈变量叶片泵的工作原理与外反馈式相似,但是泵的偏心距改变不是依靠反馈液压缸,而是依靠内部反馈液压力的直接作用。内反馈式变量叶片泵的工作原理如图4.18所示,由于存在偏角 θ,压油区的压力油对定子3的作用力 F 在平行于转子、定子中心连线 O_1O_2 的方向有一分力 F_x。随着液压泵工作压力 p 的升高,F_x 也增大。当 F_x 大于限压弹簧5的预紧力 kx_0 时,定子3就向右移动,减小了定子和转子的偏心距,从而使流量相应变小。

(3) 限压式变量叶片泵的流量压力特性。限压式变量叶片泵的流量压力特性曲线如图4.19所示。曲线表示泵工作时流量随压力变化的关系。当泵的工作压力小于 p_B 时，其流量变化用斜线表示，它和水平线(理论流量 q_t)的差值 Δq 为泄漏量。此阶段的变量泵相当于一个定量泵，AB 称为定量段曲线。点 B 为特性曲线的拐点，其对应的压力 p_B 就是限定压力，它表示泵在原始偏心距 e_0 时，可达到的最大工作压力。当泵的工作压力超过 p_B 时，限压弹簧被压缩，偏心距被减小，流量随压力 p 的增加而急剧减小，其变化情况用变量段曲线 BC 表示。点 C 所对应的压力 p_C 为极限压力(又称截止压力)。

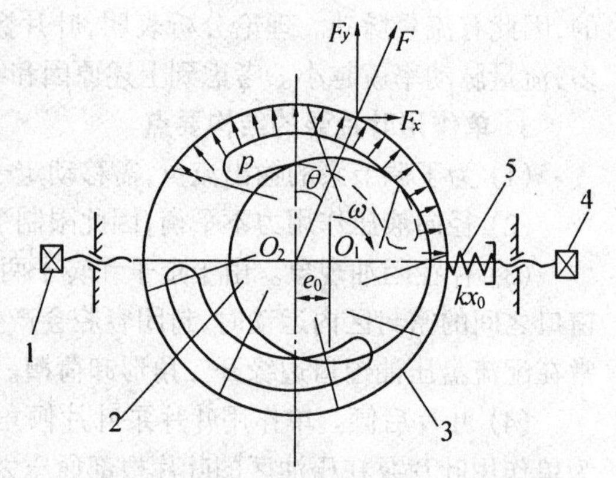

图4.18　内反馈式变量叶片泵的工作原理
1—最大流量调节螺钉；2—转子；3—定子；
4—限定压力调节螺钉；5—限压弹簧

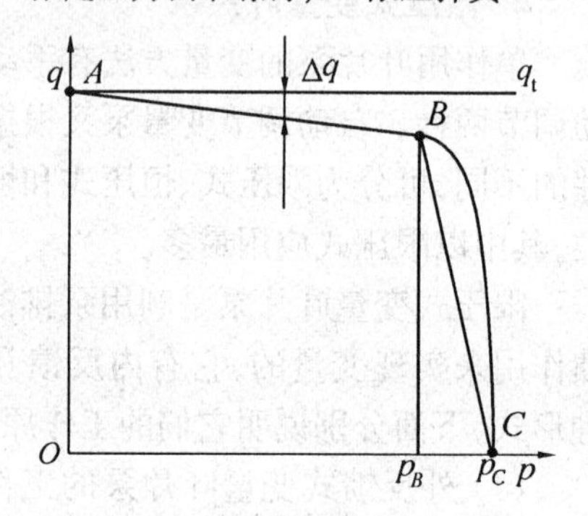

图4.19　限压式变量叶片泵的流量特性曲线

泵的最大流量由最大流量调节螺钉1调节，它可改变限压式变量叶片泵特性曲线中 A 点的位置，使 AB 线段上下平移。泵的限定压力由限定压力调节螺钉4调节，它可改变特性曲线中 B 点的位置，使 BC 线段左右平移。若改变弹簧刚度 k，则可改变 BC 线段的斜率。为得到较好的动作灵敏度，可配置不同的弹簧，以满足实际需要。

限压式变量叶片泵的特点是：

(1) 流量可以最佳地、自动地适应负载的实际需要，有利于系统节省能量；

(2) 可降低系统的工作温度，延长液压油液和密封圈的使用寿命；

(3) 在系统中可以使用较小的油箱，可以不使用溢流阀，从而简化液压传动系统。

限压式变量叶片泵常用于执行机构有快、慢速要求的液压传动系统中。

4.5　柱　塞　泵

柱塞泵是依靠柱塞在缸体内往复运动，使密封工作腔容积产生变化来实现吸、压油的。由于柱塞与缸体内孔均为圆柱表面，因此加工方便，配合精度高，密封性能好。同时，柱塞泵主要零件处于受压状态，可使材料强度性能得到充分利用，故柱塞泵常做成高压泵。此外，只要改变柱塞的工作行程，就能改变泵的排量，以便实现单向或双向变量。所以，柱塞泵具有压力高、结构紧凑、效率高及流量调节方便等优点，常用于需要高压大流量和流量需要调节的液压传动系统中，如龙门刨床、拉床、液压机、起重机械等设备的液压传动系统。

柱塞泵按柱塞排列方向的不同，可分为轴向柱塞泵和径向柱塞泵两类。

4.5.1　轴向柱塞泵工作原理

轴向柱塞泵的柱塞轴向安排在缸体中。轴向柱塞泵按其结构特点，分为斜盘式和斜轴式两类。下面以图 4.20 中的斜盘式轴向柱塞泵为例来说明其工作原理。

泵由斜盘 1、柱塞 2、缸体 3、配流盘 4 等主要零件组成。斜盘和配流盘固定不动。在缸体上有若干个沿圆周均布的轴向孔，孔内装有柱塞。传动轴 5 带动缸体 3、柱塞 2 一起转动。柱塞 2 在机械装置或低压油的作用下，使柱塞头部和斜盘 1 靠紧；同时缸体 3 和配流盘 4 也紧密接触，起密封作用。当缸体 3 按图示方向转动时，使柱塞 2 在缸体 3 内做往复运动，各柱塞与缸体间的密封容积便发生增大或减小的变化，通过配流盘 4 上的弧形吸油窗口 a 和压油窗口 b 实现吸油和压油。

如果改变斜盘 1 倾角 γ 的大小，就能改变柱塞 2 的行程，这也就改变了轴向柱塞泵的排量。如果改变斜盘 1 倾角的方向，就能改变吸、压油方向，这时就成为双向变量轴向柱塞泵。

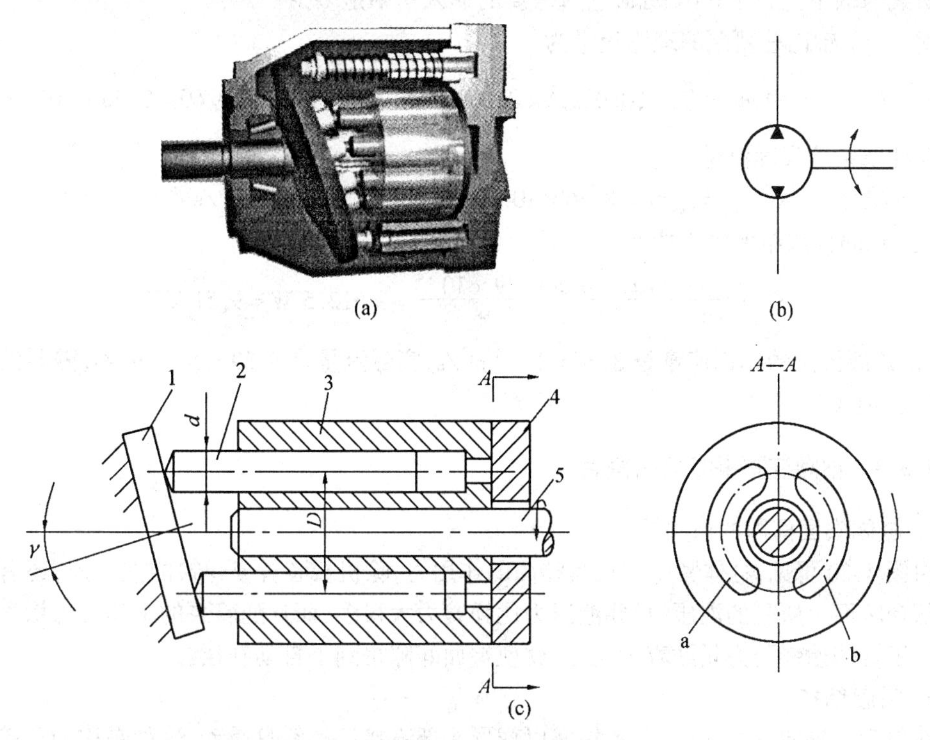

图 4.20　轴向柱塞泵实物内部结构、双向变量轴向柱塞原图形符号和结构简图
1—斜盘；2—柱塞；3—缸体；4—配流盘；5—传动轴；a—吸油窗口；b—压油窗口

4.5.2　轴向柱塞泵排量和流量

若柱塞数目为 z，柱塞直径为 d，柱塞孔的分布圆直径为 D，斜盘倾角为 γ(图4.20)，当缸体转动一转时，泵的排量为

$$V = \frac{\pi}{4} d^2 D(\tan\gamma) z \tag{4.21}$$

则泵的实际输出流量为

$$q_{\mathrm{p}}=\frac{\pi}{4}d^{2}D(\tan\gamma)zn\eta_{V} \tag{4.22}$$

实际上,柱塞泵的输出流量是脉动的。柱塞数为奇数时,脉动率 σ 较小,故柱塞泵的柱塞数一般都为奇数,从结构和工艺性考虑,常取 $z=7$ 或 $z=9$。流量脉动率与柱塞数之间的关系如表 4.2 所示。

表 4.2 柱塞泵的流量脉动率

柱塞数 z	5	6	7	8	9	10	11	12
脉动率 σ/%	4.98	14	2.53	7.8	1.53	4.98	1.02	3.45

例 4.3 斜盘式轴向柱塞泵的斜盘倾角 $\gamma=22°30'$,柱塞直径 $d=22$ mm,柱塞分布圆直径 $D=68$ mm,柱塞数 $z=5$,设柱塞与斜盘的接触点位于中心线上,泵的容积效率 $\eta_V=0.98$,机械效率 $\eta_{\mathrm{m}}=0.9$,转速 $n=960$ r/min。求:(1)该泵的理论流量和实际流量各是多少?(2)如果该泵的输出压力 $p=10$ MPa,它所需要的输入功率是多少?

解 (1) 轴向柱塞泵的理论流量为

$$q_{\mathrm{t}}=\frac{\pi}{4}d^{2}D(\tan\gamma)zn=\frac{\pi}{4}\times(0.022)^{2}\times0.068\times\tan22°30'\times5\times960/60=8.56\times10^{-4}\ \mathrm{m^{3}/s}$$

则轴向柱塞泵的实际流量

$$q_{\mathrm{p}}=q_{\mathrm{t}}\eta_{V}=8.56\times10^{-4}\times0.98=8.39\times10^{-4}\ \mathrm{m^{3}/s}$$

(2) 轴向柱塞泵的输入功率为

$$P_{\mathrm{i}}=\frac{pq}{\eta_{V}\eta_{\mathrm{m}}}=\frac{10\times10^{6}\times8.39\times10^{-4}}{0.98\times0.9}=9\ 512.5\ \mathrm{W}=9.51\ \mathrm{kW}$$

答:该液压泵的理论流量是 8.56×10^{-4} m³/s,实际流量是 8.39×10^{-4} m³/s;需要的输入功率是 9.51 kW。

4.5.3 轴向柱塞泵的结构特点

1. 缸体端面间隙的自动补偿

由图 4.20 可见,缸体紧压配流盘端面的作用力,除机械装置或弹簧的推力外,还有柱塞孔底部台阶面上所受的液压力,此液压力比弹簧力大得多,而且随着泵的工作压力增大而增大。由于缸体始终受力紧贴着配流盘,就使端面间隙得到了自动补偿。

2. 滑履结构

在斜盘式轴向柱塞泵中,若各柱塞以球形头部直接接触斜盘滑动,这种泵称为点接触式轴向柱塞泵。点接触式轴向柱塞泵工作时,由于柱塞球头与斜盘平面理论上为点接触,因而接触应力大,极易磨损,故只适用于低压($p\leqslant10$ MPa)。一般轴向柱塞泵都在柱塞头部装一滑履(图 4.21)。滑履是按静压支承原理设计的,缸体中的压力油经柱塞球头中间小孔流入滑履油室,使滑履和斜盘间形成液体润滑,改善了柱塞头部和斜盘的接触情况。这种结构的轴向柱塞泵压力可达 32 MPa 以上,流量也可以很大。因此,有利于轴向柱塞泵在高压下工作。

3. 变量机构

在变量轴向柱塞泵中均设有专门的变量机构,用来改变斜盘倾角 γ 的大小,以调节泵的排量。轴向柱塞泵的变量方式有多种,其变量机构的结构形式亦多种多样。这里只简要

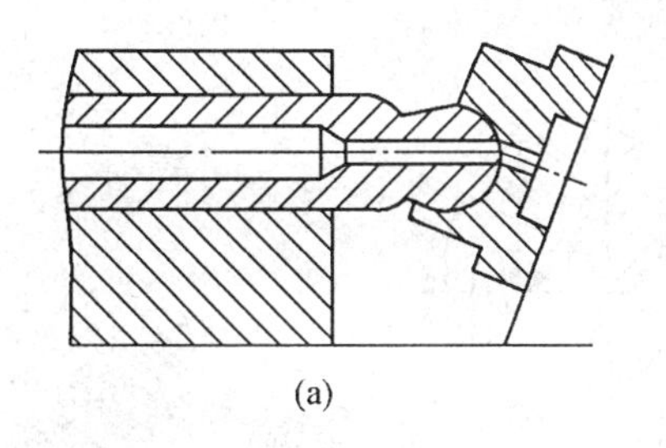

(a)

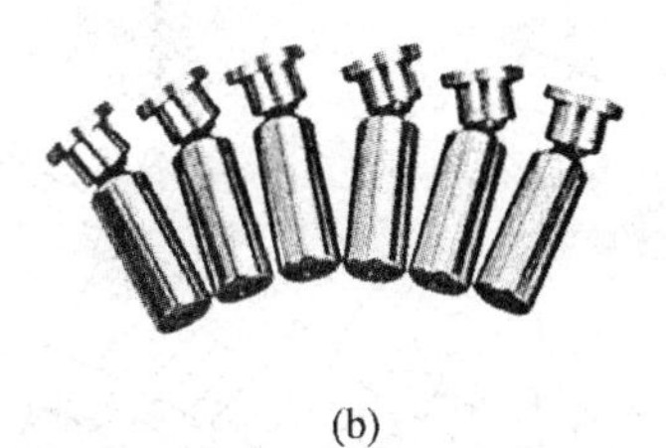

(b)

图 4.21　柱塞滑履结构简图和实物图

介绍手动伺服变量机构的工作原理。

图 4.22 所示的是手动伺服变量机构结构简图。该机构由缸筒 1、活塞 2 和伺服阀组成。活塞 2 的内腔构成了伺服阀的阀体,并有 c、d 和 e 三个孔道分别沟通缸筒 1 下腔 a、上腔 b 和油箱。泵上的斜盘4或缸体通过适当的机构与活塞 2 下端相连,利用活塞 2 的上下移动来改变其倾角。当用手柄使伺服阀阀芯 3 向下移动时,上面的阀口打开,a 腔中的压力油经孔道 c 通向 b 腔,活塞因上腔有效作用面积大于下腔的有效作用面积而向下移动,活塞 2 移动时又使伺服阀上的阀口关闭,最终使活塞 2 自身停止运动。同理,当手柄使伺服阀阀芯 3 向上移动时,下面的阀口打开,b 腔经孔道 d 和 e 接通油箱,活塞 2 在 a 腔压力油的作用下向上移动,并在该阀口关闭时自行停止运动。变量控制机构就是这样依照伺服阀的动作来实现其控制的。

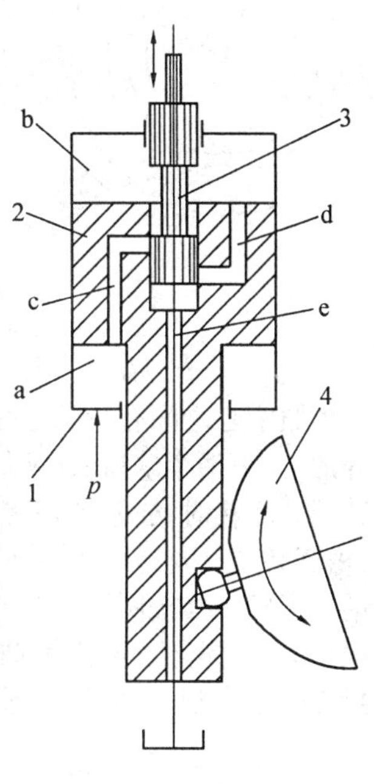

图 4.22　手动伺服变量机构简图
1—缸筒;2—活塞;
3—伺服阀阀芯;4—斜盘

4.5.4　斜轴式轴向柱塞泵

图 4.23 为斜轴式轴向柱塞泵的组成结构简图和实物图。传动轴 5 相对于缸体 3 有一倾角 γ,柱塞 2 与传动轴圆盘之间用相互铰接的连杆 4 相连。当传动轴 5 沿图示方向旋转时,连杆 4 就带动柱塞 2 连同缸体 3 一起转动,柱塞 2 同时也在孔内做往复运动,使柱塞孔底部的密封腔容积不断发生增大或减小的变化,通过配流盘 1 上的配流窗口 a 和 b 实现吸油和压油。

与斜盘式泵相比较,斜轴式泵由于缸体所受的不平衡径向力较小,故结构强度较高,变量范围较大(倾角较大);斜盘式轴向柱塞泵(图 4.20)有通轴和非通轴两种结构形式,图4.20中的斜盘式轴向柱塞泵是非通轴式轴向柱塞泵,通轴式轴向柱塞泵是将传动轴穿过斜盘,在轴的另一端可以同轴连接其他泵(如齿轮泵,多为内啮合齿轮泵)作为控制油的油源。斜轴式轴向柱塞泵由于相对于斜盘式轴向柱塞泵少了滑履和斜盘摩擦副,因此容积效率会高一些。但外形尺寸较大,结构也较复杂。目前,斜轴式轴向柱塞泵的使用相当广泛。

4.5.5　径向柱塞泵

图 4.24 是径向柱塞泵的结构简图和实物图。由图可见,径向柱塞泵的柱塞径向安排在缸体转子上。在转子 2(缸体)上径向均匀分布着数个孔,孔中装有柱塞 5。转子 2 的中心与

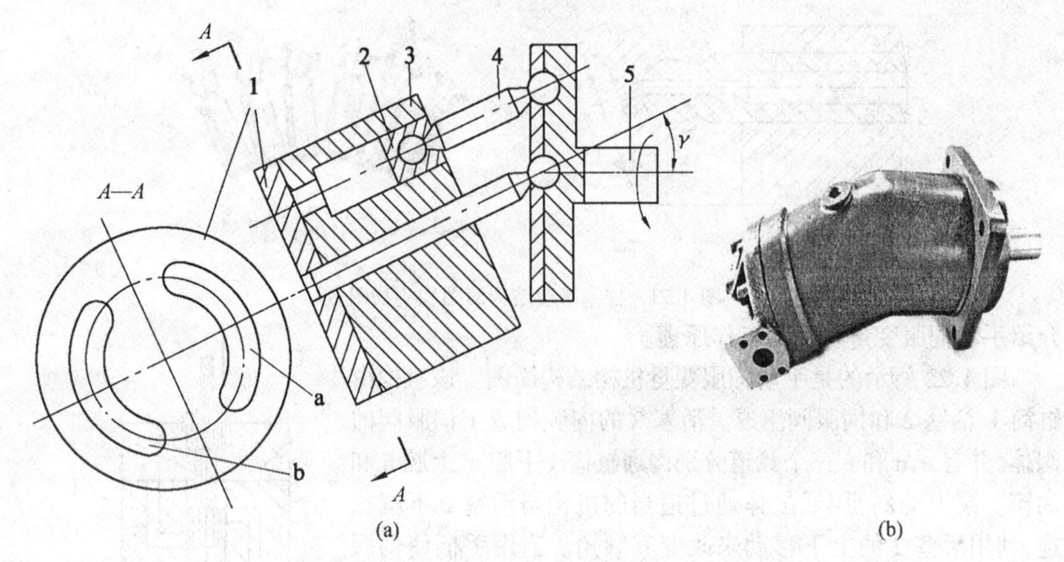

图 4.23 斜轴式轴向柱塞泵结构简图和实物图

1—配流盘;2—柱塞;3—缸体;4—连杆;5—传动轴;a—吸油窗口;b—压油窗口

定子 1 的中心之间有一偏心量 e。在固定不动的配流轴 3 上,相对于柱塞孔的部位有相互隔开的上、下两个缺口,此两缺口又分别通过所在部位的两个轴向孔与泵的吸、压油口连通。当转子 2 旋转时,柱塞 5 在离心力(或低压油)作用下,它的头部与定子 1 的内表面紧密接触,由于转子 2 与定子 1 存在偏心,所以柱塞 5 在随转子转动时,又在柱塞孔内做径向往复滑动。当转子 2 按图示箭头方向旋转时,上半周的柱塞皆往外滑动,柱塞底部的密封工作腔容积增大,于是通过配流轴轴向孔和上部开口吸油;下半周的柱塞皆往里滑动,柱塞孔内的密封工作腔容积减小,于是通过配流轴轴向孔和下部开口压油。

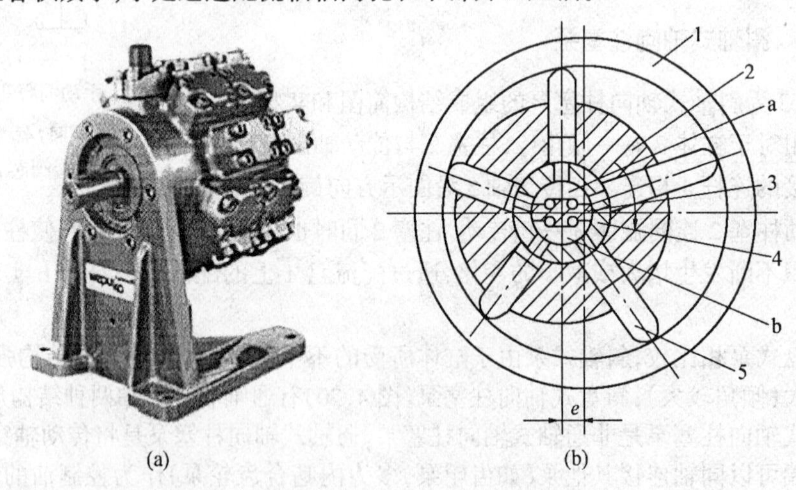

图 4.24 径向柱塞泵实物图和结构简图

1—定子;2—转子;3—配流轴;4—衬套;5—柱塞;a—吸油腔;b—压油腔

当移动定子改变偏心量 e 的大小时,泵的排量就得到改变;当移动定子使偏心量从正值变为负值时,泵的吸、压油腔就互换。因此径向柱塞泵可以做成单向或双向变量泵。为使流量脉动率尽可能小,通常采用奇数柱塞数。

径向柱塞泵的径向尺寸大、结构较复杂、自吸能力差,并且配流轴受到径向不平衡液压力的作用,易于磨损,这些都限制了它的转速和压力的提高。

4.6 螺 杆 泵

螺杆泵实质上是一种外啮合式摆线齿轮泵。在螺杆泵内的螺杆可以有两根,也可以有三根。图4.25是三螺杆泵的结构简图。在泵体内安装三根螺杆,中间的主动螺杆3是右旋凸螺杆,两侧的从动螺杆1是左旋凹螺杆。三根螺杆的外圆与泵体的对应弧面保持着良好的配合,螺杆的啮合线把主动螺杆3和从动螺杆1的螺旋槽分割成多个相互隔离的密封工作腔。随着螺杆的旋转,密封工作腔可以一个接一个在左端形成,不断从左向右移动。但其容积不变,因此可以形成均匀而平稳的输出流量。主动螺杆每转一周,每个密封工作腔便移动一个导程。最左边的一个密封工作腔容积逐渐增大,因而吸油;最右边的容积逐渐减小,则将液压油压出。螺杆直径愈大,螺旋槽愈深,泵的排量就愈大;螺杆愈长,吸油口和压油口之间的密封层次愈多,泵的额定压力就愈高。

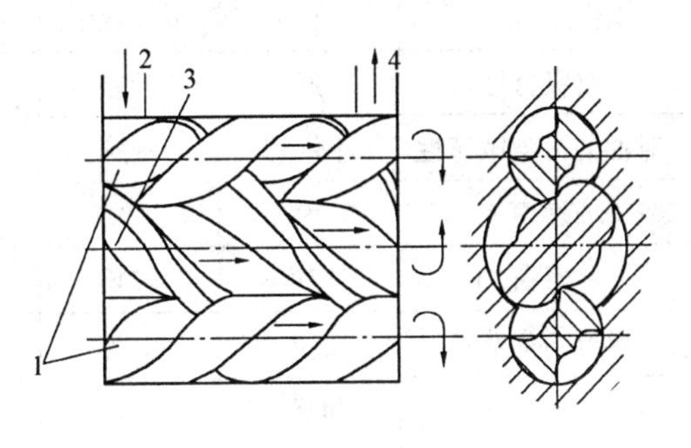

图4.25　螺杆泵结构简图

1—从动螺杆;2—吸油口;3—主动螺杆;4—压油口

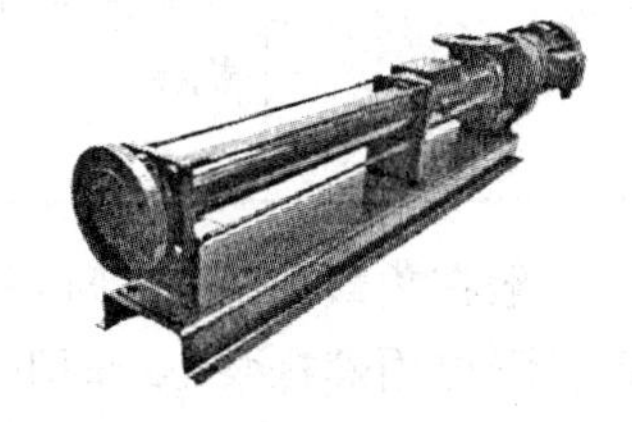
图4.26　螺杆泵实物图

螺杆泵的主要优点是:结构简单紧凑,体积小,质量小,运转平稳,输油量均匀,噪声小,容许采用高转速,容积效率较高(可达0.95),对油液的污染不敏感。因此,螺杆泵在精密机床及设备中应用日趋广泛。螺杆泵的主要缺点是:螺杆齿形复杂,加工较困难,不易保证精度。图4.26所示为螺杆泵实物图。

4.7 各类液压泵的性能比较和应用

在设计液压传动系统时,应根据所要求的工作情况正确合理地选择液压泵。为比较前述各类液压泵的性能,有利于选用,将各类液压泵的主要性能比较与应用列于表4.3中。

表4.3　各类液压泵的性能比较与应用

类型 项目	齿轮泵	双作用叶片泵	限压式变量叶片泵	轴向柱塞泵	径向柱塞泵	螺杆泵
工作压力/MPa	<20	6.3~21	≤7	20~35	10~20	<10
转速范围/(r·min^{-1})	300~7 000	500~4 000	500~2 000	600~6 000	700~1 800	1 000~18 000
容积效率	0.70~0.95	0.80~0.95	0.80~0.90	0.90~0.98	0.85~0.95	0.75~0.95
总效率	0.60~0.85	0.75~0.85	0.70~0.85	0.85~0.95	0.75~0.92	0.70~0.85

续表 4.3

项目 \ 类型	齿轮泵	双作用叶片泵	限压式变量叶片泵	轴向柱塞泵	径向柱塞泵	螺杆泵
功率质量比	中等	中等	小	大	小	中等
流量脉动率	大	小	中等	中等	中等	很小
工作压力/MPa	<20	6.3~21	≤7	20~35	10~20	<10
自吸特性	好	较差	较差	较差	差	好
对油的污染敏感性	不敏感	敏感	敏感	敏感	敏感	不敏感
噪声	大	小	较大	大	大	很小
寿命	较短	较长	较短	长	长	很长
单位功率造价	最低	中等	较高	高	高	较高
应用范围	机床、工程机械、农机、航空、船舶、一般机械	机床、注塑机、液压机、起重运输机械、工程机械、飞机	机床、注塑机	工程机械、锻压机械、起重运输机械、矿山机械、冶金机械、船舶、飞机	机床、液压机、船舶机械	精密机床、精密机械、食品、化工、石油、纺织等机械

一般在负载小、功率小的机械设备中，可用齿轮泵、双作用叶片泵；精度较高的机械设备(如磨床)可用螺杆泵、双作用叶片泵；在负载较大并有快速和慢速工作行程的机械设备(如组合机床)中，可使用限压式变量叶片泵；对负载大、功率大的机械设备(如龙门刨床、拉床)，可使用柱塞泵；而在机械设备的辅助装置(如送料、夹紧等不重要的地方)，可使用价廉的齿轮泵。

4.8 液压马达

液压马达和液压泵在结构上基本相同，并且也是靠密封容积的变化来工作的。常见的液压马达也有齿轮式、叶片式和柱塞式等几种主要形式。马达和泵在工作原理上是互逆的，当向泵输入压力油时，其轴输出角速度和转矩则成为马达。但由于二者的任务和要求有所不同，而实际结构细节也有所差异，故只有少数泵能直接作马达使用。如图 4.27 所示，当压力油输入液压马达时，处于压力腔(进油腔)的柱塞 2 被顶出，压在斜盘 1 上。设斜盘 1 作用在柱塞 2 上的反力为 F_N，F_N 可分解为两个分力，即 F 和 F_T。其中，轴向分力 F 和作用在柱塞后端的液压力相平衡；垂直于轴向的分力 F_T 使缸体 3 产生转矩 $T_i = F_T \cdot r$。当液压马达的进、出油口互换时，马达将反向转动。当改变马达斜盘倾角时，马达的排量便随之改变，从而可以调节输出角速度或转矩。

本节仅对液压马达的主要性能参数和常用马达的工作原理作一介绍。

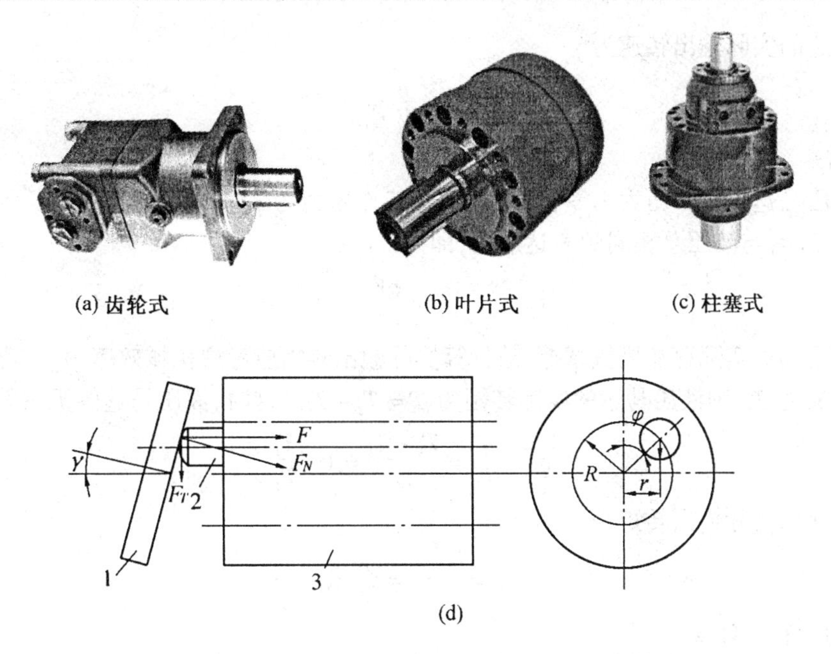

图 4.27　液压马达实物图和轴向柱塞式液压马达结构简图

1—斜盘;2—柱塞;3—缸体

4.8.1　液压马达的主要性能参数

1. 工作压力和额定压力

液压马达入口液压油的实际压力称为液压马达的工作压力。液压马达入口压力和出口压力的差值称为液压马达的工作压差。在液压马达出口直接连接油箱的情况下,为便于定性分析问题,通常近似认为液压马达的工作压力就等于工作压差。

液压马达在正常工作条件下,按试验标准规定连续运转的最高压力称为液压马达的额定压力。与液压泵相同,液压马达的额定压力亦受泄漏和零件强度的制约,超过此值时就会过载。

2. 排量和流量

液压马达轴每转一周,由其密封容腔几何尺寸变化计算而得的液体体积称为液压马达的排量。

液压马达密封腔容积变化所需要的流量称为液压马达的理论流量。液压马达入口处所需的流量称为液压马达的实际流量。实际流量和理论流量之差即为液压马达的泄漏量。

3. 转速和容积效率

液压马达的输出转速 n 等于理论流量 q_t 与排量 V 的比值,即

$$n = \frac{q_t}{V} \tag{4.23}$$

因液压马达实际存在泄漏,由实际流量 q 来计算转速 n 时,应考虑到液压马达的容积效率 η_V。当液压马达的泄漏流量为 q_l 时,则液压马达的实际流量为 $q = q_t + q_l$。这时,液压马达的容积效率为

$$\eta_V = \frac{q_t}{q} = \frac{q - q_l}{q} = 1 - \frac{q_l}{q}$$

则液压马达的实际输出转速为

$$n = \frac{q}{V}\eta_V \tag{4.24}$$

4. 转矩和机械效率

设液压马达的出口压力为零，入口压力即工作压力为 p，排量为 V，则液压马达的理论输出转矩 T_t 有与液压泵相同的表达形式，即

$$T_t = \frac{pV}{2\pi} \tag{4.25}$$

因液压马达实际存在机械摩擦，故计算实际输出转矩应考虑机械效率 η_m。若液压马达的转矩损失为 T_l，则液压马达的实际转矩为 $T = T_t - T_l$。这时，液压马达的机械效率为

$$\eta_m = \frac{T}{T_t} = \frac{T_t - T_l}{T_t} = 1 - \frac{T_l}{T_t}$$

则液压马达的实际输出转矩为

$$T = T_t\eta_m = \frac{pV}{2\pi}\eta_m \tag{4.26}$$

5. 功率和总效率

液压马达的输入功率 P_i 为

$$P_i = pq \tag{4.27}$$

液压马达的输出功率 P_o 为

$$P_o = 2\pi nT \tag{4.28}$$

液压马达的总效率 η 即为

$$\eta = \frac{P_o}{P_i} = \frac{2\pi nT}{pq} = \frac{2\pi nT}{p\dfrac{Vn}{\eta_V}} = \eta_V\eta_m$$

由上式可见，液压马达的总效率等于机械效率与容积效率的乘积，这一点与液压泵相同。图 4.28 是液压马达的特性曲线。

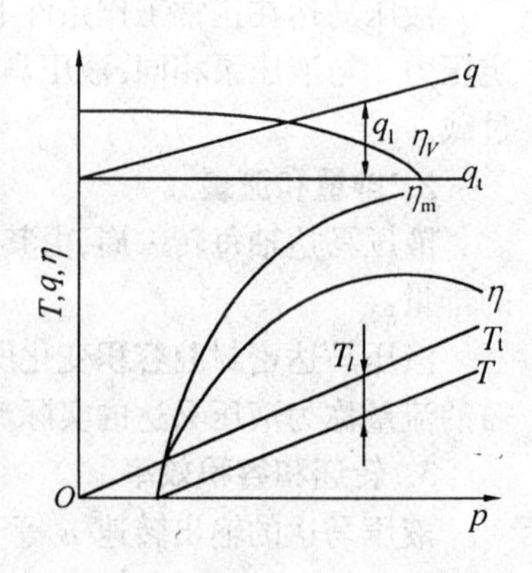

图 4.28　液压马达的特性曲线

从式(4.24)、(4.26)可以看出，对于定量液压马达，排量 V 为定值，在流量 q 和压力 p 不变的情况下，输出转速 n 和转矩 T 皆不可变；对于变量液压马达，排量 V 的大小可以调节，因而它的输出转速 n 和转矩 T 是可以改变的，在 q 和 p 不变的情况下，若使排量 V 增大，则转速 n 减小，转矩 T 增大。

例 4.4　某齿轮液压马达的排量 $V = 10$ mL/r，供油压力 $p = 10$ MPa，供油流量 $q = 4\times10^{-4}\text{m}^3/\text{s}$，效率 $\eta = 0.75$，求：马达的理论转速、理论转矩和实际输出功率各是多少？

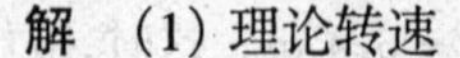

解　(1) 理论转速

$$n = \frac{q}{V} = \frac{4\times10^{-4}}{10\times10^{-6}} = 40 \text{ r/s}$$

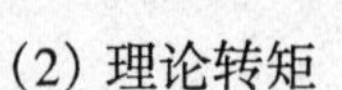

(2) 理论转矩

$$T_t = \frac{pV}{2\pi} = \frac{10 \times 10^6 \times 10 \times 10^{-6}}{2\pi} = 15.92\ \mathrm{N \cdot m}$$

(3) 实际输出功率

$$P_o = pq\eta = 10 \times 10^6 \times 4 \times 10^{-4} \times 0.75 = 3\ 000\ \mathrm{W} = 3.0\ \mathrm{kW}$$

答:该液压马达的理论转速为 40 r/s,理论转矩为 15.92 N·m,实际输出功率为 3.0 kW。

4.8.2 高速液压马达

一般来说,额定转速高于 500 r/min 的液压马达属于高速液压马达,额定转速低于 500 r/min的液压马达属于低速液压马达。

高速液压马达的基本形式有齿轮式、叶片式和轴向柱塞式等,它们的主要特点是:转速高,转动惯量小,便于启动、制动、调速和换向。通常高速液压马达的输出转矩不大。

如图 4.27 所示,当液压油输入液压马达后,所产生的轴向分力 F 为

$$F = \frac{\pi}{4} d^2 p$$

所产生的垂直于轴向的分力 F_T 为

$$F_T = F\tan\gamma = \frac{\pi}{4} d^2 p \tan\gamma$$

由图 4.27 可知,此柱塞产生的瞬时转矩为

$$T_i = F_T r = F_T R \sin\varphi = \frac{\pi}{4} d^2 R p \tan\gamma \sin\varphi \tag{4.29}$$

式中　R——柱塞在缸体中的分布圆半径(m);

d——柱塞直径(Pa);

p——马达的工作压差(Pa);

γ——斜盘倾角(°);

φ——柱塞的瞬时方位角(°)。

液压马达的输出转矩等于处在液压马达压力腔半周内各柱塞瞬时转矩的总和。由于柱塞的瞬时方位角是变量,其值则按正弦规律变化,所以液压马达输出的转矩是脉动的。

液压马达的平均转矩可按式(4.26)计算。当液压马达的进、出油口互换时,液压马达将反向转动。当改变斜盘倾角时,液压马达的排量便随之改变,从而可以调节其输出转速或转矩。

4.8.3 低速液压马达

低速液压马达的输出转矩通常都较大(可达数千至数万牛顿米),所以又称为低速大转矩液压马达。低速大转矩液压马达的主要特点是:转矩大,低速稳定性好(一般可在10 r/min 以下平稳运转,有的可低到 0.5 r/min 以下),因此可以直接与工作机构连接(如直接驱动车轮或绞车轴),不需要减速装置,使传动结构大为简化。低速大转矩液压马达广泛用于工程、运输、建筑、矿山和船舶(如行走机械、卷扬机、搅拌机)等机械上。

低速大转矩液压马达的基本结构是径向柱塞式,通常分为两种类型,即单作用曲轴型和多作用内曲线型。

多作用内曲线柱塞式液压马达,简称内曲线马达,它具有尺寸较小、径向受力平衡、转矩

脉动小、启动效率高，并能在很低转速下稳定工作等优点，因此获得了广泛应用。下面说明内曲线液压马达的工作原理。

图 4.29 为内曲线液压马达的结构简图和实物图。定子 1 的内表面由 x 段形状相同且均匀分布的曲面组成，曲面的数目 x 就是马达的作用次数（本图中 $x=6$）。每一曲面在凹部的顶点处分为对称的两半，一半为进油区段（即工作区段），另一区段为回油区段。缸体 2 有 z 个（本图中为 8 个）径向柱塞孔沿圆周均布，柱塞孔中装有柱塞 6。柱塞头部与横梁 3 接触，横梁 3 可在缸体 2 的径向槽中滑动，连接在横梁端部的滚轮 5 可沿定子 1 的内表面滚动。在缸体 2 内，每个柱塞孔底部都有一配流孔与配流轴 4 相通。配流轴 4 是固定不动的，其上有 $2x$ 个配流窗孔沿圆周均匀分布，其中有 x 个窗孔与轴中心的进油孔相通，另外 x 个窗孔与回油孔道相通，这 $2x$ 个配流窗孔位置又分别和定子内表面的进、回油区段位置一一对应。

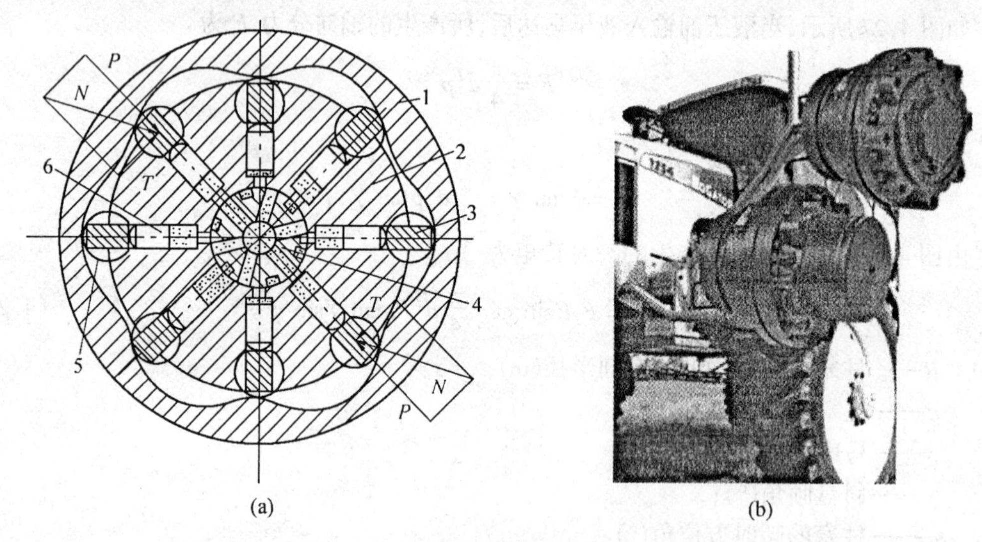

图 4.29　内曲线液压马达结构简图和实物图

1—定子；2—缸体（转子）；3—横梁；4—配流轴；5—滚轮；6—柱塞

当液压油输入马达后，通过配流轴 4 上的进油窗孔分配到处于进油区段的柱塞油腔。油压使滚轮 5 顶紧在定子 1 内表面上，滚轮所受到的法向反力 N 可以分解为两个方向的分力，其中径向分力 P 和作用在柱塞后端的液压力相平衡，切向分力 T 通过柱塞 6、横梁 3 对缸体 2 产生转矩。同时，处于回油区段的柱塞受压后缩回，把低压油从回油窗孔排出。

液压马达缸体每转一转，每个柱塞往复移动 x 次。由于 x 和 z 不等，所以任一瞬时总有一部分柱塞处于进油区段，使缸体转动。

由于液压马达作用的次数多，并可设置较多的柱塞（还可制成双排、三排柱塞结构），所以排量大、尺寸小。当液压马达的进、回油口互换时，液压马达可反转。

内曲线液压马达多为定量液压马达，但也可通过改变作用次数、改变柱塞数或改变柱塞行程等方法做成变量液压马达。

思考题和习题

4.1　从能量的观点来看，液压泵和液压马达有什么区别和联系？从结构上来看，液压泵和液压马达又有什么区别和联系？

4.2　液压泵的工作压力取决于什么？液压泵的工作压力和额定压力有什么区别？

4.3　如图 4.30 所示，已知液压泵的额定压力和额定流量，设管道内压力损失可忽略不计，在图 4.30(c)中的支路上装有节流小孔，求图示各种工况下液压泵出口处的工作压力值。

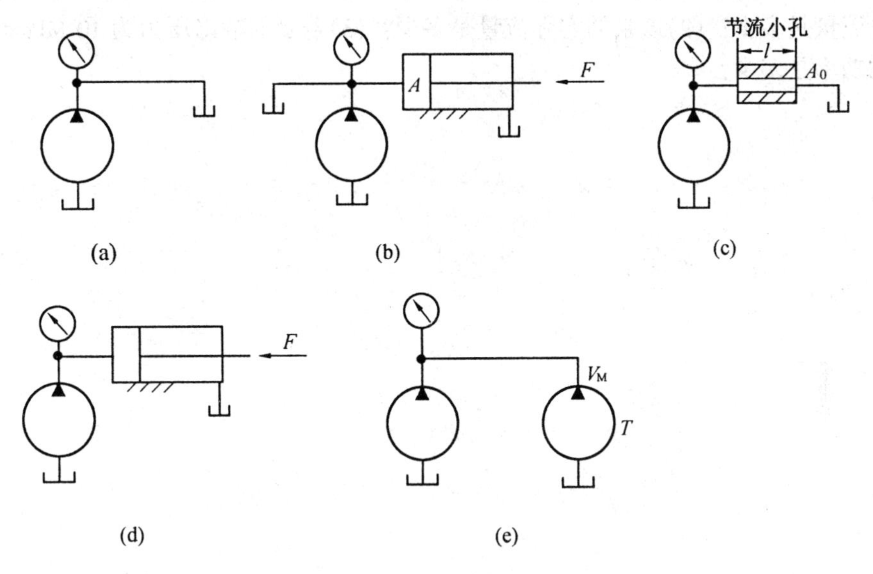

图 4.30

4.4　如何计算液压泵的输出功率和输入功率？液压泵在工作过程中会产生哪两方面的能量损失？产生这些损失的原因是什么？

4.5　试说明齿轮泵的困油现象及解决办法。

4.6　齿轮泵压力的提高主要受哪些因素的影响？可以采取哪些措施来提高齿轮泵的工作压力？

4.7　试说明叶片泵的工作原理，并比较说明双作用叶片泵和单作用叶片泵各有什么优缺点。

4.8　限压式变量叶片泵的限定压力和最大流量是怎样调节的？在调节时，叶片泵的压力流量曲线将会怎样变化？

4.9　液压泵铭牌标注的额定流量为 100 L/min，额定压力为 2.5 MPa，转速为 1 450 r/min时，机械效率为 $\eta_m = 0.9$。由实验测得，当液压泵的出口压力为零时，流量为 106 L/min；压力为2.5 MPa时，流量为 100.7 L/min。求：(1)液压泵的容积效率 η_V 是多少？(2)如果液压泵的转速下降到 500 r/min，在额定压力下工作时，估算液压泵的流量是多少？(3)计算在上述两种转速下液压泵的驱动功率是多少？

4.10　某组合机床用双联叶片泵 YB4/16 × 63(两个叶片泵的流量分别是 4 L/min 和 16 L/min，额定压力为 6.3 MPa)，快速进、退时双泵供油，系统压力 $p = 1$ MPa，工作进给时，大泵卸荷(设其压力为 0)，只有小泵供油，这时系统压力 $p = 3$ MPa，液压泵效率 $\eta = 0.8$。试求：(1)所需电动机功率是多少？(2)如果采用一个 $q = 20$ L/min 的定量泵，所需的电动机功率又是多少？

4.11　定量叶片泵转速为 1 500 r/min，在输出压力为 6.3 MPa 时，输出流量为 53 L/min，这时实测液压泵轴消耗功率为 7 kW，当泵空载卸荷运转时，输出流量为 56 L/min，求：(1)该泵的容积效率是多少？(2)该泵的总效率是多少？

4.12　斜盘式轴向柱塞泵的斜盘倾角为 22°30′，柱塞直径为 22 mm，柱塞分布圆直径为 68 mm，柱塞个数为 7，该泵的容积效率为 0.98，机械效率为 0.90，转速为 960 r/min，求：(1)该泵的理论流量是多少？(2)该泵的实际流量是多少？(3)若泵的输出压力为 10 MPa 时，所需电动机的功率是多少？

第5章 液 压 缸

液压缸和前述的液压马达同属于液压传动系统中的执行元件。液压缸是一种将油液的压力能转换为机械能,驱动工作装置做往复直线运动或往复摆动的能量转换装置。液压缸的结构简单、工作可靠,与杠杆、连杆、齿轮齿条、棘轮棘爪、凸轮等机构配合还能实现多种机械运动,因此在液压传动系统中得到了广泛的应用。

5.1 液压缸的分类和特点

液压缸有多种形式。按照结构特点,它可分为活塞式、柱塞式和摆动式三大类;按作用方式,它又可分为单作用式和双作用式两种。单作用式液压缸只能使活塞(或柱塞)做单方向运动,即液压油只是通向液压缸的一腔,而反方向运动则必须依靠外力(如弹簧力或自重等)来实现;双作用式液压缸,在两个方向上的运动都由液压油的推动来实现。

5.1.1 活塞式液压缸

活塞式液压缸可分为双杆式和单杆式两种结构形式。其固定方式有缸筒固定和活塞杆固定两种。

1. 双杆活塞式液压缸

图5.1所示为双杆活塞式液压缸结构简图,图5.1(a)所示为缸筒固定式结构,液压缸的左腔进油,推动活塞向右运动,右腔回油;反之,活塞反向运动。其运动范围约等于活塞有效行程的3倍,一般用于中小型设备。图5.1(b)所示为活塞杆固定式结构,液压缸的左腔进油,推动缸体向左运动,右腔回油;反之,缸体反向移动。其运动范围约等于缸筒有效行程的2倍,因此常用于大中型设备中。实际上液压缸的运动范围还要考虑活塞和缸盖等结构尺寸所占用的空间。在活塞两侧都有活塞杆伸出。

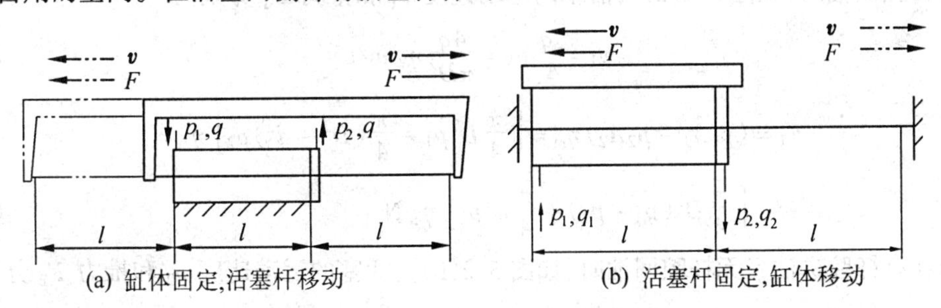

图5.1 双杆活塞式液压缸结构简图

当两侧活塞杆直径相同、供油压力和流量不变时,活塞(或缸筒)在两个方向上的运动速度 v 和推力 F 都相等,即

$$v = \frac{q}{A}\eta_V = \frac{4q}{\pi(D^2 - d^2)}\eta_V \text{ m/s} \tag{5.1}$$

$$F = A(p_1 - p_2)\eta_m = \frac{\pi}{4}(D^2 - d^2)(p_1 - p_2)\eta_m \text{ N} \tag{5.2}$$

式中 q——进入液压缸的流量(m^3/s)；

A——活塞有效作用面积(m^2)；

η_V——液压缸的容积效率；

D——活塞直径(即缸筒直径)(m)；

d——活塞杆直径(m)；

p_1——进油压力(Pa)；

p_2——回油压力(Pa)；

η_m——液压缸的机械效率。

例 5.1 某液压系统执行元件为双出杆活塞式液压缸，液压缸的工作压力 $p = 3.5$ MPa，活塞直径 $D = 9$ cm，活塞杆直径 $d = 4$ cm，工作进给速度 $v = 1.52$ cm/s，求液压缸能克服多大的阻力？液压缸所需流量为多少？

解 (1)活塞的有效作用面积

$$A = \frac{\pi}{4}(D^2 - d^2) = \frac{\pi}{4}(9^2 - 4^2)\text{cm}^2 = 51.05 \text{ cm}^2$$

(2)液压缸能克服的最大阻力

$$F = pA = 35 \times 10^5 \times 51.05 \times 10^{-4} \text{ N} = 17.9 \text{ kN}$$

(3)液压缸所需流量

$$q = vA = 1.52 \times 60 \times 51.05 \times 10 \text{ cm}^3/\text{min} = 4\,655.76 \text{ cm}^3/\text{min} = 4.7 \text{ L/min}$$

答：液压缸能克服的阻力是 17.9 kN，液压缸所需流量是 4.7 L/min。

这种液压缸常用于要求往返运动速度相同的场合，如液压磨床等。

2. 单杆活塞式液压缸

图 5.2 所示为双作用式单杆活塞缸结构简图和实物图。液压缸的一端有活塞杆伸出，在另一端没有活塞杆伸出，这样使液压缸两腔有效作用面积不等，当向液压缸两腔分别供油，且压力和流量都不变时，活塞在两个方向上的运动速度和推力都不相等。当在无杆腔进油且有杆腔回油时(如图 5.2(a))，活塞的运动速度 v_1 和推力 F_1 分别为

$$v_1 = \frac{q}{A_1}\eta_V = \frac{4q}{\pi D^2}\eta_V \text{ m/s} \tag{5.3}$$

$$F_1 = (p_1A_1 - p_2A_2)\eta_m = \left[\frac{\pi}{4}D^2p_1 - \frac{\pi}{4}(D^2 - d^2)p_2\right]\eta_m =$$

$$\left[\frac{\pi}{4}D^2(p_1 - p_2) + \frac{\pi}{4}d^2p_2\right]\eta_m \text{ N} \tag{5.4}$$

当在有杆腔进油且无杆腔回油时(如图 5.2(b))，活塞的运动速度 v_2 和推力 F_2 分别为

$$v_2 = \frac{q}{A_2}\eta_V = \frac{4q}{\pi(D^2 - d^2)}\eta_V \text{ m/s} \tag{5.5}$$

$$F_2 = (p_1A_2 - p_2A_1)\eta_m = \left[\frac{\pi}{4}(D^2 - d^2)p_1 - \frac{\pi}{4}D^2p_2\right]\eta_m =$$

$$\left[\frac{\pi}{4}D^2(p_1 - p_2) - \frac{\pi}{4}d^2p_1\right]\eta_m \text{ N} \tag{5.6}$$

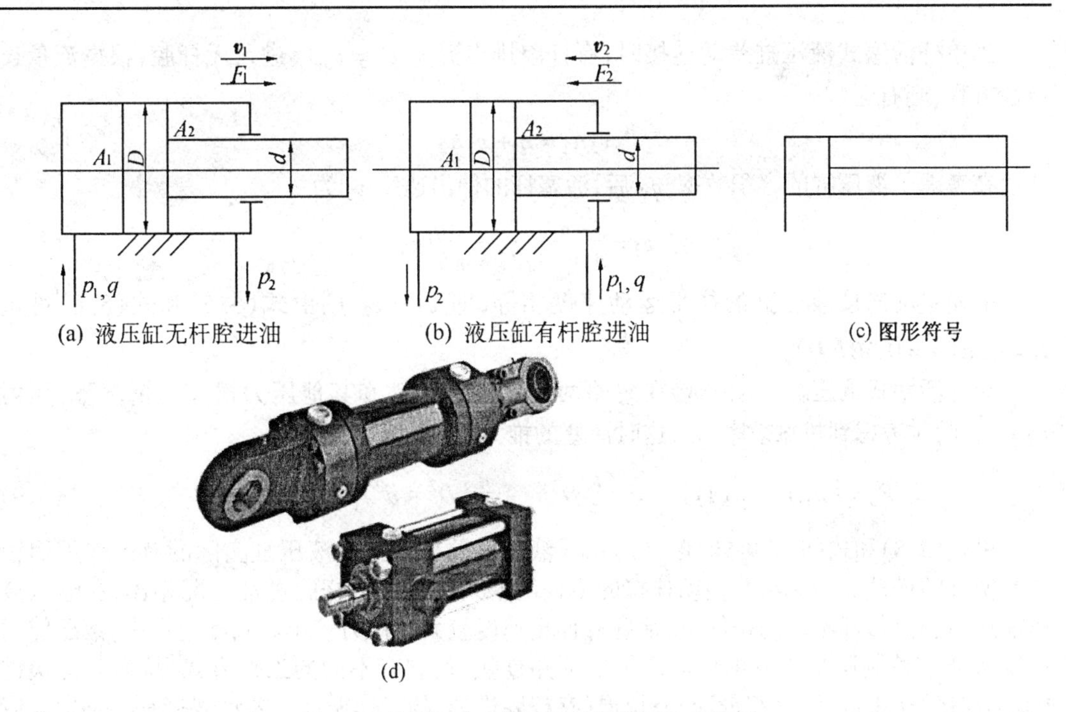

(a) 液压缸无杆腔进油 (b) 液压缸有杆腔进油 (c) 图形符号

(d)

图5.2 单杆活塞式液压缸结构简图和实物图

式中 q——进入液压缸的流量(m^3/s)；

A_1——无杆腔的活塞有效作用面积(m^2)；

D——活塞直径(即缸筒直径)(m)；

η_V——液压缸的容积效率；

p_1——进油压力(Pa)；

p_2——回油压力(Pa)；

A_2——有杆腔的活塞有效作用面积(m^2)；

d——活塞杆直径(m)；

η_m——液压缸的机械效率。

比较上述各式，由于面积 $A_1 > A_2$，所以速度 $v_1 < v_2$，输出力 $F_1 > F_2$。

由式(5.3)和式(5.5)得液压缸往复运动时的速度比为

$$\varphi = \frac{v_2}{v_1} = \frac{D^2}{D^2 - d^2} \tag{5.7}$$

式(5.7)表明，当活塞杆直径愈小时，两腔分别进液压油活塞的运动速度比愈接近于1，在两个方向上的速度差值就愈小。

当单杆活塞缸两腔同时通入液压油时，如图5.3所示，由于无杆腔受力面积大于有杆腔的受力面积，使得活塞向右的作用力大于向左的作用力，因此活塞杆做伸出运动，并将有杆腔的液压油挤出，流进无杆腔，加快了活塞杆的伸出速度，单杆活塞液压缸的这种连接方式被称为差动连接。

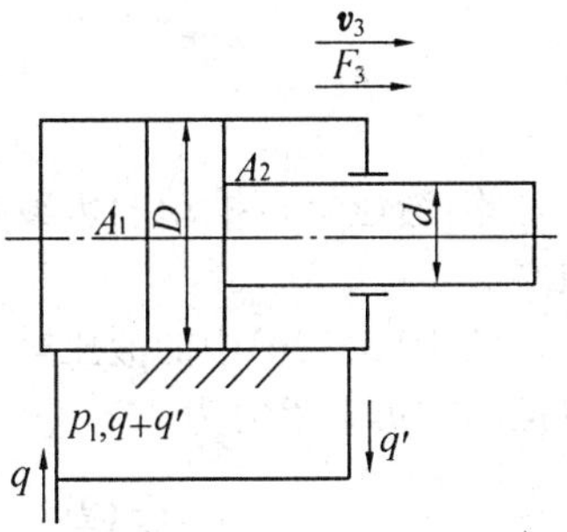

图5.3 差动连接液压缸结构简图

当单杆活塞式液压缸差动连接时,有杆腔排出流量 $q' = v_3 A_2$ 进入无杆腔,根据流量连接性方程,则有

$$v_3 A_1 = q + v_3 A_2$$

在考虑了液压缸的容积效率 η_V 后,活塞杆的伸出速度 v_3 为

$$v_3 = \frac{q}{A_1 - A_2}\eta_V = \frac{4q}{\pi d^2}\eta_V \tag{5.8}$$

欲使差动连接液压缸的往复运动速度相等,即 $v_3 = v_2$,则由式(5.5)和式(5.8)可得 $D = \sqrt{2}d(d = 0.707\ D)$。

单杆活塞式液压缸差动连接在忽略两腔液压油流动和其他压力损失的情况下,压力 $p_2 \approx p_1$,同时考虑到机械效率 η_m,这时活塞的推力 F_3 为

$$F_3 = [p_1 A_1 - p_2 A_2]\eta_m = [\frac{\pi}{4}D^2 p_1 - \frac{\pi}{4}(D^2 - d^2)p_1]\eta_m = \frac{\pi}{4}d^2 p_1 \eta_m \tag{5.9}$$

由式(5.8)和式(5.9)可知,单杆活塞式液压缸差动连接时液压缸实际的有效作用面积是活塞杆的横截面积。与非差动连接的单杆活塞式液压缸无杆腔进油工况相比,在输入液压油压力和流量都不变的条件下,活塞杆伸出速度较大而推力较小。实际应用中,液压传动系统常通过控制阀来改变单杆活塞缸的油路连接,使它有不同的工作方式,从而获得快进(差动连接)→工进(无杆腔进油)→快退(有杆腔进油)的工作循环。差动连接是在不增大液压泵规格和功率的情况下,实现系统快速运动的有效方法。它的应用常见于组合机床和各类专用机床中。

单杆活塞式液压缸往复运动范围是有效行程的2倍,其结构紧凑,应用广泛。

例5.2 已知单杆活塞式液压缸的缸筒内径 $D = 100$ mm,活塞杆直径 $d = 70$ mm,进入液压缸的流量 $q = 25$ L/min,压力 $p_1 = 2$ MPa,非差动连接时,$p_2 = 0$。如果不考虑损失(容积效率和机械效率为零),求如图5.2(a)、(b)和图5.3所示的活塞杆固定的三种情况下,液压缸可推动的负载和运动速度各是多少?并给出运动方向。

解 (1)在图5.2(a)中的液压缸无杆腔进压力油,回油腔压力 p_2 为零。

根据公式(5.4),可得推动的负载阻力为

$$F_1 = \frac{\pi}{4}D^2 p_1 = \frac{\pi}{4} \times 0.1^2 \times 2 \times 10^6 = 15\ 708\ \text{N}$$

根据公式(5.3),可得缸筒的运动速度为

$$v_1 = \frac{q}{\frac{\pi}{4}D^2} = \frac{4 \times 25 \times 10^{-3}}{\pi \times 0.1^2 \times 60} = 0.053\ \text{m/s}$$

答:液压缸可推动的负载阻力是15 708 N,运动速度是0.053 m/s,这时缸筒运动,方向向左。

(2)图5.2(b)中的液压缸为有杆腔进压力油,回油腔压力 p_2 为零。根据公式(5.6),可得推动的负载阻力为

$$F_2 = \frac{\pi}{4}(D^2 - d^2)p = \frac{\pi}{4} \times (0.1^2 - 0.07^2) \times 2 \times 10^6 = 8\ 011\ \text{N}$$

根据公式(5.5),可得缸的运动速度为

$$v_2 = \frac{q}{\frac{\pi}{4}(D^2 - d^2)} = \frac{4 \times 25 \times 10^{-3}}{\pi \times (0.1^2 - 0.07^2) \times 60} = 0.104\ \text{m/s}$$

答:液压缸可推动的负载阻力是 8 011 N,运动速度是 0.104 m/s,这时缸筒运动,方向向右。

(3)图 5.3 中的液压缸为差动连接,根据公式(5.9),可得推动的负载阻力为

$$F_3 = \frac{\pi}{4} d^2 p = \frac{\pi}{4} \times 0.07^2 \times 2 \times 10^6 = 7\ 696.9 \text{ N}$$

根据公式(5.8),可得缸筒的运动速度为

$$v_3 = \frac{q}{\frac{\pi}{4} d^2} = \frac{4 \times 25 \times 10^{-3}}{\pi \times 0.07^2 \times 60} = 0.108 \text{ m/s}$$

答:液压缸可推动的负载阻力是 7 696.9 N,运动速度是 0.108 m/s,这时缸筒运动,方向向左。

例 5.3 在单出杆活塞式液压缸中,已知缸体内径 $D = 125$ mm,活塞杆直径 $d = 70$ mm,液压缸大腔进油,活塞向右运动的速度为 $v = 0.1$ m/s,求进入液压缸的流量 q_1和排出液压缸的流量 q_2各有多少?

解(1)进入液压缸的流量

$$q_1 = vA_1 = v\frac{\pi}{4} D^2 = 0.1 \times 10^2 \times 60 \times \frac{\pi}{4} \times 12.5^2 \text{ cm}^3/\text{min} =$$

$$73\ 631.25 \text{ cm}^3/\text{min} = 73.6 \text{ L/min}$$

(2)排出液压缸的流量

$$q_2 = vA_2 = v\frac{\pi}{4}(D^2 - d^2) = 0.1 \times 10^2 \times 60 \times \frac{\pi}{4} \times (12.5^2 - 7^2) \text{ cm}^3/\text{min} =$$

$$50\ 540.49 \text{ cm}^3/\text{min} = 50.5 \text{L/min}$$

答:进入液压缸的流量是 73 631.25 cm³/min,排出液压缸的流量是 50 540.49 cm³/min。

5.1.2 柱塞式液压缸

活塞缸的内孔精度要求很高,当行程较长时加工困难,这时应采用柱塞缸。如图 5.4 所示的柱塞式液压缸结构简图和实物图,柱塞缸由缸筒、柱塞、导套、密封圈和压盖等零件组成,柱塞和缸筒内壁不接触,因此缸筒内孔不需精加工,工艺性好,成本低。

柱塞缸只能制成单作用缸,回程可以由外力或自重实现。在大行程设备中,为了得到双向运动,柱塞缸常如图 5.4(b)所示成对使用。图 5.4(c)是柱塞缸的典型应用(如船舶舵机的驱动)。柱塞端面是受压面,其面积大小决定了柱塞缸的输出速度和推力的大小。为保证柱塞缸有足够的推力和柱塞受压稳定性,一般柱塞较粗,质量较大,水平安装时,由于自重变形,易产生单边磨损,故柱塞缸适宜于垂直安装使用。为减轻质量,有时制成空心柱塞。水平安装使用时,为防止柱塞自重下垂,通常要设置柱塞支承套和托架。

柱塞缸结构简单,制造方便,常用于长行程机床,如龙门刨、导轨磨、大型拉床等。

5.1.3 摆动式液压缸

摆动式液压缸输出转矩并通过控制可以实现往复摆动,通常有单叶片和双叶片两种形式,当然也可以设计成多叶片结构。如图5.5(a)所示,单叶片摆动式液压缸由定子块 1、缸体 2、摆动轴 3、叶片 4、左右支承盘和左右盖板等主要零件组成,定子块固定在缸体上,叶片和摆动轴连接在一起。当两油口相继通入液压油时,叶片带动摆动轴做往复摆动。

当考虑到容积效率 η_V 和机械效率 η_m 时,单叶片缸的摆动轴输出角速度 ω 和转矩 T 分

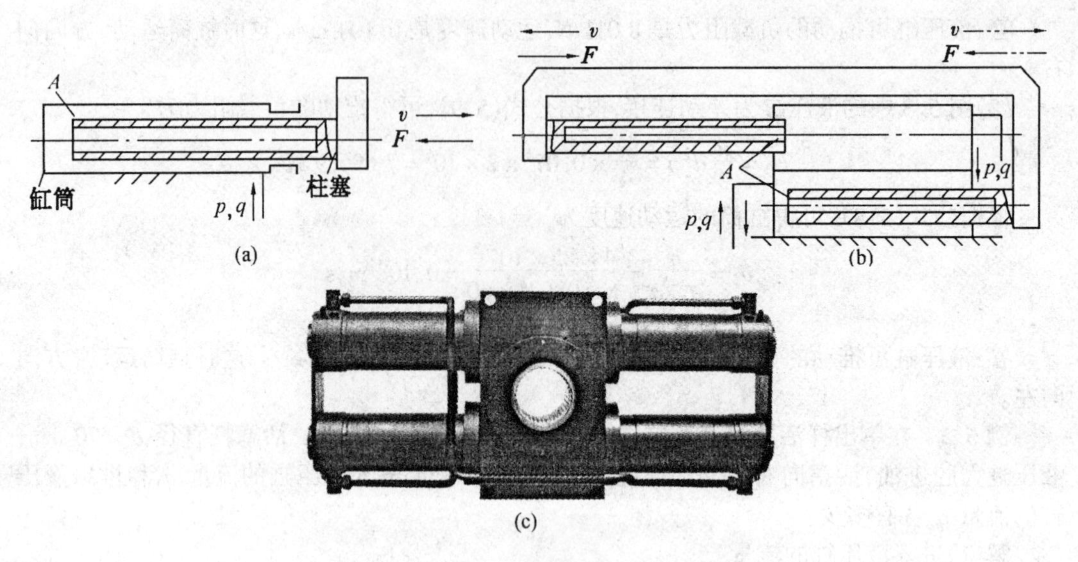

图 5.4　柱塞式液压缸结构简图和实物图

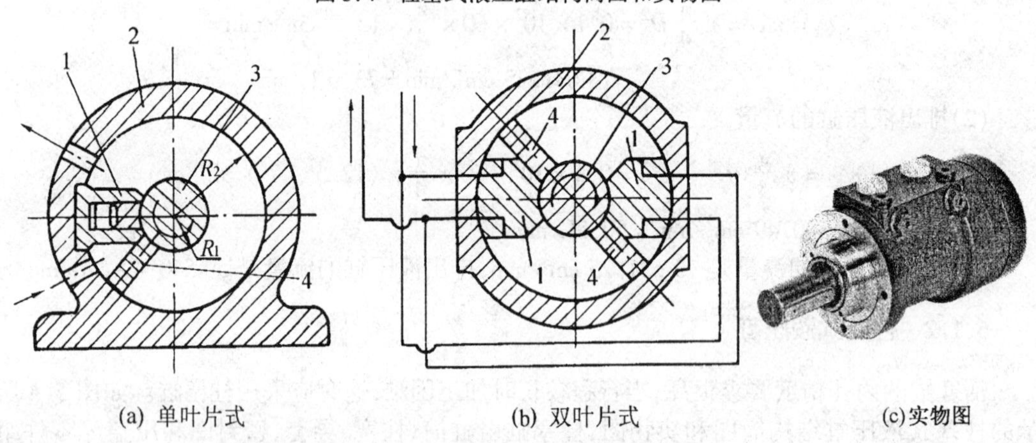

(a) 单叶片式　(b) 双叶片式　(c)实物图

图 5.5　摆动式液压缸结构简图和实物图

1—定子块；2—缸体；3—摆动轴；4—叶片

别为

$$\omega = \frac{8q\eta_V}{b(D^2 - d^2)}\ \text{rad/s} \tag{5.10}$$

$$T = \frac{b}{8}(D^2 - d^2)(p_1 - p_2)\eta_m\ \text{N·m} \tag{5.11}$$

式中　q——进入摆动缸流量(m^3/s)；

η_V——摆动缸容积效率(m)；

b——叶片宽度(m)；

D——缸筒直径(m)；

d——摆动轴直径(m)；

p_1——进油压力(Pa)；

p_2——回油压力(Pa)；

η_m——摆动缸机械效率。

考虑叶片和定子块所占用的角度,单叶片摆动式液压缸的摆动角一般不超过280°。双叶片摆动式液压缸的摆动角一般不超过150°。当输入压力和流量不变时,双叶片摆动式液压缸输出转矩是单叶片摆动式液压缸的2倍,而摆动角速度则是单叶片摆动缸的1/2。

摆动式液压缸结构紧凑,输出转矩大,但密封困难,一般只用于低中压系统中做往复摆动、转位或间歇运动的工作场合。

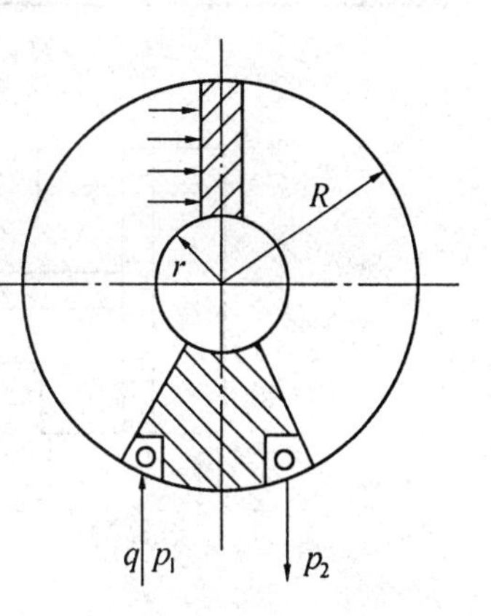

图5.6 例题5.4附图

例5.4 如图5.6所示单叶片摆动式液压缸,供油压力 $p_1=10$ MPa,流量 $q=25$ L/min,回油压力 $p_2=0.5$ MPa,缸体内孔半径 $R=100$ mm,摆动轴半径 $r=40$ mm,若输出轴的角速度 $\omega=0.7$ rad/s。在不考虑摆动式液压缸的容积效率和机械效率时,求摆动式液压缸的叶片宽度和输出扭矩是多少?

解 (1)摆动式液压缸叶片宽度 b。根据单叶片摆动式液压缸角速度公式(5.10),经变化后可得

$$b=\frac{8q}{\omega(D^2-d^2)}=\frac{8\times25\times10^{-3}}{[(2\times0.1)^2-(2\times0.04)^2]\times0.7\times60}=0.142\ \text{m}$$

(2) 摆动式液压缸输出扭矩。根据公式(5.11),可得

$$T=\frac{b}{8}(D^2-d^2)(p_1-p_2)=\frac{0.142}{8}(0.2^2-0.08)^2(10-0.5)\times10^6=5\ 665.8\ \text{N·m}$$

答:摆动式液压缸的叶片宽度 $b=0.142$ m,输出扭矩 $T=5\ 665.8$ N·m。

5.1.4 组合式液压缸

上述为液压缸的三种基本形式。为了满足特定的需要,这三种液压缸和机械传动机构还可以分别组合成特种缸。

1. 增压液压缸

增压液压缸又称增压器。它能将输入的低压油转变为高压油供液压系统中的高压支路使用。增压液压缸如图5.7所示。它由面积不同(分别为 A_1 和 A_2)的两个液压缸串联而成,大液压缸为原动液压缸,小液压缸为输出液压缸。设输入原动液压缸的压力为 p_1,输出液压缸的出油压力为 p_2,若不计摩擦力,根据力平衡关系,可有如下等式

$$A_1p_1=A_2p_2$$

整理得

$$p_2=\frac{A_1}{A_2}p_1 \tag{5.12}$$

式中,比值 A_1/A_2(或 D_1^2/D_2^2)称为增压比。由式(5.12)可知,当 $D_1=2D_2$ 时,$p_2=4p_1$,即增压4倍。

另外,增压液压缸也可被称为定变压比的液压缸式液压变压器,其变压比 λ 为

$$\lambda=\frac{p_2}{p_1}=\frac{A_1}{A_2} \tag{5.13}$$

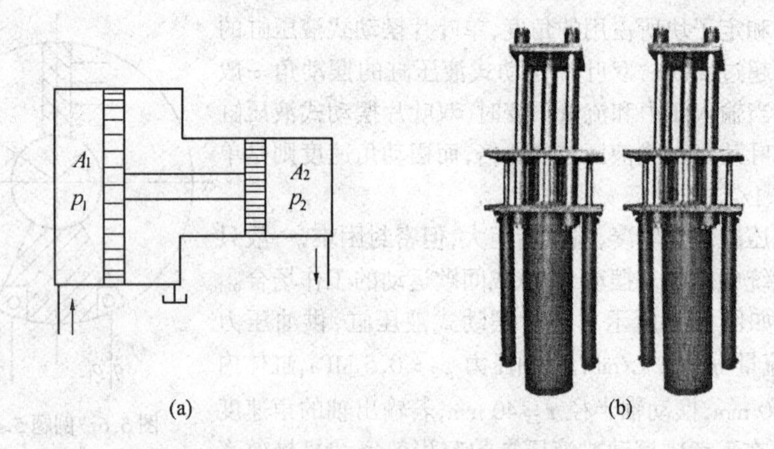

图 5.7　增压液压缸结构简图和实物图

2. 多级液压缸

多级液压缸又称伸缩液压缸，它由两级或多级活塞液压缸套装而成，如图 5.8 所示。前一级液压缸的活塞就是后一级液压缸的缸筒，活塞伸出的顺序是从大活塞到小活塞，相应的推力也是从大到小，而伸出的速度则是由慢到快。空载缩回的顺序一般是从小活塞到大活塞，收缩后液压缸总长度较短，占用空间较小，结构紧凑。多级液压缸适用于工程机械和其他行走机械，如起重机伸缩臂液压缸、自卸汽车举升液压缸等都是多液压级缸。

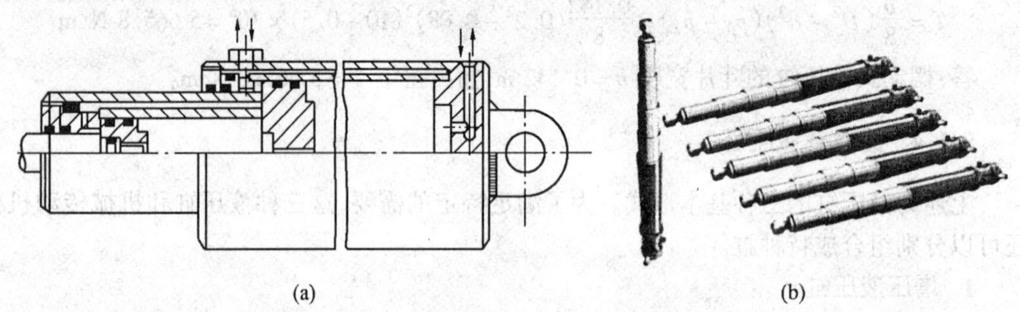

图 5.8　多级液压缸结构简图和实物图

3. 齿条活塞式液压缸

齿条活塞式液压缸由带有齿条杆的双活塞液压缸和齿轮齿条机构组成，如图 5.9 所示。活塞往复运动经齿轮齿条机构变成齿轮轴往复转动，它多用于自动线、组合机床等转位或分度机构中。

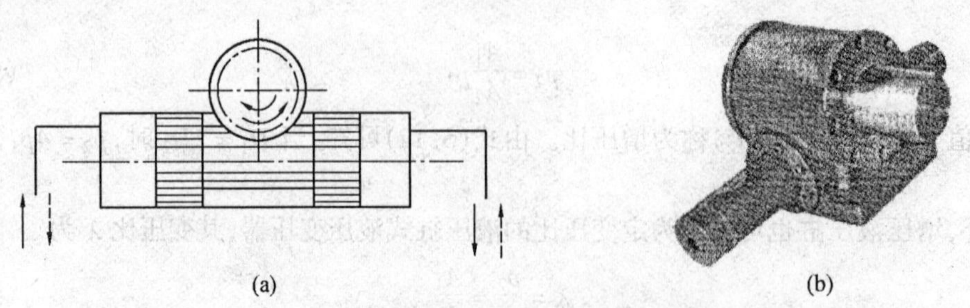

图 5.9　齿条活塞式液压缸结构简图和实物图

5.2 液压缸的结构

通常液压缸由缸筒、活塞、活塞杆、前端盖、后端盖等主要部分组成。为防止液压油向液压缸外或由高压腔向低压腔泄漏，在缸筒与端盖、活塞与活塞杆、活塞与缸筒、活塞杆与前端盖之间均设置有密封装置。在前端盖外侧还装有防尘装置。为防止活塞快速退回到行程终端时撞击缸盖，液压缸端部还可设置缓冲装置。

一般来说，液压缸由缸体组件(缸筒、端盖等)、活塞组件(活塞、活塞杆等)、密封件和连接件等基本部分组成。此外，一般液压缸还设有缓冲装置和排气装置。在进行液压缸设计时，根据工作压力、运动速度、工作条件、加工工艺及装拆检修等方面的要求综合考虑液压缸的各部分结构。

5.2.1 液压缸的缸体组件

液压缸的缸体组件与活塞组件构成密封的容腔，承受油压，因此缸体组件要有足够的强度、较高的表面精度和可靠的密封性。

1. 缸体组件的连接形式

常见的缸体组件连接形式如图5.10所示。

(1) 法兰式。法兰式连接结构简单、加工方便、连接可靠，但要求缸筒端部有足够的壁厚，用以安装螺栓或旋入螺钉。缸筒端部一般用铸造、镦粗或焊接方式制成粗大的外径。它是常用的一种连接形式。

(2) 半环式。半环式连接分为外半环连接和内半环连接两种形式。半环连接工艺性好、连接可靠、结构紧凑，但削弱了缸筒强度。半环连接是应用十分普遍的一种连接形式，常用于无缝钢管缸筒与端盖的连接中。

(3) 螺纹式。螺纹式连接有外螺纹连接和内螺纹连接两种形式，其特点是体积小、质量小、结构紧凑，但缸筒端部结构较复杂。这种连接形式一般用于要求外形尺寸小、质量小的场合。

(4) 拉杆式。拉杆式连接结构简单、工艺性好、通用性强，但端盖的体积和质量较大，拉杆受力后会拉伸变长，影响密封效果，只适用于长度不大的中低压缸。

(5) 焊接式。焊接式连接强度高、制造简单，但焊接时易引起缸筒变形。

2. 液压缸的缸筒、端盖和导向套

液压缸的缸筒是液压缸的主体，其内孔一般采用镗削、铰孔、滚压或珩磨等精密加工工艺制造，要求表面粗糙度 Ra 值为 0.1 ~ 0.4 μm，以使活塞杆及其密封件、支承件能顺利滑动和保证密封效果，减少磨损。液压缸的缸筒要承受很大的液压力，因此应具有足够的强度和刚度。

端盖装在缸筒两端，与缸筒形成封闭油腔，同样承受很大的液压力，因此它们及其连接部件都应有足够的强度。设计时既要考虑强度，又要选择工艺性较好的结构形式。

导向套对活塞杆或柱塞起导向和支承作用，有些液压缸不设导向套，直接用端盖孔导向，这种结构简单，但磨损后必须更换端盖。

缸筒、端盖和导向套的材料选择和技术要求可参考有关手册。

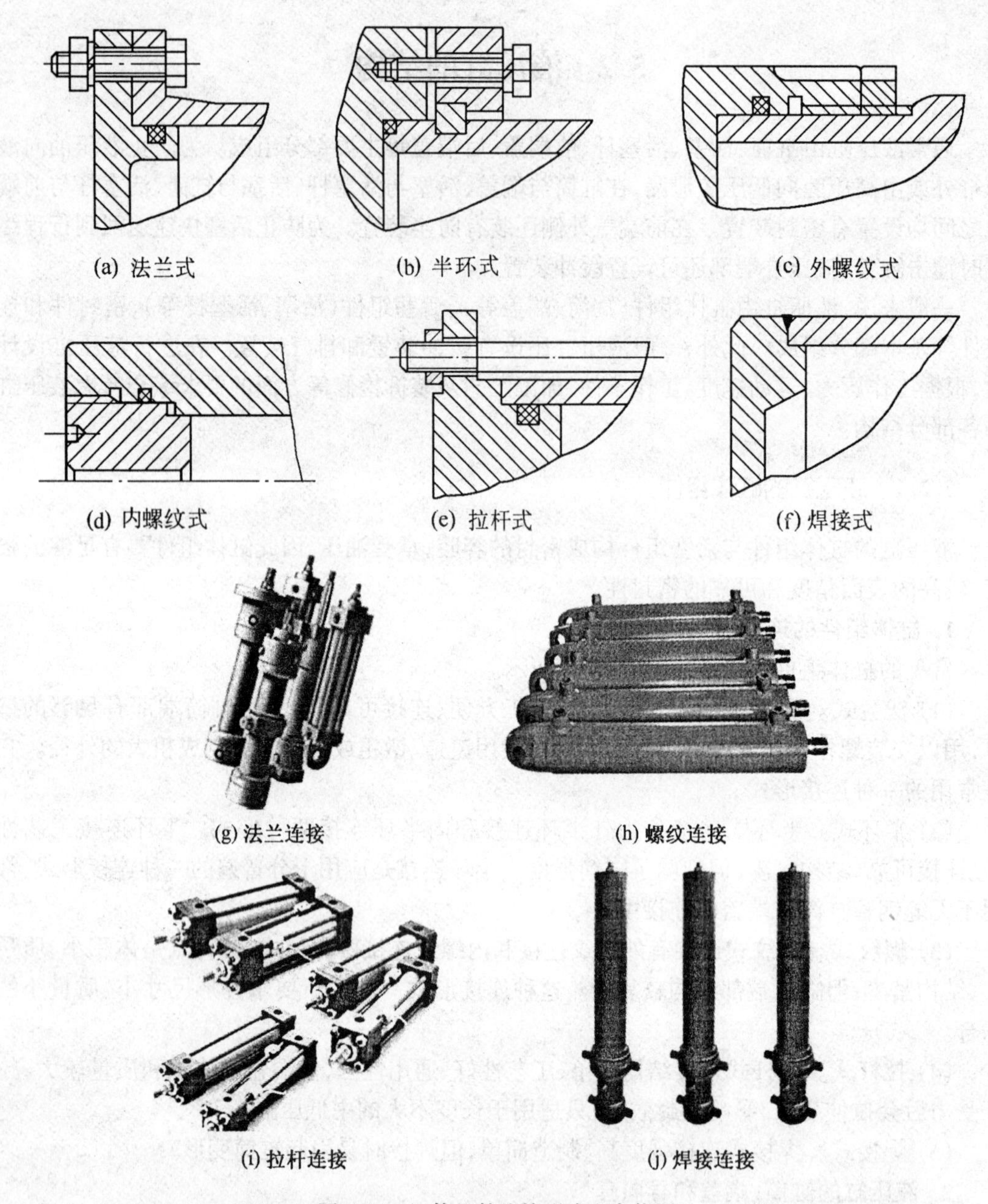

图 5.10　缸体组件连接形式和实物图

5.2.2　液压缸的活塞组件

液压缸的活塞组件由活塞、活塞杆和连接件等组成。随液压缸的工作压力、安装方式和工作条件的不同,活塞组件有多种结构形式。

1. 活塞组件的连接形式

活塞与活塞杆的连接形式如图 5.11 所示。除此之外,还有整体式结构、焊接式结构、锥销式结构等。

整体式和焊接式连接结构简单、轴向尺寸紧凑,但损坏后需整体更换。锥销式连接加工容易、装配简单，但承载能力小，且需要有必要的防止脱落措施。螺纹式连接(图5.11(a))结构简单、装拆方便，但一般需备有螺母等防松装置。半环式连接(图5.11(b))强度高，但结构复杂、装拆不便。在轻载情况下可采用锥销式连接；一般使用螺纹式连接；高压和振动较大时多用半环式连接；对活塞与活塞杆比值 D/d 较小、行程较短或尺寸不大的液压缸，其活塞与活塞杆可采用整体式或焊接式连接。

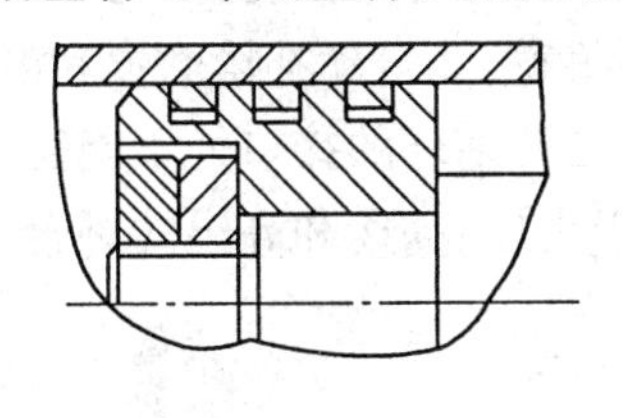

(a) 螺纹式连接结构

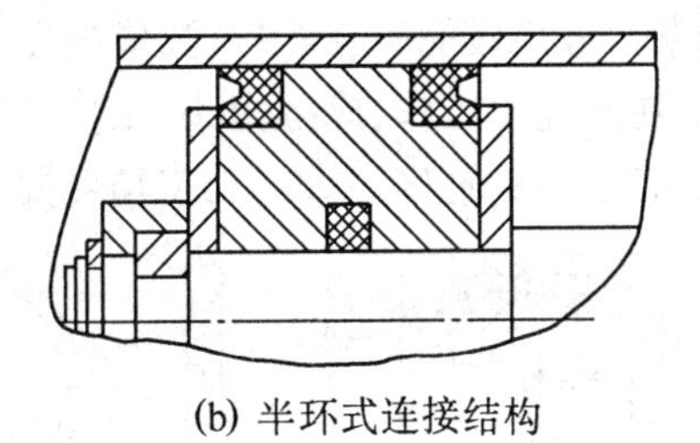

(b) 半环式连接结构

图5.11 活塞与活塞杆连接形式

2. 活塞和活塞杆

活塞受液压油压力的作用在缸筒内做往复运动，因此，活塞必须具有一定的强度，对于没有密封装置而仅靠间隙来保证密封性能的活塞，还应该有良好的耐磨性。活塞一般用钢或铸铁制造。活塞的结构通常分为整体式和组合式两类。

活塞杆是连接活塞和工作部件的传力零件，它必须有足够的强度和刚度。活塞杆无论是实心的，还是空心的，通常都用钢料制造。活塞在导向套内往复运动，其外圆表面应当耐磨并具有防锈能力，故活塞杆外圆表面有时需镀铬。活塞和活塞杆的技术要求可参考有关手册。

5.2.3 液压缸的密封装置

液压缸的密封装置主要用来防止液压油的泄漏。良好的密封是液压缸能够传递动力、正常动作的保证。根据两个需要密封的耦合面间有无相对运动，可把密封分为动密封和静密封两大类。设计或选用密封装置的基本要求是具有良好的密封性能，并随压力的增加能自动提高密封性，摩擦阻力要小，耐油抗腐蚀，耐磨寿命长，制造简单，拆装方便。常见的密封方式有以下几种。

1. 间隙密封

间隙密封是一种常用的密封方式。它依靠相对运动零件配合面间的微小间隙来防止泄漏。由第3章中环形缝隙流量公式可知，泄漏量与间隙的三次方成正比，因此可用减小间隙的办法来减小泄漏。一般间隙为0.01～0.05 mm，这就要求配合面的加工有很高的精度。在活塞的外圆表面一般开几道宽0.3～0.5 mm、深0.5～1 mm、间距2～5 mm的环形沟槽，称为平衡槽。其作用是：

(1) 由于活塞的几何形状和同轴度误差，工作中液压油在密封间隙中的不对称分布将形成一个径向不平衡力，称液压卡紧力，它使摩擦力增大。开平衡槽后，槽中各向液压油压力趋于平衡，间隙的差别减小，使活塞能够自动对中，减小了摩擦力，同时减小了偏心量，这样就减少了泄漏量。

(2) 增大液压油泄漏的阻力，提高了密封性能。

(3) 储存液压油,使活塞能自动润滑。

间隙密封的特点是结构简单、摩擦力小、耐用,但对零件的加工精度要求较高,且难以完全消除泄漏,故只适用于低压、小直径的快速液压缸中。

2. 活塞环密封

活塞环密封依靠装在活塞环形槽内的弹性金属环紧贴缸筒内壁实现密封,如图5.12所示。它的密封效果较间隙密封好,适应的压力和温度范围很宽,能自动补偿磨损和温度变化的影响,能在高速中工作,摩擦力小,工作可靠,寿命长,但在活塞环的接口处不能完全密封。活塞环的加工复杂,缸筒内表面加工精度要求高,一般用于高压、高速和高温的场合。

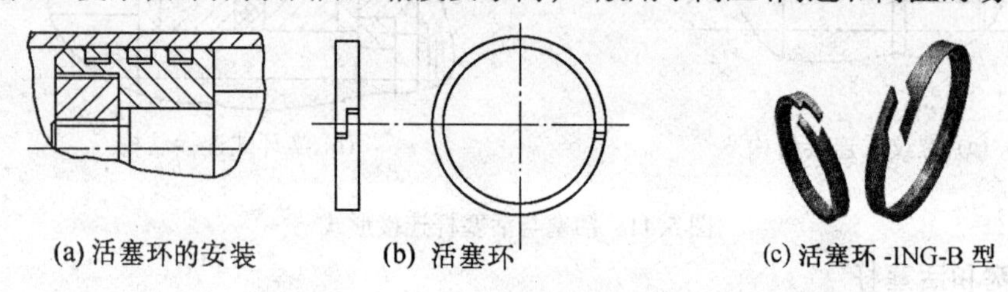

(a) 活塞环的安装　(b) 活塞环　(c) 活塞环 -lNG-B 型

图 5.12　活塞环密封结构简图和实物图

3. 密封圈密封

密封圈密封是液压系统中应用最广泛的一种密封。密封圈有 O 形、V 形、Y 形及组合式等数种,其材料为耐油橡胶、尼龙等。

(1) O 形密封圈。O 形密封圈的截面为圆形,主要用于静密封和滑动密封(转动密封用得较少)。其结构简单紧凑,摩擦力较其他密封圈小,安装方便,价格便宜,可在 - 40℃ ~ 120℃温度范围内工作。但与唇形密封圈(如 Y 形圈)相比,其寿命较短,密封装置机械部分的精度要求高,启动阻力较大。O 形圈的使用速度范围为 0.005 ~ 0.3 m/s。

O 形圈密封原理如图 5.13 所示。O 形圈装入密封槽后,其截面受到压缩后变形。在无

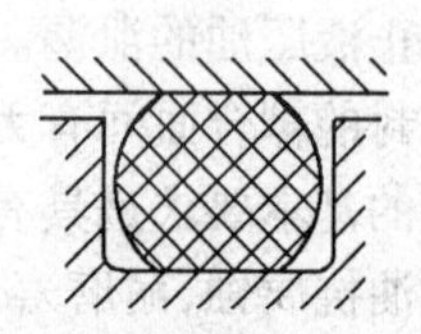
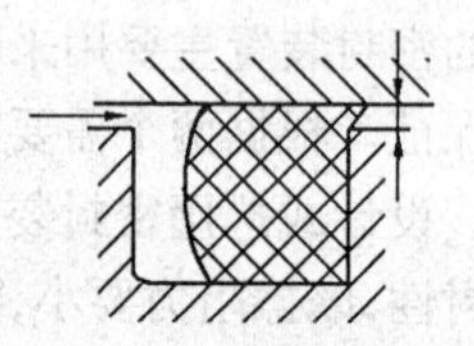

图 5.13　O 形圈实物和密封原理

液压力时,靠 O 形圈的弹性对接触面产生预接触压力,实现初始密封;当密封腔充入液压油后,在液压力的作用下,O 形圈挤向沟槽一侧,密封面上的接触压力上升,提高了密封效果。任何形状的密封圈在安装时,必须保证适当的预压缩量,预压缩量过小不能密封,预压缩量过大则摩擦力增大,且易于损坏,因此,安装密封圈的沟槽尺寸和表面精度必须按有关手册给出的数据严格保证。在动密封中,当压力大于 10 MPa 时,O 形圈就会被挤入间隙中而损坏,为此需在 O 形圈低压侧设置聚四氟乙烯或尼龙制成的挡圈(如图 5.14),其厚度为1.25 ~ 2.5 mm。双向受高压时,两侧都要加挡圈。

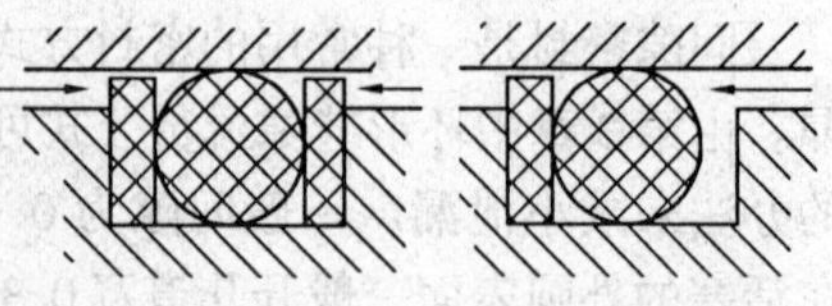

图 5.14　O 形圈密封挡圈设置

(2) V 形密封圈。V 形圈的截面为 V 形,如图 5.15 所示的 V 形密封装置是由压环、V 形

圈(也称密封环)和支承环组成。当工作压力高于10 MPa时,可增加V形圈的数量,提高密封效果。安装时,V形圈的开口应面向压力高的一侧。

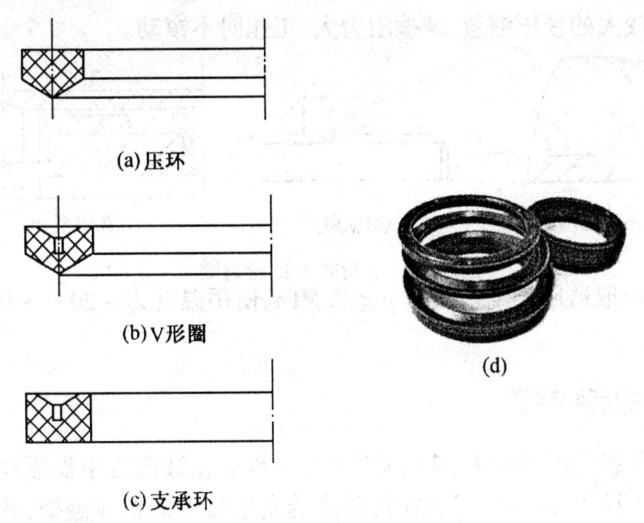

(a)压环　(b)V形圈　(c)支承环　(d)

图5.15　V形密封圈和实物图

V形圈密封性能良好、耐高压、寿命长,通过调节压紧力,可获得最佳的密封效果,但V形密封装置的摩擦阻力及结构尺寸较大,主要用于活塞及活塞杆的往复运动密封。它适宜在工作压力为$p \leqslant 50$ MPa、温度为$-40 \sim +80$℃的条件下工作。

(3) Y形密封圈。Y形密封圈的截面为Y形,属唇形密封圈。它是一种密封性、稳定性和耐压性较好、摩擦阻力小、寿命较长的密封圈,故应用也很普遍。Y形圈主要用于往复运动的密封。根据截面长宽比例的不同,Y形圈可分为宽断面和窄断面两种形式,图5.16所示为宽断面Y形密封圈。

Y形圈的密封作用依赖于它的唇边对偶合面的紧密接触,并在液压油作用下产生较大的接触压力,达到密封目的。当液压力升高时,唇边与偶合面贴得更紧,接触压力更高,密封性能更好。

Y形圈安装时,唇口端应对着液压力高的一侧。当压力变化较大、滑动速度较高时,要使用支承环,以固定密封圈。如图5.16(b)所示。

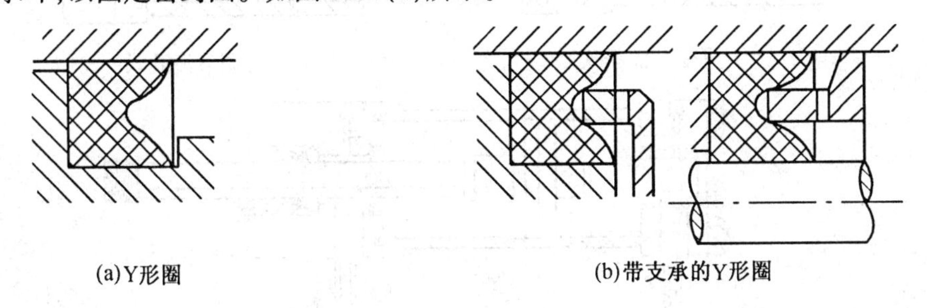

(a)Y形圈　(b)带支承的Y形圈

图5.16　宽断面Y形密封圈

宽断面Y形圈一般适用于工作压力$p \leqslant 20$ MPa、工作温度$-30 \sim +100$℃、适用速度$v \leqslant 0.5$ m/s的场合。

窄断面Y形圈如图5.17所示。窄断面Y形圈是宽断面Y形圈的改型产品,其截面的长宽比在 2 倍以上，因而不易翻转，稳定性好，它有等高唇 Y 形圈和不等高唇 Y 形圈两种。后者又有孔用和轴用之分，其短唇与运动表面接触，滑动摩擦阻力小，耐磨性好，寿命长；长唇与非运动表面有较大的预压缩量，摩擦阻力大，工作时不窜动。

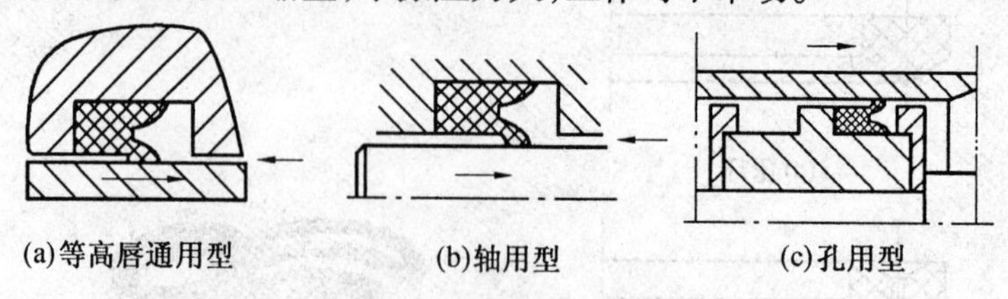

(a)等高唇通用型　(b)轴用型　(c)孔用型

图 5.17　窄断面 Y 形密封圈

窄断面 Y 形圈一般适用于工作压力 $p \leqslant 32$ MPa、使用温度为 $-30 \sim +100$℃的条件下工作。

5.2.4　液压缸的缓冲装置

当液压缸拖动负载的质量较大、速度较高时，一般应在液压缸中设缓冲装置，必要时还需在液压传动系统中设缓冲回路，以免在行程终端发生过大的机械碰撞，致使液压缸损坏。缓冲的原理是使活塞相对缸筒接近行程终端时，在排油腔内产生足够的缓冲压力，即增大回油阻力，从而降低液压缸的运动速度，避免活塞与缸盖高速直接相撞。液压缸中常用的缓冲装置和结构简图如图 5.18 所示。

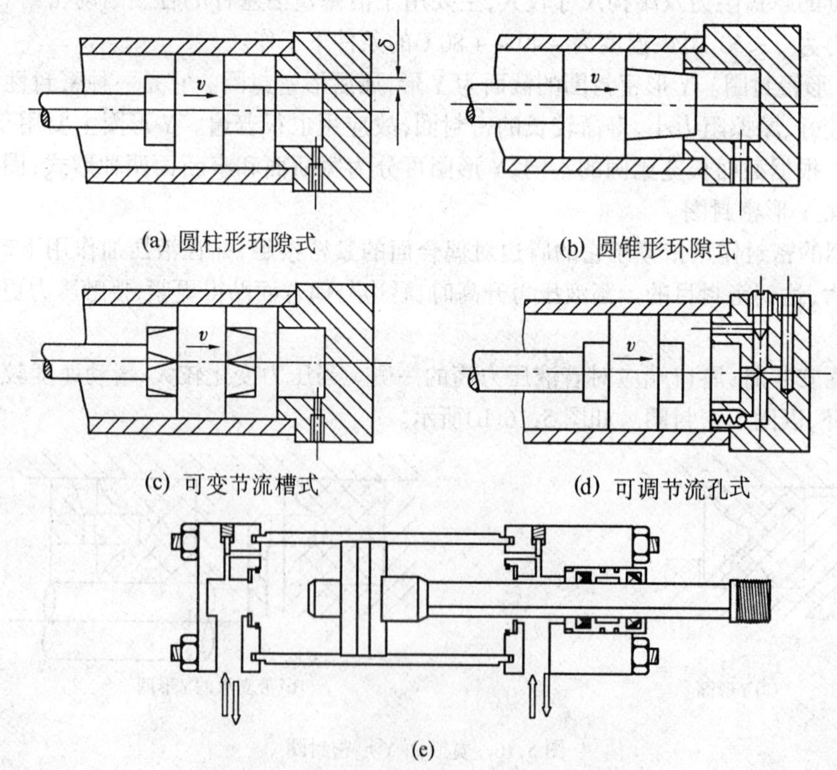

(a) 圆柱形环隙式　(b) 圆锥形环隙式

(c) 可变节流槽式　(d) 可调节流孔式

(e)

图 5.18　液压缸的缓冲装置和结构简图

1. 圆柱形环隙式缓冲装置

如图 5.18(a)，当缓冲柱塞进入缸盖上的内孔时，缸盖和活塞间形成缓冲缝隙，被封闭的液压油只能从环形间隙 δ 排出，产生缓冲压力，从而实现减速缓冲。这种缓冲装置在缓冲过程中，由于其通流截面面积不变，故缓冲开始时，产生的缓冲制动力很大，但很快制动力就降低了，其缓冲效果较差，但这种装置结构简单、便于设计，可降低制造成本，所以在一般系列化的液压缸中多采用这种缓冲装置。

2. 圆锥形环隙式缓冲装置

如图 5.18(b)，由于缓冲柱塞为圆锥形，所以缓冲环形间隙 δ 随位移的变化而改变，即通流截面面积随缓冲行程的增大而减小，使机械能的吸收较均匀，其缓冲效果较好。

3. 可变节流槽式缓冲装置

如图 5.18(c)，在缓冲柱塞上开有由浅入深的三角节流沟槽，通流截面面积随着缓冲行程的增大而逐渐减小，缓冲压力变化平缓。

4. 可调节流孔式缓冲装置

如图 5.18(d)，在缓冲过程中，缓冲腔液压油经节流孔排出，调节节流孔的大小，可控制缓冲腔内缓冲压力的大小，以适应液压缸不同的负载和速度工况对缓冲的要求，当活塞反向运动时，高压油从单向阀进入液压缸内，活塞也不会因推力不足而产生启动缓慢等现象。

5.2.5 液压缸的排气装置

液压传动系统往往会混入空气，使系统工作不稳定，产生振动、爬行或前冲等现象，严重时会使系统不能正常工作，因此设计液压缸时，必须考虑空气的排除。

对于要求不高的液压缸，往往不设专门的排气装置，而是将油口布置在缸筒两端的最高处，这样能使空气随液压油排往油箱，再从油箱溢出。对于速度稳定性要求较高的液压缸和大型液压缸，常在液压缸的最高处设置专门的排气装置，如排气塞、排气阀等。图 5.19 所示为排气装置，当打开排气装置后，低压往复运动几次，带有气泡的液压油就会排出，排完空气后关闭排气装置，液压缸便可正常工作。

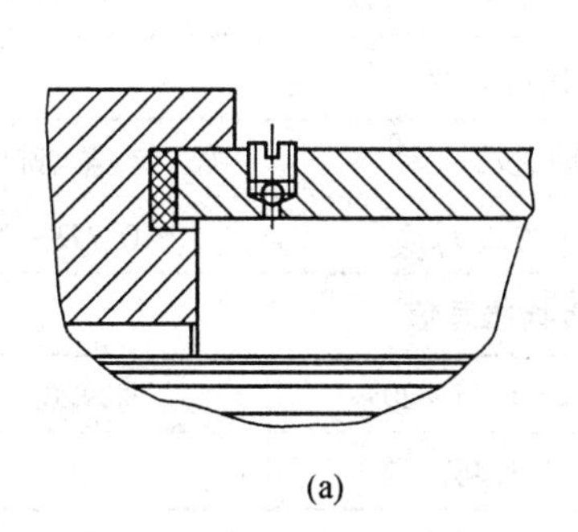

(a)

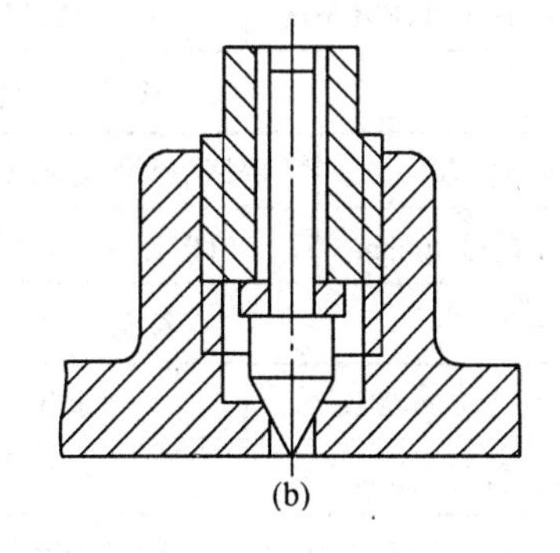

(b)

图 5.19 排气装置结构简图和实物图

5.3 液压缸的设计和计算

液压缸的结构设计可参考前一节，本节主要介绍液压缸主要尺寸的计算及强度、刚度的验算方法。

5.3.1 液压缸主要尺寸的计算

液压缸内径 D 和活塞杆直径 d 可根据最大总负载和选取的工作压力来确定。对单杆缸而言,无杆腔进油时,不考虑机械效率,由式(5.4)可得

$$D=\sqrt{\frac{4F_1}{\pi(p_1-p_2)}-\frac{d^2p_2}{p_1-p_2}}\ \mathrm{m} \tag{5.14}$$

有杆腔进油时,不考虑机械效率,由式(5.6)可得

$$D=\sqrt{\frac{4F_2}{\pi(p_1-p_2)}+\frac{d^2p_1}{p_1-p_2}}\ \mathrm{m} \tag{5.15}$$

式中,一般选取回油背压 $p_2=0$,这时,上面两式便可简化,即无杆腔进油时

$$D=\sqrt{\frac{4F_1}{\pi p_1}}\ \mathrm{m} \tag{5.16}$$

有杆腔进油时

$$D=\sqrt{\frac{4F_2}{\pi p_1}+d^2}\ \mathrm{m} \tag{5.17}$$

式(5.17)中的杆径 d 可根据工作压力或设备类型选取,见表5.1和表5.2。当液压缸的往复运动速度比有一定要求时,由式(5.7)得杆径 d 为

$$d=D\sqrt{\frac{\varphi-1}{\varphi}}\ \mathrm{m} \tag{5.18}$$

推荐液压缸的速度比 $\varphi(\varphi>1)$如表5.3所示。

表5.1 液压缸工作压力与活塞杆直径

液压缸工作压力 p/MPa	≤5	5~7	>7
推荐活塞杆直径 d/mm	$(0.5\sim0.55)D$	$(0.6\sim0.7)D$	$0.7D$

表5.2 设备类型与活塞杆直径

设备类型	磨床、珩磨及研磨机	插、拉、刨床	钻、镗、车、铣床
活塞杆直径 d/mm	$(0.2\sim0.3)D$	$0.5D$	$0.7D$

表5.3 液压缸往复速度比推荐值

工作压力 p/MPa	≤10	1.25~20	>20
往复速度比 φ	1.33	1.46, 2	2

计算所得的液压缸内径 D 和活塞杆直径 d 应圆整为标准系列(可查液压设计手册)。

液压缸的缸筒长度由活塞最大行程、活塞长度、活塞杆导向套长度、活塞杆密封长度和特殊要求的其他长度确定。其中活塞长度 $B=(0.6\sim1.0)D$,导向套长度 $A=(0.6\sim1.5)d$。为减少加工难度,一般液压缸缸筒长度不应大于内径的20~30倍。

5.3.2 液压缸的校核

1. 液压缸缸筒壁厚 δ 的验算

中、高压液压缸一般用无缝钢管做缸筒,大多属薄壁筒,即 $\delta/D\leqslant0.08$ 时,按材料力学

薄壁圆筒公式验算壁厚，即

$$\delta \geqslant \frac{p_{max} D}{2[\sigma]} \text{ mm} \tag{5.19}$$

当液压缸采用铸造缸筒时，壁厚由铸造工艺确定，这时应按厚壁圆筒公式验算壁厚。

当 $\delta/D = 0.08 \sim 0.3$ 时，可用下式

$$\delta \geqslant \frac{p_{max} D}{2.3[\sigma] - 3p_{max}} \text{ mm} \tag{5.20}$$

当 $\delta/D \geqslant 0.3$ 时，可用下式

$$\delta \geqslant \frac{D}{2}\left(\sqrt{\frac{[\sigma] + 0.4p_{max}}{[\sigma] - 1.3p_{max}}} - 1\right) \text{ mm} \tag{5.21}$$

式中　p_{max}——液压缸缸筒内的最高工作压力(MPa)；

D——液压缸缸筒内径(mm)；

$[\sigma]$——液压缸缸筒材料的许用应力(MPa)。

2. 液压缸活塞杆稳定性验算

只有当液压缸活塞杆的计算长度 $l \geqslant 10d$ 时，才进行液压缸纵向稳定性的验算。验算可按材料力学有关公式进行，此处不再赘述。

思考题和习题

5.1　已知单杆液压缸缸筒直径 $D = 100$ mm，活塞杆直径 $d = 50$ mm，工作压力 $p_1 = 2$ MPa，流量为 $q = 10$ L/min，回油背压力为 $p_2 = 0.5$ MPa，求活塞往复运动时各自的推力和运动速度。

5.2　已知单杆液压缸缸筒直径 $D = 50$ mm，活塞杆直径 $d = 35$ mm，泵供油流量为 $q = 10$ L/min，求：(1)液压缸差动连接时的运动速度；(2)若缸在差动阶段所能克服的外负载 $F = 1\,000$ N，缸内油液压力有多大(不计管内压力损失)？

5.3　一柱塞缸柱塞固定，缸筒运动，从空心柱塞中通入压力油，压力为 p，流量为 q，缸筒直径为 D，柱塞外径为 d，空心柱塞内孔直径为 d_0，求柱塞缸所产生的推力和运动速度。

5.4　如图 5.20 所示，液压泵的铭牌参数为 $q = 18$ L/min，$p = 6.3$ MPa，设活塞直径 $D = 90$ mm，活塞杆直径 $d = 60$ mm，在不计管路压力和液压缸机械损失且负载阻力 $F = 28\,000$ N时，求在各图示情况下压力表的指示压力是多少($p_2 = 2$ MPa)？

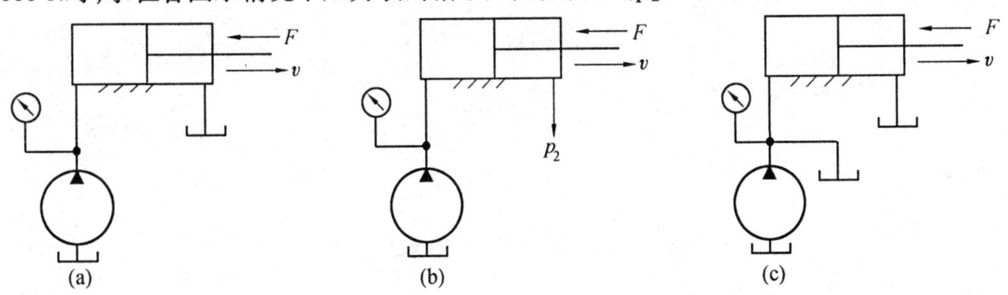

图 5.20

5.5　如图 5.21 所示的串联液压缸，有效作用面积分别是 A_1 和 A_2，两活塞杆的外负载阻力分别是 F_1 和 F_2，在不计损失的情况下，求压力 p_1、p_2 和运动速度 v_1 和 v_2 各是多少？

5.6 如图 5.22 所示的并联液压缸中，有效作用面积 $A_1 = A_2$，外负载阻力 $F_1 > F_2$，液压泵的供油流量为 q_p，当液压缸 2 的活塞运动时，求运动速度 v_1、v_2 和液压泵的出口压力 p 各是多少？

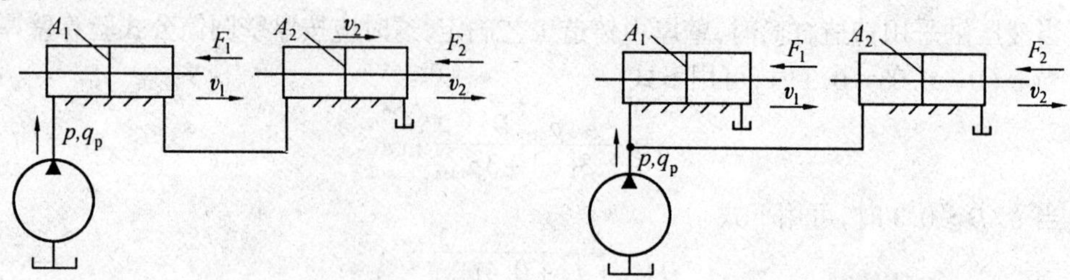

图 5.21　　图 5.22

5.7 设计一单杆活塞式液压缸，要求快进时为差动连接，快进和快退(有杆腔进油)时的速度均为 6 m/min。工进时(无杆腔进油，非差动连接)可驱动的负载为 F = 25 000 N，取工作压力 p_1 = 5 MPa，回油背压力为 0.25 MPa，选用额定压力为 6.3 MPa，额定流量为 25 L/min 的液压泵，求：(1)液压缸缸筒内径和活塞杆直径各是多少？(2)液压缸缸筒壁厚(缸筒材料选用无缝钢管)是多少？

第6章　液压控制阀

6.1　概　　述

液压控制阀是液压传动系统中控制液压油流动方向、液压油压力和液压油流量的元件。借助于这些液压控制阀,可以对液压执行元件的启动、停止、方向、速度、动作顺序和克服负载的能力等进行控制和调节,使液压设备能够按要求协调地进行工作。

6.1.1　液压阀分类

液压控制阀有多种分类方式,表6.1列举了其中一部分。

表6.1　液压控制阀分类

分类依据	种　类	详 细 分 类
按机能分类	方向控制阀	单向阀、液控单向阀、换向阀等
	流量控制阀	节流阀、调速阀、分流阀、集流阀等
	压力控制阀	溢流阀、减压阀、顺序阀、压力继电器等
按阀芯结构分类	滑阀	圆柱滑阀、旋转阀、平板滑阀等
	座阀	锥阀、球阀
	射流管阀	
	喷嘴挡板阀	单喷嘴挡板阀、双喷嘴挡板阀
按操纵方式分类	手动阀	手把、手轮、踏板、杠杆等
	机/液/气动阀	挡块、弹簧、液压、气动
	电动阀	普通/比例电磁铁控制、力马达/力矩马达/步进电机/伺服电机控制
按输出参数可调节性分类	开关控制阀	方向控制阀、顺序阀、逻辑阀等
	连续可调节阀	溢流阀、减压阀、调速阀、比例阀、伺服阀等
按连接方式分类	管式连接阀	螺纹连接、法兰连接
	片式连接阀	手动多路阀、电磁驱动多路阀
	板式连接阀	
	叠加式连接阀	
	插装式连接阀	螺纹式插装阀、盖板式插装阀

6.1.2　液压阀性能参数

液压阀的性能参数是评价和选用液压阀的依据,它反映了液压阀的规格大小和工作特性。在我国液压技术的发展过程中,开发了若干个不同压力等级和不同连接方式的液压阀系列。它们不但性能各有差异,而且参数的表达方式也不相同。

液压阀的规格大小用通径 D_g(单位 mm)表示。D_g 是液压阀进、出油口的名义尺寸,它和油口的实际尺寸不一定相等,因后者还受到液压油流速等参数的影响。如通径同为 10 mm,某电磁换向阀油口的实际直径为 11.2 mm,而直角单向阀却是 14.7 mm。过去有些系列液压阀的规格用额定流量来表示;也有的既用了通径,又给出了所对应的流量。但即使是在同一压力级别,对于不同的阀,同一通径所对应的流量也不一定相同。

液压阀主要有两个参数,即额定压力和额定流量。还有一些和具体液压阀有关的量,如通过额定流量时的额定压力损失、最小稳定流量、开启压力等等。只要工作压力和流量不超过额定值,液压阀即可正常工作。目前对不同的液压阀也给出一些不同的数据,如最大工作压力、开启压力、允许背压、最大流量等等。同时在液压阀产品样本中给出若干条特性曲线,如压力-流量曲线、压力损失-流量曲线、进-出口压力曲线等,供使用者确定不同状态下的参数数据。这既便于使用,又比较确切地反映了液压阀的性能。

6.2　方向控制阀

方向控制阀用来控制液压传动系统中液压油流动方向或液压油的通断,它可分为单向阀和换向阀两大类。

6.2.1　单向阀

单向阀分为普通单向阀和液控单向阀两种。

1. 普通单向阀

普通单向阀通常简称为单向阀,它是一种只允许液压油正向流动,不允许反向流动的阀,因此又可称为逆止阀或止回阀。图 6.1 所示的是单向阀结构简图和图形符号。当液压油从进油口 P_1 流入时,液压油压力克服弹簧 3 的阻力和阀芯 2 与阀体 1 间的摩擦力,顶开带有锥端的阀芯 2(小规格直通式单向阀也有用钢球作阀芯的),从出油口 P_2 流出。当液压油反向流入时,由于液压油压力使阀芯 2 紧密地压在阀座上,因此使液压油不能反向流动。

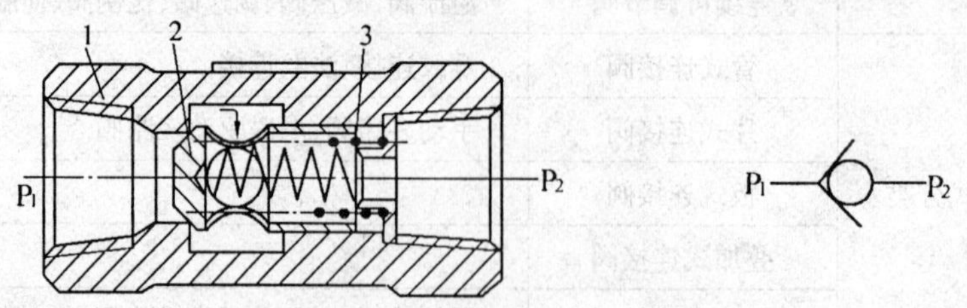

图 6.1　单向阀结构简图和图形符号

1—阀体;2—阀芯;3—弹簧

根据安装方式,单向阀可分为管式、板式、叠加式和插装式几种结构形式,如图 6.2 所示。

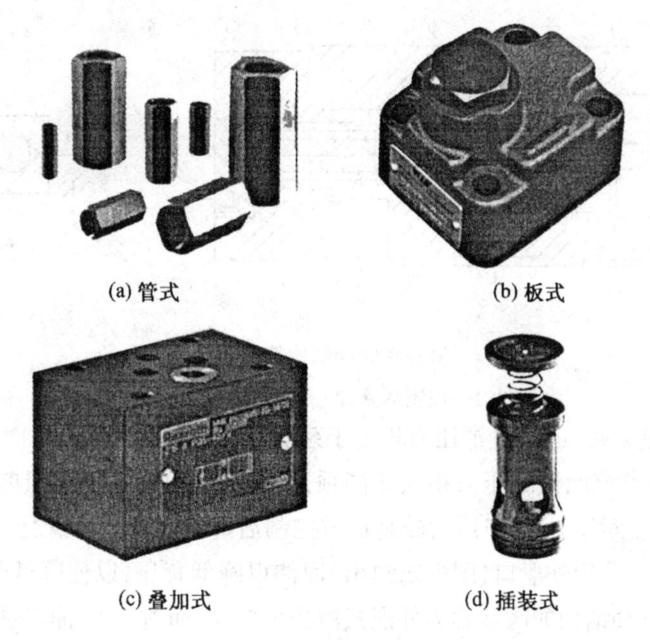

(a) 管式　(b) 板式

(c) 叠加式　(d) 插装式

图 6.2　不同安装形式单向阀的实物图

单向阀中的弹簧通常仅用于使阀芯在阀座上就位，没有弹簧的单向阀必须垂直安放，而且 P_1 口在下面，阀芯通过本身的质量停止在支座上。有弹簧的单向阀，其弹簧的刚度较小，故开启压力很小(通常为 0.04 ~ 0.1 MPa)。不同的弹簧刚度对应的单向阀特性曲线有所差别，若更换硬弹簧，使其开启压力达到 0.2 ~ 0.6 MPa，便可当背压阀使用。

单向阀的压差 - 流量特性曲线如图 6.3 所示。

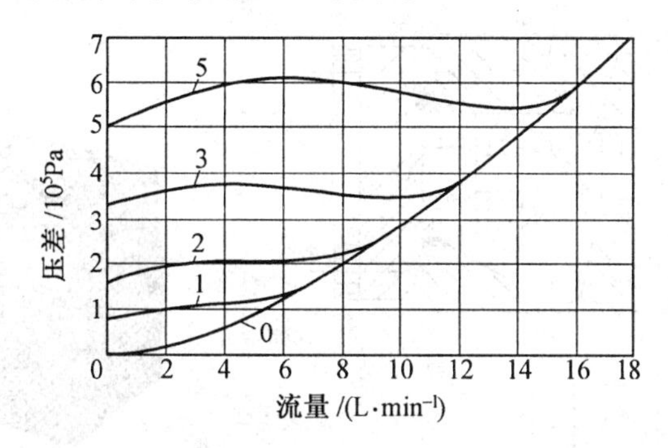

图 6.3　单向阀的压差 - 流量特性曲线

0—无弹簧；1—开启压力为 0.08 MPa；2—开启压力为 0.16 MPa；

3—开启压力为 0.34 MPa；5—开启压力为 0.5 MPa

2. 液控单向阀

液控单向阀是一种通入控制压力油后即允许液压油双向流动的单向阀。它由单向阀和液控装置两部分组成，如图 6.4 所示。当控制口 K 没有通入压力油时，它的作用和普通单向阀一样，压力油只能由 P_1(正向)流向 P_2，反向截止。当控制口 K 通入控制压力油(简称控制油)时，因控制活塞 1 右侧 a 腔通泄油口(图中未画出)，活塞 1 右移，推动顶杆 2 顶开阀芯 3 离开阀座，使油口 P_1 和 P_2 沟通，这时的油液正反向均可自由流动。

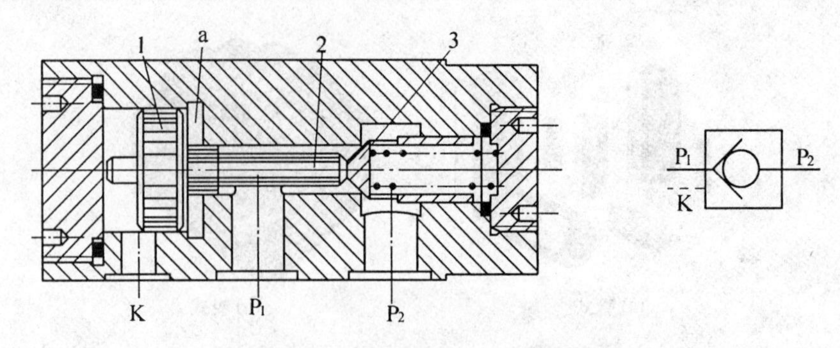

图 6.4 液控单向阀结构简图和图形符号

1—控制活塞;2—顶杆;3—阀芯

液压油反向流动时,P_2 口进油压力相当于系统工作压力,通常很高;而 P_1 口的压力也可能很高,这样都要求控制油的压力很大才能顶开阀芯,因而影响了液控单向阀的工作可靠性。解决的办法是:对于 P_1 油口压力较高造成控制活塞背压较大的情况,可减小 P_1 油腔顶杆 2 的受压面积,并采用外泄口(图中未画出)回油以降低背压,以便降低开启阀芯的阻力,达到控制目的。这种结构的阀被称为外泄式液控单向阀;而对于 P_2 油口进油压力很高的情况,可采用先导阀预先卸压。如图 6.5 所示,在单向阀的锥阀芯 1 中装一更小的锥阀芯 2(有的是钢球),称为先导阀芯(或卸压阀芯)。因该阀芯承压面积小,无需多大推力便可将它先行顶开,这样可使 P_1 和 P_2 两油腔通过先导阀芯 2 的开口相互沟通,使 P_2 腔逐渐卸压,直到阀芯 1 两端油压平衡,这时,控制活塞 4 便可较容易地将主阀芯推离阀座,将单向阀的反向通道打开。这种结构的阀被称内泄式液控单向阀。

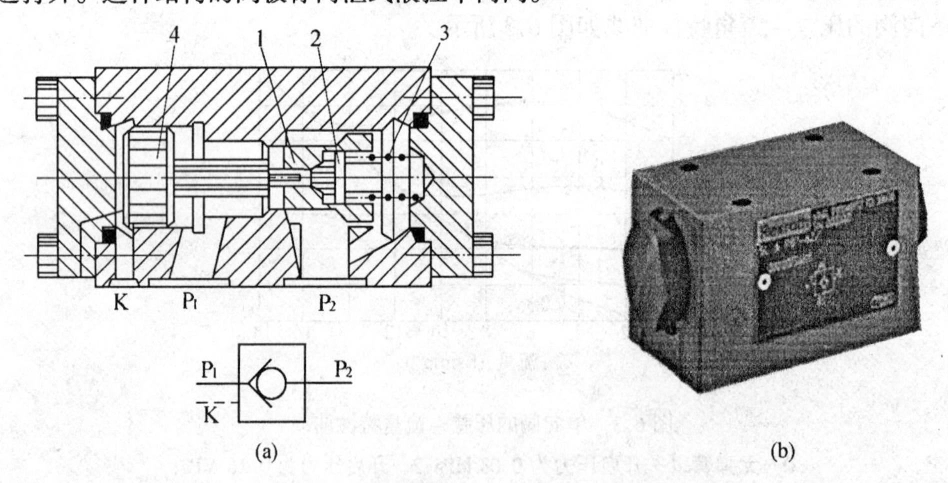

图 6.5 带卸荷锥阀液控单向阀结构简图和实物图

1—主阀;2—卸荷锥阀;3—弹簧;4—控制活塞

液控单向阀的特性曲线在正向导通时与普通单向阀相似,相比而言增加了反向导通的特性曲线。液控单向阀反向导通的先导压力与负载压力大致成正比关系,如图 6.6 所示,因此,在高压回路中选用液控单向阀应注意选择合适的控制油压力。

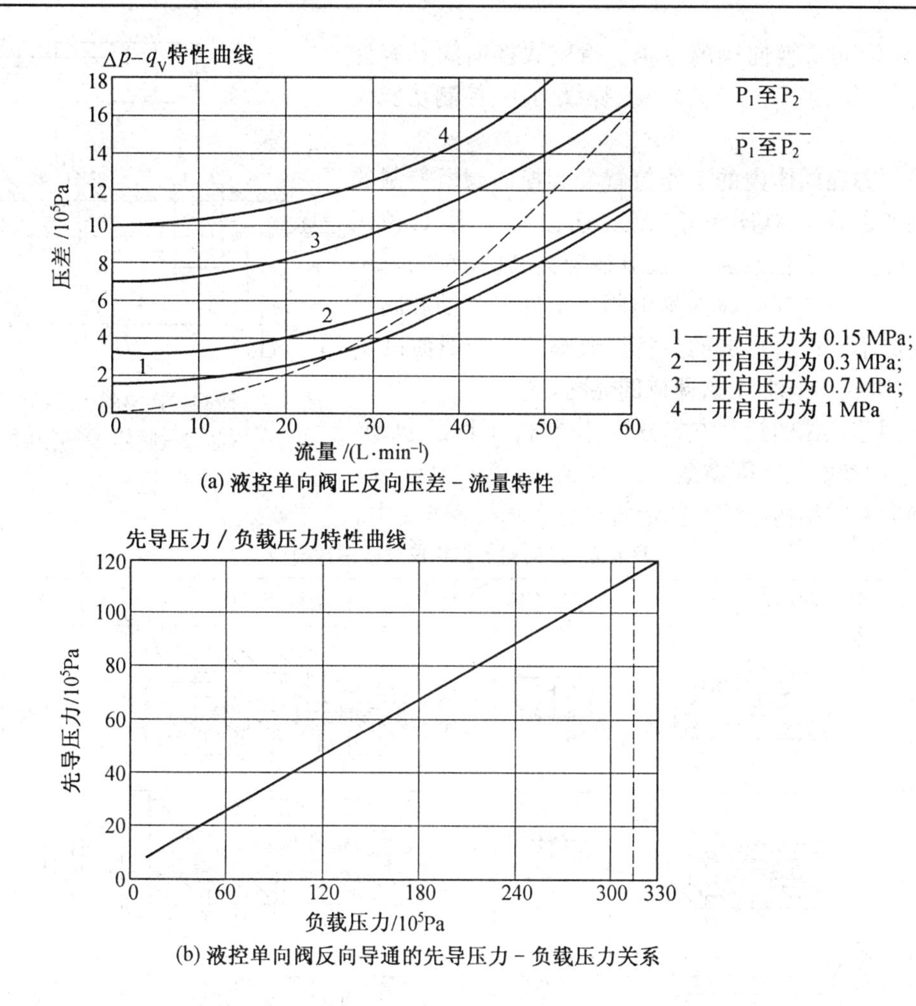

图 6.6　液控单向阀特性曲线

液控单向阀中的锥阀阀口应具有良好的反向密封性能，它通常用于保压、锁紧和平衡等回路。

6.2.2　换向阀

换向阀按阀芯结构可分为座阀式换向阀(锥阀式、球阀式等)和滑动式换向阀两种。滑动式换向阀按阀芯相对阀体的运动形式，又可分为转阀式和滑阀式两种。座阀式泄漏油液很少，滑动式由于在阀芯和阀体之间有配合间隙，泄漏油液是不可避免的。但滑阀结构简单，便于加工制造，应用普遍。

1. 滑阀式换向阀的工作原理和分类

(1) 滑阀式换向阀的工作原理。换向阀通过变换阀芯在阀体内的相对工作位置，使阀体内诸油口连通或断开，从而控制执行元件的启动、停止或换向。滑动式换向阀的组成结构简图如图6.7所示，液压缸 3 两腔不通压力油，处于停止状态。若使换向阀的阀芯 1 左移，阀体 2 上的油口 P 和 A 油口连通，B 油口和 T 油口连通。压力油经 P 油口、A 油口进入液压缸左腔，活塞右移；右腔油液经 B 油口、T 油口流回油箱。反之，若使阀芯 1 右移，则 P 油口和 B 油口连通，A 油口和 T 油口连通，活塞便左移。

(2) 滑阀式换向阀的分类。滑阀式换向阀具有许多优点,如结构简单、压力均衡、操纵力小、控制功能强等。

按阀芯在阀体内的工作位置数和换向阀所控制的油口通路数分类,换向阀有二位二通、二位三通、二位四通、二位五通、三位四通、三位五通等类型(表 6.2)。不同的位数和通数在阀体内是由阀体上的沉割槽和阀芯上台肩的不同组合形成的。将五通阀的两个回油口 T_1 和 T_2 沟通成一个油口 T,即成四通阀。

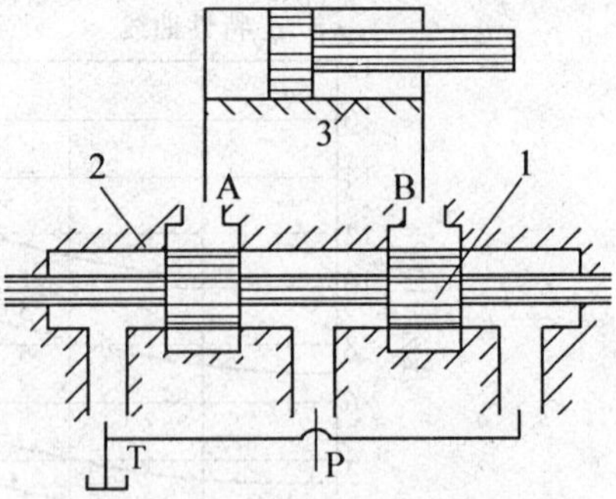

图 6.7　滑阀式换向阀组成结构简图

1—阀芯;2—阀体;3—液压缸

按阀芯换位的控制方式分类,换向阀有手动、机动、电动、液动和电液动等类型。

换向阀的结构原理和图形符号也表示在表 6.2 中。

表 6.2　换向阀的结构原理和图形符号

名称	结构原理图	图形符号	名称	结构原理图	图形符号
二位二通	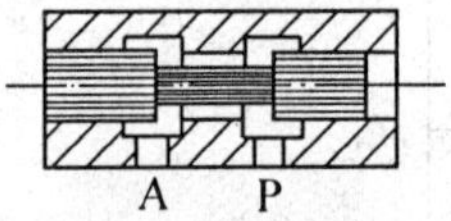 A P	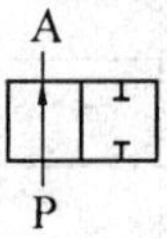 A P	二位五通	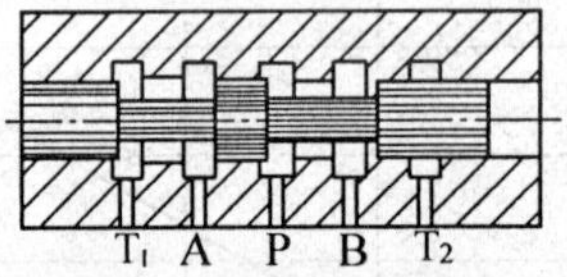 T_1 A P B T_2	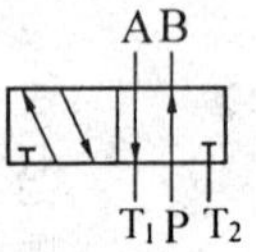 A B T_1 P T_2
二位三通	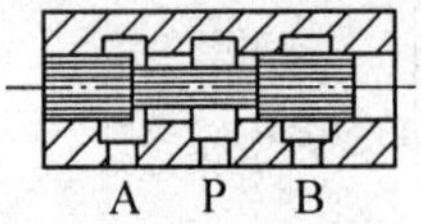 A P B	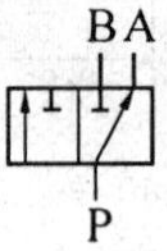 B A P	三位四通	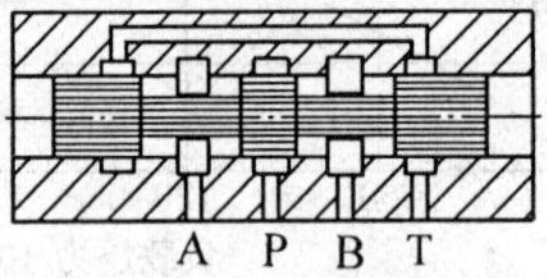 A P B T	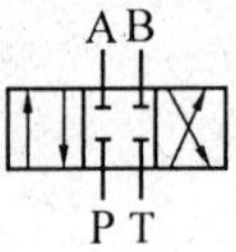 A B P T
二位四通	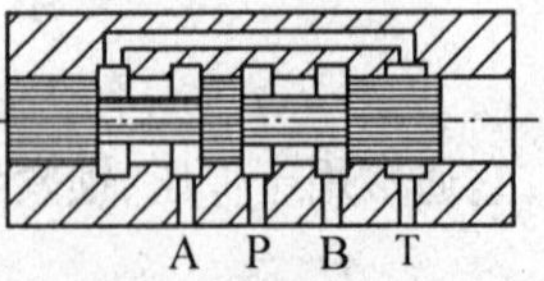 A P B T	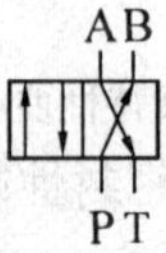 A B P T	三位五通	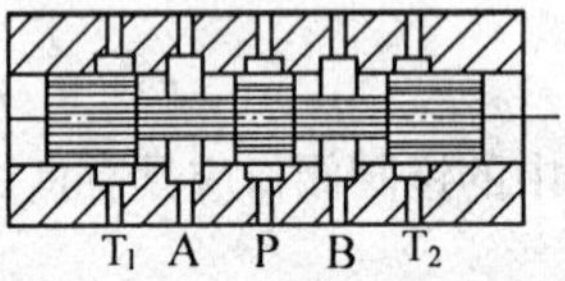 T_1 A P B T_2	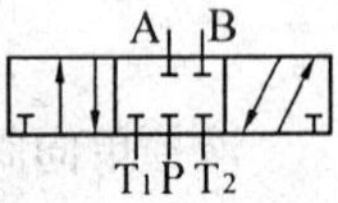 A B T_1 P T_2

从表 6.2 的图形符号中可以看出:

① “位”数用方格数表示,二格即二位,三格即三位。

② 在一个方格内,箭头↑、↓或堵塞符号“⊥”、“⊤”与方格的相交点数为油口通路数,即“通”数。箭头表示两油口连通,但不表示流向;“⊥”表示该油口不连通。

③ P 表示进油口,T 表示通油箱的回油口,A 和 B 表示连接执行元件的进、回油口。

2. 三位换向阀的中位机能

三位换向阀的阀芯在中间位置时,各通口间有不同的连接方式,可满足不同的使用要求。这种连通方式称为换向阀的中位机能。中位机能不同,中位时阀对系统的控制性能也不同。不同中位机能的阀,阀体通用,仅阀芯台肩结构、尺寸及内部通孔情况有一定区别。表 6.3 列出常用阀的中位机能、型号、图形符号及其特点。阀的非中位有时也兼有某种机能,如 OP、MP 等型式,这里不详细介绍。

表6.3　三位阀的中位机能

滑阀机能	图形符号	中位油口状况、特点及应用
O型	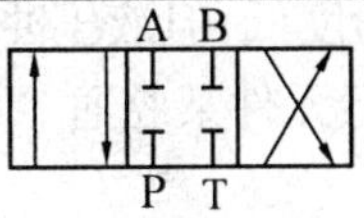 A B P T	P、A、B和T油口全封，液压泵不卸荷，执行元件闭锁，可用于多个换向阀的并联工作
H型	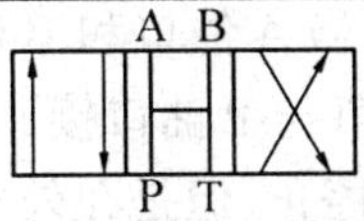 A B P T	P、A、B和T油口全沟通，执行元件处于浮动状态，在外力(转矩)作用下可移动(转动)，液压泵卸荷
Y型	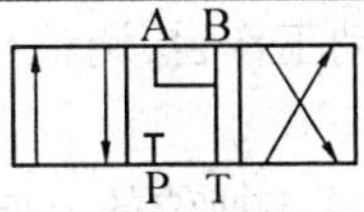 A B P T	P油口封闭，A、B和T油口相通，执行元件浮动，在外力(转矩)作用下可移动(转动)，液压泵不卸荷
K型	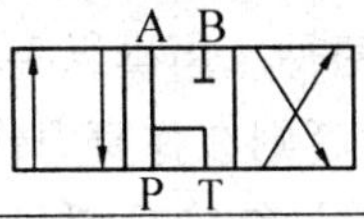 A B P T	P、A和T油口沟通，B口封闭，执行元件处于闭锁状态，液压泵卸荷
M型	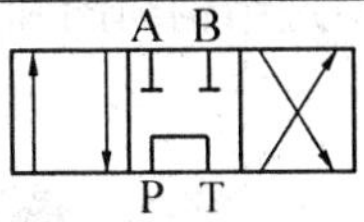 A B P T	P和T油口沟通，A和B油口封闭，执行元件处于闭锁状态，液压泵卸荷，也可用多个M型换向阀并联工作
X型	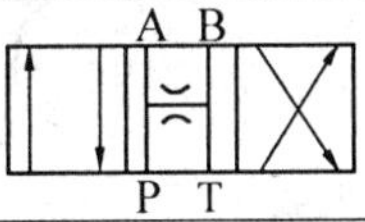 A B P T	P、A、B和T四油口处于半开启状态，液压泵基本卸荷，但仍然保持一定压力
P型	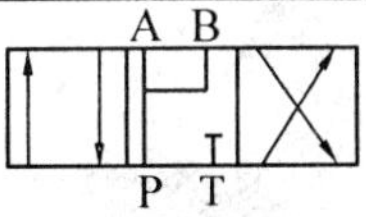 A B P T	P、A和B油口沟通，T口封闭，液压泵与执行元件两腔沟通，对单杆液压缸来说，可组成差动回路
J型	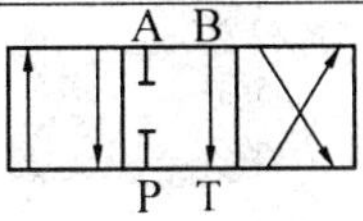 A B P T	P与A油口封闭，B与T油口沟通，执行元件停止运动，但在外力(转矩)作用下可向一边移动(转动)，液压泵不卸荷
C型	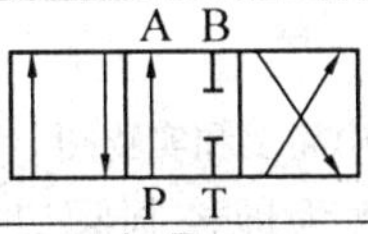 A B P T	P与A油口沟通，B与T油口封闭，执行元件处于停止位置
N型	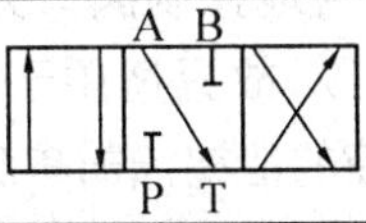 A B P T	P与B油口封闭，A与T油口沟通，与J型机能类似，只是A与B油口互换了，而且功能也类似
U型	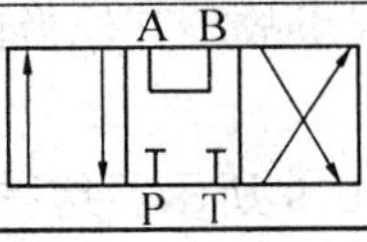 A B P T	P和T油口封闭，A与B油口相通；活塞浮动，在外力作用下可移动，液压泵不卸荷

在分析和选择换向阀中位机能时，通常应从执行元件的换向平稳性要求、换向位置精度要求、重新启动时能否允许冲击、是否需要卸荷和保压等方面加以考虑。现大致说明如下：

(1) 系统保压。当P油口被封闭时，系统保压，液压泵能用于多缸系统。当P油口不太畅通地与T油口接通时(如X型)，系统能保持一定的压力供控制油路使用。

(2) 系统卸荷。P油口畅通地与T油口接通时，系统卸荷。

(3) 换向平稳性和精度。当通向液压执行元件的A和B两油口都被封闭时,执行元件(如液压缸)换向过程易产生液压冲击,换向不平稳,但换向精度高。反之,当A和B两油口都通T油口时,换向过程中工作部件不易制动,换向精度低,但液压冲击小。

(4) 启动平稳性。换向阀在中位时,如果液压执行元件某腔通T油口,则启动时该腔内因没有液压油起缓冲作用,启动不太平稳。

(5) 液压执行元件在任意位置上停止和“浮动”。当A油口和B油口封闭时,可使液压执行元件在任意位置上停止不动。当A油口和B油口与P油口接通(单出杆液压缸除外)或与T油口接通时,可使液压执行元件在任意位置上停止,但是在外负载或外驱动作用下,液压执行元件是“浮动”状态,这时可利用其他机构移动工作台,调整其位置。

3. 几种常用的换向阀

(1) 手动换向阀。手动换向阀是用手动杠杆操纵阀芯换位的方向控制阀。按换向定位方式的不同,手动换向阀有钢球定位式和弹簧复位式两种。当操纵手柄的外力取消后,前者因钢球卡在定位沟槽中,可保持阀芯处于换向位置;后者则在弹簧力作用下使阀芯自动回复到初始位置。图6.8是三位四通手动换向阀的图形符号、结构简图和实物图。

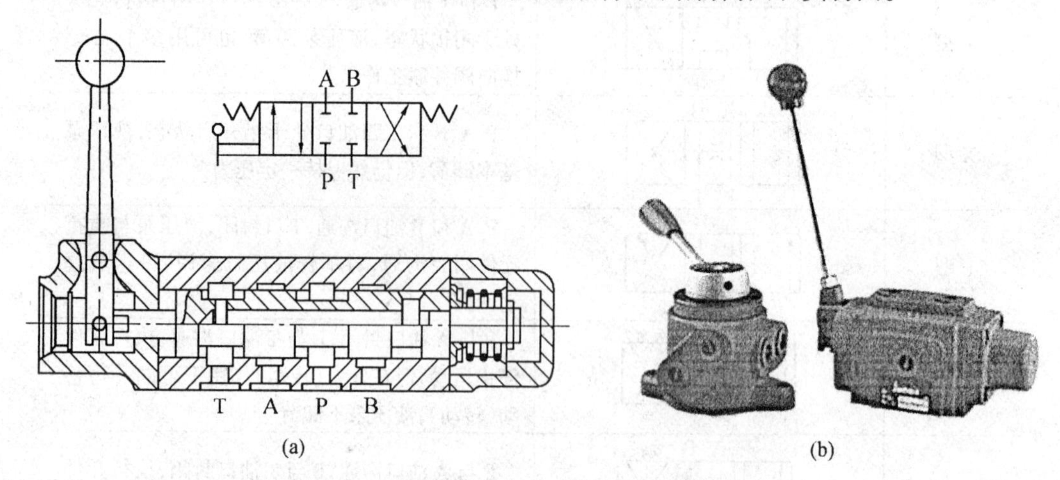

图6.8 三位四通手动换向阀结构简图和实物图

手动换向阀的结构简单、动作可靠,有些阀还可人为地控制阀口开度的大小,从而控制执行元件的运动速度。但由于手动换向阀需要人力操纵,故只适用于间歇动作且要求人工控制的小流量场合。使用中须注意:定位装置或弹簧腔的泄漏油需单独用油管接入油箱,否则泄漏油积聚会产生阻力,以至于不能换向,甚至造成事故。其他换向阀也有同样问题,在使用换向阀时必须予以注意。

(2) 机动换向阀。机动换向阀又称行程阀,如图6.9所示。这种阀必须安装在液压执行元件驱动的工作部件附近,在工作部件的运动过程中,安装在工作部件一侧的挡块或凸轮移动到预定位置时压下阀芯2,使阀换位。

机动换向阀通常是弹簧复位式的二位阀。它的结构简单、动作可靠、换向位置精度高,改变挡块的迎角或凸轮外形,可使阀芯获得合适的移动速度,进而控制换向时间,减小液压执行元件的换向冲击。但这种阀只能安装在工作部件附近,因而连接管路较长,使整个液压装置不紧凑。

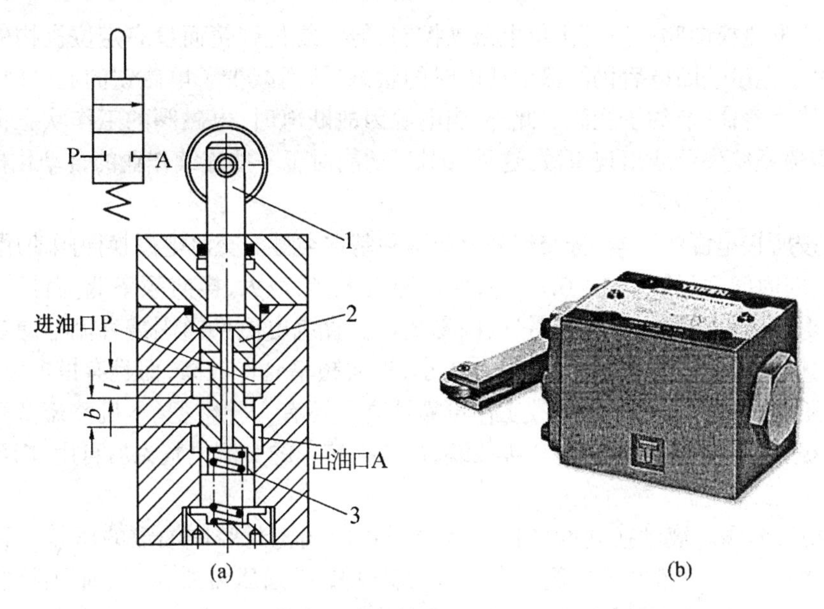

图6.9　二位二通机动换向阀结构简图和实物图

1—阀杆;2—阀芯;3—弹簧

(3) 电磁换向阀。电磁换向阀是利用电磁铁吸力操纵阀芯换位的方向控制阀。在二位电磁换向阀的一端有一个电磁铁,在另一端有一个复位弹簧;在三位电磁换向阀的两端各有一个电磁铁,在阀芯两端各有一个对中弹簧,阀芯在常态时处于中位。对三位电磁换向阀来说,当右端电磁铁通电吸合时,衔铁通过推杆将阀芯推至左端,在图6.10(a)中图形符号表示的换向阀就在右位工作;反之,左端电磁铁通电吸合时,换向阀就在左位工作。

图6.10所示为二位三通电磁换向阀,它是单电磁铁弹簧复位式,电磁铁通电后阀芯2

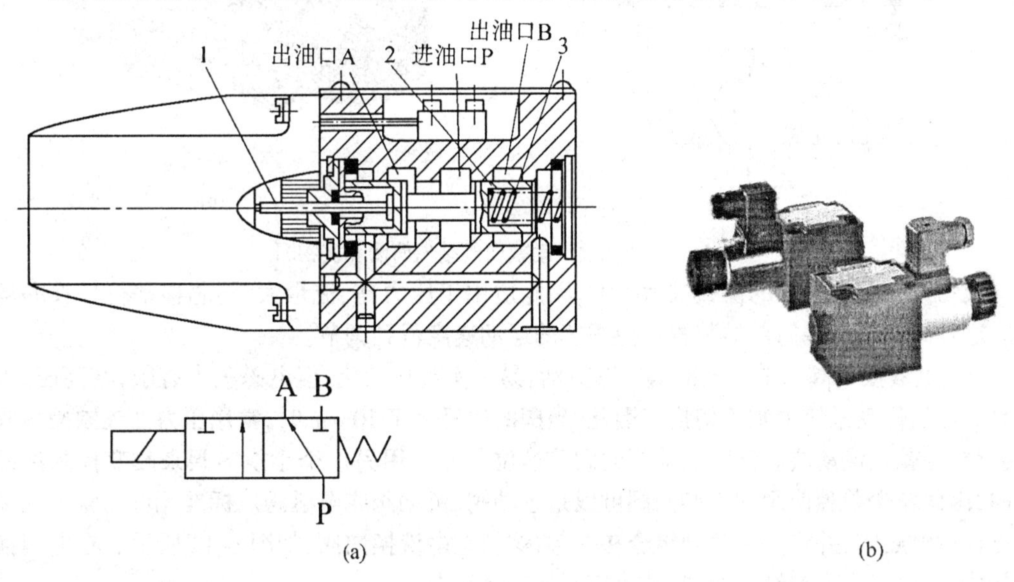

图6.10　二位三通电磁阀换向阀结构简图和实物图

1—推杆;2—阀芯;3—弹簧

在衔铁(经过推杆1)的推动下移动到右边位置,电磁铁断电后,阀芯2靠其右端的弹簧3进行复位。二位电磁换向阀一般都由单电磁铁控制,但无复位弹簧而设有定位机构的双电磁铁二位阀,由于电磁铁断电后仍能保留通电时的状态,从而减少了电磁铁的通电时间,延长了电磁铁的使用寿命,节约了能源。此外,当电源因故断电时,电磁阀的工作状态仍能保留下来,可以避免系统失灵或出现事故,这种“记忆”功能对于一些连续作业的自动化机械和自动线来说,往往是十分需要的。

电磁铁按所接电源的不同,分交流和直流两种基本类型。交流电磁换向阀使用方便,启动力大,但换向时间短(约 0.03～0.05 s),换向冲击大,噪声大,换向频率低,而且当阀芯被卡住或由于电压低等原因吸合不上时,线圈易烧坏。直流电磁换向阀需直流电源或整流装置,但换向时间长(约 0.1～0.3 s),换向冲击小,换向频率允许较高,而且有恒电流特性,当电磁铁吸合不上时,线圈不会烧坏,故工作可靠性高。还有一种整型(本机整流型)电磁铁,其上附有二极管整流线路和冲击电压吸收装置,能把接入的交流电整流后自用,因而兼具了前述两者的优点。

(4) 液动换向阀。液动换向阀的阀芯是由通过两端密封腔中油液的压差来移动换向的。图 6.11 所示为一种液动换向阀。当阀的控制口 K_1 接通压力油、K_2 接通回油时,阀芯向右移动;当阀的控制口 K_2 接通压力油、K_1 接通回油时,阀芯向左移动;当控制口 K_1 和 K_2 都接通回油时,阀芯在两端弹簧和定位套的作用下回到其中间位置。

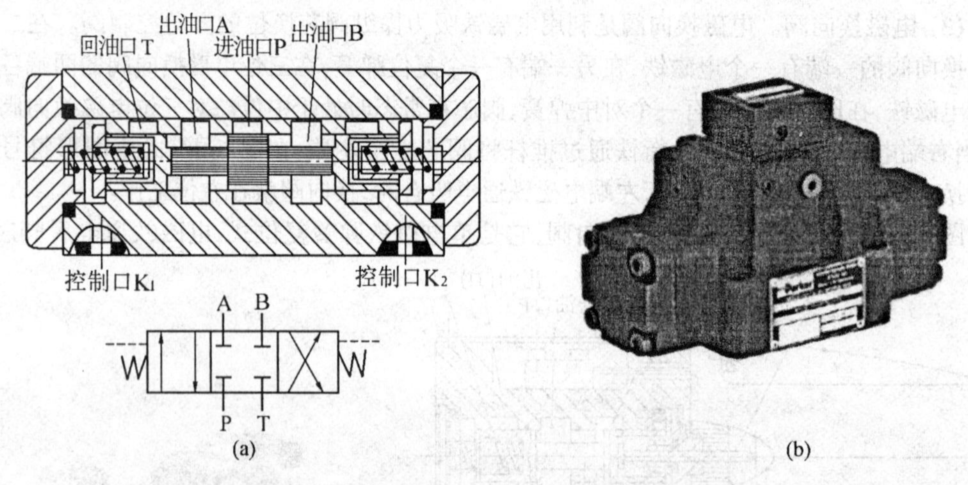

图 6.11　三位四通液动换向阀结构简图和实物图

液动换向阀对阀芯的操纵推力很大,因此适用于压力高、流量大、阀芯移动行程长的场合。这种阀通过一些简单的装置可使阀芯的运动速度得到调节。

(5) 电液换向阀。电磁换向阀布置灵活,易于实现自动化,但电磁吸力有限,在高压、大流量的液压传动系统中难于切换。因此,当阀的通径大于 10 mm 时,常用压力油控制操纵阀芯换位,这就是液动阀。但因液动阀的阀芯换位首先要用另一个小换向阀来改变控制油的流向,因此较少单独使用。小换向阀可以是手动阀、机动阀或电磁阀。标准元件通常采用灵活方便的电磁阀,并将大小两阀组合在一起,这就是电液换向阀,如图 6.12 所示。在电液换向阀中,电磁阀先为控制油换向,从而控制液动阀换向。

图 6.13(a)所示为电液换向阀结构简图。其工作原理可结合图 6.13(b)所示带双点划线方框的组合阀图形符号加以说明,图 6.13(c)所示为简化图形符号。常态时,两个电磁铁

图6.12　电液换向阀实物图

都不通电，电磁阀(先导阀)阀芯处于中位，液动阀(主阀)的两端都接通油箱，这时由于对中弹簧的作用，使主阀芯也处于中位。当左电磁铁通电时，电磁阀左位工作，控制油经单向阀接通主阀的左端，主阀也左位工作，其右端的油则经节流阀和电磁阀接通油箱，主阀阀芯运动速度由右端节流阀的开口大小决定。同理，当左电磁铁断电、右电磁铁通电时，电磁阀处于右位工作，控制油经单向阀接通主阀阀芯的右端，主阀切换到右位工作，其左端的油则经节流阀和电磁阀而接通油箱，主阀阀芯移动速度由左端节流阀的开口大小决定。

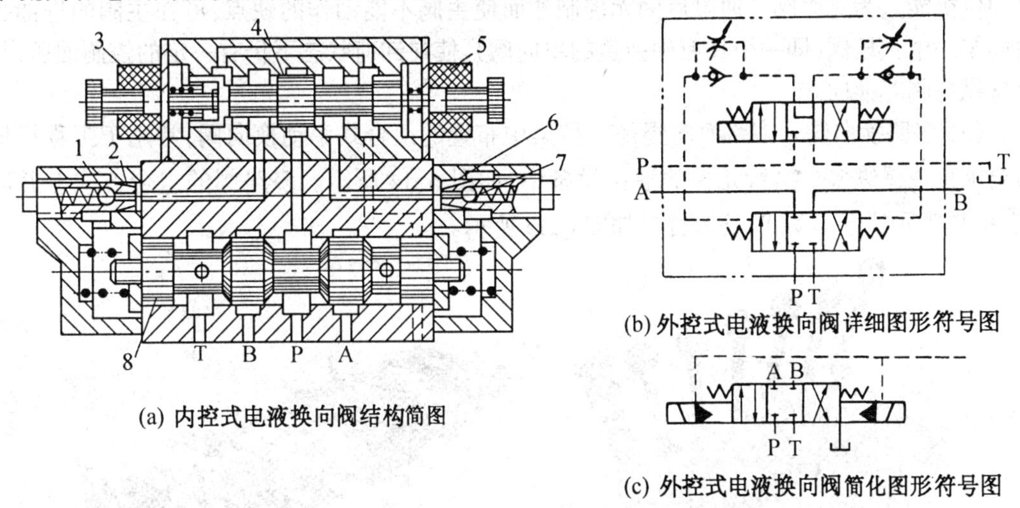

(a) 内控式电液换向阀结构简图

(b) 外控式电液换向阀详细图形符号图

(c) 外控式电液换向阀简化图形符号图

图6.13　三位四通电液换向阀结构简图和图形符号

1、7—单向阀；2、6—节流阀；3、5—电磁铁；4—电磁阀阀芯；8—液动阀阀芯

在电液换向阀中，控制主油路的主阀芯不是靠电磁铁的吸力直接推动的，而是靠电磁铁操纵控制油路上的压力油液推动的，因此推力可以很大，操纵也很方便。此外，主阀芯向左或向右的运动速度可分别由左节流阀2或右节流阀6来调节，这使系统中的执行元件能够得到平稳无冲击的换向。所以，这种操纵形式的换向性能比较好，它适用于高压、大流量的液压传动系统。

在电液换向阀中，如果进入先导电磁阀的压力油(即控制油)来自主阀的P油口，这种控制油的进油方式称为内部控制，即电磁阀的进油口与主阀的P油口是连通的。其优点是油路简单,但因液压泵的工作压力通常较高,所以控制部分能耗大,只适用于电液换向阀较少的系统;图 6.13(a)中的电液换向阀是内部控制方式。如果进入先导电磁阀的压力油引自于主阀 P 油口以外的油路,如专用的低压泵或系统的某一部分,这种控制油进油方式称为外部控制。

如果先导电磁阀的回油口单独接油箱,这种控制油回油方式称为外部回油;如果先导电磁阀的回油口与主阀的 T 油口相通,则称为内部回油。内回式的优点是无需单设回油管路,但先导阀回油允许背压较小,主回油背压必须小于它才能采用,而外部回油式不受此限制。

先导阀的进油和回油可以有外控外回、外控内回、内控外回、内控内回四种方式。图 6.13(b)、(c)中所示的换向阀图形符号为外控外回符号。在阀的具体使用中,四种控回方式如何调整转换详见产品说明书。

图 6.13(a)、(b)中的单向节流阀是换向时间调节器,也被称为阻尼调节器。它可叠放在先导阀与主阀之间。调节节流阀开口,即可调节主阀换向时间,从而消除或减小执行元件的换向冲击。

在电液换向阀上还可以设置主阀芯行程调节机构,它可在主阀两端盖上加限位螺钉来实现。这样主阀芯换位移动的行程和各阀口的开度即可改变,通过主阀的流量也随之变化,因而可对执行元件起粗略的速度调节作用。

如果电液换向阀采用内控方式供油,并且在常态位使液压泵卸荷(换向阀具有 M、H、K 等中位机能),为克服阀在通电后因无控制油而使主阀不能动作的缺点,可在主阀的进油孔中插装一个预压阀(即一个具有硬弹簧的单向阀),使在卸荷状态下仍有一定的控制油压,足以操纵主阀芯换向。

(6) 多路换向阀。多路换向阀是一种集中布置的组合式手动换向阀,常用于工程机械等要求集中操纵多个执行元件的液压设备中,如图 6.14 所示。多路阀的组合方式有并联式、串联式和顺序单动式三种,符号如图 6.15 所示。

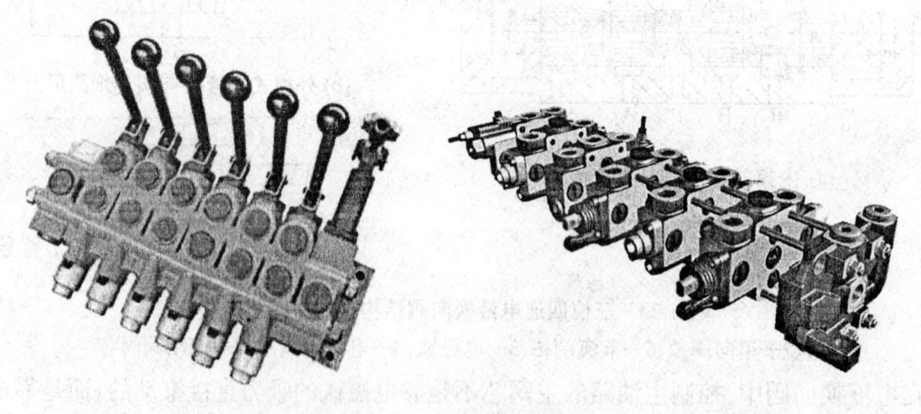

图 6.14　多路换向阀实物图

当多路阀如图 6.15(a)所示并联组合时,液压泵可以同时对三个或其中任意一个执行元件供油。在对三个执行元件同时供油的情况下,由于负载不同,三者将先后动作。当多路阀如图6.15(b)所示串联式组合时,液压泵依次向各执行元件供油,第一个阀的回油口与第二个阀的压力油口相连。各执行元件可单独动作,也可同时动作。在三个执行元件同时动作的情况下,三个负载压力之和不应超过液压泵压力。当多路阀如图 6.15(c)所示顺序单

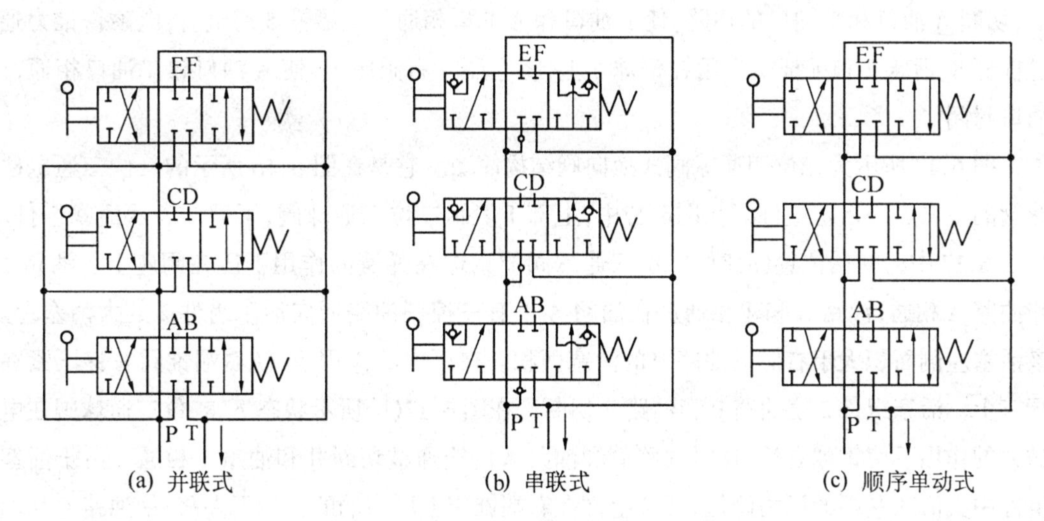

图 6.15　多路换向阀组合形式

动式组合时，液压泵按顺序向各执行元件供油。操作前一个阀时，就切断了后面阀的油路，从而可以防止各执行元件之间的动作干扰。

4. 球阀式换向阀

球阀式换向阀是座阀式换向阀的一种形式。它通过变换钢球在阀体内的相对工作位置来使阀体各油口连通或断开，从而控制液压执行元件的换向。图 6.16 所示为常开式二位三通电磁球阀。当电磁铁 5 断电时，弹簧 6 的推力作用在复位杆 7 上，将钢球 4 压在左阀座

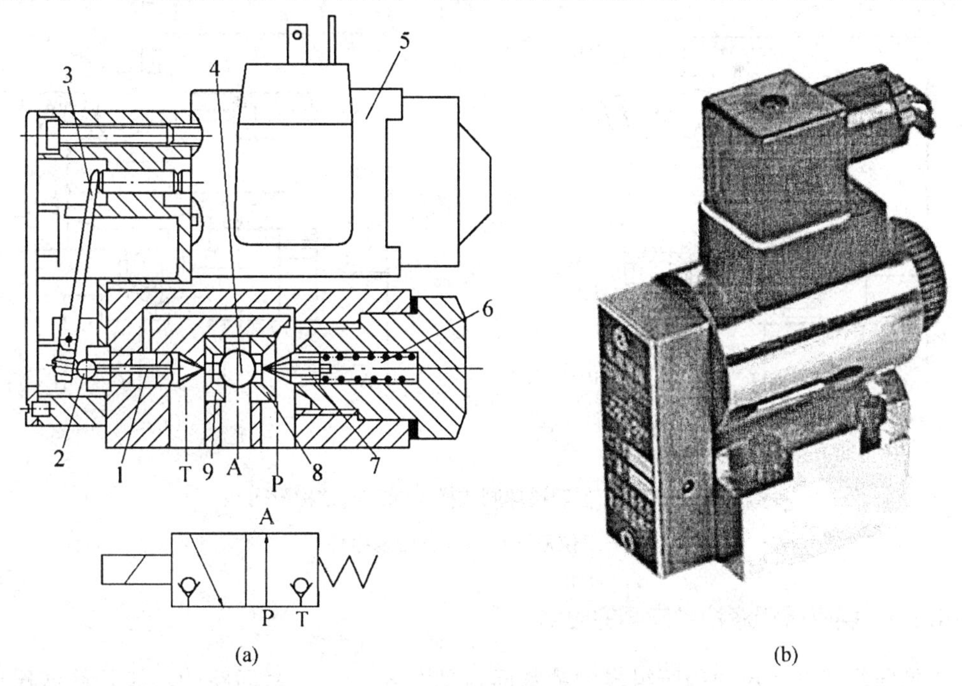

图 6.16　二位三通球阀式换向阀结构简图和实物图

1—推杆；2、4—钢球；3—杠杆；5—电磁铁；6—弹簧；7—复位杆；8—右阀座；9—左阀座

上,切断A油口和T油口的通路,使P油口和A油口相通。电磁铁5通电时,电磁铁推力通过杠杆3、钢球2和推杆1作用在钢球4上,将它压在右阀座上,使A油口和T油口相通,P油口封闭。

图6.17所示为二位四通球阀式换向阀结构简图。它是在图6.16所示的二位三通电磁球阀的下面加一活塞组件。在图6.17中,上部1表示二位三通球阀,下部2表示活塞组件。在图6.17中的初始位置(a)时,二位三通球阀的钢球在弹簧的作用下压在阀座上。油路P和油路A相通,油路B和T相通。在油路A上有一控制油路通向活塞组件2的大活塞上。该活塞左侧面积大于右侧通油路P的活塞面积。在压力的作用下,使右端锥阀右移压紧在阀座上。活塞组件2使油路P和油路B切断。在图6.17(b)所示状态下,二位三通球阀在电磁力的作用下使钢球右移,这时油路P和油路A的连通被切断并和油路T相通。由于活塞组件中大活塞左端的压力降低,活塞组件在右端锥阀上压力油的作用下左移,使油路P和油路B相通,以实现换向目的。

球阀式换向阀的密封性好、反应速度快、换向频率高,对工作介质黏度的适应范围广,由于没有液压卡紧力,受液动力影响小,换向和复位力很小,可适用于高压(达到63 MPa)。此外,它的抗污染能力也好。所以,球阀式换向阀在小流量系统中可直接用于控制主油路,在大流量系统中可作为先导控制元件。电磁球阀的主要缺点是不像滑阀那样具备多种位通组合形式和多种中位机能,故目前使用范围还受到限制。

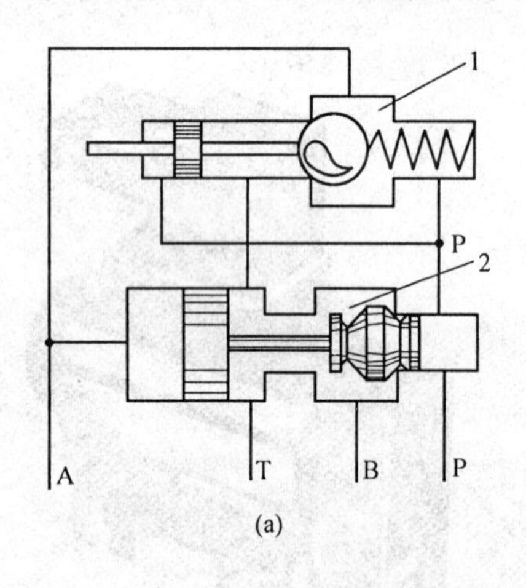

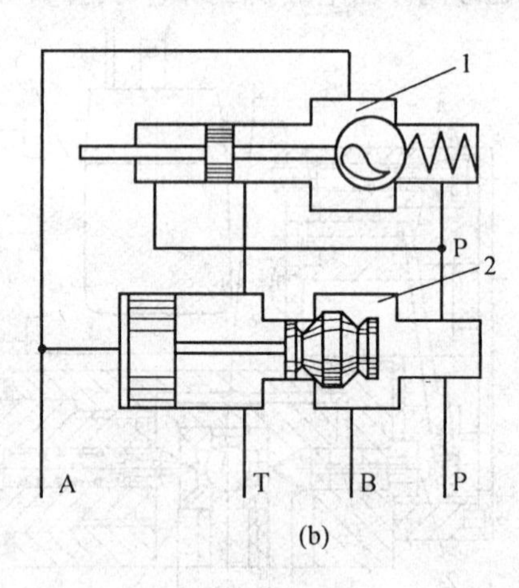

图6.17 二位四通球阀式换向阀组成结构简图

1—二位三通球阀;2—活塞组件

6.2.3 换向阀和液控单向阀的应用

由换向阀和液控单向阀所组成的锁紧回路见图6.18。锁紧回路的功能是使液压执行元件不工作时切断其进、出油液通路,使液压执行元件能在任意位置上停留,并且不会在外力的作用下移动其位置。在图6.18中,当换向阀处于左位或右位时,液控单向阀控制口K_2

或 K_1 通入压力油,液压缸的回油便可反向流过单向阀口,这时液压缸中的活塞可向右或向左运动。到了该停留的位置时,只要使换向阀处于中位,因为换向阀的中位机能是 H 型,控制油直接通油箱,所以控制压力立即消失(Y 型中位机能亦可),液控单向阀不再双向导通,液压缸因两腔油液被封死便被锁紧。由于液控单向阀中的单向阀是座阀结构,密封性好,泄漏极小,故有液压锁之称。

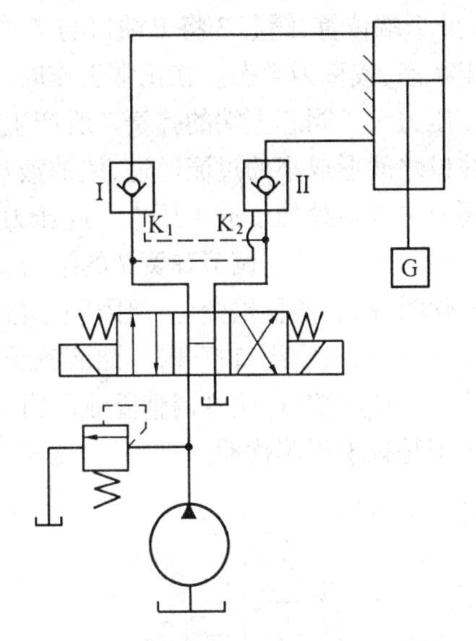

图 6.18　锁紧回路

液压锁是一种成熟的液压回路,在一些公司的产品系列里属于单向阀的一种,如图 6.19 所示,因此在需要使用该功能时不需自己搭建回路。

当换向阀的中位机能为 O 或 M 等型时,从原理上讲不需要液控单向阀也能使液压缸锁紧。但由于换向阀多为滑动式结构,存在较大的泄漏,锁紧功能较差,只能用于锁紧时间短且要求不高处。

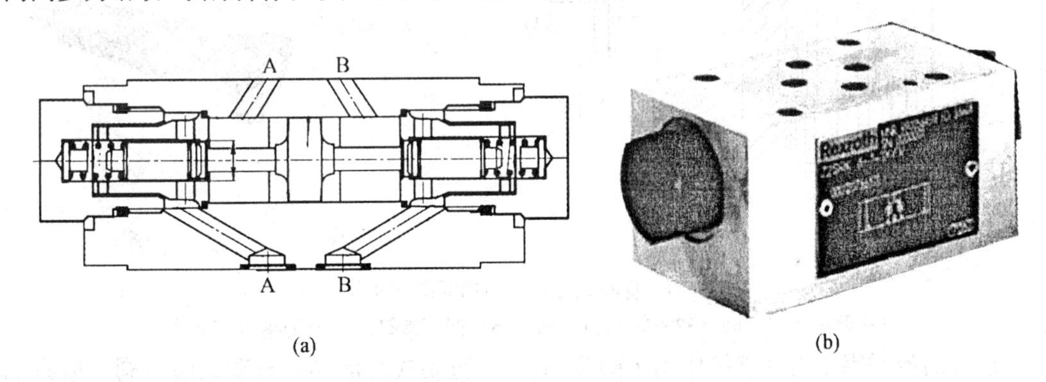

(a)　(b)

图 6.19　液压锁结构简图和实物图

6.3　压力控制阀

用来调节控制液压传动系统中液压油压力的大小或利用压力变化来实现某种动作的阀,称为压力控制阀。

6.3.1　溢流阀

1. 结构原理

溢流阀有多种用途,主要是用来溢去系统多余液压油,在溢流的同时使阀前压力保持基本恒定,并且可以调节溢流(阀前)压力。按其结构原理,溢流阀分为直动式和先导式两种。

(1) 直动式溢流阀。图 6.20 所示为直动式溢流阀结构简图和实物图。通常阀的 P 油口与系统连通,T 油口与油箱连通。压力油从 P 油口进入阀内,经阻尼孔 1 作用于阀芯 3 的下端面上。当 P 油口压力较低、阀芯 3 下端面上的液压力小于上端弹簧 7 的作用力时,阀芯

3 处下端位置,阀芯 3 将 P 油口与 T 油口间的通道关闭。此时阀不溢流,称为溢流阀的非溢流状态,或称为常态。在正常工作时,压力油从 P 油口流向 T 油口。当作用在阀芯 3 下端的液压力大于阀芯上端的弹簧 7 所产生的弹簧力时,阀芯 3 向上移动打开阀口,在 P 油口与 T 油口之间形成小的过流通道,使油液从 T 油口溢回油箱。油液流经阀口时产生压力损失,在阀前 P 油口处便形成了压力。此压力作用在阀芯 3 下端面上所产生的力与弹簧 7 所产生的力相平衡。因此,调节弹簧 7 的推力,便可调节阀溢流时的 P 油口压力,通过溢流阀的流量变化时,阀芯位置也变化,但因阀芯移动距离极小,因此作用在阀芯上的弹簧力变化不大,所以可认为,只要阀口打开,有油液流经溢流阀,溢流阀入口处的压力就基本上恒定。调节弹簧 7 的预压缩量,便可调整溢流压力。改变弹簧 7 的刚度,便可改变调压范围。阻尼孔 1 的作用是减小阀芯扰动。

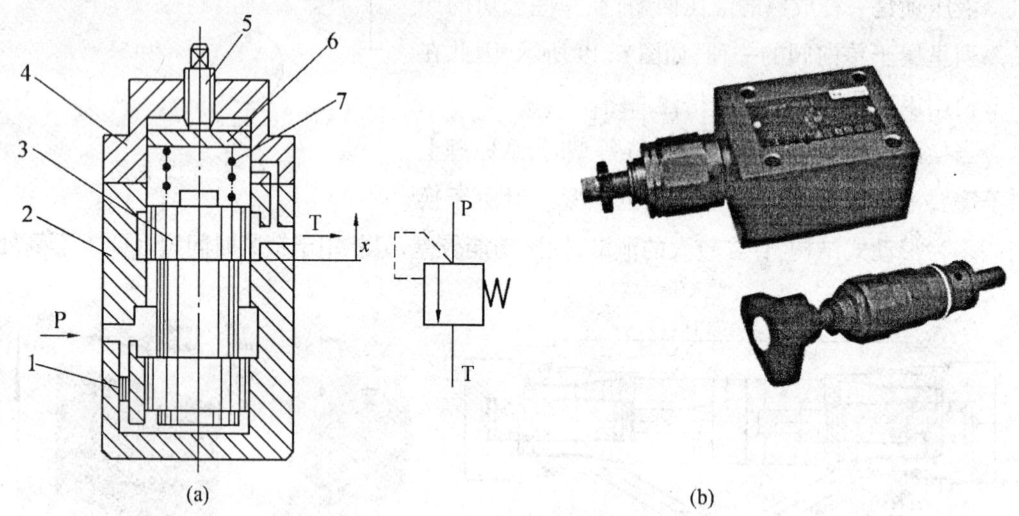

图 6.20　直动式溢流阀结构简图和实物图

1—阻尼孔;2—阀体;3—阀芯;4—阀盖;5—调压螺钉;6—弹簧座;7—弹簧

这种溢流阀因压力油直接作用于阀芯,故称为直动式溢流阀。直动式溢流阀一般只能用于低压小流量工况,因控制较高压力或较大流量时,需要刚度较大的硬弹簧,不但手动调节困难,而且阀口开度(弹簧压缩量)略有变化,便引起较大的压力波动。系统压力较高时,就需要采用先导式溢流阀。

(2) 先导式溢流阀。图 6.21 所示为先导式溢流阀结构简图和实物图。它由先导阀和主阀两部分组成。从 P 油口引入的系统的压力作用于主阀 1 及先导阀 3 上。当系统压力较低、先导阀未打开时,阀中液体没有流动,作用在主阀左右两侧的液压力平衡,主阀芯 1 被弹簧 2 压在右端位置,阀口关闭。当系统压力增大到使先导阀芯 3 打开时,液流通过阻尼孔 5、先导阀芯 3 流回油箱。由于阻尼孔 5 的阻尼作用,使主阀芯 1 右端的压力大于左端的压力,主阀芯 1 在压差的作用下向左移动,打开阀口,使 P 油口和 T 油口之间形成有阻尼的溢流通道,实现溢流作用。调节先导阀的调压弹簧 4,便调节溢流压力。阀体上有一个远程控制油口 K,当将此口通过二位二通阀接通油箱时,主阀左端的压力接近于零,主阀在很小的压力下便可移到左端,阀口开得最大,这时系统的油液在很低的压力下通过阀口流回油箱,实现卸荷作用。如果将控制油口 K 接到一个远程调压阀上(其结构和先导阀一样),并使打开远程调压阀的压力小于先导阀3的压力时,则即溢流阀的溢流压力就由远程调压阀来决定。使用远程调压阀后,便可对系统的溢流压力实行远程调节。

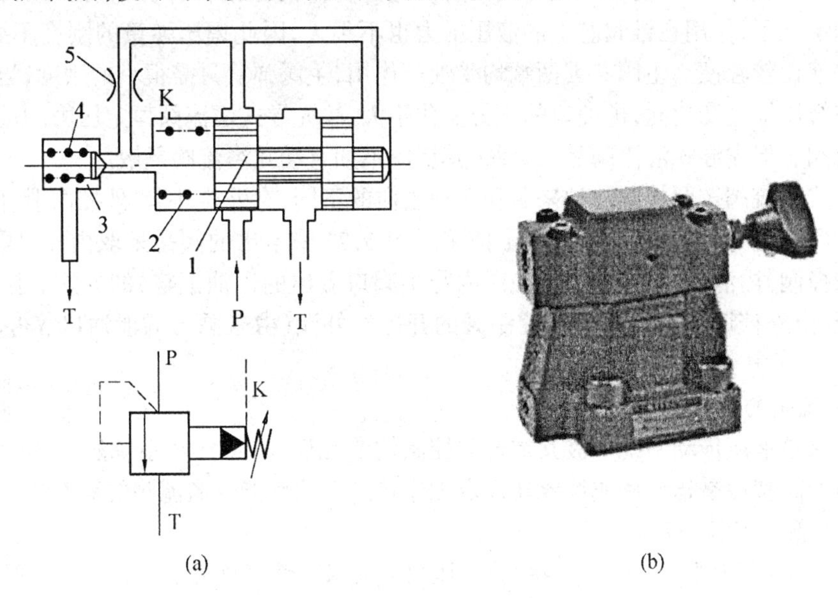

图6.21 先导式溢流阀结构简图和实物图

1—主阀;2—主阀弹簧;3—先导阀;4—调压弹簧;5—阻尼孔

图6.22为某一型号先导式溢流阀的结构简图,在此先导式溢流阀中,先导阀就是一个小规格的直动式溢流阀,而主阀阀芯4是一个具有锥形端部、上面开有阻尼小孔的圆柱筒。

当油液从进油口P进入,经阻尼孔到达主阀弹簧腔,并作用在先导阀阀芯9上(一般情况下,外控口K是堵塞的)。当进油压力不高时,液压力不能克服先导阀弹簧8的阻力,先导阀口关闭,阀内无油液流动。这时,主阀芯4因上、下腔油压相同,故被主阀弹簧3压在阀座上,主阀口也关闭。当进油压力升高到先导阀弹簧8的预调压力时,先导阀口打开,主阀弹簧腔的油液流过先导阀口并经阀体1上的通道和回油口T流回油箱。这时,油液流过阻尼小孔产生压力损失,使主阀芯4两端形成压力差。主阀芯在此压力差作用下,克服弹簧阻力向上移动,使进、回油口连通,达到溢流稳压的目的。调节先导阀手轮7便能调整溢流压力。更换不同刚度的调压弹簧8,便能得到不同的调压范围。

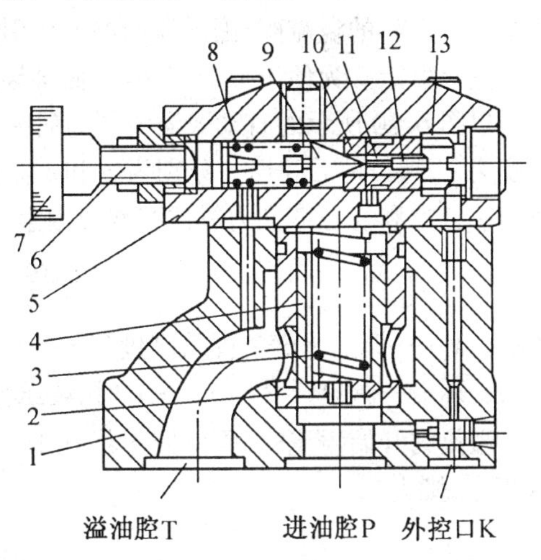

图6.22 先导式溢流阀结构简图

1—阀体;2—主阀套;3—主阀弹簧;4—主阀芯;5—导阀阀体;6—调节螺钉;7—调节手轮;8—调压弹簧;9—导阀阀芯;10—导阀阀座;11—柱塞;12—导套;13—消振垫

根据液流连续性原理可知,流经阻尼孔的流量即为流出先导阀的流量。这一部分流量通常称泄油量。因为阻尼孔直径很小,泄油量只占全溢流量(额定流量)中的极小的一部分,绝大部分油液均经主阀口溢回油箱。在先导式溢流阀中,先导阀的作用是控制和调节溢流压力,主阀的功能则在于溢流。先导阀因为只通过少量的泄油,其阀口直径较小,即使在较高压力的情况下,作用在锥阀芯上的液压推力也不很大,因此调压弹簧的刚度不必很大,压力调整也就比较轻便。主阀芯因两端均受油压作用,主阀弹簧只需很小的刚度,当溢流量变化引起弹簧压缩量变化时,进油口的压力变化不大,故先导式溢流阀恒定压力的性能优于直动式溢流阀。但先导式溢流阀是二级阀,其反应不如直动式溢流阀灵敏。

先导式溢流阀按照控制油的来源和泄油去向的不同,有外控外泄、外控内泄、内控外泄、内控内泄四种组合方式,这样就方便了使用。图 6.22 中给出的阀是采取内控(阀的开启由进油自身控制)内泄(先导阀的泄油在阀内与主阀口溢出的回油汇合)的方式。该阀还可以做到外控(由外控口 K 通入压力油控制阀的开启)、外泄(由未画出的泄油口 Y 单独引入油箱)式。

2. 溢流阀的静态特性

溢流阀是液压传动系统中极其重要的控制调节元件,其特性对系统的工作性能影响很大。所谓静态特性是指元件或系统在稳定工作状态下的性能。溢流阀的静态特性主要是指压力-流量特性和启闭特性。

(1) 压力 - 流量特性($p-q$ 特性)。压力 - 流量特性又称溢流特性。它表征溢流量变化时溢流阀进口压力的变化情况,即稳压性能。理想的溢流特性曲线应是一条平行于流量坐标的直线,即进油压力在达到调定的压力后,立即溢流,且不管溢流量多少,压力始终保持恒定。但实际的溢流阀,因溢流量的变化引起阀口开度,即弹簧压缩量的变化,进口压力不可能完全恒定。为便于分析问题,下面推导直动式溢流阀的 $p-q$ 特性方程式。

以图 6.20 所示的直动式溢流阀为研究对象,设阀芯直径为 d;当阀稳定溢流时,设阀口开度为 x,阀口前后腔压力分别为 p 和 p_2。由于回油通油箱,则 $p_2=0$,故压差 $\Delta p=p$。若忽略阀芯自重和稳态液动力等这些次要因素,可以列出阀芯受力平衡方程式为

$$p\frac{\pi d^2}{4}=k(x_0+x) \tag{6.1}$$

式中　k——调压弹簧的弹簧刚度(N/m);

x_0——阀口开度(m),$x=0$ 时,调压弹量的预压缩量。

溢流阀开始溢流时,阀口处于将开未开状态,$x=0$,这时的进口压力称为开启压力,以 p_0 表示,则有

$$p_0\frac{\pi d^2}{4}=kx_0 \tag{6.2}$$

将式(6.2)代入式(6.1),可得阀口开度 x 的表达式为

$$x=\frac{\pi d^2}{4k}(p-p_0) \tag{6.3}$$

当忽略阀芯与阀体孔的配合间隙时,阀口通流截面面积 $A_T=\pi dx$,将式(6.3)代入,则有

$$A_T=\frac{\pi^2 d^3}{4k}(p-p_0) \tag{6.4}$$

再将式(6.4)代入阀口流量计算公式,并注意到 $\Delta p=p$,便得

$$q=C_qA_T\sqrt{\frac{2\Delta p}{\rho}}=\frac{C_q\pi^2 d^3}{4k}\sqrt{\frac{2}{\rho}}(p^{3/2}-p_0p^{1/2}) \tag{6.5}$$

式(6.5)为直动式溢流阀的 $p-q$ 特性方程,任设一适当的 x_0 值代入式(6.2),便可得出与其对应的开启压力 p_0 值,进而可绘出在该压力 p_0 下的 $p-q$ 特性曲线,如图6.23(a)所示。由该曲线并结合式(6.1)可见,当溢流流量 q(或阀口开度 x)变化时,溢流阀所控制的压力 p 即随之变化,不可能绝对恒定。

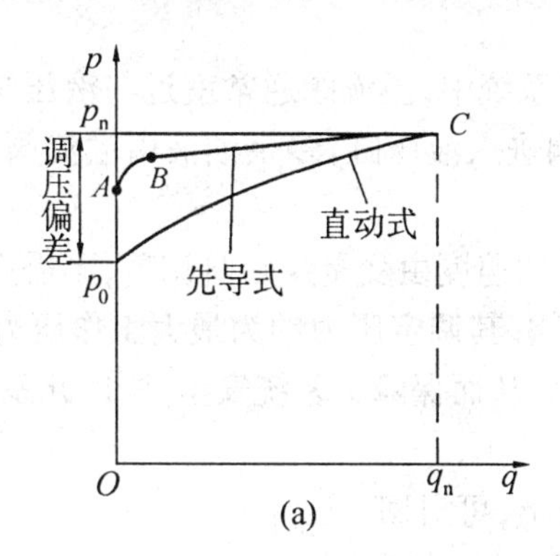

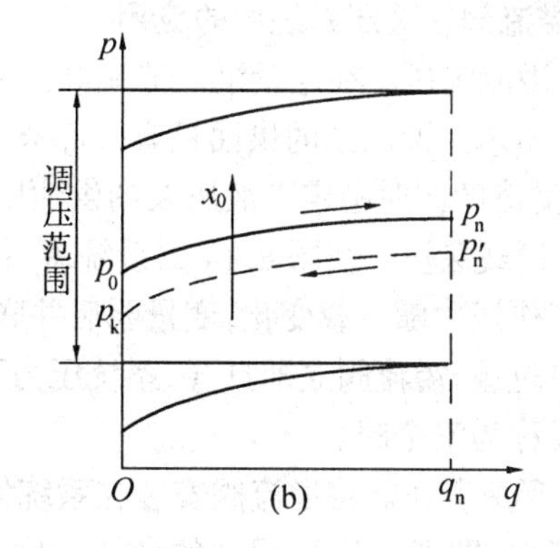

图6.23 溢流阀静态特性

先导式溢流阀的 $p-q$ 特性曲线由两段组成,如图6.23(a)所示。AB 段由先导阀的 $p-q$ 特性决定,这时先导阀刚开启而主阀芯仍封闭;BC 段主要由主阀的 $p-q$ 特性决定。即点 A 对应的压力是先导阀的开启压力,拐点 B 对应的压力为主阀的开启压力。从图中看出,先导式和直动式相比,它的 $p-q$ 曲线要平缓得多,其原因可解释如下:以图6.21所示的主阀芯为研究对象,主阀弹簧腔压力 p_2 主要取决于先导阀弹簧调整时的预压缩量,工作中基本为一定值。若主阀芯直径为 d',则受力平衡方程式为

$$(p_1-p_2)\frac{\pi d'^2}{4}=k'(x'_0+x) \tag{6.6}$$

式中 k' 和 x'_0——主阀弹簧的弹簧刚度和预压缩量。

由于主阀弹簧较软,k' 值较小,因此当溢流量 q(或开度 x)变化时,p 值变化很小,故 $p-q$(BC 段)曲线变化平缓。

$p-q$ 曲线表明,阀的进口压力随溢流量的变化而变化。溢流量为额定值(全溢流量)时,所对应的压力称为调定压力,以 p_n 表示。调定压力 p_n 与开启压力 p_0 之差称为调压偏差,即溢流量变化时溢流阀控制压力的变化范围。开启压力 p_0 与调定压力 p_n 之比称为开启比。先导式溢流阀的特性曲线较平缓,调压偏差小,开启比大,故稳压性能优于直动式阀。因此,先导式溢流阀宜用于系统溢流稳压,直动式溢流阀因灵敏度高宜用作安全阀。

图6.23(a)中的曲线是调压弹簧在任一预压缩量 x_0 下得到的。通过调节手轮将 x_0 由松往紧调节,便可得到一组溢流特性曲线,如图6.23(b)所示。最小调定压力到最大调定压力之间的范围称为溢流阀的调压范围,在此范围内调节时,压力要能平稳地升降,无突跳及延滞现象。

(2) 启闭特性。溢流阀开启和闭合全过程中的 $p-q$ 特性称为启闭特性。由于摩擦力的存在,开启和闭合时的 $p-q$ 特性曲线将不重合。在图6.21中,主阀芯开启时所受摩擦力和阀芯移动方向相反,而闭合时相同。因此在相同的溢流量下,开启压力大于闭合压力。如图6.23(b)所示的中间一对曲线,实线为开启曲线,虚线为闭合曲线。阀口完全关闭时的压力称为闭合压力,以 p_k 表示,p_k 与 p_n 之比称为闭合比。在某溢流量下,两曲线压力坐标的

差值(如 $p_n - p'_n$ 或 $p_0 - p_k$)称为不灵敏区,因压力在此范围内升降时,阀口开度无变化。它的存在相当于加大了调压偏差,并加剧了压力波动。

为保证溢流阀具有良好的静态特性,一般规定开启比应不小于90%,闭合比不小于85%。

3. 溢流阀在液压系统中的应用

(1) 溢流定压。在定量泵－节流阀式节流调速系统中,溢流阀通常就近与液压泵并联,如图8.1所示。液压泵的供油只有一部分经节流阀进入液压缸,多余油液由溢流阀流回油箱,而在溢流的同时稳定了液压泵的供油压力。

(2) 过载保护。在图8.14的系统中,执行元件的速度由变量泵自身调节,不需溢流,变量泵的工作压力随负载变化,变量泵后并联有溢流阀,其调定压力约为最大工作压力的1.1倍。一旦过载,溢流阀立即打开,系统压力不再升高,从而保障了系统安全,所以此系统中的溢流阀又称为安全阀。

(3) 形成背压。将溢流阀安装在系统的回油路上,可对回油产生阻力,即形成执行元件的背压。回油路存在一定的背压,可以提高执行元件的运动稳定性。

(4) 实现远程调压。液压传动系统中的液压泵、液压阀通常都组装在液压站上,为便于操作人员就近调压,可按图6.24所示,在控制工作台上安装一远程调压阀(实际就是一个小溢流量的直动式溢流阀),并将其进油口与安装在液压站上的先导式溢流阀的外控口K相连。这相当于给先导式溢流阀除自身的先导阀外,又加接了一个先导阀(远程调压阀)。调节远程调压阀便可对先导式溢流阀实现远程调压。显然,远程调压阀所能调节的最高压力不能超过溢流阀自身先导阀的调定压力。另外,为了获得较好的远程控制效果,还需注意二阀之间的油管不宜太长(最好在3 m之内),要尽量减小管内的压力损失,并防止管道振动。

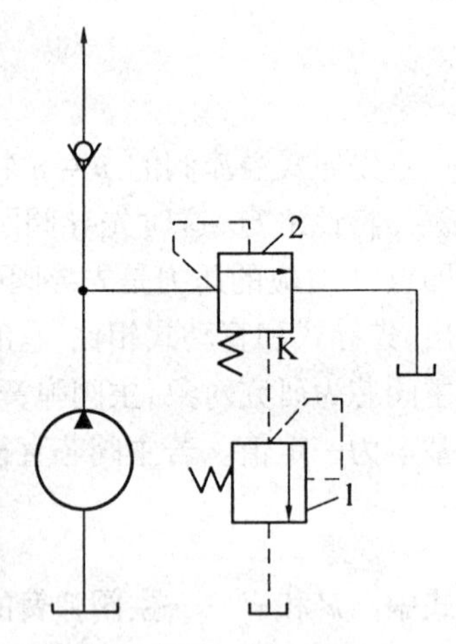

图6.24　溢流阀的远程调压作用
1—远程调压阀;2—先导式溢流阀

(5) 使液压泵卸荷。在图6.25中,先导式溢流阀对液压泵起溢流稳压作用。当二位二通换向阀的电磁铁通电后,溢流阀的外控口K即接油箱,液压泵输出的油液便在极低压力下经溢流阀回油箱,这时,液压泵接近于空载运转,功耗很小,即处于卸载状态。这种卸荷方法所用的二位二通阀可以是通径很小的换向阀。

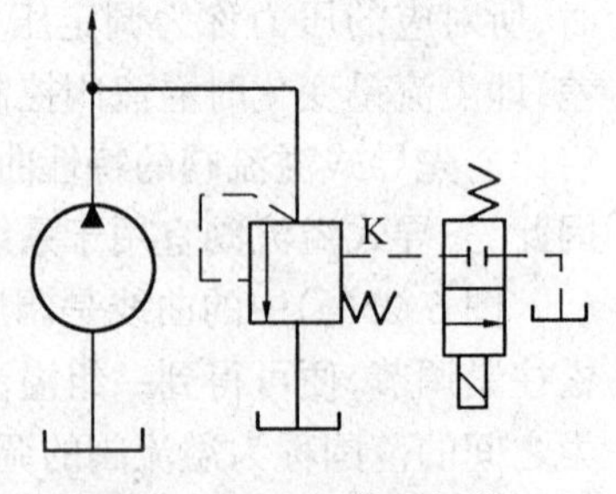

图6.25　溢流阀使泵卸荷

此外,溢流阀可以和其他阀一起构成组合阀,如可将图6.25中两个阀组成为一个电磁溢流阀。其中的电磁阀可以是二位二通、二位四通或三位四通阀,并可具有不同的中位机能,由此形成了电磁溢流阀的多种结构与功能。如图6.26所示的电磁溢流阀则兼有使泵卸荷和二级调压的作用,将P油口与液压泵出口相接,三位四通换向阀A油口和B油口分别与两个远程调压阀(各调节不同的压力数值)相接,当两端的电磁铁分别通电时,即可实现二级调压;当两电磁铁皆不通电时,则液压泵卸荷。如果采用O型中位机能的三位四通阀,则可实现三级调压功能,但不再有卸荷作用,这时先导式溢流阀本身的调定压力要高于两个外接的远程调压阀的调定压力。

如将溢流阀和单向阀构成卸荷溢流阀,其图形符号如图 6.27 所示,它常用于使液压系统卸荷。在具体应用中,将 P 油口接液压泵,P_1 油口接液压系统,当 P_1 油口的压力低于图中溢流阀的调定压力时,溢流阀关闭,液压泵向液压系统供油;当 P_1 油口的压力达到溢流阀的调定压力时,在控制油压力的作用下,溢流阀阀口打开,液压泵即可卸荷。图中单向阀的作用是隔开高低压油路。

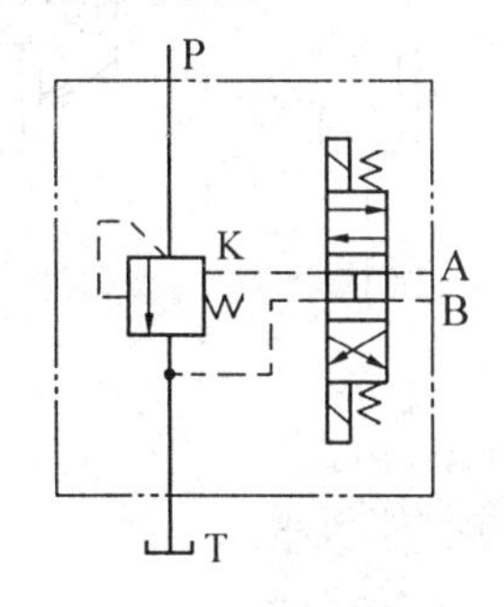

图 6.26　电磁溢流阀图形符号

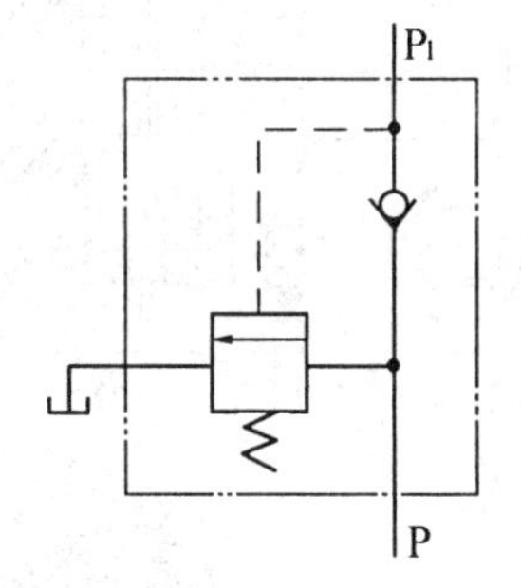

图 6.27　卸荷溢流阀图形符号

6.3.2　顺序阀

1. 结构原理

顺序阀在液压传动系统中犹如自动开关,用来控制多个执行元件的顺序动作。它以进口压力油(内控式)或外来压力油(外控式)的压力为信号,当信号压力达到调定值时,阀口开启,使所在油路自动接通。顺序阀的结构和溢流阀类同,也有直动式(如图 6.28)和先导式之分。它和溢流阀的主要区别在于:溢流阀的泄漏油和先导阀的溢流油与出口(溢流口)相通,而顺序阀的泄漏油和先导阀的溢流油要单独接油箱;溢流阀的出口通回油箱,而顺序阀出口通二次压力油路(卸荷阀除外)。

由于顺序阀的出口处不接油箱,而是通向二次油路,因此它的泄油口 L 必须单独接回油箱。为了减小调压弹簧的刚度,顺序阀底部设置了控制柱塞。外控口 K 用螺塞堵住,外泄油口 L 通油箱。压力油自进油口 P_1 通入,经阀体上的孔道和下端盖上的孔流到控制活塞的底部,当其推力能克服阀芯上的调压弹簧阻力时,阀芯上升,使进、出油口 P_1 和 P_2 连通,压力油便从阀口流过。调节弹簧的预压缩量可以调节顺序阀的开启压力。经阀芯与阀体间的缝隙进入弹簧腔的泄漏油从外泄口 L 泄回油箱。这种油口连通的顺序阀,称内控外泄顺序阀,其图形符号见图 6.28(b)。内控式顺序阀在进油路压力达到阀的设定压力之前,阀口一直是关闭的,达到阀的设定压力之后,使压力油进入二次油路,去驱动其他液压执行元件。

将图 6.28(a)中的下端盖旋转 90°或 180°安装,切断进油流往控制活塞下腔的通路,并去除外控口 K 的螺塞,接入引自其他处的压力油(称控制油),便成为外控或称液控外泄顺序阀,图形符号见图6.28(c)。这时外控式顺序阀阀口的开启与一次油路进口压力没有关系,只决定于控制压力的大小。

若在结构可能的情况下再将上端盖旋转 180°安装,还可使弹簧腔与出油口 P_2 相连(在阀体上开有沟通孔道),并将外泄口 L 堵塞,便成为外控内泄顺序阀,图形符号见图 6.28(d)。外控内泄顺序阀只用于出口接油箱的场合,常用来使泵卸荷,故又称卸荷阀。

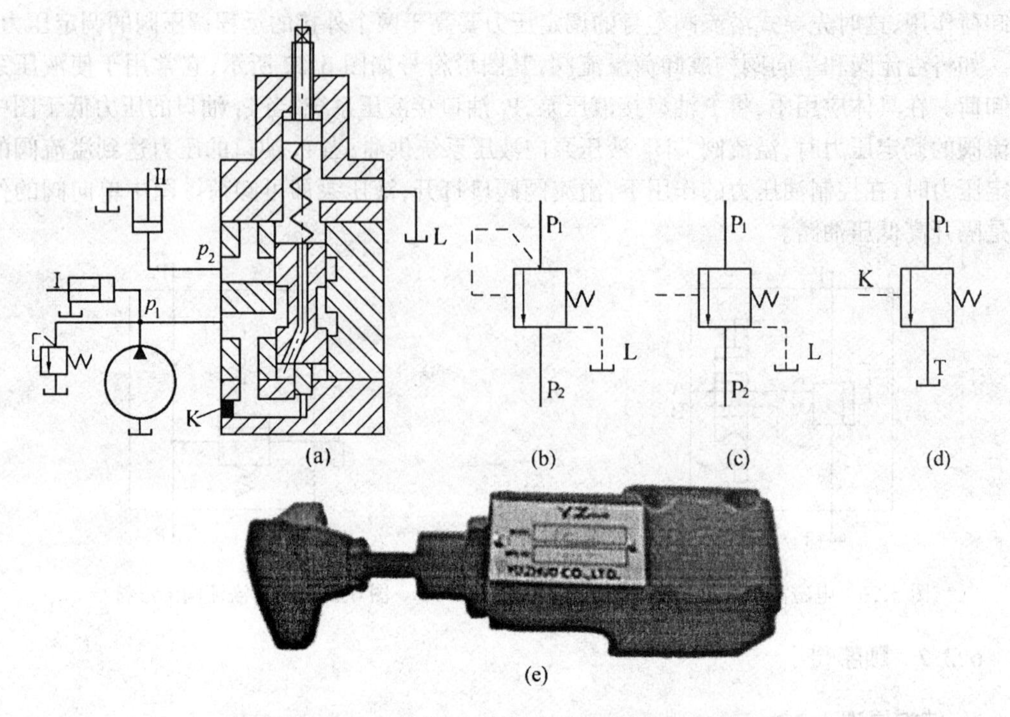

图 6.28　直动式顺序阀结构简图、图形符号和实物图

直动式顺序阀设置控制活塞的目的是缩小进口压力油的作用面积,以便采用较软的弹簧来提高阀的 $p-q$ 性能。顺序阀的主要性能与溢流阀相似。另外,顺序阀为使执行元件准确地实现顺序动作,要求阀的调压偏差小,因此调压弹簧的刚度要小,阀在关闭状态下的内泄漏量也要小。直动式顺序阀的工作压力和通过阀的流量都有一定的限制,最高控制压力也不太高。对性能要求较高的高压大流量系统,需采用先导式顺序阀。

先导式顺序阀与先导式溢流阀的结构大体相似(如图 6.29),其工作原理也基本相同,这里不再详述。先导式顺序阀同样也有外控外泄、外控内泄和内控外泄等几种不同的控制方式,以备选用。

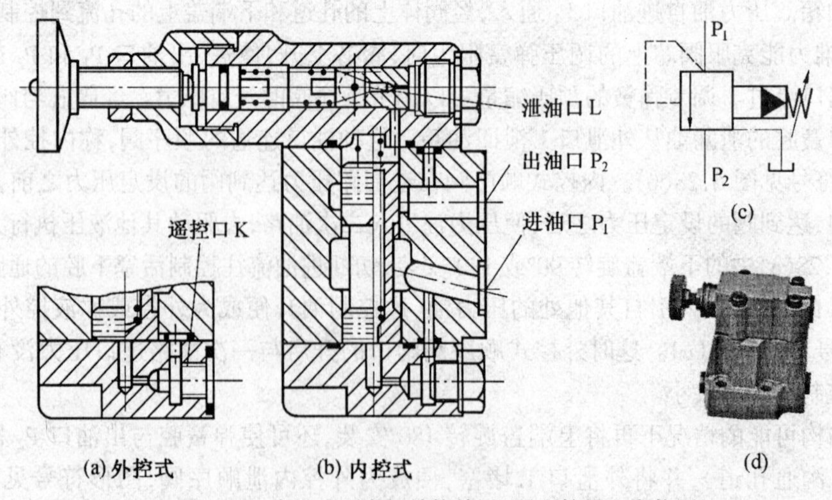

图 6.29　先导式顺序阀结构简图、图形符号和实物图

2. 顺序阀在液压传动系统中的应用

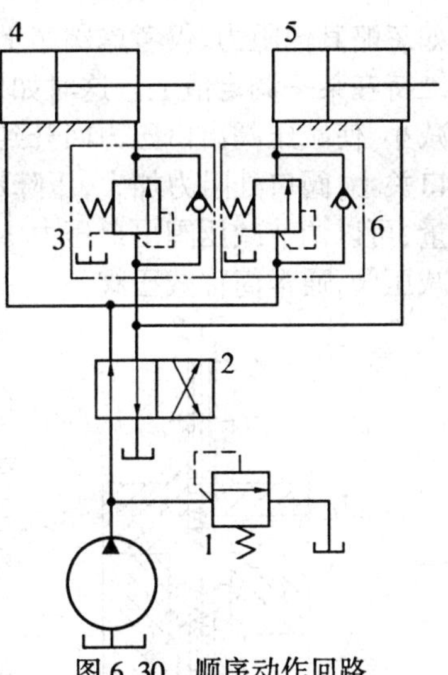

图 6.30　顺序动作回路
1—溢流阀;2—换向阀;
3、6—(单向)顺序阀;4、5—液压缸

(1) 顺序动作回路。为了使多缸液压传动系统中的各个液压缸严格地按规定的顺序动作,可设置图 6.30 所示由顺序阀组成的顺序动作回路。在这个回路中,当换向阀 2 左位接入回路且右顺序阀 6 的调定压力大于液压缸 4 的最大工作压力时,压力油先进入液压缸 4 的左腔,实现缸 4 的向右动作。当这个动作完成后,系统中压力升高,压力油打开右顺序阀 6 进入液压缸 5 的左腔,实现缸 5 的向右动作。同样,当换向阀 2 右位接入回路且左顺序阀 3 的调定压力大于右液压缸 5 的最大返回工作压力时,两液压缸按与上述相反的顺序返回。这种顺序动作回路的可靠性,取决于顺序阀的性能及压力调定值,后一个动作的压力必须比前一个动作的压力高出 0.8 ~ 1 MPa。顺序阀打开和关闭的压力差值不能过大,否则顺序阀会在系统压力波动时造成误动作,引起事故。因此,这种回路只适用于系统中液压缸数目不多、负载变化不大的场合。

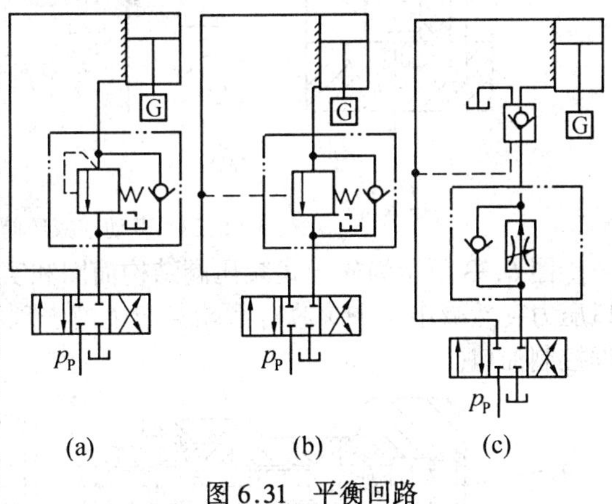

图 6.31　平衡回路

(2) 平衡回路。为了防止立式液压缸及其工作部件在悬空停止期间因自重而自行下滑,可设置由顺序阀组成的平衡回路。图 6.31(a)所示为采用单向顺序阀组成的平衡回路。顺序阀的开启压力要足以支承运动部件的自重。当换向阀处于中位时,液压缸即可悬停,但活塞下行时有较大的功率损失。为此可采用外控单向顺序阀,如图6.31(b)所示,下行时控制压力油打开顺序阀,背压较小,提高了回路的效率,但由于顺序阀的泄漏,悬停时运动部件总要缓缓下降。为了避免悬停时运动部件的缓降,可以采用如图 6.31(c)所示的平衡回路,在该回路中采用液控单向阀(座阀结构)来防止液压缸中液压油的泄漏,以此来阻止悬停运动部件的缓降。

6.3.3　减压阀

1. 工作原理和结构

减压阀主要用于降低系统某一支路的液压油压力,使同一系统能有两个或多个不同压力的回路。液压油流经减压阀后能使压力降低,并保持恒定。只要液压阀的输入压力(一次压力)超过调定的数值,二次压力就不受一次压力的影响而保持不变。例如,当系统中的夹紧支路或润滑支路需要稳定的低压时,只需在该支路上串联一个减压阀即可。

按照工作原理,减压阀也有直动式和先导式之分。直动式减压阀在系统中较少单独使用,先导式减压阀则应用较多。图 6.32 所示为一种直动式减压阀结构简图和实物图。当阀芯处在原始位置时,它的阀口是打开的,阀的进、出油口沟通。这个阀的阀芯是由出口处的压力 p_2 控制,当出口压力达到调定压力时,阀芯上移,阀口关小,使整个阀处于工作状态。

如忽略其他阻力,仅考虑阀芯上的液压力和弹簧力相平衡,则可认为减压阀出口压力基本上维持在某一调定值上。这时如果出口压力减小,阀芯下移,阀口开大,阀口处阻力减小,压降减小,使减压阀出口压力回升到调定值上。反之,如果减压阀出口压力增大,则阀芯上移,阀口关小,阀口处阻力加大,压降增大,使减压阀出口压力下降到调定值上。调节弹簧预压缩量,可以调节减压阀出口压力 p_2 值的大小,它能使出口压力降低并保持恒定,故称定值输出减压阀,通常简称减压阀。

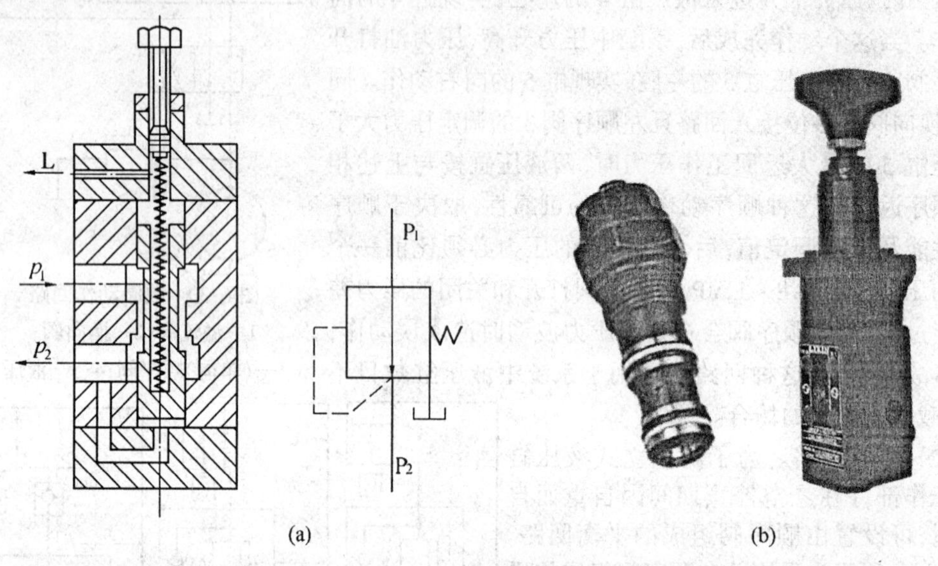

图 6.32　直动式减压阀结构简图和实物图

图 6.33 所示为先导式减压阀结构简图和实物图。阀的下端盖上装有缓冲活塞,防止出口压力突然减小时主阀芯对下端盖产生撞击现象,它也可以减缓出口压力的波动。K 为远程控制油口。

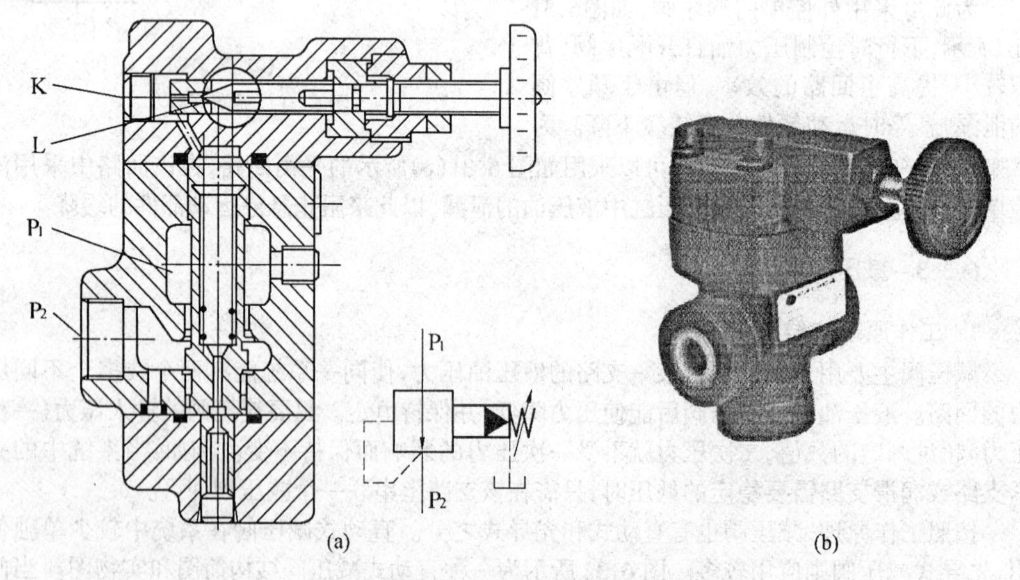

图 6.33　先导式减压阀结构简图和实物图

当减压阀出口油路的油液不再流动时(如所连的夹紧支路油缸运动到终点后),由于先导阀溢流仍未停止,减压口仍有油液流动,阀就仍然处于工作状态,出口压力也就保持调定数值不变。

由此可以看出,与溢流阀、顺序阀相比较,减压阀的主要特点是:阀口常开,用出口液压油压力与弹簧力平衡去控制阀口开度,使出口压力恒定,泄油单独接入油箱。这些特点在它们的图形符号上都有所反映。

2. 减压阀的工作特性

实际的减压阀输出压力在工作点并非完全恒定,随着 P_1 口输入流量的增加,P_2 口输出流量呈逐渐下降的趋势。减压阀的输出压力调整值越低,P_2 口输出压力受到流量变化的影响就越大,如图 6.34 所示。

3. 减压阀在液压传动系统中的应用

定位、夹紧、分度、控制油路等支路往往需要稳定的低压,为此,该支路只需串接一个减压阀构成减压回路即可。如图 6.35 所示为用于工件夹紧的减压回路。通常,在减压阀后要设单向阀,以防止系统压力降低(例如,另一液压缸空载快进)时液压油倒流,并可短时保压。在图示状态下,低压由减压阀调定,当接在减压阀的二通电磁阀通电后,减压阀出口压力则由远程调压阀 2 决定,因此这个回路是二级减压回路。若系统只需要一级减压,可取消二通电磁换向阀,堵塞减压阀的外控口 K。为使减压回路可靠工作,减压阀的最高调整压力应比系统压力即减压阀入口压力低一定数值。例如,中高压系列减压阀应低出的压力约为 1 MPa(中低压系列减压阀低出的压力约为 0.5 MPa),否则减压阀不能正常工作。当减压分支路的液压执行元件速度需要调节时,节流元件应装在减压阀出口,因为减压阀起作用时,有少量泄油从先导阀流回油箱,节流元件装在出口,可避免泄油对节流元件调定的流量产生影响。减压阀出口压力若比系统压力低得多,将会增加功率损失和系统温升,必要时可用高低压双泵分别供油。

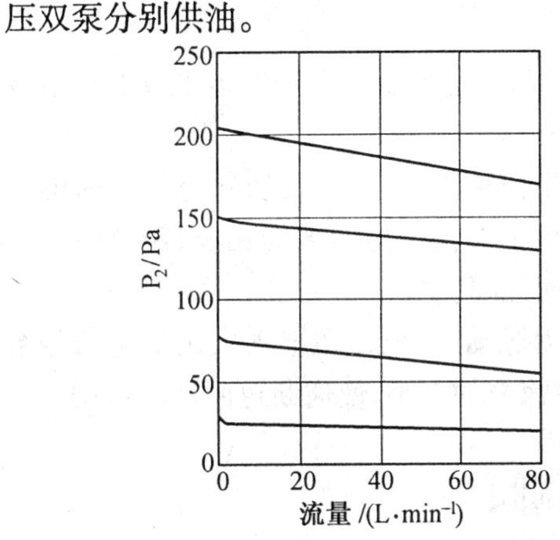

图 6.34　减压阀输出压力 - 流量特性

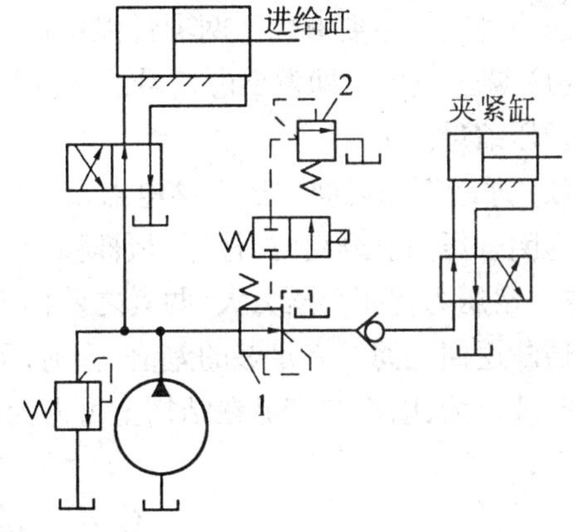

图 6.35　减压回路
1—减压阀;2—远程调压阀

6.3.4　压力继电器

压力继电器是一种液 - 电信号转换元件。当控制油压力达到调定值时,便触动电气开关发出信号,控制电气元件(如电动机、电磁铁、电磁离合器等)实现液压传动系统的下一步动作(如液压泵的升压或卸载、液压执行元件顺序动作、系统安全保护和元件动作连锁等)。任何压力继电器都由压力 - 位移转换装置和微动开关两部分组成。按前者的结构分类,有柱塞式、弹簧管式、膜片式和波纹管式四类，其中以柱塞式最常用。

图 6.36 所示为单柱塞式压力继电器结构简图和实物图。压力油从油口 P 通入，作用在柱塞 5 底部，若其压力已达到弹簧的调定值时，便克服弹簧阻力和柱塞摩擦力推动柱塞 5 上移，通过顶杆 3 触动微动开关 1 发出信号。限位挡块 4 可在压力超载时保护微动开关。

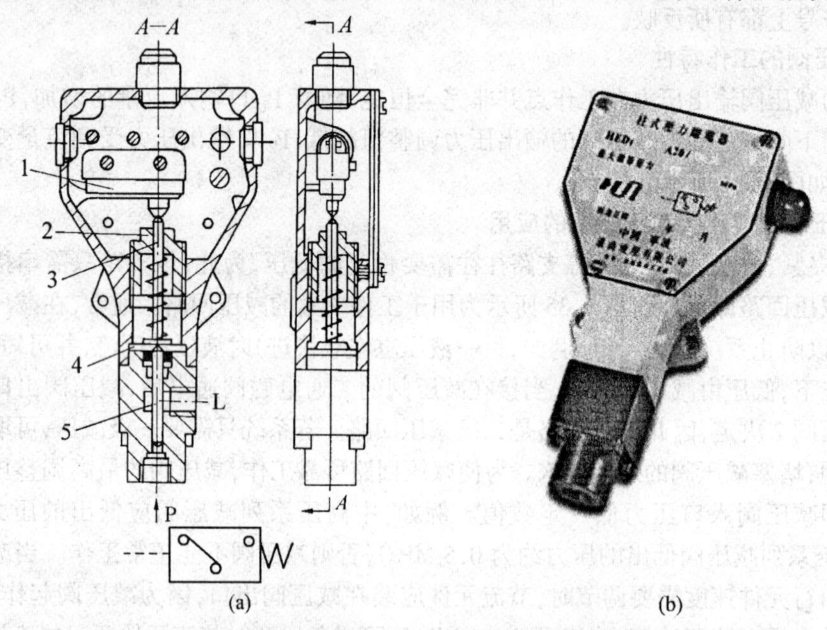

图 6.36　单柱塞式压力继电器结构简图和实物图

1—微动开关；2—调节螺丝；3—顶杆；4—限位挡块；5—柱塞

压力继电器主要有以下两项性能指标：

(1) 调压范围。即发出电信号的最低和最高工作压力的范围。可用调节螺丝 2 调节弹簧的预压缩量。

(2) 通断返回区间。压力继电器发出信号时的压力称为开启压力，切断电信号时的压力称为闭合压力。开启时，柱塞、顶杆移动所受的摩擦力方向与压力方向相反，闭合时则相同，故开启压力比闭合压力大，两者之差称为通断返回区间。

通断返回区间要有足够的差值，否则，系统有压力脉动时，压力继电器发出的电信号会时断时续。为此，有的产品在结构上可人为地调整摩擦力的大小，使通断返回区间可调。

6.4　流量控制阀

流量控制阀是通过改变阀口通流截面面积来调节输出流量的，从而控制液压执行元件的运动速度。常用的流量控制阀有节流阀和调速阀等。

6.4.1　节流阀

1. 节流阀的工作原理和结构

根据第 3 章中的节流公式(式(3.35))可知，改变节流口通流截面面积，则可调节流过此阀的液体流量。节流口的形式有多种，图 6.37 所示是几种常用的节流口形状。其中，图

6.37(a)为针阀式,它利用针阀作轴向移动来调节通流截面面积的大小;图 6.37(b)为偏心式,它是在阀芯上铣出一条三角形截面(或矩形截面)的偏心槽,利用阀芯的转动来调节通流截面积的大小;图 6.37(c)为轴向三角槽式;图 6.37(d)为周向缝隙式,在阀芯上开有狭缝,液压油通过狭缝流入阀芯内孔,再经左边的孔流出,旋转阀芯便可改变缝隙通流截面面积的大小;图 6.37(e)为轴向缝隙式,在套筒上开有轴向缝隙,使阀芯轴向移动,则可改变通流截面面积的大小。

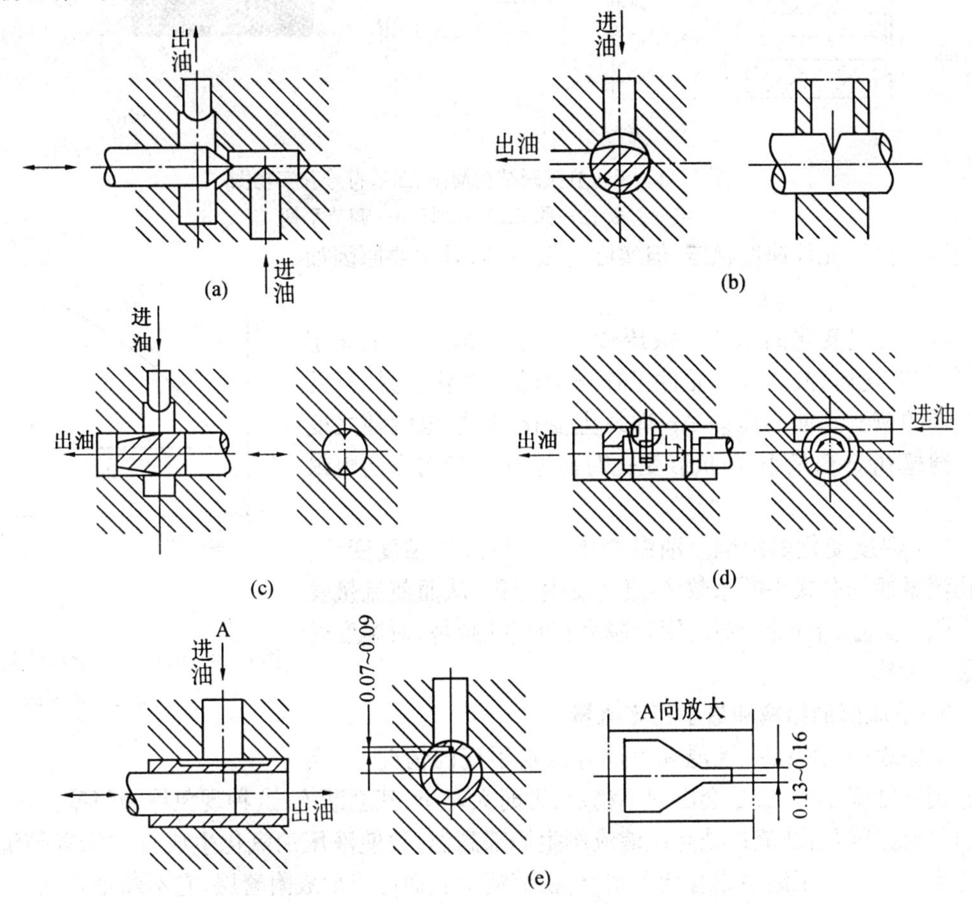

图 6.37　节流口形式

图 6.38 是一种普通节流阀结构简图、图形符号和实物图。这种节流阀的节流通道呈轴向三角槽式(图6.37(c))。压力油从进油口 P_1 流入,经孔道 a 和阀芯 2 左端的三角形节流槽进入孔道 b,再从出油口 P_2 流出。调节带螺纹的手柄 4,借助推杆 3 可使阀芯 2 做轴向移动,从而通过改变节流口的通流截面面积来调节流量。阀芯 2 在弹簧 1 的作用下始终贴紧在推杆 3 上。

2. 节流阀的流量特性和影响流量稳定的因素

节流阀的输出流量与节流口的结构形式有关,实用的节流口都介于理想薄壁孔和细长孔之间,故其流量特性可用小孔流量通用公式 $q = CA_T\Delta p^{\varphi}$ 来定性描述,式中各项的说明见式(3.35),其特性曲线见图 6.39 中曲线。

在节流阀工作时,希望节流阀阀口面积 A_T 一经调定,通过节流阀的流量 q 即不变化,

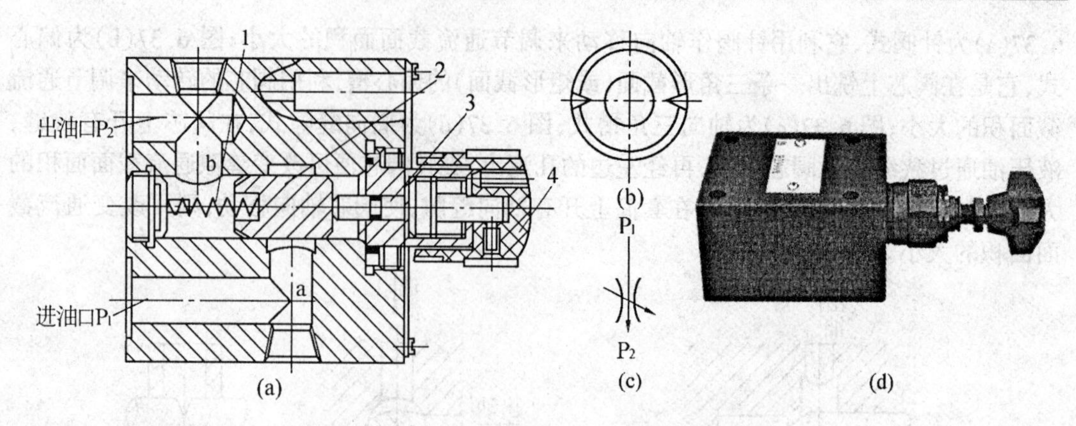

图 6.38　普通节流阀结构简图、图形符号和实物图
1—弹簧;2—阀芯;3—推杆;4—调节手柄

以使液压执行元件速度稳定,但实际上做不到,其主要原因如下。

(1) 负载变化的影响。液压传动系统负载经常是非定值,负载变化后,液压执行元件工作压力随之变化,与执行元件相连的节流阀前后压差 Δp 即发生变化,流量也就随之变化。薄壁孔 φ 值最小,故负载变化对薄壁孔流量的影响也最小。

(2) 温度变化的影响。油温变化引起油液的黏度变化,小孔流量通用公式中的系数 C 值就发生变化,从而使流量发生变化。显然,节流孔越长,影响越大;薄壁孔越短,对温度变化最不敏感。

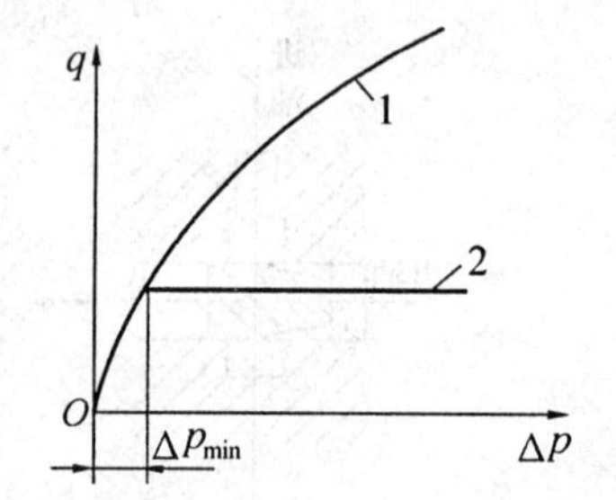

图 6.39　流量阀流量特性曲线
1—节流阀;2—调速阀

3. 节流阀的阻塞和最小稳定流量

试验表明,在压差、油温和黏度等因素不变的情况下,当节流阀开度很小时,流量会出现不稳定,即时大时小,甚至断流,这种现象称为阻塞。产生阻塞的主要原因是:节流口处高速液流产生局部高温,致使液压油氧化生成胶质沥青等沉淀,这些生成物和液压油中原有杂质结合,在节流口表面逐步形成附着层,它不断堆积又不断被高速液流冲掉,流量就不断地发生波动,附着层堵死节流口时则出现断流。

节流阀的阻塞造成系统工作速度不匀,因此节流阀有一个能正常工作(指无断流且流量变化不大于 10%)的最小流量限制值,称为节流阀的最小稳定流量。轴向三角槽式节流口的最小稳定流量为 30 ~ 50 mL/min,薄壁孔则可低达 10 ~ 15 mL/min(因流道短和水力直径大,减小了污染物附着的可能性)。

在实际应用中,防止节流阀阻塞的措施是:

(1) 液压油要精密过滤。实践证明,5 ~ 10 μm 的过滤精度能显著改善阻塞现象。为除去铁质污染,采用带磁性的过滤器效果更好。

(2) 节流阀两端压差要适当。压差大,节流口能量损失大,温度高;对于同等流量,压差大对应的通流截面面积小,易引起阻塞。设计时一般取压差 $\Delta p = 0.2 \sim 0.3$ MPa 为宜。

6.4.2 调速阀

1. 工作原理

调速阀是差压式减压阀与节流阀串联而成的组合阀。其中节流阀用来调节通过阀的流量,差压式减压阀则自动补偿调速阀两端压差变化的影响,使节流阀前后的压差为定值,消除了负载变化对流量的影响。

如图6.40(a)所示,差压式减压阀与节流阀串联,差压式减压阀的出口,即阀芯下腔与节流阀前端连通,差压式减压阀阀芯上腔与节流阀出口连通。设差压式减压阀的进口压力为 p_1,油液经减压后出口压力为 p_m,通过节流阀又降至 p_2 进入液压缸。p_2 的大小由液压缸负载 F 决定。负载 F 变化,则 p_2 和调速阀两端压差 $p_1 - p_2$ 随之变化,但节流阀两端压差 $p_m - p_2$ 却不变。例如,负载 F 增大,使压力 p_2 增大,减压阀阀芯弹簧腔液压作用力也增大,阀芯下移,减压口开度 x_R 加大,减压作用减小,使压力 p_m 有所增加,其结果是使节流阀两端压差 $p_m - p_2$ 保持不变。通过调速阀的流量使压力保持恒定。

上述调速阀是先减压后节流型的结构。调速阀也可以是先节流后减压型的,两者的工作原理和作用情况基本相同。

调速阀结构简图、图形符号和实物图如图6.40(b)、(c)、(d)所示。

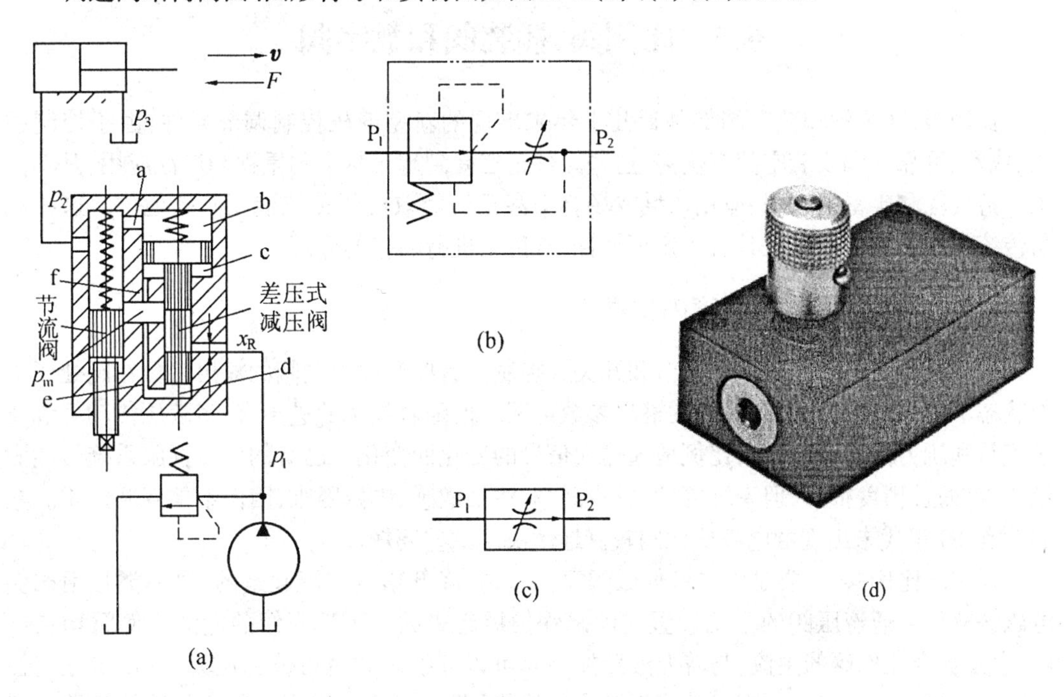

图6.40 调速阀结构简图、图形符号和实物图

2. 温度补偿调速阀的工作原理

调速阀消除了负载变化对流量的影响,但温度变化的影响依然存在。对速度稳定性要求高的液压传动系统,需用温度补偿调速阀。

温度补偿调速阀与普通调速阀的结构基本相似,主要区别在于前者的节流阀阀芯4上连接着一根温度补偿杆2,如图6.41所示。温度变化时,流量会有变化,但由于温度补偿杆

2的材料为温度膨胀系数大的聚氯乙烯塑料，温度高时长度增加，使阀口减小，反之则开大，故能维持流量基本不变（在20～60℃范围内流量变化不超过10%）。图示阀芯4的节流口3采用薄壁孔形式，它能减小温度变化对流量稳定性的影响。

3. 调速阀的流量特性和最小压差

调速阀的流量特性曲线示于图6.39中曲线2。由图可见，调速阀当其前后两端的压力差超过最小值Δp_{min}后，流量是稳定的。而在Δp_{min}以内，流量随压差的变化而变化，其变化规律与节流阀相一致。调速阀的压差过低，将导致其内的差压式减压阀阀口全部打开，即减压阀处于非工作状态，只有节流阀起作用，故此段曲线和节流阀曲线一致。调速阀的最小压差$\Delta p_{min} \approx 1$ MPa（中低压阀约0.5 MPa）。在进行系统设计时，分配给调速阀的压差应略大于此值。

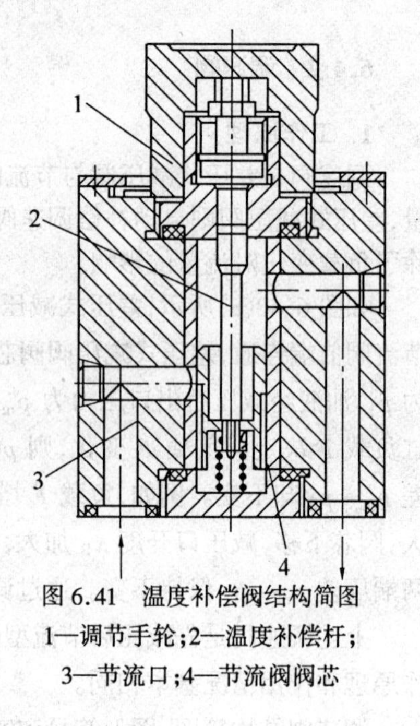

图6.41　温度补偿阀结构简图

1—调节手轮；2—温度补偿杆；3—节流口；4—节流阀阀芯

6.5　比例阀、插装阀和数字阀

比例阀、插装阀和数字阀都是近几十年来出现的新型液压控制调节元件，由于控制手段、成本、可靠性和安装空间等优势，这些元件正在受到越来越多的重视和广泛应用，其功能也日益规范和丰富，在一些应用领域或场合中甚至已经取代了传统液压阀的地位。这些阀与传统的阀在工作原理上具有一定相似性，这里只进行简单的介绍。

6.5.1　电液比例控制阀（简称比例阀）

前述各种阀类多数是手动调节和开关式控制。有些开关控制阀的输出参数在阀处于工作状态下是不可调节的，有些阀的输出参数可调。但随着技术的进步，许多液压传动系统要求流量和压力能连续地或按比例地随输入信号的变化而变化。已有的液压伺服系统虽能满足要求，而且精度很高，但系统复杂、成本高、对污染敏感、维修困难，因而不便普遍使用。在20世纪60年代末出现的电液比例阀较好地解决了这些问题。

现在的比例阀，一类是由电液伺服阀简化结构、降低精度发展起来的；另一类是用比例电磁铁取代普通液压阀的手调装置或电磁铁发展起来的。下面介绍的电液比例阀均指后者，它是当今比例阀的主流，与普通液压控制阀可以互换。它也可分为压力、流量与方向控制阀三大类。近年来又出现了功能复合化的趋势，即比例阀之间或比例阀与其他元件之间的复合。例如，比例阀与变量泵组成的比例复合泵，能按比例输出流量；比例方向阀与液压缸组成的比例复合缸，能实现位移或速度的比例控制。

比例电磁铁的外形与普通电磁铁相似，但功能却不同，比例电磁铁的吸力与通过其线圈的电流强度成正比。输入信号在通入比例电磁铁前，要先经放大电路处理和放大。放大电路多制成插接式装置与比例阀配套供应。

下面扼要介绍三大类比例阀的工作原理。

1. 比例换向阀

用比例电磁铁取代电液换向阀中的普通电磁铁,便构成如图 6.42 所示的电液比例换向阀。它由电磁力马达 2 和 4 及液动换向阀组成。比例减压阀在这里作为先导级使用,用出口压力来控制液动换向阀的正反向开口量的大小,从而控制液流的方向和流量的大小。当左端电磁力马达 2 通入电流信号时,减压阀阀芯 3 右移,压力油经右边阀口减压后,经孔道 a 和 b 反馈到阀芯的右端,与左端电磁力马达 2 的电磁力相平衡,因而减压后的压力和输入电流信号的大小成比例。减压后的压力油经孔道 a 和 c 作用在液动换向阀的右端,使换向阀阀芯左移,打开 P 油口到 B 油口的通道,同时压缩左端弹簧。换向阀阀芯的移动量和控制油压力大小成比例,亦即使通过阀的流量和输入的电流成比例。同理,当右端电磁力马达 4 通电时,压力油由 P 油口经 A 油口输出。液动换向阀的端盖上装有节流阀 1 和 6,它们可以根据需要分别调节换向阀的换向时间。此外,这种换向阀和普通换向阀一样,可以具有不同的中位机能。

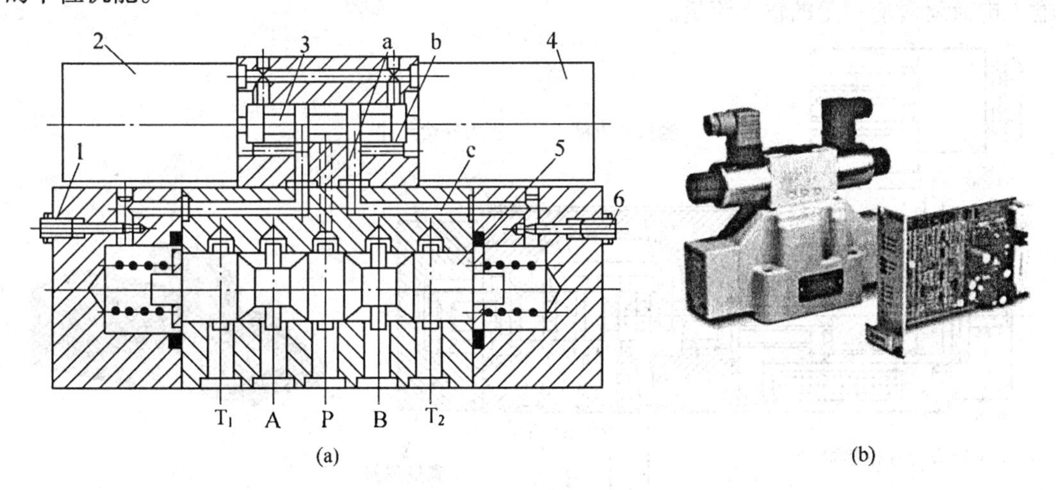

图 6.42　电磁比例换向阀结构简图和实物图

1、6—节流阀;2、4—电磁力马达;3—减压阀阀芯;5—换向阀芯

2. 比例溢流阀

用比例电磁铁取代直动式溢流阀的手调装置,便构成直动式比例溢流阀,如图 6.43 所示。它由直动式压力阀和力马达两部分组成。当力马达 5 的线圈中通入电流时,推杆 4 通过钢球 3、弹簧 2 把电磁推力传给锥阀 1,推力的大小与电流的大小成比例。当阀进油口处的压力油作用在锥阀 1 上的力超过电磁推力时,锥阀打开(此时弹簧 2、钢球 3 和推杆 4 一起后退),液压油通过阀口由出油口排出。这个阀的阀口开度是不影响电磁推力的,但当通过阀口的流量变化时,由于阀座上小孔处压差的改变及稳态液动力的变化等,被控制的液压油压力仍然会有某些变化。该阀可连续地或按比例地远程控制其输出液压油的压力。把直动式比例溢流阀做先导阀与普通压力阀(如溢流阀、顺序阀和减压阀等)相配,便可组成先导式比例溢流阀、比例顺序阀和比例减压阀等元件。

3. 比例流量阀

用比例电磁铁取代节流阀或调速阀中的手调装置,便组成了比例节流阀和比例调速阀。

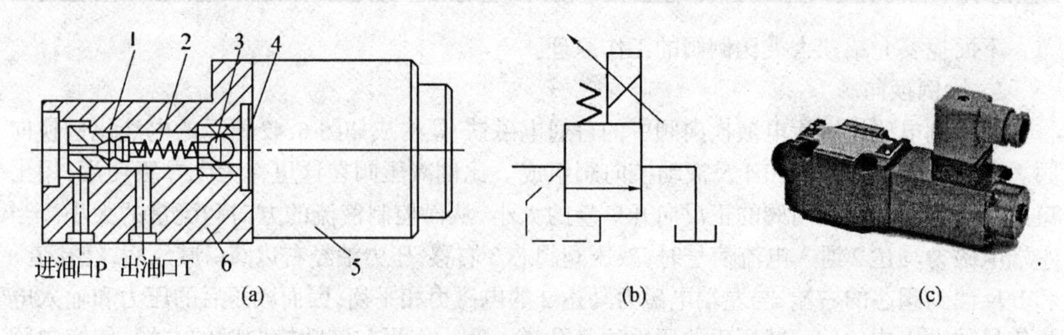

图 6.43　电磁比例溢流阀结构简图、图形符号和实物图

1—锥阀;2—弹簧;3—钢球;4—推杆;5—力马达;6—阀体

输入电信号控制节流口开度,便可连续或按比例控制其输出流量。图 6.44 便是比例调速阀结构简图和实物图。图中节流阀 1 的阀芯由比例电磁铁 3 的推杆 2 操纵,故节流口开度便由输入电信号的强度决定。由于定差减压阀已保证了节流口前后压差为定值,所以一定的输入电流就对应一定的输出流量。

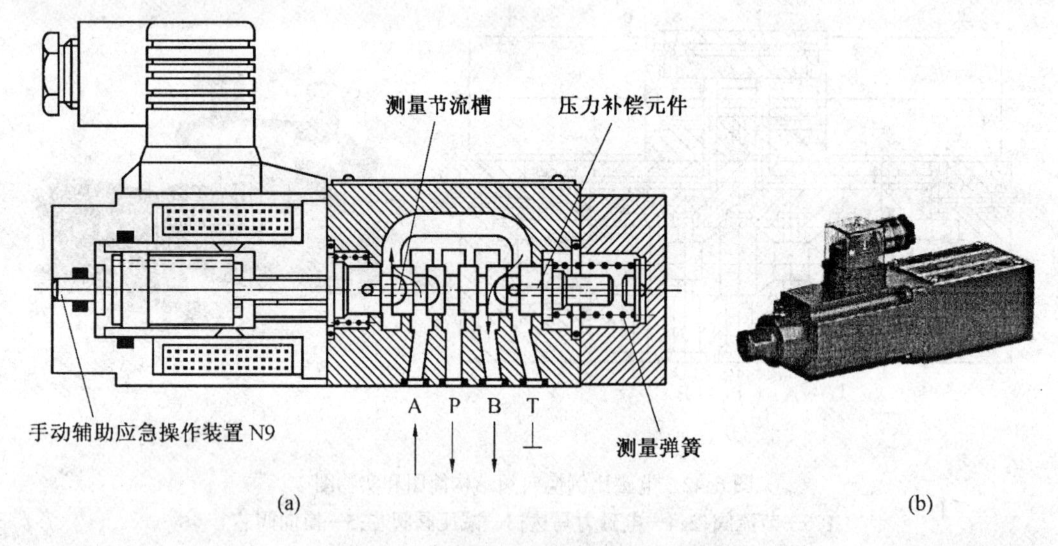

图 6.44　比例调速阀结构简图和实物图

在比例电磁铁的前端都可附有位移传感器(或称差动变压器),这种电磁铁称为行程控制比例电磁铁。位移传感器能准确地测定比例电磁铁的行程,并向电放大器发出电反馈信号。电放大器将输入信号和反馈信号加以比较后,再向电磁铁发出纠正信号,以补偿误差。这样便能消除液动力等干扰因素,保持准确的阀芯位置或节流口面积。这是 20 世纪 70 年代末比例阀进入成熟阶段的标志。自 20 世纪 80 年代以来,由于采用各种更加完善的反馈装置和优化设计,比例阀的动态性能虽仍低于伺服阀,但静态性能已大致相同,价格却低廉得多。

6.5.2　插装阀

普通液压阀在流量小于 200 ~ 300 L/min 的液压传动系统中性能良好,但用于大流量系统并不一定具有良好的性能,特别是阀的集成更成为难题。插装阀的出现为此开辟了新途径。按照阀芯固定形式,插装阀主要分为盖板式插装阀和螺纹插装阀两种。盖板式插装阀包括二通插装阀和三通插装阀,但后者应用极少,因此通常所说的盖板式插装阀多指二通插装阀(或称为滑入式插装阀、逻辑阀和插装式锥阀)。

1. 二通插装阀

图6.45所示为二通插装阀结构简图和阀芯实物图,它由控制盖板1、插装主阀(由阀套2、弹簧3、阀芯4及密封件组成)、插装块体5和先导元件(置于控制盖板上,图中未画)组成。根据不同的需要,阀芯4的锥端可开阻尼孔或节流三角槽,也可以是圆柱形阀芯。盖板1将插装主阀封装在插装块体5内,并沟通先导阀和主阀。通过主阀阀芯4的启闭,可对主油路的通断起控制作用。使用不同的先导阀可构成压力控制、方向控制或流量控制,并可组成复合控制。若干个不同控制功能的二通插装阀组装在一个或多个插装块体内,便组成液压回路。

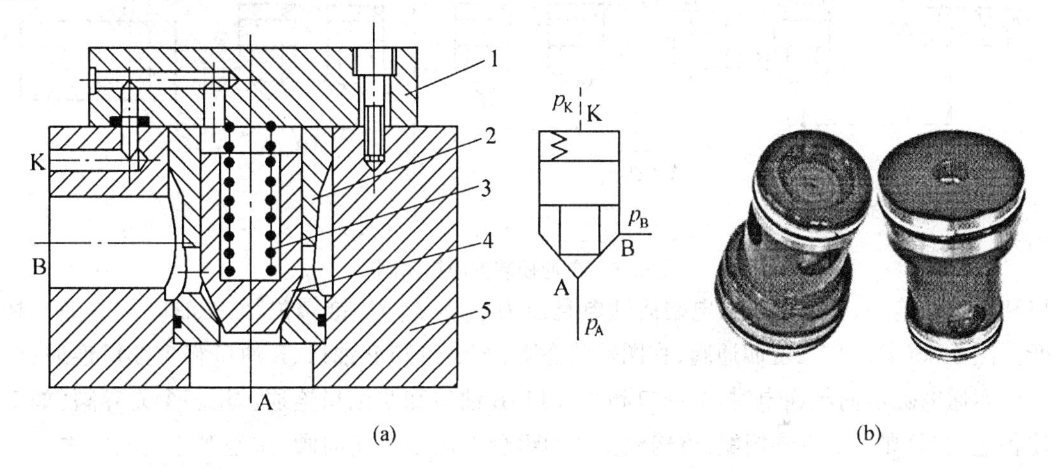

图6.45 二通插装阀结构简图和阀芯实物图

1—控制盖板;2—阀套;3—弹簧;4—阀芯;5—插装块体

就工作原理而言,二通插装阀相当于一个液控单向阀。A口和B口为主油路的两个仅有的工作油口(所以称为二通阀),K为控制油口。通过控制油口的启闭和对压力大小的控制,即可控制主阀阀芯的启闭和主油路的液体流向和压力。

由于二通插装阀的结构特点,依靠其自身仅能完成开关功能,要实现多种液压控制阀的功能,则需与其他液压控制阀进行组合。图6.46给出几个二通插装方向控制阀的实例,其中的二通插装阀经过油路连接或与其他液压控制阀组合后等效于其旁边的用图形符号给出阀的功能,但可通过的流量要比普通控制阀大很多。

图6.46(a)表示用作单向阀。设A、B两油口的压力分别为p_A和p_B,当压力$p_A > p_B$时,锥阀关闭,A油口和B油口不通;当压力$p_A < p_B$且压力p_B达到一定数值(开启压力)时,便打开锥阀,使油液从B油口流向A油口(若将图6.46(a)改为B油口和K腔沟通,便构成油液可从A油口流向B油口的单向阀)。图6.46(b)用作二位三通换向阀,在图示状态下,A油口和T油口连通,A油口和P油口断开;当二位四通电磁换向阀通电时,A油口和P油口连通,A油口和T油口断开。图6.46(c)用作二位二通换向阀,在图示状态下,锥阀开启,A油

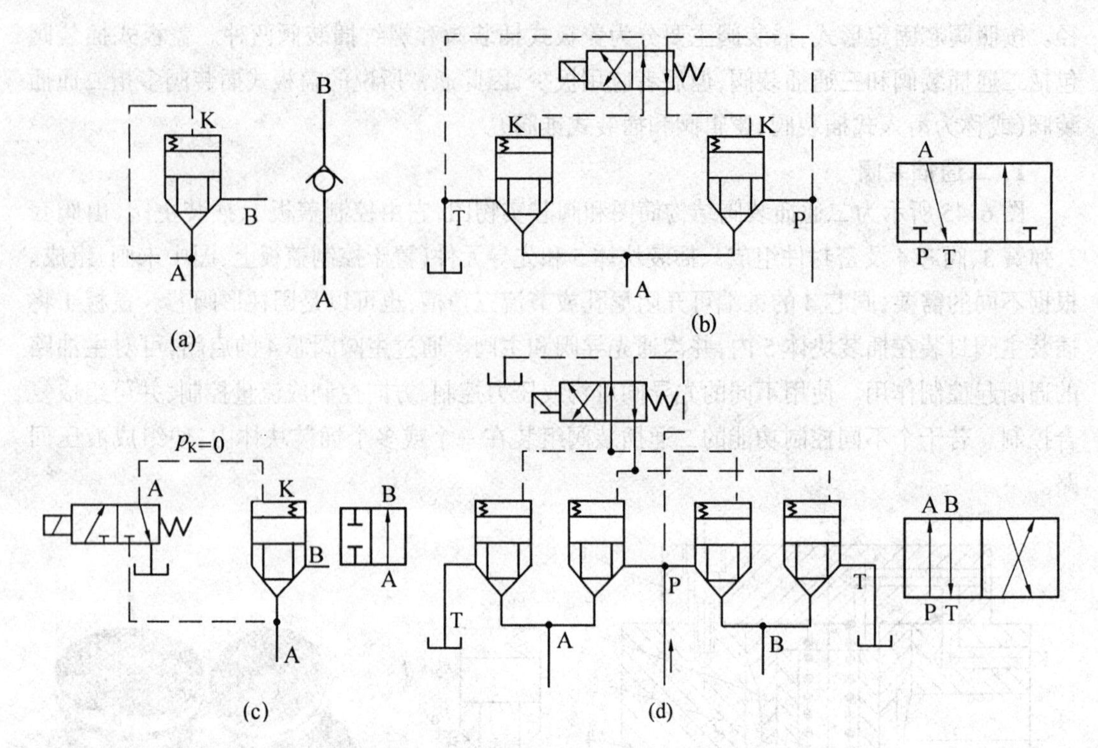

图 6.46　二通插装方向控制阀

口和 B 油口连通;当二位三通电磁阀通电且压力 $p_A > p_B$ 时,锥阀关闭,A 油口和 B 油口切断。图 6.46(d)用作二位四通阀,在图示状态下,A 油口和 P 油口、B 油口和 T 油口连通;当二位四通电磁换向阀通电时,A 油口和 T 油口、B 油口和 T 油口连通。用多个先导阀(如上述各电磁阀)和多个主阀相配,可构成复杂的组合二通插装换向阀,这是普通换向阀做不到的。

对 K 腔采用压力控制可构成各种压力控制阀,其结构简图如图 6.47(a)所示。用直动式溢流阀作为先导阀来控制插装主阀,在不同的油路连接下便构成不同的压力阀。图 6.47(b)表示 B 油口通油箱,可用作溢流阀。当 A 油口油压升高到先导阀调定的压力时,先导阀打开,油液流过主阀芯阻尼孔时造成两端压差,使主阀芯克服弹簧阻力开启,A 油口压力油便通过打开的阀口经 B 油口溢回油箱,实现溢流稳压。当二位二通电磁换向阀通电时,便可作为卸荷阀使用。图 6.47(c)表示 B 油口接一有载油路,则构成顺序阀。此外,若主阀采用油口常开的圆锥阀芯,则可构成二通插装减压阀;若以比例溢流阀做先导阀,代替图 6.47(b)中直动式溢流阀,则可构成二通插装电液比例溢流阀。

在二通插装控制阀的盖板上增加阀芯行程调节器,以调节阀芯的开度(图 6.48),就构成了节流阀。在阀芯上开有三角槽,以便于调节开口大小。若用比例电磁铁取代节流阀的手调装置,则可组成二通插装电液比例节流阀。若在二通插装节流阀前串联一个定差减压阀,就可组成二通插装调速阀。

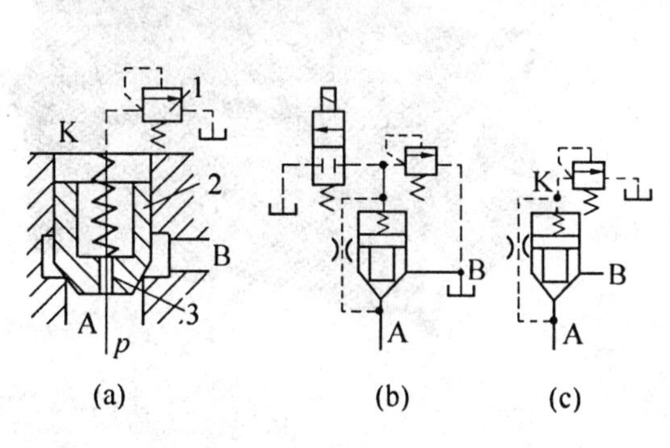

图6.47　二通插装压力控制阀

1—先导阀;2—主阀芯;3—阻尼孔

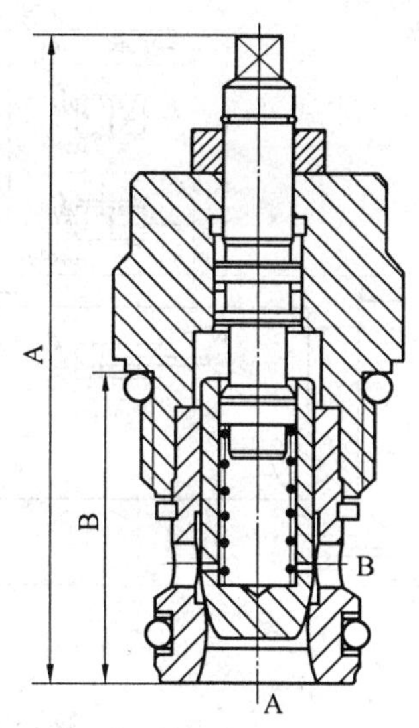

图6.48　二通插装节流阀

2. 二通插装阀及其集成系统的特点

(1) 插装阀结构简单,通流能力大,故用通径很小的先导阀与之配合,便可构成通径很大的各种二通插装阀,最大流量可达10 000 L/min。

(2) 不同的阀有相同的插装主阀,一阀多能,便于实现标准化。

(3) 泄漏小,先导阀功率小,具有明显的节能效果。

二通插装阀目前广泛用于冶金、船舶、塑料机械等大流量系统中。

3. 螺纹插装阀

螺纹插装阀利用螺纹拧入集成块或阀块的安装孔后,能独立完成一个或多个液压功能,如溢流阀、电磁换向阀、流量控制阀、平衡阀等。它可以不拆卸管接头进行更换,在使用过程中可以完全避免外泄漏。

螺纹插装阀有多种应用方式,图6.49所示为螺纹插装阀作为管式元件使用。阀供货商通常能提供用于该使用方式的阀块。

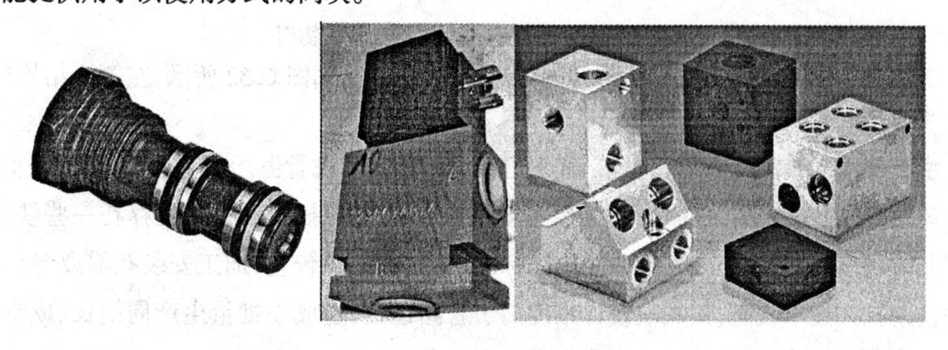

图6.49　螺纹插装阀实物图

螺纹插装阀也可直接装在液压马达、液压泵体或液压缸的接口处作为控制阀,如图6.50所示。

螺纹插装阀也可装入带标准板式接口的阀块,作为叠加阀使用,如图6.51所示。

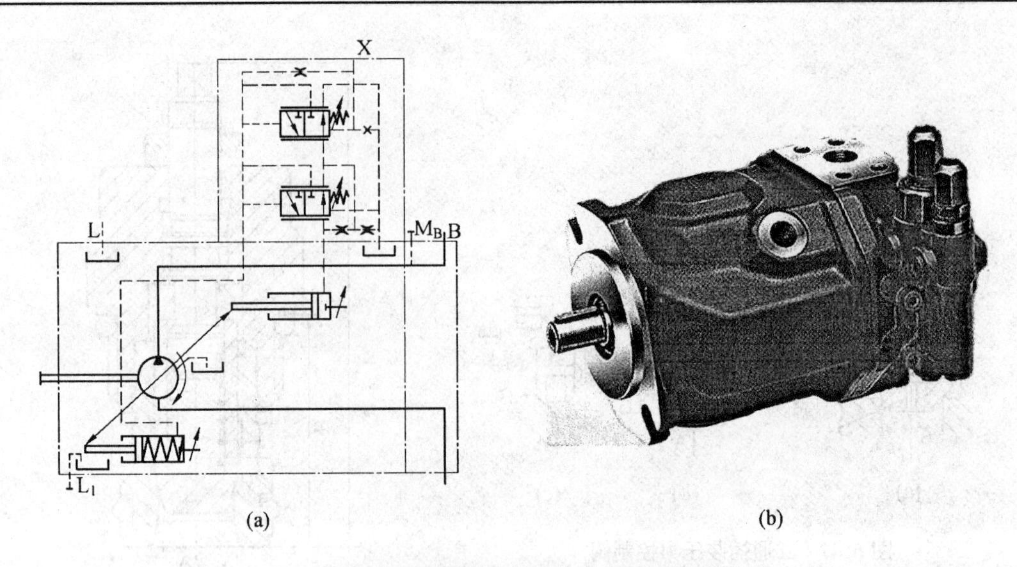

图 6.50　螺纹插装阀安装在泵体上的原理图和实物图

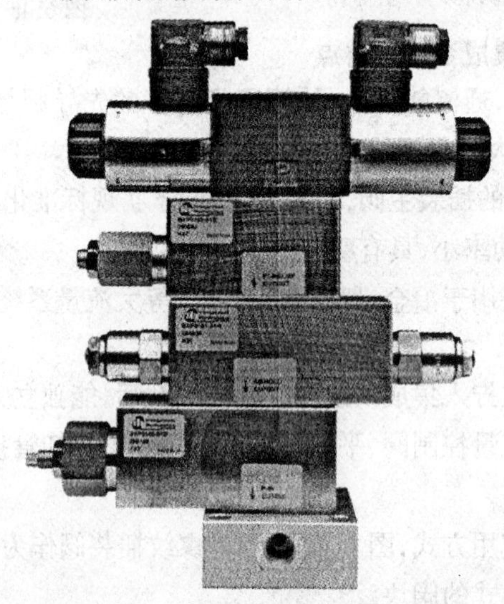

图 6.51　螺纹插装阀作为叠加阀实物图

螺纹插装阀还可作为二通插装阀的先导控制阀使用,如图 6.52 所示,左侧为结构简图,右侧为实物和实物剖切图。

由于螺纹插装阀具有使用灵活、加工方便、互换性强、批量生产成本低等优势,在很多领域已经逐步开始替代传统的管式、板式连接阀。然而,螺纹插装阀目前也存在一些缺点,限制了其应用范围,如孔型缺乏统一的国际标准,导致兼容性较差,加工安装孔需要专用刀具带来前期投入成本较高,集成块设计难度高于管路连接,造成小批量生产周期长、成本高等问题,在使用时应根据具体设计任务合理选择方案。

6.5.3　电液数字控制阀(简称数字阀)

用计算机对电液系统进行控制是今后技术发展的必然趋向,但电液比例阀或伺服阀能

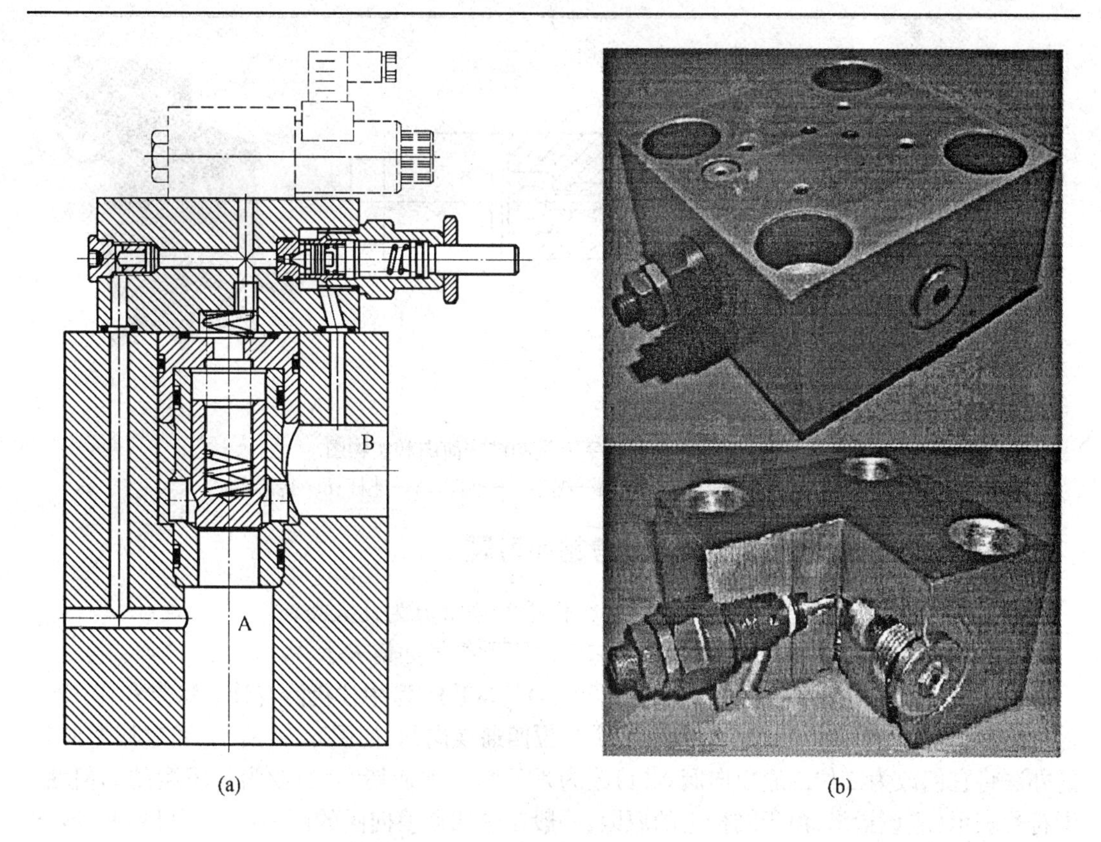

图 6.52 螺纹插装阀作为二通插装阀的先导控制阀结构简图和实物图

接收的是连续变化的电压或电流模拟信号,而计算机的指令是“开”或“关”的数字信息,要用计算机控制,必须进行“数-模”转换,结果使设备复杂、成本提高、可靠性降低。在这种技术要求下,20 世纪 80 年代初期出现了数字阀,解决了上述问题。

接收计算机数字控制的方法有多种,当今技术较成熟的是增量式数字阀,即用步进电机驱动液压阀。目前已有数字方向流量阀、数字压力阀和数字流量阀等系列产品。步进电机能接收计算机发出的经驱动电源放大的脉冲信号,每接收一个脉冲便转动一定角度。步进电机的转动又通过凸轮或丝杠等机构转换成直线位移量,从而推动阀芯,实现液压阀对系统方向、压力或流量的控制。图 6.53 所示为增量式数字流量阀结构简图和实物图。计算机发出信号后,步进电机 1 转动,通过滚珠丝杠 2 转化为轴向位移,带动节流阀阀芯 3 移动。该阀有两个节流口,阀芯移动时,首先打开右边的非全周节流口,流量较小;继续移动,则打开左边的第二个全周节流口,流量较大,可达 3 600 L/min。该阀的流量由阀芯 3、阀套 4 及连杆 5 的相对热膨胀取得温度补偿,维持流量恒定。

这种阀无反馈功能,但装有零位位移传感器 6,在每个控制周期终了时,阀芯都可在它控制下回到零位。这样就保证每个工作周期都在相同的位置开始,使阀有较高的重复精度。

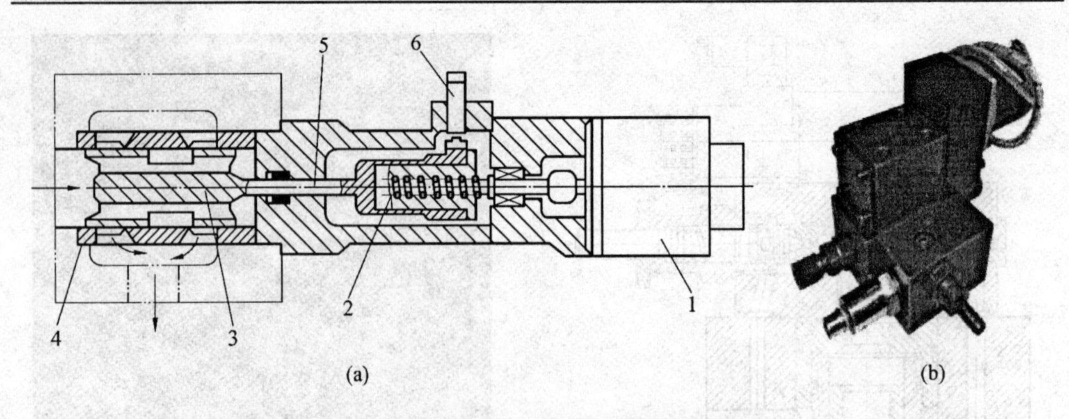

图 6.53　增量式数字流量阀结构简图和实物图

1—步进电机;2—滚珠丝杠;3—阀芯;4—阀套;5—连杆;6—传感器

思考题和习题

6.1　在液压传动系统中,控制阀起什么作用? 通常分为几大类?

6.2　什么是换向阀的“位”与“通”? 它们的图形符号如何表示?

6.3　什么是三位换向阀的“中位机能”? “O”型和“H”型中位机能有什么特点和作用?

6.4　现有一个二位三通换向阀和一个二位四通换向阀,如图 6.54 所示,通过堵塞阀口的办法将它们改为二位二通换向阀。(1)改为常开型的如何堵? (2)改为常闭型的如何堵? 画符号表示(应该指出:由于结构上的原因,一般二位四通换向阀的回油口 T 不可堵塞,改作二通换向阀后,原 T 口应作为泄油口单独接管引回油箱)。

6.5　溢流阀在液压传动系统中有什么功能和作用?

6.6　先导式溢流阀和直动式溢流阀各有什么特点? 它们都应用在什么场合?

6.7　图 6.55 中溢流阀的调定压力为 5 MPa,减压阀的调定压力为 2.5 MPa,设液压缸的无杆腔面积 $A = 50\ \text{cm}^2$,液流通过单向阀和非工作状态下的减压阀时,其压力损失分别为 0.2 MPa 和 0.3 MPa。求:当负载阻力分别为 0 kN、7.5 kN 和 30 kN 时,(1)液压缸能否移动? (2)A、B 和 C 三点压力数值各为多少? (不计管路压力损失和液压缸摩擦力)

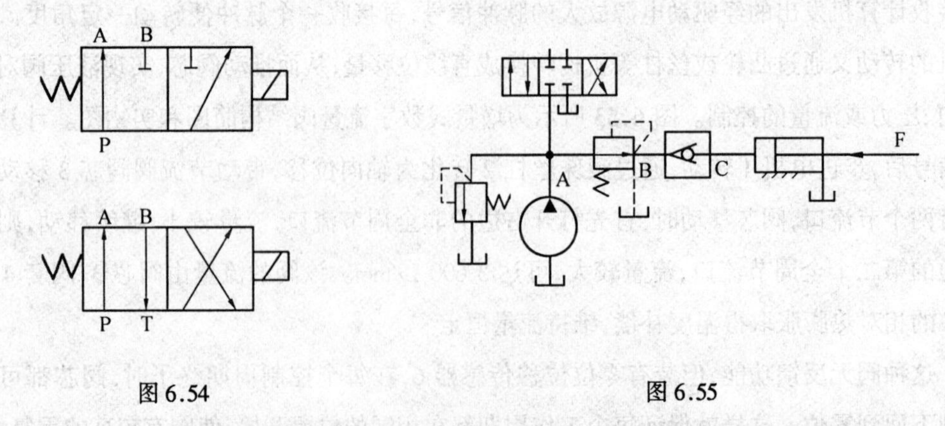

图 6.54　　　　图 6.55

6.8　两腔面积相差很大的单出杆活塞缸用二位四通换向阀换向。有杆腔进油时,无杆腔回油流量很大,为避免使用大通径的二位四通换向阀,可用一个液控单向阀分流,画其回路图。

6.9　如图 6.56 所示的液压传动系统中，各溢流阀的调定压力分别为 $p_A = 4$ MPa、$p_B = 3$ MPa 和 $p_C = 2$ MPa。求在系统的负载趋于无限大时，液压泵的工作压力是多少？

6.10　在图 6.57 所示两阀组中，设两减压阀调定压力一大一小（$p_A > p_B$），并且所在分支油路有足够的负载。说明分支油路的出口压力取决于哪个减压阀？为什么？

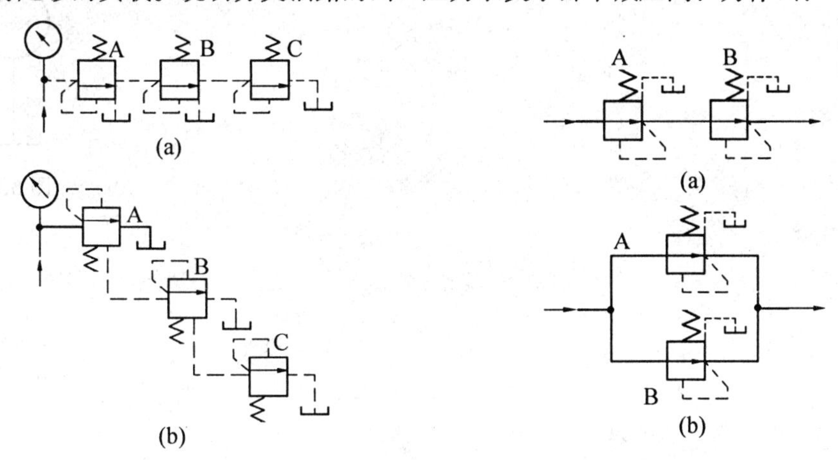

图 6.56　　　　图 6.57

6.11　在系统有足够负载的情况下，先导式溢流阀、减压阀及调速阀的进、出油口可否对调工作？若对调，会出现什么现象？

6.12　在图 6.58 所示的系统中，溢流阀的调定压力为 4 MPa，如果阀芯阻尼小孔造成的损失不计，试判断下列情况下压力表的读数是多少？(1) YA 断电，负载为无穷大；(2) YA 断电，负载压力为 2 MPa；(3) YA 通电，负载压力为 2 MPa。

6.13　如图 6.59 所示，顺序阀的调整压力为 $p_X = 3$ MPa，溢流阀的调整压力为 $p_Y = 5$ MPa，求在下列情况下 A、B 点的压力各是多少？(1) 液压缸运动时，负载压力 $p_L = 4$ MPa；(2) 负载压力 $p_L = 1$ MPa；(3) 活塞运动到右端时。

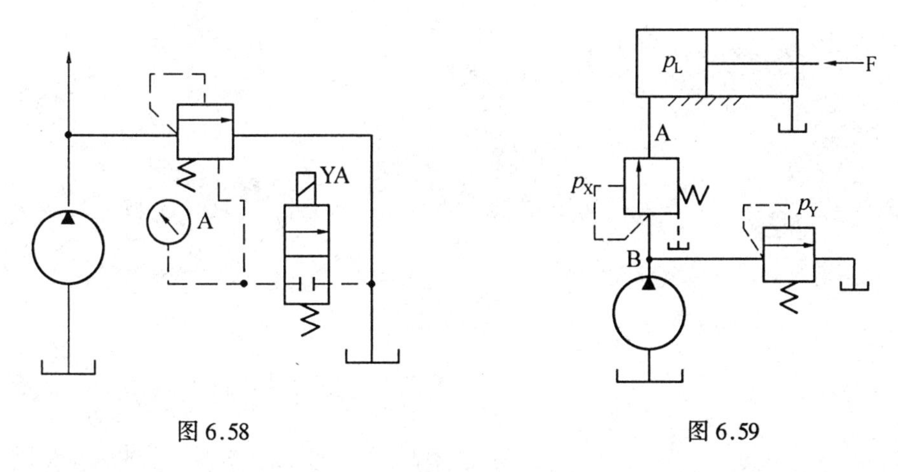

图 6.58　　　　图 6.59

6.14　在图 6.13 所示的三位四通电液换向阀中，是否可以将电磁换向阀的中位机能改为 O 型？为什么？

6.15　结合图 6.20 和图 6.21，分别说明直动式溢流阀和先导式溢流阀中阻尼小孔的作用。

6.16　在图 6.60 的回路中调节节流阀的开度,能否调节通过节流阀流量的大小？为什么？

6.17　为什么调速阀能够使液压执行元件的运动速度稳定？

图 6.60

第7章　液压传动系统辅助元件

液压传动系统辅助元件有液压蓄能器、过滤器、油箱、管件、密封件、压力表和压力表开关和热交换器等。液压传动系统辅助元件和其他所介绍过的液压元件一样，都是液压传动系统中不可缺少的组成部分。事实上，它们对系统的性能、效率、温升、噪声和寿命影响极大，因此，必须给以充分的重视。

7.1　液压蓄能器

7.1.1　液压蓄能器的功用

液压蓄能器的功用主要是储存液压油的压力能。下面分别说明：

(1) 做辅助动力源。工作时间较短的间歇工作系统或一个循环内速度差别很大的系统，在系统不需要大流量时，可以把液压泵输出的多余液压油液储存在液压蓄能器内，需要时再由液压蓄能器快速释放给系统。这样就可以按液压系统循环周期内平均流量选用液压泵，以减小功率消耗，降低系统温升。图7.1所示为一液压机的液压传动系统。当液压缸慢进和保压时，液压泵的部分流量进入液压蓄能器4被储存起来，达到设定压力后，卸荷阀3打开，液压泵卸荷。当液压缸快速进退时，液压蓄能器与液压泵一起向液压缸供油。因此，在系统设计时可按平均流量选用较小流量规格的液压泵。

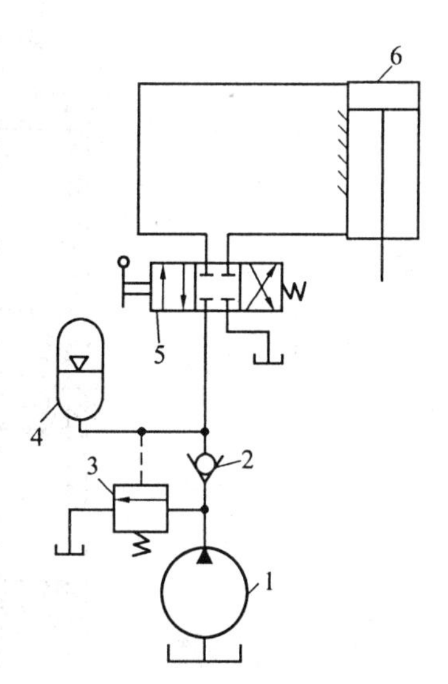

图7.1　液压蓄能器做辅助动力源的液压系统

1—液压泵；2—单向阀；3—卸荷阀；4—液压蓄能器；5—换向阀；6—液压缸

(2) 维持系统压力。在液压泵停止向系统提供油液的情况下，液压蓄能器将所存储的液压油液供给系统，补偿系统泄漏或充当应急能源，使系统在一段时间内维持系统压力。

(3) 吸收系统脉动，缓和液压冲击。液压蓄能器能吸收系统在液压泵突然启动或停止、液压阀突然关闭或开启、液压缸突然运动或停止时所出现的液压冲击，也能吸收液压泵工作时的压力脉动，大大减小其幅值。

7.1.2　液压蓄能器的结构和性能

液压蓄能器有各种结构形式，如图7.2所示。重力式液压蓄能器由于体积庞大、结构笨重、反应迟钝，在液压传动系统中很少应用。在液压传动系统中主要应用有弹簧式和充气式两种液压蓄能器。目前常用的是利用气体压缩和膨胀来储存、释放液压能的充气式液压蓄能器。它主要有活塞式和皮囊式两种。

1. 活塞式液压蓄能器

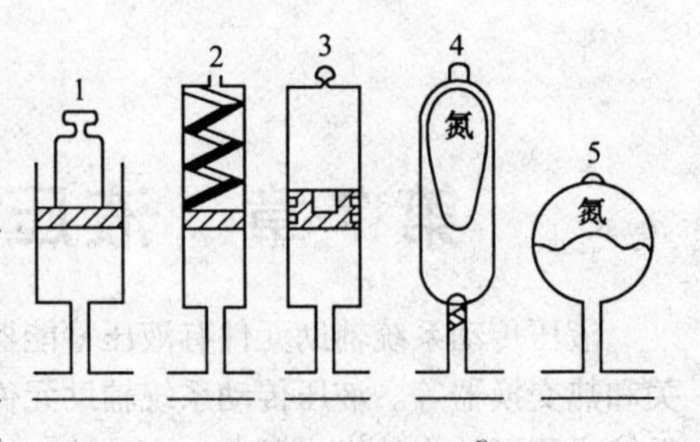

图 7.2 液压蓄能器
1—重力式;2—弹簧式;3—活塞式;
4—皮囊式;5—气瓶式

活塞式液压蓄能器中的气体和液压油由活塞隔开,其结构简图和实物图如图 7.3 所示。活塞 1 的上部为压缩空气,气体由气阀 3 充入,其下部压力油经油孔 a 通向液压系统。活塞 1 随下部压力油的储存和释放在缸筒 2 内来回滑动。为防止活塞上下两腔互通使气液混合,在活塞上装有 O 形密封圈。这种蓄能器结构简单、寿命长,它主要用于大容量蓄能器。但因活塞有一定的惯性和 O 形密封圈的存在有较大的摩擦力,所以反应不够灵敏,因此适用于储存能量。另外,密封件磨损后,会使气液混合,影响系统的工作稳定性。

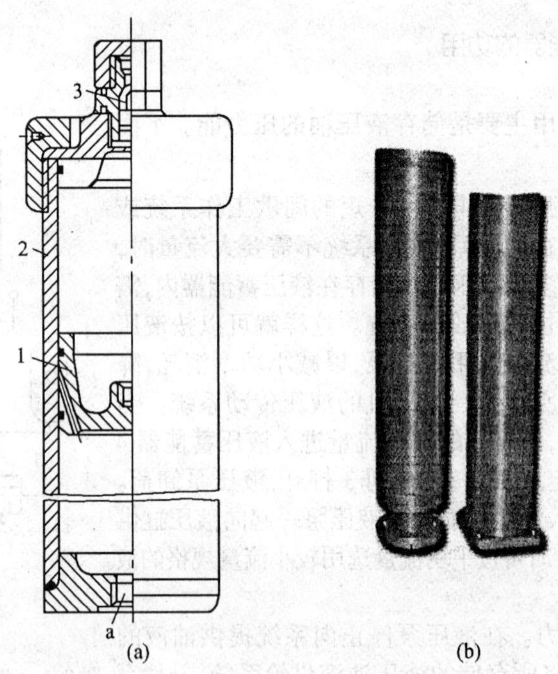

图 7.3 活塞式蓄能器结构简图和实物图
1—活塞;2—缸筒;3—气阀

2. 皮囊式液压蓄能器

皮囊式液压蓄能器中气体和液压油由皮囊隔开,其结构简图和实物图如图 7.4 所示。皮囊用耐油橡胶制成,固定在耐高压壳体的上部。皮囊内充入惰性气体(一般为氮气)。壳体下端的提升阀 A 是一个用弹簧加载的菌形阀。压力油从此通入,并能在油液全部排出时,防止皮囊膨胀挤出油口。这种结构使气液密封可靠,并且因皮囊惯性小,反应灵敏,克服了活塞式液压蓄能器的缺点,因此,它的应用广泛,但工艺性较差。

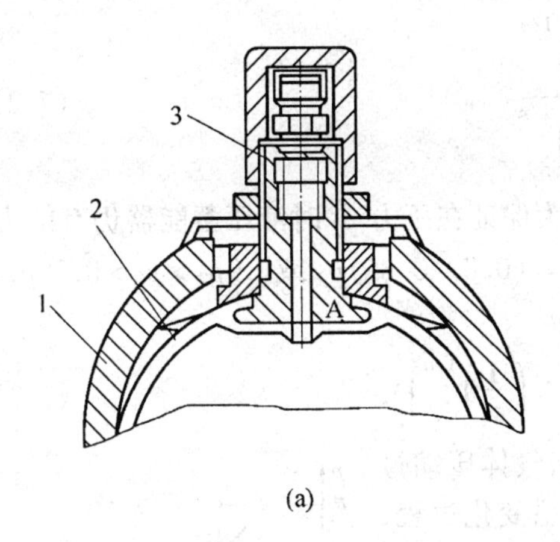

(a)

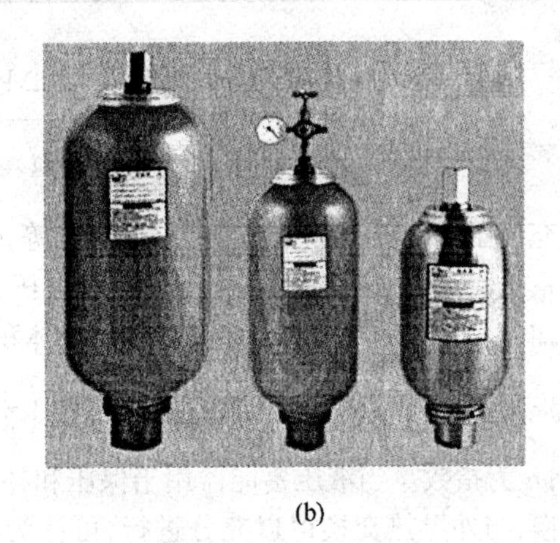

(b)

图 7.4　皮囊式液压蓄能器结构简图和实物图

1—壳体;2—皮囊;3—气阀

3. 薄膜式液压蓄能器

薄膜式液压蓄能器利用薄膜的弹性来储存、释放压力能。主要用于小容量的场合,如用作减震器、缓冲器和用于控制液压油的循环等。

4. 弹簧式液压蓄能器

弹簧式液压蓄能器利用弹簧的压缩和伸长来储存、释放压力能。它的结构简单、反应灵敏,但容量小。可用于容量小、低压($p<1\sim1.2$ MPa)的回路缓冲;不适用于高压或高频的工作场合。

7.1.3　液压蓄能器容量计算

容量是选用液压蓄能器的依据,其大小视用途而异,现以皮囊式液压蓄能器为例加以说明。

1. 作辅助动力源时的容量计算

这时的液压蓄能器储存和释放的液压油容量和皮囊中气体体积的变化量相等,而气体状态的变化应符合波义耳定律,即

$$p_0V_0^n=p_1V_1^n=p_2V_2^n \tag{7.1}$$

式中　p_0——皮囊的充气压力(MPa);

V_0——皮囊充气的体积(m^3),由于此时皮囊充满壳体内腔,故 V_0 亦即液压蓄能器容量;

p_1——系统最高工作压力,即液压泵对液压蓄能器充油结束时的压力(MPa);

V_1——皮囊被压缩后相应于压力 p_1 时的气体体积(m^3);

p_2——系统最低工作压力,即液压蓄能器向系统供油结束时的压力(MPa);

V_2——气体膨胀后相应于压力 p_2 时的气体体积(m^3)。

体积差 $\Delta V=V_2-V_1$ 是供给系统的液压油体积,将它代入式(7.1),便可求得液压蓄能器容量 V_0,即

$$V_0=\left(\frac{p_2}{p_0}\right)^{1/n}V_2=\left(\frac{p_2}{p_0}\right)^{1/n}(V_1+\Delta V)=\left(\frac{p_2}{p_0}\right)^{1/n}\left[\left(\frac{p_0}{p_1}\right)^{1/n}V_0+\Delta V\right]$$

由此得

$$V_0=\frac{\Delta V\left(\frac{p_2}{p_0}\right)^{1/n}}{1-\left(\frac{p_2}{p_1}\right)^{1/n}} \tag{7.2}$$

充气压力 p_0 在理论上可与压力 p_2 相等,但是为保证在压力 p_2 时液压蓄能器仍有能力补偿系统泄漏,则应使压力 $p_0 < p_2$,一般取压力 $p_0=(0.8\sim0.85)p_2$ 或$0.9p_2 > p_0 > 0.25p_1$。如已知 V_0,也可反过来求出储能时的供油体积,即

$$\Delta V=V_0 p_0^{1/n}\left[\left(\frac{1}{p_2}\right)^{1/n}-\left(\frac{1}{p_1}\right)^{1/n}\right] \tag{7.3}$$

式中,n 为指数。当液压蓄能器用于保压和补漏时,气体压缩过程缓慢,与外界热交换得以充分进行,可认为是等温变化过程,这时取 $n=1$;而当液压蓄能器做辅助或应急动力源时,释放液压油的时间短,气体快速膨胀,热交换不充分,这时可视为绝热过程,取 $n=1.4$。$p-V$ 曲线图如图 7.5 所示。实际工作中的状态变化在绝热过程和等温过程之间,因此 $1<n<1.4$。

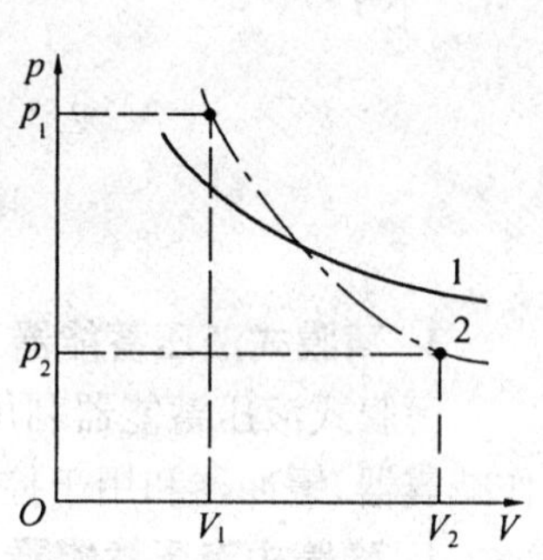

图 7.5　液压蓄能器的 $p-V$ 曲线

1—$n=1$,等温线;

2—$n=1.4$,绝热线

2. 做吸收冲击用时的容量计算

这时准确计算比较困难,因其与管路布置、液体流态、阻尼情况及泄漏大小等因素有关。一般按经验公式计算缓和最大冲击力时所需的液压蓄能器最小容量,即

$$V_0=\frac{0.004qp_1(0.016\,4L-t)}{p_1-p_2} \tag{7.4}$$

式中　V_0——液压蓄能器容量(m^3);

q——阀口关闭前管内流量(m^3/s);

p_1——允许的最大冲击压力(MPa);

L——发生冲击的管长,即液压油源到阀口的管道长度(m);

t——阀口关闭时间(s),突然关闭时取 $t=0$;

p_2——阀口关闭前管内压力(MPa)。

本式只适用于在数值上 $t<0.016\,4\ L$ 的情况。

7.2　过滤器

液压传动系统的故障大多数是由于液压油液中混有杂质造成的。液压油液中的污染物会使液压元件运动副的结合面磨损或卡死运动件、堵塞阀口、腐蚀元件,而导致系统工作可靠性大为降低。在适当的部位安装过滤器,可以截留液压油液中不可溶的污染物,使液压油液保持清洁,保证液压传动系统正常工作。

7.2.1　过滤器的主要类型及其性能

按滤芯的材料和结构形式的不同,过滤器可分为网式、线隙式、纸芯式、烧结式过滤器及磁性过滤器等。按过滤器在液压传动系统中所在的位置不同,还可以分为吸滤器、压滤器和

回流过滤器。

1. 网式过滤器

图 7.6 所示为网式过滤器结构简图和实物图，在周围开有很多窗孔的塑料或金属筒形骨架 1 上，包着一层或两层铜丝网 2。过滤精度由网孔大小和层数决定，有 80、100、180 μm 三个等级。网式过滤器结构简单、清洗方便、通油能力大，但过滤精度低，常用于吸油管路做吸滤器，对液压油液进行粗滤。

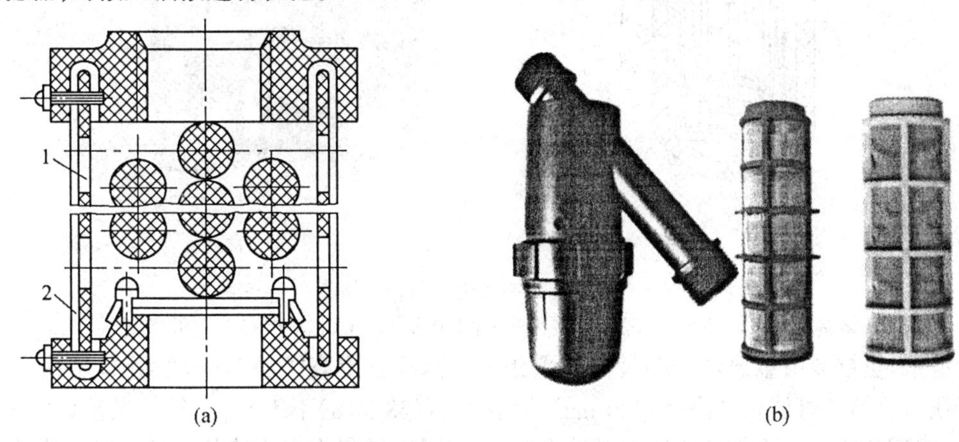

图 7.6　网式过滤器结构简图和实物图

1—筒形骨架；2—铜丝网

2. 线隙式过滤器

图 7.7 所示为线隙式过滤器结构简图和实物图。它用铜线或铝线密绕在筒形芯架 1 的外部来组成滤芯，并装在壳体 3 内(用于吸油管路上的过滤器无壳体)。液压油液经线间间隙和芯架槽孔流入过滤器内，再从上部孔道流出。这种过滤器结构简单、通液压油能力大、过滤效果好，可用作吸滤器或回流过滤器，但不易清洗。

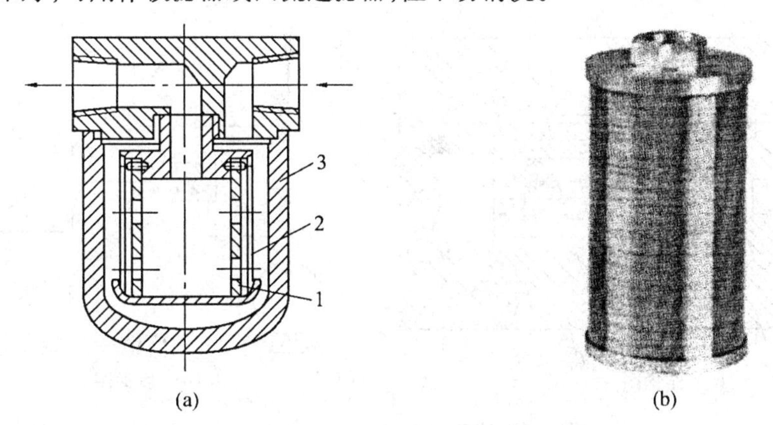

图 7.7　线隙式过滤器结构简图和实物图

1—筒形芯架；2—线圈；3—壳体

3. 纸芯式过滤器

纸芯式过滤器又称纸质过滤器，其结构类同于线隙式，只是滤芯为纸质。图 7.8 所示为纸质过滤器的结构简图和实物图，滤芯由三层组成：外层 2 为粗眼钢板网，中层 3 为折叠成

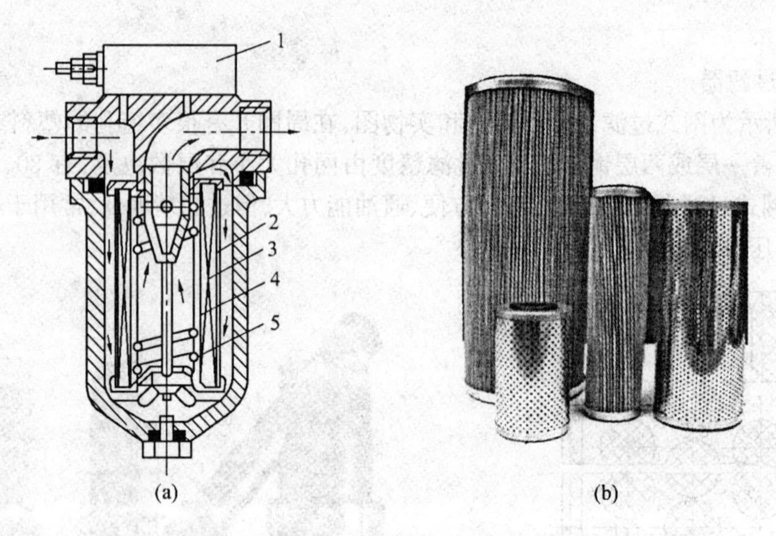

图 7.8 纸质过滤器结构简图和实物图

1—堵塞状态发讯装置;2—滤芯外层;3—滤芯中层;4—滤芯里层;5—支承弹簧

星状的滤纸,里层 4 由金属丝网与滤纸折叠组成。这样就提高了滤芯强度,延长了使用寿命。纸质过滤器的过滤精度高(5 ~ 30 μm),可在高压(38 MPa)下工作,它结构紧凑、通油能力大,一般配备壳体后用作压滤器。其缺点是无法清洗,需经常更换滤芯。纸质过滤器的滤芯能承受的压力差较小(0.35 MPa),为了保证过滤器能正常工作,不致因杂质逐渐聚积在滤芯上引起压差增大而压破纸芯,故过滤器顶部装有堵塞状态发讯装置。发讯装置与过滤器并联,其工作原理如图 7.9 所示。滤芯进油和出油的压差作用在活塞 2 上,与弹簧 5 的推力相平衡。当滤芯逐渐堵塞时,压差加大,以致推动活塞 2 和永磁铁 4 右移,干簧管 6 受磁铁 4 作用吸合,接通电路,报警器 7 发出堵塞信号——发亮或发声,提醒操作人员更换滤芯。电路上若增设延时继电器,还可在发讯一定时间后实现自动停机保护。

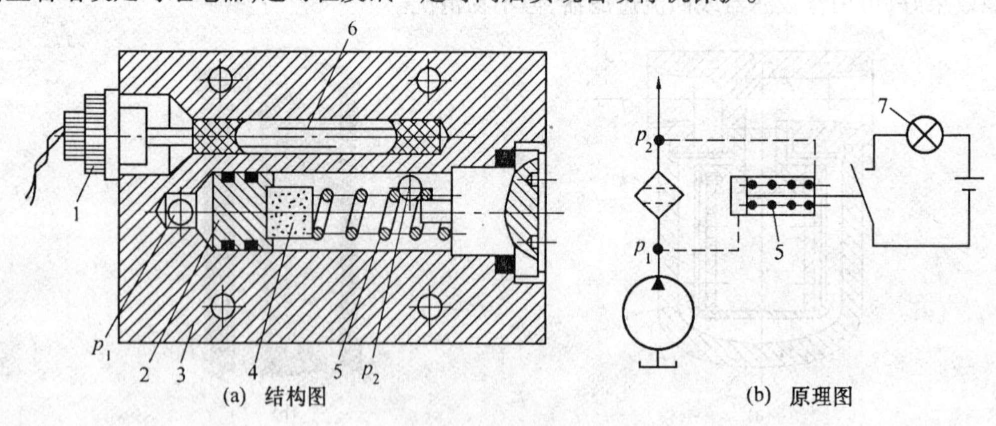

图 7.9 堵塞状态发讯装置

1—接线柱;2—活塞;3—阀体;4—永磁铁;5—弹簧;6—干簧管;7—报警器

4. 烧结式过滤器

图 7.10 所示为金属烧结式过滤器结构简图和实物图。滤芯可按需要制成不同的形状,液压油液经过金属颗粒间的无规则微小孔道进入滤芯内。选择不同粒度的粉末烧结成不同厚度的滤芯,可以获得不同的过滤精度(10 ~ 100 μm 之间)。烧结式过滤器的过滤精度较

高，滤芯的强度高，抗冲击性能好，能在较高温度下工作，有良好的抗腐蚀性，且制造简单，它可用在不同的位置。缺点是：易堵塞，难清洗，使用中烧结颗粒可能会脱落，再次造成液压油液的污染。

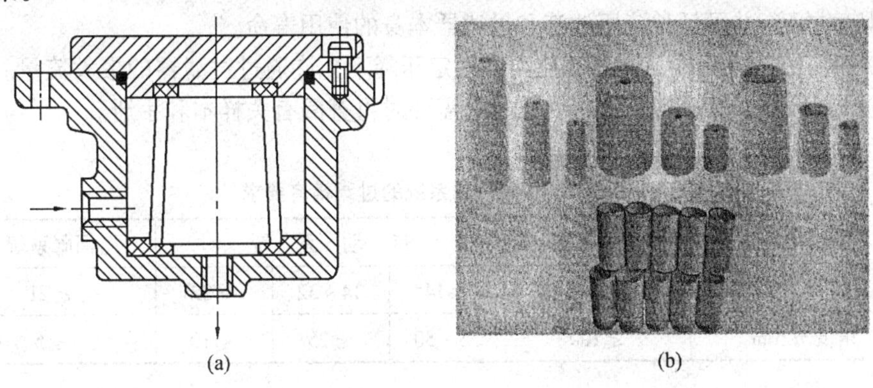

图7.10　金属粉末烧结式过滤器结构简图和实物图

5. 磁性过滤器

磁性过滤器的工作原理就是利用磁铁吸附液压油液中的铁质微粒，但一般结构的磁性过滤器对其他污染物不起作用，通常用作回流过滤器。它常可作为复式过滤器的一部分。

6. 复式过滤器

复式过滤器即上述几类过滤器的组合。例如在图7.10所示的滤芯中间，再套入一组磁环即成为磁性烧结式过滤器。复合过滤器性能更为完善，一般设有多种结构原理的堵塞状态发讯装置，有的还设有安全阀。当过滤杂质逐渐将滤芯堵塞时，滤芯进出油口的压力差增大，若超过所调定的发讯压力，发讯装置便会发出堵塞信号。如不及时清洗或更换滤芯，当压差达到所调定的安全压力时，类似于直动式溢流阀的安全阀便会打开，以保护滤芯免遭损坏。

安装在回油路上的纸质磁性过滤器，适用于对铁质微粒要求去除干净的传动系统。

7.2.2　对过滤器的基本要求和选用

过滤器按其过滤精度（滤去杂质颗粒大小）的不同，有粗过滤器、普通过滤器、精密过滤器和特精过滤器四种。

选用过滤器时，应注意以下几点：

(1) 有足够的过滤精度。过滤精度是指通过滤芯的最大尖硬颗粒的大小，以其直径 d 的公称尺寸（单位 μm）表示。其颗粒越小，精度越高。精度分粗（$d > 100\ \mu m$）、普通（$d = 10 \sim 100\ \mu m$）、精（$d = 5 \sim 10\ \mu m$）和特精（$d = 1 \sim 5\ \mu m$）四个等级。粗过滤器和精过滤器（包括普通、精和特精三级）的图形符号如图7.11所示。不同的液压传动系统有不同的过滤精度要求，见表7.1。

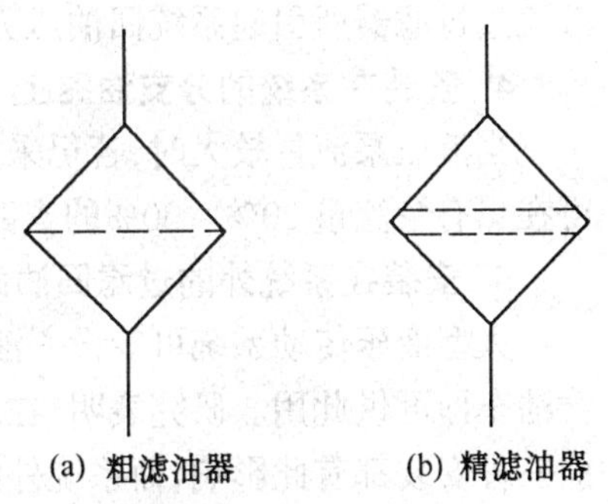

图7.11　过滤器的图形符号

应该指出，近年来有一种推广使用高精度过滤器的观点。研究表明，液压元件相对运动表面的间隙大多在 $1 \sim 5\ \mu m$ 范围内。因而工作中首先是这个尺寸范围内的污染颗粒进入运动间隙，引起磨损，扩大间隙,进而更大颗粒进入,造成表面磨损的一系列反应。因此,若能有效地控制 1 ~ 5 μm的污染颗粒,则这种系列反应就不会发生。试验和严格的检测证实了这种观点。实践证明,采用高精度过滤器,液压泵和液压马达的寿命可延长 4 ~ 10 倍,可基本消除阀的污染、卡紧和堵塞故障,并可延长液压油液和过滤器本身的使用寿命。

(2) 有足够的过滤能力。过滤能力即一定压降下允许通过过滤器的最大流量。不同类型的过滤器可通过的流量值有一定的限制,需要时可查阅有关样本和手册。

(3) 滤芯便于清洗更换。

表 7.1 各种液压系统的过滤精度要求

系统类别	润滑系统	传动系统			伺服系统
工作压力 p/MPa	0 ~ 2.5	< 14	14 ~ 32	> 32	≤21
精度 d/μm	≤100	25 ~ 50	≤25	≤10	≤5

7.2.3 过滤器的安装位置

1. 安装在液压泵的吸油口

安装在液压泵的吸油口主要用来保护泵不至于吸入较大的机械杂质。根据泵的要求,可用粗的或普通精度的过滤器。为了不影响泵的吸油性能,防止发生气穴现象,过滤器的过滤能力应为液压泵流量的 2 倍以上,压力损失只能在 0.01 ~ 0.035 MPa 之间。必要时,液压泵的吸入口应置于油箱液面以下。

2. 安装在液压泵的出口油路上

安装在液压泵的出口油路上主要用来滤除可能侵入阀类元件的污染物。一般采用10 ~ 15 μm 过滤精度的过滤器。它应能承受油路上的工作压力和冲击压力,其压力降应小于 0.35 MPa,并应有安全阀或堵塞状态发讯装置,以防泵过载和滤芯损坏。

3. 安装在系统的回油路上

安装在系统的回油路上可滤去液压油液流回油箱以前的污染物,为液压泵提供清洁的液压油液。因回油路压力极低,可采用滤芯强度不高的精过滤器,并允许过滤器有较大的压力降。过滤器也可简单地并联一单向阀作为安全阀,以防堵塞或低温启动时高黏度液压油液流过过滤器所引起系统回油压力的升高。

4. 安装在系统的分支油路上

当液压泵流量较大时,若仍采用上述各种安装位置油路来过滤,过滤器可能过大。为此可在只有泵流量 20% ~ 30% 的支路上安装一小规格过滤器,对液压油液起过滤作用。

5. 安装在系统外的过滤回油路上

大型液压传动系统可专设一液压泵和过滤器,滤除液压油液中的杂质,以保护主系统。滤油车即可供此用。研究表明,在压力和流量波动下,过滤器的功能会大幅度降低。显然,前三种安装都有此影响,而系统外的过滤回路却没有,故过滤效果较好。

安装过滤器时应注意,一般过滤器都只能单向使用,即进出油口不可反用,以利于滤芯清洗和安全。因此,过滤器不要安装在液流方向可能变换的油路上。必要时可增设单向阀和过滤器,以保证双向过滤。作为过滤器的新进展,目前双向过滤器也已问世。

7.3 油　箱

7.3.1 油箱的功用和分类

油箱的主要功用是:① 储放系统工作用液压油液;② 散发系统工作中产生的热量;③ 分离液压油液中混入的空气;④ 沉淀污物。

按油箱液面是否与大气相通,可分为开式油箱与闭式油箱。开式油箱广泛用于一般的液压传动系统;闭式油箱则用于水下和高空无稳定气压或对工作稳定性与噪声有严格要求处(空气混入液压油液是工作不稳定和产生噪声的主要原因)。这里仅介绍开式油箱。

7.3.2 油箱的设计要点

初步设计时,油箱的有效容量可按下述经验公式确定,即

$$V = mq_p \tag{7.5}$$

式中　V——油箱的有效容量(L);

m——系数,m 值的选取:低压系统为 $m = 2 \sim 4$,中压系统为 $m = 5 \sim 7$,中高压或高压大功率系统为 $m = 6 \sim 12$;

q_p——液压泵的流量(L/min)。

对功率较大且连续工作的液压传动系统,必要时还应进行热平衡计算,以最后确定油箱容量。

下面结合图 7.12 所示的油箱结构简图和实物图,分述设计要点如下:

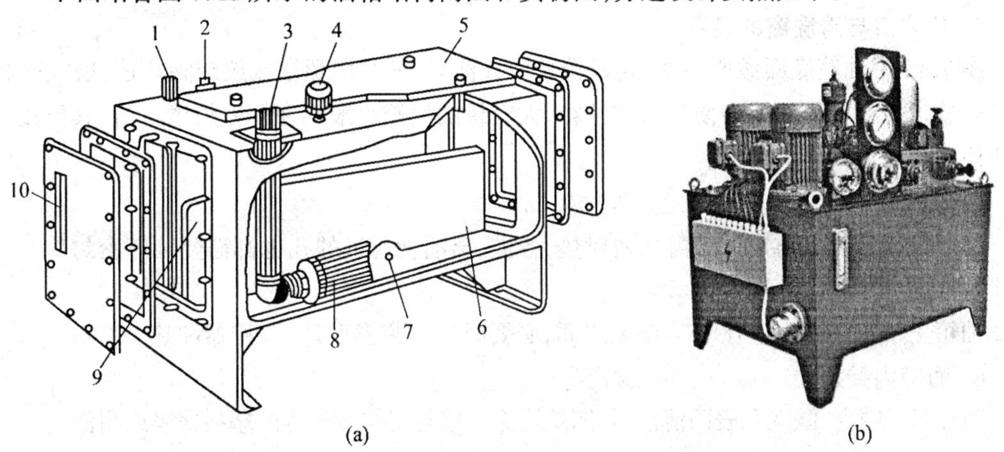

图 7.12　油箱结构简图和实物图

1—回油管;2—泄油管;3—吸油管;4—空气滤清器;5—安装板;6—隔板;7—放油口;8—过滤器;9—清洗窗;10—液位计

1. 基本结构

为了在相同的容量下得到最大的散热面积,固定设备的油箱外形以立方体或长六面体为宜。油箱的顶盖上一般要安放泵和电机(也有的置于油箱旁边或油箱下面)以及阀的集成装置等,这基本决定了箱盖的尺寸;最高油面只允许达到箱高的 80%。据此两点可决定油

箱在三个方向上的尺寸。油箱一般用 2.5～4 mm的钢板焊成，顶盖要适当加厚并用螺钉通过焊在箱体上的角钢加以固定。顶盖可以是整体的，也可分为几块。液压泵、电动机和阀的集成装置可直接固定在顶盖上，也可固定在图示安装板上，安装板与顶盖间应垫上橡胶板，以缓和振动。油箱底脚高度应在 150 mm 以上，以便散热、搬移和放油。油箱四周要有吊耳，以便起吊装运。油箱应有足够的刚度，大容量且较高的油箱要采用骨架式结构。

2. 吸、回、泄油管的设置

液压泵的吸油管与系统回油管之间的距离应尽可能远些，管口都应插于最低油面之下，以免吸空和飞溅起泡，但离箱底要大于管径的 2～3 倍，回油管口应截成 45°斜角，以增大通流截面面积，并面向箱壁，以利散热和沉淀杂质。吸油管端部所安装的过滤器，离箱壁要有 3 倍管径的距离，以便四面进油。阀的泄油管口应在液面之上，以免产生背压；液压马达和液压泵的泄油管则应引入液面之下，以免吸入空气。为防止油箱表面漏油污染现场环境，必要时要在油箱下面或顶盖四周装设盛油盘。

3. 隔板的设置

在油箱中设置隔板的目的是将吸、回油隔开，迫使液压油液循环流动，利于散热和沉淀。一般设置一到二个隔板，高度可接近最大液面。为了使散热效果好，应使液流在油箱中有较长的流程，如果与四壁都接触，效果更佳。

4. 空气滤清器与液位计的设置

空气滤清器的作用是使油箱与大气相通，保证液压泵的自吸能力，滤除空气中的灰尘杂物；兼作加油口用。它一般布置在顶盖上靠近油箱边缘处。液位计用于监测油面高度，故其窗口尺寸应能满足对最高与最低液位的观察。两者皆为标准件，可按需要选用。

5. 放油口与清洗窗的设置

图 7.12 中油箱底面做成斜面，在最低处设放油口，平时用螺塞或放油阀堵住，换油时将其打开放走污油。换油时为便于清洗油箱，大容量的油箱一般均在侧壁设清洗窗，其位置安排应便于吸油滤油器的装拆。

6. 防污密封

油箱盖板和窗口连接处均需加密封垫，各进、出油管通过的孔也都需要装有密封垫。

7. 油温控制

油箱正常工作温度应在 15～65℃之间，必要时应安装温度计、温控器和热交换器。

8. 油箱内壁加工

新油箱经喷丸、酸洗和表面清洁后，四壁可涂一层与工作液相容的塑料薄膜或耐油清漆。

7.4 管　件

管件包括管道和管接头。管件的选用原则是要保证管中液压油液做层流流动，管路应尽量短，以减小损失；要根据工作压力、安装位置确定管材与连接结构；与液压泵、液压阀等连接的管件应由其接口尺寸决定管径。

7.4.1 管道

1. 种类和适用场合

管道的种类和适用场合见表 7.2。

表 7.2　管道的种类和适用场合

种类	特点和适用范围
钢管	价廉、耐油、抗腐、刚性好，但装配时不易弯曲成形。常在装拆方便处用作压力管道。中压以上用无缝钢管，低压用焊接钢管
紫铜管	价高、抗振能力差、易使油液氧化，但易弯曲成形，只用于仪表和装配不便处
尼龙管	乳白色半透明，可观察流动情况。加热后可任意弯曲成形和扩口，冷却后即定形。承压能力因材料而异，其值为 2.8～8 MPa
塑料管	耐油、价低、装配方便，长期使用会老化，只用作低于 0.5 MPa 的回油管与泄油管
橡胶管	用于相对运动间的连接，分高压和低压两种。高压胶管由耐油橡胶夹钢丝编织网(层数越多，耐压越高)制成，价高，用于压力回路。低压胶管由耐油橡胶夹帆布制成，用于回油管路

2. 尺寸的计算

管道的内径 d 和壁厚 δ 可用下列两式计算，并需圆整为标准数值，即

$$d = 2\sqrt{\frac{q}{\pi v}}\ (\mathrm{m}) \tag{7.6}$$

$$\delta = \frac{pdn}{2\sigma_b}\ (\mathrm{m}) \tag{7.7}$$

式中　q——管内的最大流量($\mathrm{m^3/s}$)；

v——允许流速(m/s)，推荐值为：吸油管取 0.5～1.5 m/s，回油管取 1.5～2 m/s，压力油管取 2.5～5 m/s(压力高时取大值)，控制油管取 2～3 m/s，橡胶软管应小于 4 m/s；

p——管内的工作压力(MPa)；

n——安全系数，对于钢管：当 $p \leqslant 7$ MPa 时，取 $n = 8$；7 MPa $< p \leqslant 17.5$ MPa 时，取 $n = 6$；当 $p > 17.5$ MPa 时，取 $n = 4$；

σ_b——管材的抗拉强度(MPa)，可由材料手册查出。

3. 安装要求

(1) 管道应尽量短，最好横平竖直，转弯少。为避免管道皱褶，减少压力损失，管道装配时的弯曲半径要足够大(表 7.3)。管道悬伸较长时要适当设置管夹(也是标准件)。

表 7.3　硬管装配时允许的弯曲半径

管子外径 D/mm	10	14	18	22	28	34	42	50	63
弯曲半径 R/mm	50	70	75	80	90	100	130	150	190

(2) 管道尽量避免交叉,平行管间距要大于 100 mm,以防接触振动并便于安装管接头。

(3) 软管直线安装时要有 30%左右的余量,以适应油温变化、受拉和振动的需要。弯曲半径要大于 9 倍软管外径,弯曲处到管接头的距离至少等于 6 倍外径。

7.4.2 管接头

管接头是管道和管道、管道和其他元件(如液压泵、液压阀、集成块等)之间的可拆卸连接件。管接头与其他元件之间可采用普通细牙螺纹连接或锥螺纹连接(多用于中低压),如图7.13所示。

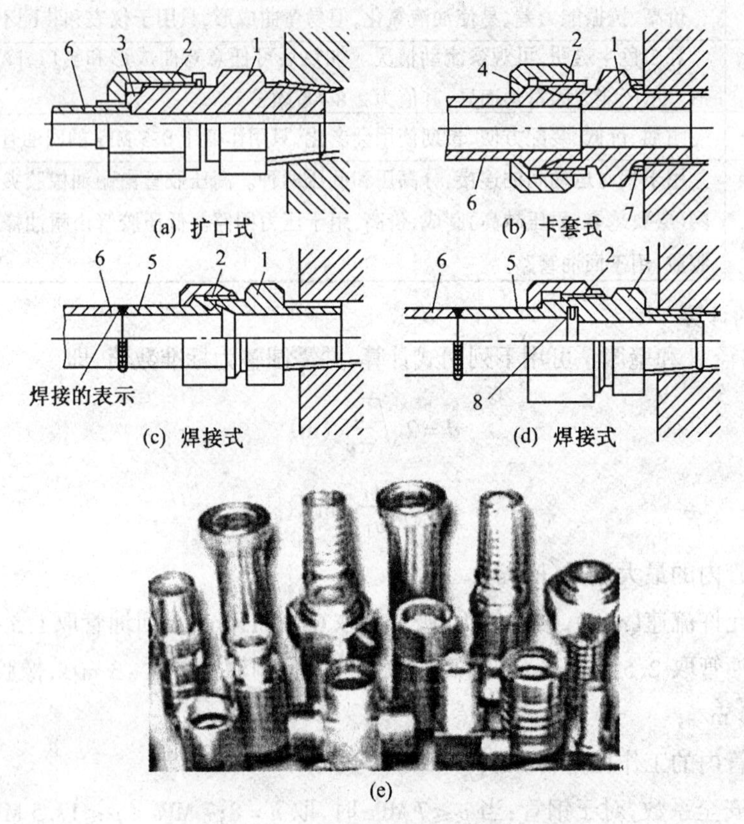

图 7.13 硬管接头结构简图和实物图

1—接头体;2—接头螺母;3—管套;4—卡套;

5—接管;6—管子;7—组合密封垫圈;8—O 形密封圈

1. 硬管接头

按管接头和管道的连接方式分为扩口式管接头、卡套式管接头和焊接式管接头三种。

图 7.13(a)所示为扩口式管接头,它适用于紫铜管、薄钢管、尼龙管和塑料管等低压管道的连接,目前高压管道的连接也有用专用设备扩大成形的扩口式连接方式,其中紫铜管和薄钢管需要专门的扩口工具。拧紧接头螺母,通过管套可使管子压紧密封。图 7.13(b)所示为卡套式管接头。拧紧接头螺母,卡套发生弹性变形便将管子夹紧。它对轴向尺寸要求

不严，装拆方便，但对管道连接用管子尺寸精度要求较高，需采用冷拔无缝钢管，可用于高压系统。

图 7.13(c)、(d)所示为焊接式管接头。接管与接头体之间的密封方式有球面与锥面接触密封(如图 7.13(c))和平面加 O 形圈密封(图 7.13(d))两种。前者有自位性，安装时不很严格，但密封可靠性稍差，适用于工作压力不高的液压传动系统(约 8 MPa 以下的系统)；后者可用于高压系统。

图 7.13 所示皆为端直通管接头。此外尚有二通、三通、四通、铰接等数种形式，供不同情况下选用，具体可查阅有关手册和生产厂家的产品样本。

2. 胶管接头

胶管接头有可拆式和扣压式两种，各有 A、B 和 C 三种类型。随管径不同可用于工作压力在6～40 MPa 的系统。图 7.14 为 A 型扣压式胶管接头，装配时须剥离外胶层，然后在专门设备上扣压而成。

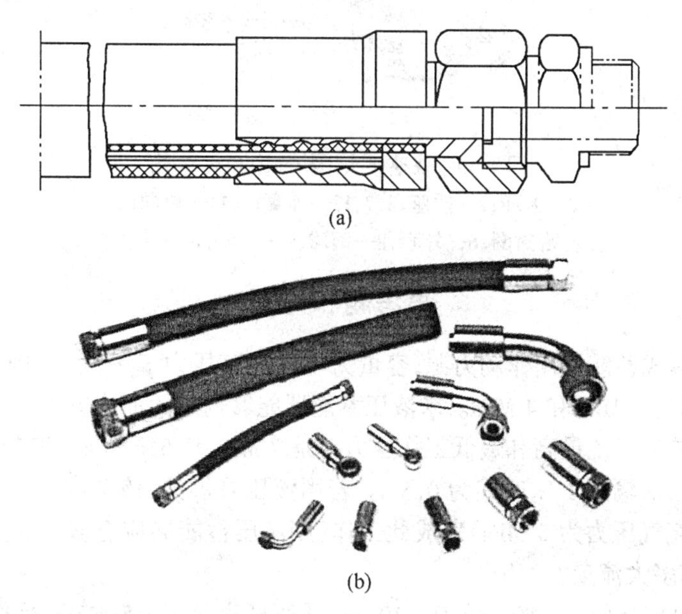

图 7.14　扣压式胶管接头结构简图和实物图

3. 快速接头

快速接头的全称为快速装拆管接头，它的装拆无需工具，适用于经常装拆的情况。图 7.15所示为油路接通的工作位置。需要断开油路时，可用力把外套 6 向左推，再拉出接头体 10，钢球 8(有 6～8 颗)即从接头体 10 的槽中退出；与此同时，单向阀 4、11 的锥形阀芯，分别在弹簧 3、12 的作用下将管口关闭，油路即断开。

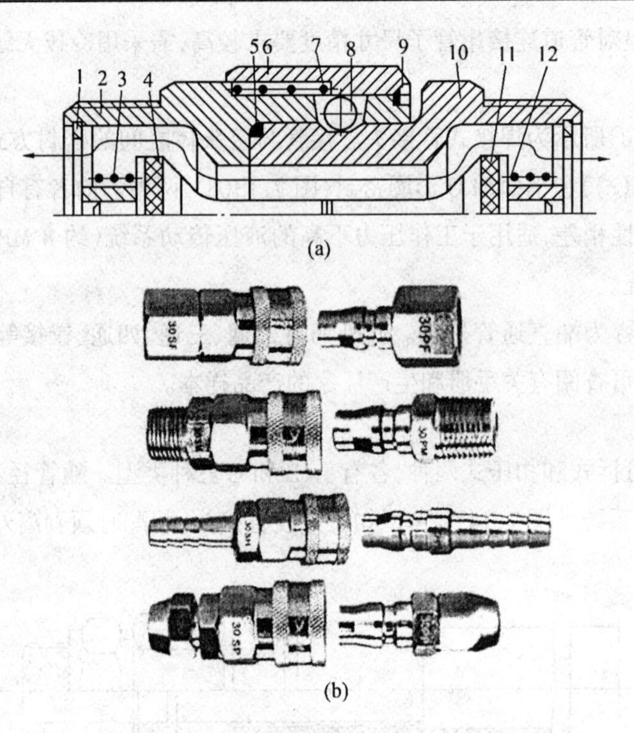

图 7.15　快速接头结构简图和实物图

1—卡环；2—插座；3、7、12—弹簧；4、11—单向阀；

5—密封圈；6—外套；8—钢球；9—卡环；10—接头体

思考题和习题

7.1　某皮囊式蓄能器用作动力源，容量为 3 L，充气压力 $p_0 = 3.2$ MPa。系统最高和最低工作压力分别为 7 MPa 和 4 MPa。求液压蓄能器能够输出的油液体积。

7.2　液压传动系统最高和最低工作压力各是 7 MPa 和 5.6 MPa。其执行元件每隔30 s需要供油一次，每次输油 1 L，时间为 0.5 s。若用液压泵供油，该泵应有多大流量？若改用皮囊式蓄能器（充气压力为 5 MPa）完成此工作，则液压蓄能器应有多大容量？向液压蓄能器充液的泵应有多大流量？

7.3　一单杆液压缸，活塞直径 $D = 10$ cm，活塞杆直径 $d = 5.6$ cm，行程 $L = 50$ cm。现从有杆腔进油，无杆腔回油。求由于活塞的移动使有效底面积为 2 000 cm^2 的油箱液面高度发生多大变化？

7.4　有一液压泵向系统供油，工作压力为 6.3 MPa，流量为 40 L/min，选定供油管的尺寸。

第8章 调速回路和多缸运动回路

液压基本回路是由某些液压元件组成,并能完成某种功能的油路结构,它是液压传动系统的基本组成单元。通常来讲,一个液压传动系统由若干个液压基本回路组成。

一般按功能对液压基本回路进行分类。用来控制液压执行元件运动方向的被称为方向控制回路;用来控制液压系统或某支路压力的被称为压力控制回路;用来调节液压执行元件运动速度的被称为调速回路;用来控制多个液压缸运动的被称为多缸运动回路等等。

熟悉和掌握液压基本回路的组成结构、工作原理及其性能特点,对分析、掌握和设计液压传动系统是非常必要的。本章主要讲述调速回路和多缸运动回路。

8.1 调速回路

8.1.1 概述

在液压传动系统中,调速回路占有重要的地位。例如在机床液压传动系统中,用于主运动和进给运动中的调速回路对机床加工质量有着重要的影响,而且,它对其他液压回路的选择起着决定性的作用。

在不考虑泄漏的情况下,液压缸的运动速度 v 由进入或流出液压缸的流量 q 及其有效作用面积 A 决定,即

$$v=\frac{q}{A} \tag{8.1}$$

同样,液压马达的转速 n 由进入或流出马达的流量 q 和马达的单转排量 V 决定,即

$$n=\frac{q}{V} \tag{8.2}$$

由上述两式可知,改变流入或流出液压执行元件的流量 q,改变液压缸的有效作用面积 A 或液压马达的排量 V,均可调节执行元件的运动速度。一般来说,改变液压缸有效作用面积是困难的,所以常常通过改变流量 q 或排量 V 来调节液压执行元件速度,并且以此作为分类方法来构成不同方式的调速回路。改变流量 q 有两种办法,其一是用流量控制阀调节,其二是用变量泵或变量马达调节。综上所述,按改变流量或排量的方法不同,可将液压调速回路分为三类:节流调速回路、容积调速回路和容积节流调速回路。

8.1.2 节流调速回路

节流调速回路是通过调节流量阀通流截面面积的大小来控制流入液压执行元件或自执行元件流出的流量,以此来调节执行元件的速度。

节流调速回路有不同的分类方法。① 按流量阀在油路中位置的不同,可分为进口节流调速回路、出口节流调速回路、进出口节流调速回路和旁路节流调速回路;② 按流量阀类型

的不同，可分为节流阀式节流调速回路和调速阀式节流调速回路；③ 按定量泵输出的压力是否随负载变化，又可分为定压式节流调速回路和变压式节流调速回路等。本书以第一种分类方法进行讲述。

1. 进口节流阀式节流调速回路

(1) 回路结构和主要液压参数。进口节流阀式节流调速回路由定量液压泵、溢流阀、节流阀及液压缸(或液压马达)组成。节流阀串联在液压泵与液压执行元件之间的进油路上，回路结构如图 8.1 所示。通过改变节流阀的开口量(即通流截面面积 A_T)的大小，来调节进入液压缸的流量 q_1，进而调节液压缸的运动速度。定量液压泵输出的多余流量由溢流阀溢回油箱。因此，为了完成调速功能，不仅节流阀的开口量能够调节，而且必须使溢流阀始终处于开启溢流状态，两者缺一不可。这样，在该调速回路中，溢流阀的作用一是调整并基本恒定系统的压力；二是将液压泵输出的多余流量溢回油箱。

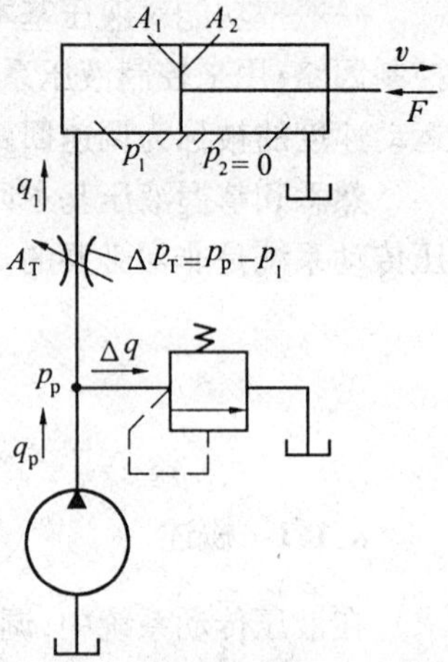

图 8.1　进口节流阀式节流调速回路

在不考虑泄漏的情况下，进口节流阀式节流调速回路中液压泵的输出流量应该满足

$$q_p = q_{1max} + \Delta q_{min} = A_1 v_{max} + \Delta q_{min} \tag{8.3}$$

式中　q_p——液压泵输出流量(m^3/s)；

q_{1max}——与 v_{max} 相对应通过节流阀的最大流量(m^3/s)；

Δq_{min}——通过溢流阀的最小溢流量(m^3/s)；

A_1——液压缸大腔的有效作用面积(m^2)；

v_{max}——液压缸最大调节速度(m/s)。

从式(8.3)可以看出，通过溢流阀的溢流量 Δq 与液压缸运动速度的关系。当液压缸运动速度 v 小时，溢流量 Δq 大；当速度 $v=0$ 时，溢流量 Δq 最大，即 $\Delta q_{max}=q_p$。为了保证调速回路正常工作，当液压缸以最大速度运行时，通过溢流阀的流量不能小于溢流阀能稳定其阀前压力的最小溢流量 Δq_{min}。要求稳定精度高时可取大些，否则可取小些。建议取 Δq_{min} 为溢流阀额定流量的 5%左右。例如在机床进给系统中，一般大约为3 L/min左右。

在不考虑系统管路压力损失和液压缸背压腔(回油腔)压力的情况下，进口节流阀式节流调速回路中液压泵的输出压力应该满足式

$$p_p = \frac{F_{max}}{A_1} + \Delta p_{Tmin} \tag{8.4}$$

式中　p_p——液压泵工作压力(Pa)；

F_{max}——液压缸最大负载(N)；

Δp_{Tmin}——节流阀最小工作压差(Pa)。

当液压泵的压力按式(8.4)所确定的值由溢流阀调定后，在回路工作过程中，不管执行元件的速度 v 及负载力 F 是否变化，液压泵的输出压力 p_P 不再改变。因此，这类回路又称为定压节流阀式节流调速回路。但是，当负载变化时，节流阀的工作压差将随之变化。负载力增大，节流阀工作压差减小；反之则增大。当负载力 F 为最大值 F_{max} 时，节流阀的工作压差(即节流阀进、出口之间压力差)也不应小于 Δp_{Tmin}。一般取节流阀的最小工作压差为

0.3 ~0.4 MPa,调速阀的最小工作压差为0.5 ~1 MPa。中低压系统取小值,高压系统取大值。

式(8.3)、(8.4)是设计和调节这种回路各液压参数的依据。若液压参数值不合理,将导致回路效率降低或失去调速功能。如液压泵的流量取得过大或溢流阀的压力调得过高,将导致液压油流经溢流阀和节流阀的功率损失增大,回路效率降低。反之,若液压泵的流量不足时,将满足不了液压缸最大运动速度要求,在这种情况下,无论怎样调大节流阀的开口也不起作用,因为液压泵的流量已全部进入液压缸,溢流阀不溢流,节流阀失去了调整作用。液压缸的最大运动速度由液压泵的输出流量决定。出现这种速度失调情况时,液压泵的工作压力将由负载和节流阀阻力决定,已不再是溢流阀的调定压力。若溢流阀的调定压力过低时,液压缸将不能驱动大的负载而停止。因此上述表示液压参数关系的两个计算式是使该回路正常工作、速度得到无级调节的基础,另外,也是分析回路特性的依据。

(2) 速度 - 负载特性。调速回路的速度 - 负载特性也称为机械特性。它是在回路中调速元件的调定值不变的情况下,负载变化引起速度变化的情况。

在进口节流阀式节流调速回路中,当液压缸的负载力改变时,会导致节流阀的两端压差的变化。这样使通过节流阀的流量 q_1 发生变化,从而导致液压缸运动速度变化。通过节流阀的流量通用公式(3.35)表示时,在不考虑管路压力损失和泄漏的情况下,液压缸的速度用下式来表示,即

$$v = \frac{q_1}{A_1} = \frac{CA_T(p_pA_1 - F)^{\varphi}}{A_1^{1+\varphi}} \tag{8.5}$$

式中　v——液压缸运动速度(m/s);

C——节流阀系数;

A_T——节流阀通流截面积(m^2);

F——液压缸负载力(N);

φ——节流阀指数。

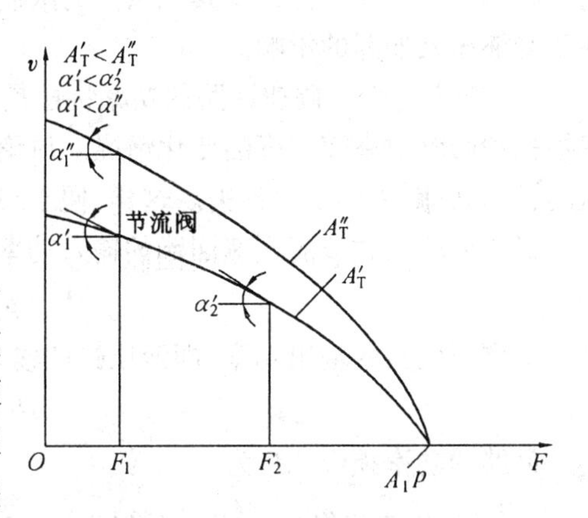

图 8.2　进口节流阀式节流调速回路速度 - 负载特性

据式(8.5)按不同的 A_T 值做图,可得到一组速度 - 负载特性曲线,如图 8.2 所示。由式(8.5)及图 8.2 均可看出,液压缸运动速度 v 随负载力 F 的增大而减小。当 $F = p_pA_1$ 时,液压缸的运动速度为零。此时,节流阀的工作压差变为零。由此可知,为了保证该回路正常工作,必须使泵的工作压力 p_P 大于负载压力 p_l($p_l = F/A_1$),以保证节流阀上的工作压差大于零,即满足式(8.4)。另外,各曲线在速度为零时,都汇交到同一负载点上,说明该回路的承载能力不受节流阀通流截面面积变化的影响。

应指出公式(8.5)是用来分析哪些因素影响液压缸的运动速度及影响程度的,当计算液压缸运动速度时所用的节流阀流量公式,宜选用短孔(薄壁小孔)或细长孔公式,而不宜用流量通用公式(3.35)。

液压缸运动速度受负载力影响的程度,可用回路速度刚性 k_v 来评定。速度刚性用下式表示,即

$$k_v = -\frac{\partial F}{\partial v} = -\frac{1}{\tan\alpha} \tag{8.6}$$

回路速度刚性 k_v 的物理意义是引起单位速度变化时负载力的变化量。它是速度－负载特性曲线(图 8.2)上某处斜率的倒数。在特性曲线上某处斜率越小,速度刚性就越大(机械特性越硬),液压缸运动速度受负载力波动的影响就越小,运动平稳性也越好,反之运动平稳性越差。

由式(8.5)和式(8.6)可求出进口节流阀式节流调速回路的速度刚性为

$$k_v = -\frac{\partial F}{\partial v} = -\frac{1}{\dfrac{\partial v}{\partial F}} = -\frac{1}{\dfrac{\partial\left[\dfrac{CA_T(p_pA_1-F)^{\varphi}}{A_1^{1+\varphi}}\right]}{\partial F}} =$$

$$\frac{A_1^{1+\varphi}}{CA_T(p_pA_1-F)^{\varphi-1}\varphi} = \frac{p_pA_1-F}{v\varphi} \tag{8.7}$$

由式(8.7)和图 8.2 均可看出,当节流阀通流截面积不变时(图中的同一曲线),负载力越小,速度刚性越大;负载力一定时(图中的不同曲线),节流阀通流截面积越小,速度刚性越大。因此,进口节流阀式节流调速回路的速度稳定性在低速小负载的情况下,比高速大负载时好。从式(8.7)还可看出,回路中其他参数对速度刚性的影响。例如,提高溢流阀的调定压力,增大液压缸的有效作用面积,减小节流阀指数等,均可提高调速回路的速度刚性。但是,这些参数的变动,常常受其他条件的限制。此外,进口节流阀式节流调速回路的速度刚性不受液压泵泄漏的影响。

(3) 功率特性。调速回路的功率特性是指回路在调速过程中的输出功率、输入功率、功率损失和回路效率随速度的变化情况。讨论回路功率特性时,不考虑液压泵、液压缸(或液压马达)和管路中的功率损失。这样,便于对不同调速回路功率特性进行比较。

进口节流阀式节流调速回路的输入功率,即液压泵的输出功率 P_p 为

$$P_p = p_pq_p = 常量 \tag{8.8}$$

该调速回路的输出功率,即液压缸的输入功率,也就是回路的有效功率 P_1 为

$$P_1 = p_1q_1 \tag{8.9}$$

回路的功率损失 ΔP 为

$$\Delta P = p_pq_p - p_1q_1 = p_p(q_1+\Delta q) - (p_p-\Delta p_T)q_1 = p_p\Delta q + \Delta p_Tq_1 = \Delta P_1 + \Delta P_2 \tag{8.10}$$

式中 Δq——通过溢流阀的流量(m^3/s);

Δp_T——节流阀的工作压差(Pa);

ΔP_1——溢流损失(W);

ΔP_2——节流损失(W)。

式(8.10)表明,该回路的功率损失由两部分组成:一是溢流损失 ΔP_1,它是在液压泵的输出压力 p_P 下,流量 Δq 流经溢流阀产生的功率损失;二是节流损失 ΔP_2,它是流量 q_1 在压差 Δp_T 下流经节流阀产生的功率损失。这两部分损失都变成热量使油温升高。

回路的效率 η_c 为

$$\eta_c = \frac{P_1}{P_p} = \frac{p_1q_1}{p_pq_p} \tag{8.11}$$

由于存在上述两部分功率损失，所以回路效率较低。

在恒定负载条件下，回路的功率及效率特性曲线如图 8.3 所示。回路在恒定负载情况下工作时，液压缸的工作压力 p_1、液压泵的输出压力 p_p、节流阀的工作压差 Δp_T 等均为定值。因此，有效功率及回路效率随工作速度的提高而增大。回路在变负载下工作时，液压泵的工作压力需要按照最大负载的需求来调定，而液压泵的流量又必须大于液压执行元件在最大速度时所需要的流量。这样，工作在低速小负载情况时，回路的效率很低。因此，从功率利用率的角度看，这种调速回路不宜用在负载变化范围大的场合。

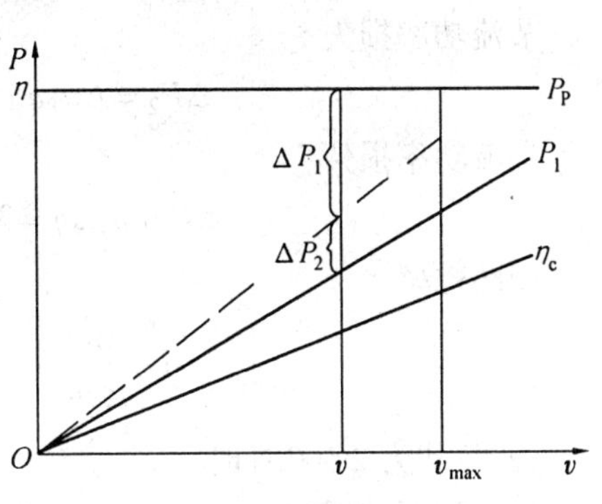

图 8.3　恒载条件下功率及效率特性

(4) 速度调节特性。调速回路的速度调节特性是以其所驱动的液压缸在某个负载下可能得到的最大工作速度和最小工作速度之比(调速范围)来表示的。按式(8.5)可求得进口节流阀式节流调速回路的调速范围为

$$R_c = \frac{v_{max}}{v_{min}} = \frac{A_{T1max}}{A_{T1min}} = R_{T1}$$

式中　R_c——调速回路的调速范围；

v_{max}——液压缸可能得到的最大工作速度(m/s)；

v_{min}——液压缸可能得到的最小工作速度(m/s)；

A_{T1max}——节流阀可能调节的最大通流截面积(m^2)；

A_{T1min}——节流阀可能调节的最小通流截面积(m^2)；

R_{T1}——节流阀的调速范围。

例 8.1　图8.4所示调速回路中，已知溢流阀调整压力 $p_y = 30 \times 10^5$ Pa，液压缸大腔面积 $A = 100\ cm^2$，节流阀稳定工作的条件是两端压差 $\Delta p \geqslant 5 \times 10^5$ Pa，负载分别为 1 000 N 和 2 500 N 时，若液压泵的流量为 20 L/min，活塞速度为 120 cm/min，求两种负载下溢流功率损失、节流损失以及回路效率。

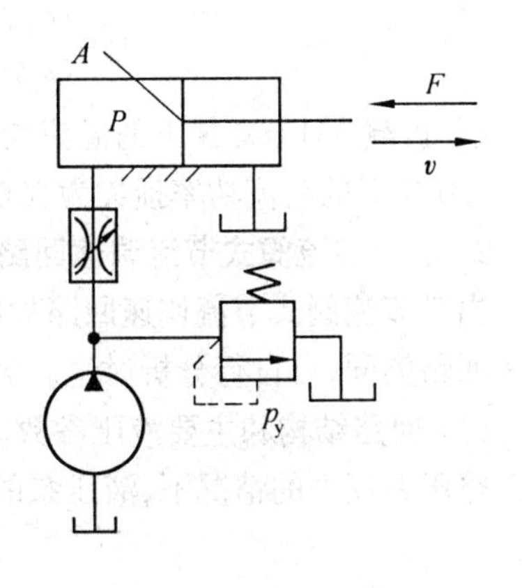

图 8.4　例题 8.1 附图

解　负载为 1 000 N 时

$$p_1 = \frac{F_1}{A} = \frac{1\,000}{100 \times 10^{-4}} = 1 \times 10^5\ \text{Pa}$$

负载为 2 500 N 时

$$p_2 = \frac{F_2}{A} = \frac{2\,500}{100 \times 10^{-4}} = 2.5 \times 10^5\ \text{Pa}$$

流进液压缸的流量

$$q = Av = \frac{120 \times 10^{-2}}{60} \times 100 \times 10^{-4} = 2 \times 10^{-4}\ m^3/s$$

泵输出的流量

$$q_{\mathrm{p}}=\frac{20\times10^{-3}}{60}=3.3\times10^{-4}\ \mathrm{m^3/s}$$

溢流流量

$$\Delta q=q_{\mathrm{p}}-q=1.3\times10^{-4}\ \mathrm{m^3/s}$$

(1)负载为 1 000 N 时

节流阀两端压差

$$\Delta p_{\mathrm{T}}=(30-1)\times10^5=29\times10^5\ \mathrm{Pa}$$

节流功率损失

$$\Delta P_2=\Delta p_{\mathrm{T}}q=29\times10^5\times2\times10^{-4}=580\ \mathrm{W}$$

溢流功率损失

$$\Delta P=p_{\mathrm{y}}\Delta q=30\times10^5\times1.3\times10^{-4}=390\ \mathrm{W}$$

回路效率

$$\eta=\frac{p_1q}{p_{p_1}q_{\mathrm{p}}}=\frac{1\times10^5\times2\times10^{-4}}{30\times10^5\times3.3\times10^{-4}}=2\%$$

(2)负载为 2 500 N 时

节流阀两端压差

$$\Delta p_{\mathrm{T}}=(30-2.5)\times10^5=27.5\times10^5\ \mathrm{Pa}$$

节流功率损失

$$\Delta P_2=\Delta p_{\mathrm{T}}q=27.5\times10^5\times2\times10^{-4}=550\ \mathrm{W}$$

溢流功率损失与前面相同。

回路效率

$$\eta=\frac{p_2q}{p_{p_2}q_{\mathrm{p}}}=\frac{2.5\times10^5\times2\times10^{-4}}{30\times10^5\times3.3\times10^{-4}}=5\%$$

答:负载为 1 000 N 下的溢流功率损失为 390 W、节流损失为 580 W、回路效率为 2%;负载 2 500 N 下的溢流功率损失为 390 W、节流损失为 550 W、回路效率为 5%。

2. 出口节流阀式节流调速回路

出口节流阀式节流调速回路如图 8.5 所示。其工作原理及其性能与进口节流阀式节流调速回路类同,可自行分析讨论。为便于在分析时参考,现将主要结论概述如下:

(1) 回路结构和主要液压参数。由节流阀组成的出口节流调速回路在不考虑系统泄漏和管路压力损失的情况下,液压泵的输出流量 q_{p} 应为

$$q_{\mathrm{p}}=A_1v_{\max}+\Delta q_{\min}\tag{8.12}$$

液压泵的输出压力 p_{p} 应为

$$p_{\mathrm{p}}=\frac{F_{\max}}{A_1}+\frac{A_2}{A_1}\Delta p_{\mathrm{Tmin}},\ \Delta p_{\mathrm{T}}=p_2\tag{8.13}$$

当液压泵的输出压力按式(8.13)确定的值调定后,在回路工作过程中,该压力就不再变化,故这种调速回路也称为定压节流阀式节流调速回路。当负载变化时,会引起节流阀前后工作压差 Δp_{T} 的变化。

(2) 速度 - 负载特性。在不计管路压力损失和泄漏的情况下,回路中液压缸的速度表

达式为

$$v = \frac{q_2}{A_2} = \frac{CA_T(p_pA_1 - F)^{\varphi}}{A_2^{1+\varphi}} \tag{8.14}$$

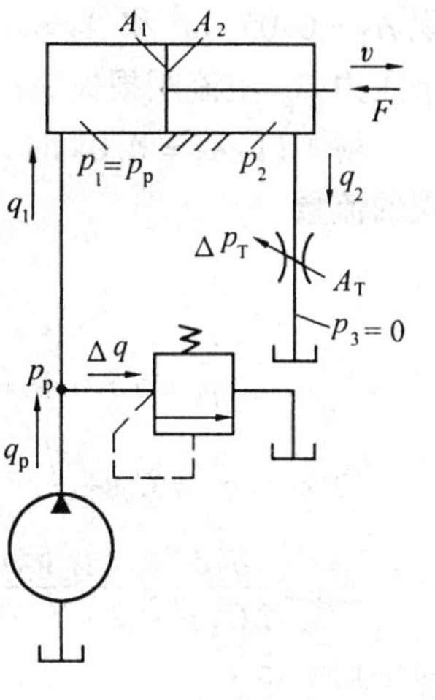

其速度负载特性曲线与图 8.2 类同。

回路速度刚性 k_v 为

$$k_v = \frac{A_2^{1+\varphi}}{CA_T(p_pA_1 - F)^{\varphi-1}\varphi} = \frac{p_pA_1 - F}{v\varphi} \tag{8.15}$$

(3) 功率特性。液压泵输出功率 P_p 为

$$P_p = p_pq_p = 常量 \tag{8.16}$$

有效功率 P_1 为

$$P_1 = (p_p - \frac{A_2}{A_1}p_2)q_1 = (p_p\frac{A_1}{A_2} - p_2)q_2 \tag{8.17}$$

功率损失 ΔP 为

$$\Delta P = p_p\Delta q + \Delta p_Tq_2 = \Delta P_1 + \Delta P_2 \tag{8.18}$$

图 8.5　出口节流阀式节流调速回路

回路效率 η_c 为

$$\eta_c = \frac{(p_p - \frac{A_2}{A_1}\Delta p_T)q_1}{p_pq_p} = \frac{(p_p\frac{A_1}{A_2} - \Delta p_T)q_2}{p_pq_p} \qquad \Delta p_T = p_2 \tag{8.19}$$

出口节流阀式节流调速回路的调速范围也取决于节流阀的调节范围。

与进口节流阀式节流调速回路相比较,其特点是:

(1) 出口节流阀式节流调速回路中的节流阀能使液压缸回油腔形成一定背压,因而,它能承受负方向负载(与液压缸运动方向相同的负载力)。而进口节流阀式节流调速回路只有在液压缸回油路上设置背压阀后,才能承受负方向负载。但是,这样要增加进口节流阀式节流调速回路的功率损失。

(2) 在出口节流阀式节流调速回路中,流经节流阀而发热的液压油直接流回油箱冷却,而进口节流阀式节流调速回路中流经节流阀而发热的液压油,还要进入液压缸,不利于对热变形有严格要求的精密设备。

(3) 在出口节流阀式节流调速回路中,当负载变为零时,液压缸的背腔压力(有杆腔)将会升高很大,这样对密封不利。

(4) 对于单出杆液压缸来说,同一个节流阀放到进口调速可使液压缸得到比出口调速更低的速度。

综上所述,节流阀的进口、出口节流调速回路,结构简单,造价低廉,但效率低,机械特性软,宜用在负载变化不大、低速小功率的场合,如某些机床(如磨床)的进给系统。

另外,在液压缸的进、出油路上,也可同时设置节流阀,两个节流阀的开口能联动调节。这就构成了进出口节流阀式节流调速回路。由伺服阀控制的液压伺服系统和有些磨床的液压系统就采用了这种调速回路。

例 8.2　如图8.6所示,液压泵输出流量 $q_p = 10$ L/min,液压缸无杆腔面积 $A_1 = 50$ cm^2,液压缸有杆腔面积 $A_2 = 25$ cm^2。溢流阀的调定压力 $p_y = 2.4$ MPa,负载 $F = 10$ kN。节流阀口视为薄壁孔,流量系数 $C_q = 0.62$。油液密度 $\rho = 900$ kg/m^3。求:(1)节流阀口通流截面面

积 $A_T = 0.05\ \text{cm}^2$ 和 $A_T = 0.01\ \text{cm}^2$ 时的液压缸速度 v、液压泵压力 p_p、溢流阀损失 ΔP_y 和回路效率 η。

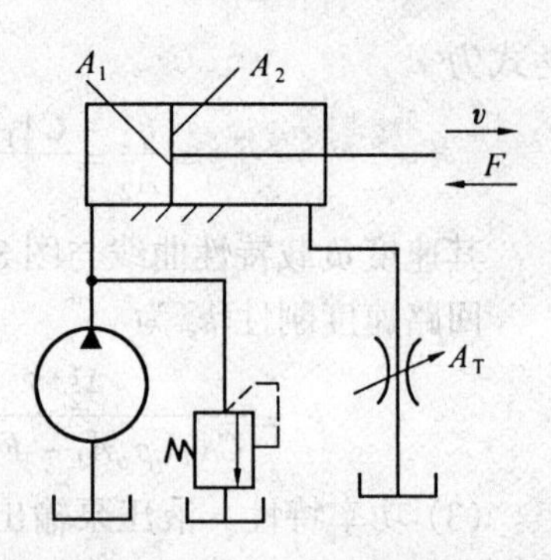

图 8.6 例题 8.2 附图

解 (1) $A_T = 0.05$ 时，如果溢流阀不溢流，则通过节流阀的流量

$$q_T = q_2 = \frac{A_2}{A_1} q_p$$

$$q_T = 5\ \text{L/min} = 0.083\,3 \times 10^{-3}\ \text{m}^3/\text{s}$$

由 $q_2 = q_T = C_d A_T \sqrt{\dfrac{2\Delta p}{\rho}}$，有

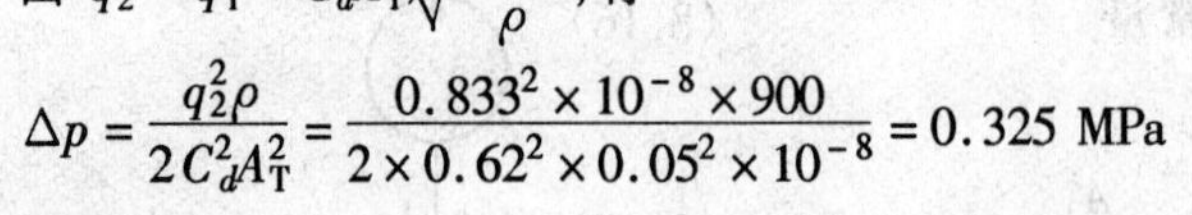

$$\Delta p = \frac{q_2^2 \rho}{2 C_d^2 A_T^2} = \frac{0.833^2 \times 10^{-8} \times 900}{2 \times 0.62^2 \times 0.05^2 \times 10^{-8}} = 0.325\ \text{MPa}$$

故液压泵压力

$$p_p = \frac{F}{A_1} + \frac{\Delta p A_2}{A_1} = \frac{10 \times 10^3}{50 \times 10^{-4}} + \frac{0.325 \times 10^6 \times 25}{50} = 2.163\ \text{MPa}$$

由于 $p_y = 2.4\ \text{MPa}$，所以

$$p_p < p_y \qquad p_p = 2.163\ \text{MPa} < 2.4\ \text{MPa} = p_y$$

则溢流阀损失 $\Delta p_y = 0$。

$$v = \frac{q_p}{A_1} = \frac{10 \times 10^{-3}}{60 \times 50 \times 10^{-4}} = 0.033\,3\ \text{m/s}$$

回路效率

$$\eta = \frac{Fv}{p_p q_p} = \frac{10 \times 10^3 \times 0.033\,3}{2.163 \times 10^6 \times \dfrac{10 \times 10^{-3}}{60}} = 0.924$$

(2) $A_T = 0.01\ \text{cm}^2$ 时，同理由上述求解过程可得 $\Delta p = 8.125\ \text{MPa}$，由于 $p_p > p_y$，则有

$$p_p = p_y = 2.4\ \text{MPa}$$

$$\Delta p = \frac{p_p A_1}{A_2} - \frac{F}{A_2} = \frac{2.4 \times 10^6 \times 50}{25} - \frac{10 \times 10^3}{25 \times 10^{-4}} = 0.8\ \text{MPa}$$

$$q_2 = C_d A_T \sqrt{\frac{2\Delta p}{\rho}} = 0.62 \times 0.01 \times 10^{-4} \times \sqrt{\frac{2 \times 0.8 \times 10^6}{900}} = 2.614 \times 10^{-5}\ \text{m}^3/\text{s}$$

液压缸速度

$$v = \frac{q_2}{A_2} = \frac{2.614 \times 10^{-5}}{25 \times 10^{-4}} = 1.046 \times 10^{-2}\ \text{m/s}$$

$$q_1 = vA_1 = 1.046 \times 10^{-2} \times 50 \times 10^{-4} = 5.23 \times 10^{-5}\ \text{m}^3/\text{s}$$

$$\Delta q = q_p - q_1 = \frac{10 \times 10^{-3}}{60} - 5.23 \times 10^{-5} = 11.437 \times 10^{-5}\ \text{m}^3/\text{s}$$

溢流损失

$$\Delta p_y = p_p \Delta q = 2.4 \times 10^6 \times 11.437 \times 10^{-5} = 274.48\ \text{W}$$

回路效率

$$\eta = \frac{Fv}{q_p p_p} = \frac{10 \times 10^3 \times 1.046 \times 10^{-2}}{\dfrac{10 \times 10^{-3}}{60} \times 2.4 \times 10^6} = 0.261\,5$$

答：节流阀口通流面积 $A_T = 0.05\ \text{cm}^2$ 时的液压缸速度 $v = 0.033\,3\ \text{m/s}$、液压泵压力 $p_p = 2.163\ \text{MPa}$、溢流阀损失 $\Delta p_y = 0$ 和回路效率 $\eta = 0.924$；节流阀口通流面积 $A_T = 0.01\ \text{cm}^2$ 时的液压缸速度 $v = 1.046 \times 10^{-2}\ \text{m/s}$、液压泵压力 $p_p = 2.4\ \text{MPa}$、溢流阀损失 $\Delta p_y = 274.48\ \text{W}$ 和回路效率 $\eta = 0.261\,5$。

3. 旁路节流阀式节流调速回路

(1) 回路结构和主要液压参数。在定量液压泵至液压缸进油路的分支油路上，接一个节流阀，便构成了旁路节流阀式节流调速回路(图8.7)。改变节流阀的通流截面面积 A_T，调节排回油箱的流量 Δq_T，间接地控制进入液压缸的流量 q_1，便可实现对液压缸速度的调节。

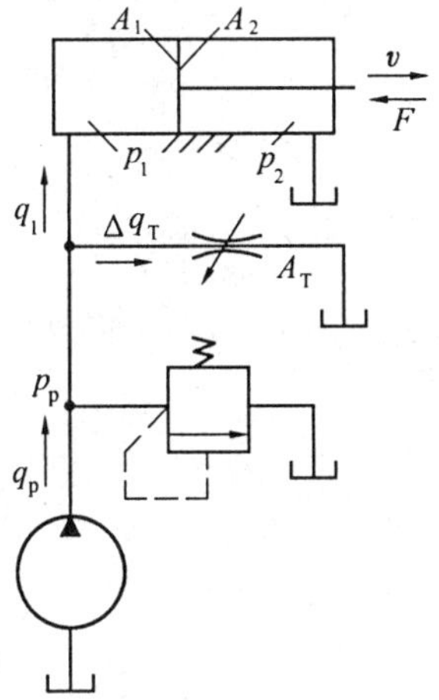

图8.7 旁路节流阀式节流调速回路

在不考虑系统管路压力损失及泄漏情况下，液压泵的输出流量应为

$$q_p = q_{1\max} + \Delta q_{T\min} \tag{8.20}$$

式中 $\Delta q_{T\min}$——节流阀最小稳定流量(m^3/s)。

当液压缸的背压腔压力 p_2 为零时，液压泵的输出压力应为

$$p_p = p_1 = \frac{F}{A_1} \tag{8.21}$$

由式(8.21)可以看出，在旁路节流阀式节流调速回路中，液压泵的工作压力是随负载而变化的。因此，这种回路也被称为变压式节流调速回路。为了防止油路过载损坏，与液压泵并联一个溢流阀，这时它起安全阀的作用。当回路正常工作时，安全阀不打开，只有过载时才开启溢流。

(2) 速度－负载特性。旁路节流阀式节流调速回路液压缸的速度为

$$v = \frac{q_p - \Delta q_T}{A_1} = \frac{q_t - k_l\left(\dfrac{F}{A_1}\right) - CA_T\left(\dfrac{F}{A_1}\right)^{\varphi}}{A_1} \tag{8.22}$$

式中 q_t——液压泵的理论流量(m^3/s)；

k_l——液压泵的泄漏系数($\text{m}^3/(\text{s}\cdot\text{Pa})$)。

依据式(8.22)，按不同的 A_T 值作图，得一组速度－负载特性曲线，如图8.8所示。式(8.22)和图8.8表明，在节流阀通流截面面积不变的情况下，液压缸的运动速度因负载增大而明显减小，速度－负载特性很软。主要原因有两点：其一是当负载增大后，节流阀前后的压差也增大，从而使通过节流阀的流量增加，这样会减少进入液压缸的流量，降低液压缸的运动速度；其二是当负载增大后，液压泵出口压力也增大，从而使液压泵的内泄漏增加，使液压泵的实际输出流量减少。当负载增大到某一值时进入液压缸的流量为零，液压缸停止不动。而且，节流阀通流截面面积越大(即液压缸运动速度越小)，液压缸停

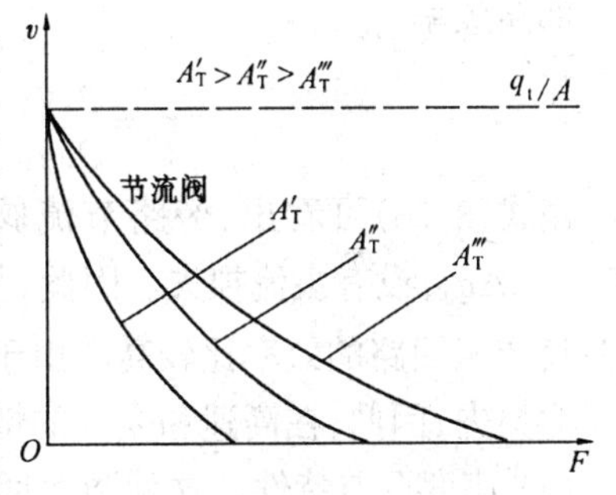

图8.8 旁路节流阀式节流调速回路速度－负载特性

止运动的负载力就越小。因此,在旁路节流阀式节流调速回路中,当节流阀开口大时(即低速时),承载能力很差。

旁路节流阀式节流调速回路的速度刚性为

$$k_v = -\frac{1}{\frac{\partial v}{\partial F}} = -\frac{1}{\frac{\partial\left[\frac{q_t - k_l\frac{F}{A_1} - CA_T(\frac{F}{A_1})^{\varphi}}{A_1}\right]}{\partial F}} = \frac{A_1}{\frac{k_l}{A_1} + \frac{CA_T}{A_1}(\frac{F}{A_1})^{\varphi-1}\varphi} = \frac{A_1F}{k_l\frac{F}{A_1} + CA_T\varphi(\frac{F}{A_1})^{\varphi}} = \frac{A_1F}{\varphi\left[k_l\frac{F}{A_1} + CA_T(\frac{F}{A_1})^{\varphi}\right] + \left[k_l\frac{F}{A_1} - \varphi k_l\frac{F}{A_1}\right]} = \frac{A_1F}{\varphi(q_t - A_1v) + (1-\varphi)k_l\frac{F}{A_1}} \tag{8.23}$$

由式(8.23)及图8.8均可看出,旁路节流阀式节流调速回路的速度刚性是很低的。特别在低速小负载的情况下,速度刚性更低。因此,这种回路只能用于负载较大、速度较高,但对速度稳定性要求不高的场合或者用于负载变化不大的情况。另外,从式(8.23)也可看出,液压泵的泄漏也对速度稳定性有直接影响,泄漏系数越大,速度刚性越低。

(3) 功率特性。在不考虑管路压力损失及其泄漏的情况下,对旁路节流阀式节流调速回路的功率特性分析如下:

液压泵输出功率 P_p 为

$$P_p = p_pq_p = p_1q_p \tag{8.24}$$

有效功率 P_1 为

$$P_1 = p_1q_1 \tag{8.25}$$

功率损失 ΔP 为

$$\Delta P = P_p - P_1 = p_1(q_p - q_1) = p_1\Delta q_T = \Delta P_2 \tag{8.26}$$

回路效率 η_c 为

$$\eta_c = \frac{p_1q_1}{p_pq_p} = \frac{q_1}{q_p} = 1 - \frac{\Delta q_T}{q_p} = 1 - \frac{CA_Tp_p^{\varphi}}{q_t - k_lp_p} \tag{8.27}$$

由式(8.26)可看出,旁路节流阀式节流调速回路的功率损失只有一项,即节流损失 $\Delta P_2 = p_1\Delta q_T$,没有溢流损失。因此,与进口和出口节流阀式节流调速回路相比,旁路节流阀式节流调速回路的效率比较高。由于该回路中液压泵的输出压力与负载相适应,没有多余的压力损失,因此,在高速和变载的情况下效率更高,从式(8.27)也可以看出这一点。

(4) 速度调节特性。这种调速回路的速度调节特性不仅与节流阀本身有关,而且还与负载、液压泵的泄漏有关。因此,其调速范围要比进口和出口节流阀式节流调速回路的调速范围小。

例 8.3　如图8.9所示的液压回路中,如果液压泵的输出流量 $q_p = 10$ L/min,溢流阀的调

整压力 $p_y=2$ MPa,两个薄壁孔型节流阀的流量系数都是 $C_d=0.67$,开口面积 $A_{T1}=0.02\ \mathrm{cm}^2$,$A_{T2}=0.01\ \mathrm{cm}^2$,油液密度 $\rho=900\ \mathrm{kg/m}^3$,试求在不考虑溢流阀的调压偏差时:(1)液压缸大腔的最高工作压力;(2)溢流阀可能出现的最大溢流量。

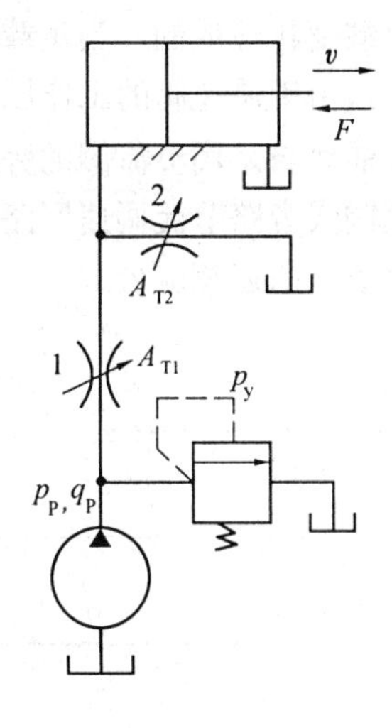

图 8.9　例题 8.3 附图

解　(1)当液压缸被顶死时,大腔达到最高工作压力,则有

$$q_{T2}=C_dA_{T2}\sqrt{\frac{2p_{1\max}}{\rho}},\ q_{T1}=C_dA_{T1}\sqrt{\frac{2(p_y-p_{1\max})}{\rho}}$$

因为 $q_{T1}=q_{T2}$,所以有

$$A_{T2}\sqrt{p_{1\max}}=A_{T1}\sqrt{p_y-p_{1\max}}$$

$$p_{1\max}=\frac{A_{T1}^2}{A_{T1}^2+A_{T2}^2}p_y$$

代入数据后,得,$p_{1\max}=1.6$ MPa。

(2)溢流阀的最大溢流量

$$\Delta q_y=q_p-q=q_p-C_dA_{T1}\sqrt{\frac{2(p_y-p_{1\max})}{\rho}}=q_p-C_dA_{T1}\sqrt{\frac{2(p_y-p_{1\max})}{\rho}}=$$

$$\frac{10\times10^{-3}}{60}-0.67\times0.02\times10^{-4}\times\sqrt{\frac{2(2-1.6)\times10^6}{900}}=1.267\times10^{-4}\ \mathrm{m^3/s}$$

答:液压缸大腔的最高工作压力为 1.6 MPa;溢流阀可出现的最大溢流量为 $1.267\times10^{-4}\ \mathrm{m^3/s}$。

8.1.3　调速阀式节流调速回路

在上述的进口、出口和旁路节流阀式节流调速回路中,有一个共同的特点,即当负载力变化时,要引起节流阀前后工作压差的变化。对于开口量一定的节流阀来说,当工作压差变化时,通过的流量必然变化,这就导致了液压执行元件运动速度的变化。因此说,上述三种节流阀式节流调速回路速度平稳性差的根本原因是采用了节流阀。

在上述节流阀式节流调速回路中,用调速阀代替节流阀,便构成了进口、出口和旁路调速阀式节流调速回路,其速度平稳性大为改善。因为只要调速阀的工作压差超过它的最小压差值(一般为 0.5~1 MPa),通过调速阀的流量便不再随压差而变化。

由调速阀组成的进口节流调速回路和出口节流调速回路的速度-负载特性如图 8.10 所示。当液压缸的负载力在 0~F_A 之间变化时,其速度不会随之变化。当负载力大于 F_A 时,由于调速阀的工作压差已小于调速阀正常工作的最小压差,其输出特性与节流阀相同。因此,其速度随负载力的增大而减小,当负载力增大到 F_B 时,液压缸停止运动($F_B=p_pA_1$)。

由调速阀构成的进口和出口节流调速回路的其他特性与相应的节流阀式进口和出口节流调速回路类同。在计算和分析时可参照前述相应公式。

由调速阀构成的旁路节流调速回路的速度-负载特性如图 8.11 所示。当液压缸的负载力在 F_A~F_B 区间增大时,速度仍有所减小,但减小幅度不大。这是由于液压泵的泄漏量随负载变化造成的。当负载力增大到 F_B 时，安全阀开启，液压缸停止运动；当负载力小于 F_A 时，由于调速阀的工作压差小于它正常工作的最小压差，其输出特性与节流阀相同，所以该段曲线与采用节流阀的旁路节流阀式节流调速回路速度－负载特性曲线的相应段一样。调速阀式旁路节流调速回路的其他特性与节流阀式旁路节流调速回路类同，在计算和分析时可参照前述相应公式。

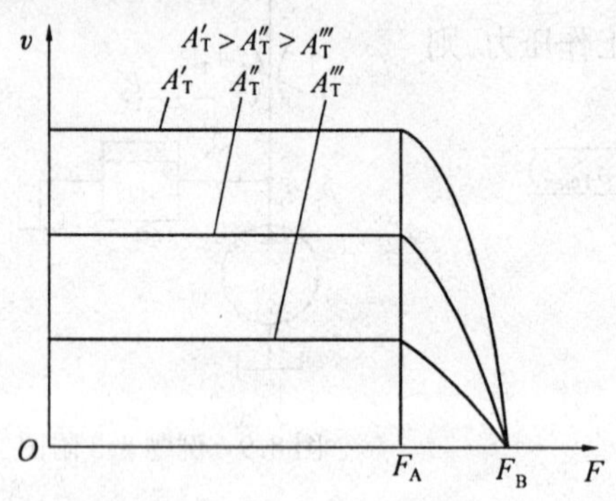

图 8.10　进口、出口调速阀式节流调速回路速度－负载特性

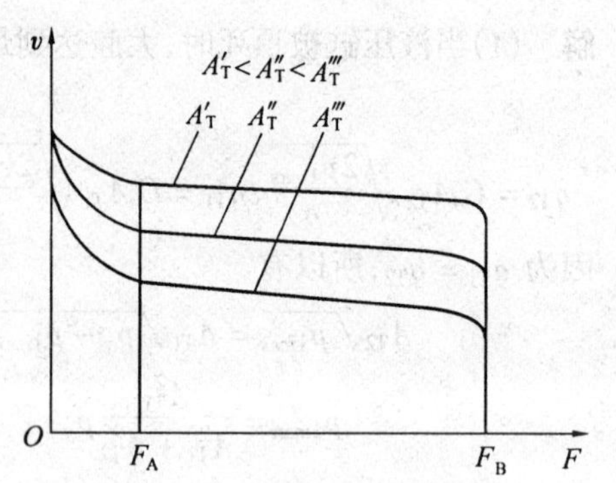

图 8.11　旁路调速阀式节流调速回路速度－负载特性

采用调速阀的节流调速回路在机床的中、低压小功率进给系统中得到了广泛的应用，例如，组合机床液压滑台系统、液压六角车床及液压多刀半自动车床刀架进给系统等等。

例 8.4　如图8.12所示，图示为采用调速阀的进口节流加背压阀的调速回路。负载 $F = 9\ 000$ N，液压缸两腔面积 $A_1 = 50$ cm^2，$A_2 = 20$ cm^2，背压阀的调定压力 $p_b = 0.5$ MPa。液压泵的供油流量 $q = 30$ L/min。不计管道和换向阀的压力损失。求：(1)欲使液压缸速度恒定，不计调压偏差，溢流阀最小调定压力 p_y 多大？(2)卸荷时的能量损失有多大？(3)若背压阀增加了 Δp_b，溢流阀调定压力的增量 Δp_y 应有多大？

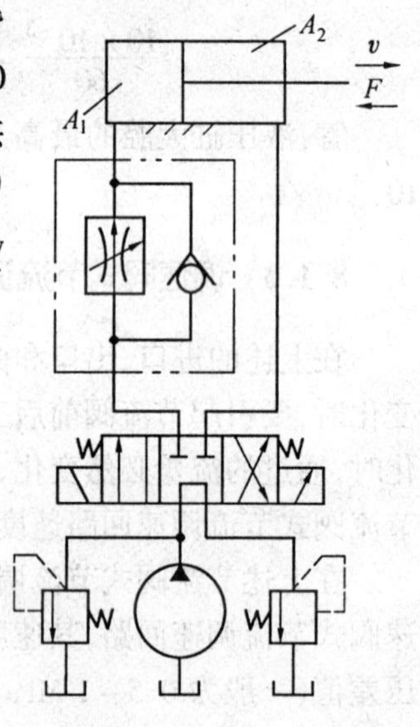

图 8.12　例题 8.4 附图

解　(1)因为 $p_2 = p_b$，所以

$$p_1 = \frac{F}{A_1} + \frac{A_2}{A_1}p_b = \frac{9\ 000}{50\times10^{-4}} + \frac{20}{50}\times0.5\times10^6 = 2\ \text{MPa}$$

由于不计调压偏差，所以

$$p_y = p_1 + \Delta p_T = 2\ \text{MPa} + 0.5\ \text{MPa} = 2.5\ \text{MPa}$$

(2) $P_{loss} = p_2 q = 0.5\times10^6\times\dfrac{30\times10^{-3}}{60} = 250$ W

(3)因为 $p_y = p_1 + \Delta p_T$，$p_2 = p_b$，所以

$$p_y = \frac{F}{A_1} + \Delta p_T + \frac{A_2}{A_1}p_b$$

当 $p_2 = p_b$ 时，溢流阀调定压力

$$p'_y = \frac{F}{A_1} + \Delta p_T + \frac{A_2}{A_1}(p_b + \Delta p_b)$$

$$p'_y = \frac{F}{A_1} + \Delta p_T + \frac{A_2}{A_1}p_b + \frac{A_2}{A_1}\Delta p_b = p_y + \frac{A_2}{A_1}\Delta p_b$$

溢流阀调整压力的增加量

$$\Delta p_y = p'_y - p_y = \frac{A_2}{A_1}\Delta p_b = \frac{2}{5}\Delta p_b$$

图 8.13 为溢流节流阀式进口节流调速回路，由于溢流节流阀中的差压式溢流阀 a 具有自动恒定节流阀 b 两端压力差的作用，因此，当液压缸负载力变化时，节流阀工作压差不变，通过的流量也不变，使液压缸的运动速度稳定。该回路的速度 - 负载特性与调速阀式进口节流调速回路基本相同(图 8.10)。该回路液压泵的工作压力与负载力相适应，其大小随负载力而变化。因此，在变负载力下工作时，这种回路比调速阀式进口和出口节流调速回路的效率高。溢流节流阀只能置于液压缸的进油路上，不能设置在出油路和旁油路上。溢流节流阀中的溢流阀不能起过载保护作用，因此，该回路需另外设置安全阀。

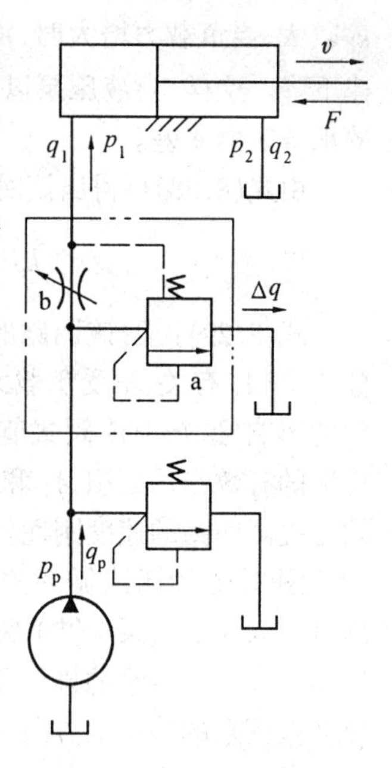

图 8.13　溢流节流阀式进口节流调速回路

8.1.4　容积式调速回路

节流调速回路由于存在着节流损失和溢流损失或节流损失，回路效率低，发热量大，因此，多用于小功率调速系统。在大功率调速系统中，多采用回路效率高的容积式调速回路。

容积式调速回路是通过改变变量泵或变量马达的排量来调节执行机构的运动速度。在容积调速回路中，液压泵输出的液压油全部直接进入液压缸或液压马达，无溢流损失和节流损失。而且，液压泵的工作压力随负载力的变化而变化，因此，这种调速回路效率高、发热量少。容积式调速回路多用于工程机械、矿山机械、农业机械和大型机床等大功率的调速系统中。

容积式调速回路液压系统的液压油循环有开式和闭式两种循环方式。在开式循环回路中，液压泵从油箱中吸入液压油，执行元件的回油排至油箱。这种循环回路的主要优点是液压油在油箱中能够得到良好冷却，使油温降低，同时便于沉淀液压油中的杂质和析出气体。主要缺点是空气和其他污染物侵入液压油的机会多，侵入后影响系统正常工作，降低液压油使用寿命。另外，油箱结构尺寸较大，占有一定空间。在闭式循环回路中，液压泵将液压油压送到执行元件的进油腔，同时又从执行元件的回油腔抽吸液压油。闭式回路的主要优点是不需要大的油箱，结构尺寸紧凑，空气和其他污染物侵入系统的可能性小。主要缺点是散热条件差，对于有补油装置的闭式循环回路来说，结构比较复杂，造价较高。

按液压执行元件的不同，容积调速回路可分为泵 - 缸式和泵 - 马达式两类。绝大部分泵 - 马达式容积调速回路和部分泵-缸式容积调速回路的油液循环采用闭式循环方式。

1. 泵 - 缸式容积调速回路

泵 - 缸式容积调速回路开式循环的油路结构如图 8.14 所示。它由变量泵、液压缸和起安全作用的溢流阀组成。通过改变液压泵的排量 V_p，可调节液压缸的运动速度 v。

当不考虑管路、液压缸的泄漏和压力损失时，液压缸的速度为

$$v = \frac{q_p}{A_1} = \frac{q_t - k_l \dfrac{F}{A_1}}{A_1} = \frac{V_p n_p - k_l \dfrac{F}{A_1}}{A_1} \tag{8.28}$$

根据式(8.28)按不同 V_p 值作图,可得一组速度-负载特性曲线,如图 8.15 所示。由于变量泵的泄漏系数 k_l 较大,当负载力增大时,液压缸的运动速度按线性规律下降。这样,当液压泵以小排量(低速)工作时,回路的承载能力变差。

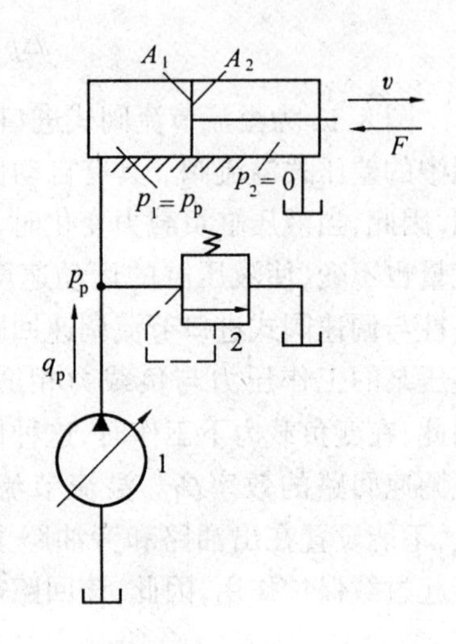

图 8.14 泵－缸开式容积调速回路

1—变量泵;2—安全阀

由式(8.28)可得出该回路的速度刚性为

$$k_v = \frac{A_1^2}{k_l} \tag{8.29}$$

式(8.29)说明该回路的速度刚性只与回路自身参数 k_l 和 A_1 有关,不受负载力和运动速度大小等工作参数的影响(这与节流阀式节流调速回路不同)。增大液压缸的有效作用面积 A_1 和减小液压泵的泄漏系数 k_l,均可提高回路的速度刚性。

图 8.16 为闭式循环的泵-缸式容积调速回路。液压缸由双向变量泵 7 供油驱动,泵缸之间组成闭式循环回路。改变液压泵的排量可调节液压缸的运动速度,改变液压泵的输出油方向,可使液压缸运动换向。该回路设有补油和运动换向装置。当换向阀 3 和液动换向阀 4 处于图示位置时,变量泵 7 的油口 c 为压油口,液压缸活塞向右运动。补油泵 1 输出的低压油经换向阀 3 和液动换向阀 4 的右位,向变量泵 7 的吸油口 d 补油。当换向阀 3 变换位置使左位接入系统时,补油泵 1 输出的压力油一方面使液动换向阀 4 的左位接入系统,同时作用在变量泵 7 的控制油缸 a 上,使变量泵 7 改变输油方向,这时,d 为压油口,c 为吸油口;另一方面经液动换向阀 4 的左位向变量泵 7 的吸油口 c 补油。溢流阀 2 用来调节补油泵 1 的工作压力(也就是液压缸回油腔和变量泵吸油口压力),同时,将补油泵输出的多余油液溢回油箱。变量泵 7 只在换向瞬间经单向阀 5 或 9 从油箱中吸油。两个安全阀 6 和 8 用以限定回路在每个方向上的最高压力,起过载保护作用。

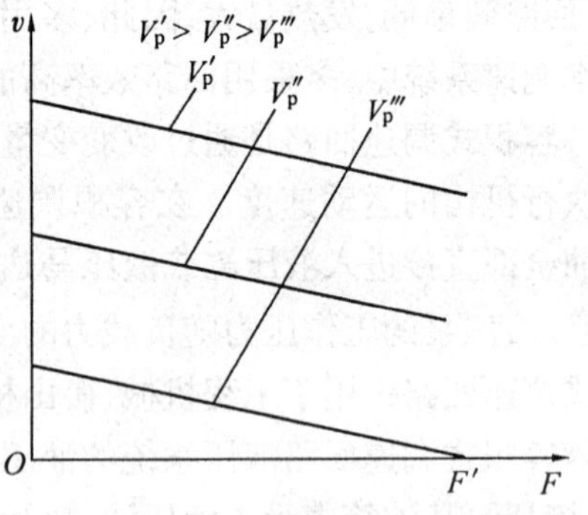

图 8.15 泵－缸开式容积调速回路

速度－负载特性

该闭式循环泵－缸式容积调速回路的工作特性与上述开式循环回路完全相同。

2. 泵－马达式容积调速回路

泵－马达式容积调速回路有变量泵－定量马达、定量泵－变量马达和变量泵－变量马达三种组合形式。它们普遍用于工程机械、行走机构、矿山机械及静液压无级变速装置中,但在机床等设备上却很少使用。

(1) 变量泵－定量马达式容积调速回路。图 8.17 为闭式循环的变量泵－定量马达式容积调速回路。回路由变量泵 4、定量马达 6、安全阀 5、补油泵 1、溢流阀 2、单向阀 3 等组成。改变变量泵 4 的排量 V_p,即可以调节定量马达 6 的转速 n_M。安全阀 5 用来限定回路的最高压力,起过载保护作用。补油泵 1 用以补充由泄漏等因素造成的变量泵 4 吸油流量的不足部分。溢流阀 2 调定补油泵 1 的输出压力,并将其多余的流量溢回油箱。

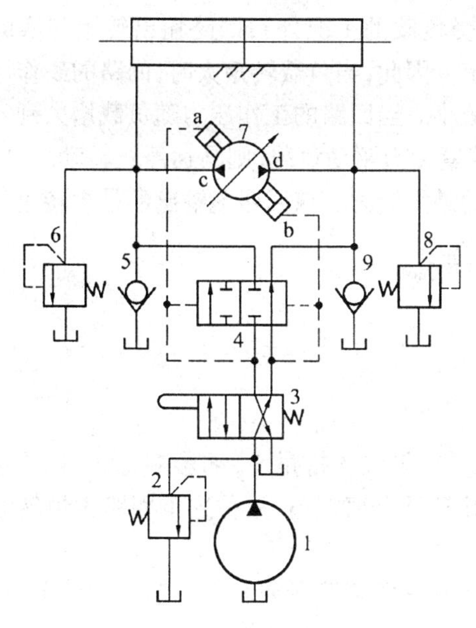

图 8.16　泵-缸闭式容积调速回路

1—补油泵;2—溢流阀;3—换向阀;

4—液动阀;5,9—单向阀;6,8—安全阀;

7—变量泵

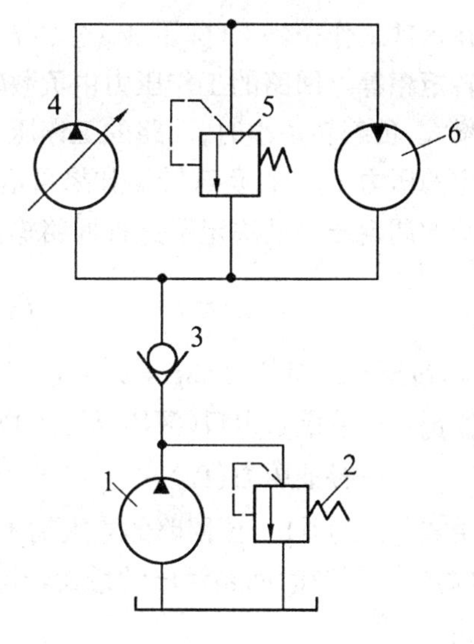

图 8.17　变量泵-定量马达

容积调速回路

1—补油泵;2—溢流阀;

3—单向阀;4—变量泵;

5—安全阀;6—定量马达

在不考虑管路压力损失和泄漏时,液压马达转速为

$$n_M = \frac{q_p}{V_M} = \frac{V_p n_p - k_l \dfrac{2\pi T_M}{V_M}}{V_M} \tag{8.30}$$

式中　n_M——液压马达的转速(r/s);

V_M——液压马达的排量(m^3/r);

V_p——液压泵的排量(m^3/r);

n_p——液压泵的转速(r/s);

k_l——液压泵和液压马达泄漏系数之和(m^3/(s·Pa));

T_M——液压马达负载转矩(N·m)。

根据式(8.30)按不同的 V_p 值作图,得一组速度-负载特性曲线如图 8.18 所示。由图可知,由于变量泵和液压马达的泄漏,液压马达转速随着负载转矩的增大而减小。当液压泵的排量 V_p 很小时,负载转矩不太大,马达就会停止转动,这说明液压泵在小排量(低转速)时回路承载能力差。由式(8.30)可导出的回路速度刚性为

$$k_v = \frac{V_M^2}{2\pi k_l} \tag{8.31}$$

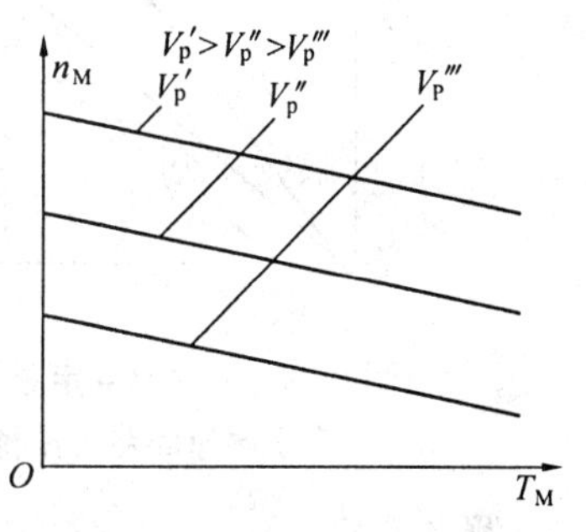

图 8.18　变量泵-定量马达容积调速回路速度-负载特性

由此可知,增大马达排量 V_M 和减小泄漏系数 k_l 都可提

高这种回路的速度刚性。

在正常工作条件下(除了 V_p 过小而不能承受负载的工况外),回路输出转矩与实际的负载转矩相等。回路的工作压力由负载转矩决定。因此,当负载转矩大时,回路的工作压力自动增大,负载转矩小时,回路的工作压力自动减小。当回路的工作压力随负载增大到安全阀调定的压力 $p_{安}$ 时,负载转矩如果再增大,回路就无力驱动负载,则马达停止转动。这样,安全阀的调定压力就决定了这种回路输出转矩的最大能力。该回路能输出的最大转矩为

$$T_{\mathrm{Mmax}} = \frac{\Delta p V_{\mathrm{M}}}{2\pi}\eta_{\mathrm{mM}} \tag{8.32}$$

式中 Δp——压差(Pa),$\Delta p = p_s - p_o$;

p_s——液压泵出口(液压马达入口)压力(Pa);

p_o——补油压力(Pa)。

由式(8.32)看出,该回路的最大输出转矩不受变量泵 4 排量 V_p 的影响,而且与调速无关,在高速和低速时回路输出的最大转矩相同,并且是个恒定值,故称这个回路为恒转矩调速回路。

该回路的输出功率由实际负载功率决定。在不考虑管路泄漏和压力损失的情况下,当回路输出转矩最大时,回路的最大输出功率为

$$P_{\mathrm{Mmax}} = 2\pi T_{\mathrm{Mmax}} n_{\mathrm{M}} = \Delta p V_{\mathrm{M}} n_{\mathrm{M}} \eta_{\mathrm{vM}} = p_s n_p V_p \eta_{\mathrm{M}} \tag{8.33}$$

综上所述,该回路的工作特性($n_M - V_p$,$T_M - V_p$,$P_M - V_p$)曲线如图 8.19 所示。变量泵-定量马达容积调速回路的调速范围可达 40 左右。当回路中的液压泵和马达都能双向作用时,马达可以实现平稳反向。这种回路在小型内燃机车、液压起重机、船用绞车等有关装置上都得到了应用。

例 8.5 图8.20所示变量泵-定量马达系统,已知液压马达的排量 $q_m = 120\ \mathrm{cm^3/r}$,液压泵排量为 $q_p = 10 \sim 50\ \mathrm{cm^3/r}$,转速 $n_p = 1\ 200\ \mathrm{r/min}$,安全阀的调定压力 $p_y = 100 \times 10^5\ \mathrm{Pa}$,设泵和马达的容积效率和机械效率均为 100%,求:马达的最大输出转矩 T_{max}、最大输出功率 P_{max}和调速范围。

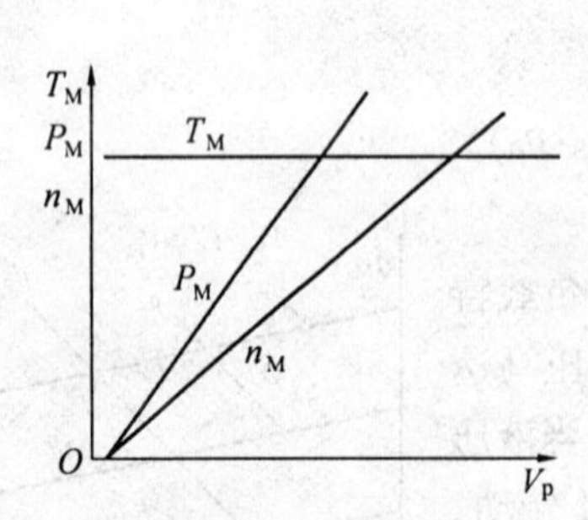

图 8.19 变量泵-定量马达式容积调速回路工作特性

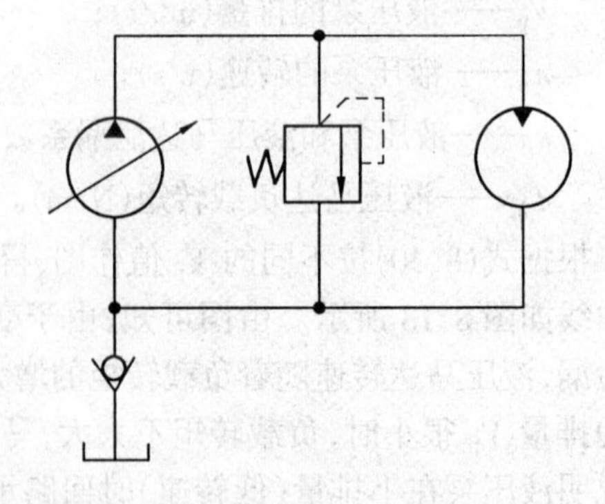

图 8.20 例题 8.5 附图

解

$$T_{max} = \frac{\Delta p V_M}{2\pi} = \frac{P_y q_m}{2\pi}\eta = \frac{100 \times 10^5 \times 120 \times 10^{-6}}{2\pi} = 190.99\ \mathrm{N \cdot m}$$

$$P_{\max}=2\pi T_{\max}n_{\max}=p_{s}n_{p}v_{p}=100\times10^{5}\times\frac{1\,200}{60}\times50\times10^{-6}=10\text{ kW}$$

调速范围

$$i=\frac{n_{\max}}{n_{\min}}=\frac{1\,200\times50/120}{1\,200\times10/120}=5$$

答:马达的最大输出转矩 $M_{\max}=190.99$ N·m,最大输出功率 $N_{\max}=10$ kW,调速范围 $i=5$。

(2) 定量泵 - 变量马达式容积调速回路。带有辅助泵补油装置的定量泵 - 变量马达式容积调速回路类似于图 8.17,只是变量泵 4 改为定量泵,定量马达 6 改为变量马达。马达的转速通过改变它自身的排量 V_M 进行调节。若不计管路泄漏及压力损失,马达的转速为

$$n_M=\frac{q_p}{V_M}=\frac{n_pV_p-k_l\dfrac{2\pi T_M}{V_M}}{V_M} \tag{8.34}$$

由式(8.34)可知,减小马达排量 V_M 可使转速增加。根据式(8.34)按不同的 V_M 值作图,可得一组速度 - 负载特性曲线(形状如图 8.18)。

由式(8.34)可导出该回路的速度刚性为

$$k_v=\frac{V_M^2}{2\pi k_l} \tag{8.35}$$

式(8.35)说明这种调速回路的速度刚性也是与马达排量 V_M 的平方成正比。因此,当高速时(马达排量 V_M 较小),回路的速度刚性很低,运动平稳性差。

在正常工作条件下,回路的输出转矩与负载转矩相等,工作压力由负载转矩决定。回路能输出的最大转矩受安全阀调定压力限定,并且与马达排量成正比。其最大输出转矩同式(8.32)。

式(8.32)表明,回路输出的最大转矩受调速参数 V_M 的影响,在低速时(V_M 大)输出转矩的能力大,高速时(V_M 小)输出转矩能力小。当 V_M 小到一定程度时,马达会突然停转,说明这种回路高速承载能力差。

该回路输出功率的最大值同式(8.33)。

由式(8.33)可以看出,定量泵-变量马达式容积调速回路,输出功率的最大能力与调速参数 V_M 无关。即回路能输出的最大功率是恒定的,不受转速高低的影响。因此,称这种回路为恒功率调速回路。

综上所述,定量泵 - 变量马达式容积调速回路的工作特性曲线(n_M-V_M,T_M-V_M,P_M-V_M)如图 8.21 所示。

由于液压泵和液压马达存在着泄漏和摩擦等损失,在 $V_M=0$ 附近,n_M、T_M、P_M 也都等于零。

这种调速回路的调速范围很小,一般不大于 3。这是因为过小地调节液压马达的排量 V_M,会导致输出转矩 T_M 值降至很小,甚至带不动负载,使高转速受到限制;而低转速又由于马达泄漏使其数值不能太小。

这种调速回路的应用不如上一种回路广泛。它在造纸、纺织等行业的卷曲装置中得到了应用,能使卷件在不断加大直径的情况下,基本上保持被卷件的线速度和拉力恒定不变。

(3) 变量泵－变量马达式容积调速回路。图 8.22 为带有补油装置的闭式循环双向变量泵－变量马达式容积调速回路。改变双向变量泵 1 的供油方向,可使双向变量马达 2 正向或反向转换。左侧的两个单向阀 6 和 8 保证补油泵能双向地向变量泵 1 的吸油腔补油,补油压力由补油泵 4 左侧的溢流阀 5 调定。右侧两个单向阀 7 和 9 使安全阀 3 在变量马达 2 的正反向转动时,都能起过载保护作用。

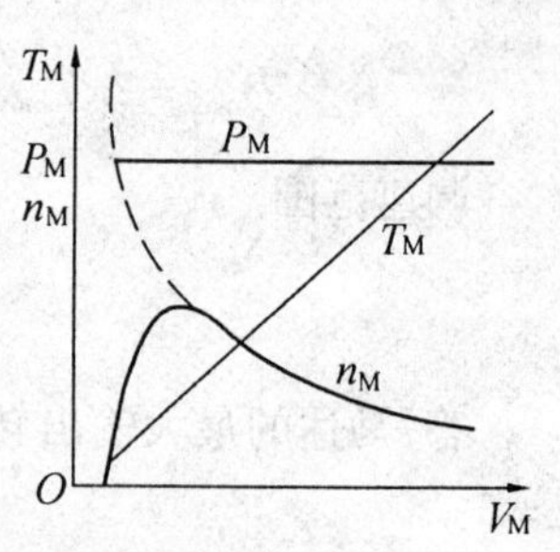

图 8.21 定量泵－变量马达式容积调速回路工作特性

该回路马达转速的调节可分成低速和高速两段进行。在低速段,将变量马达 2 的排量调到最大,通过调节变量泵 1 的排量来改变马达的转速。所以,这一速度段为变量泵－定量马达式容积调速回路的工作特性。在高速段,是将变量泵 1 的排量调至最大后,改变液压马达 2 的排量来调节马达转速。所以,这一速度段为定量泵－变量马达式容积调速回路的工作特性。图 8.23 为变量泵－变量马达容积式调速回路工作特性曲线。这种回路的调速范围是变量泵的调节范围 R_{cP}与变量马达调节范围 R_{cM}之积。因此,调速范围大(可达 100)。

这种回路适宜于大功率液压系统,如港口起重运输机械、矿山采掘机械等。

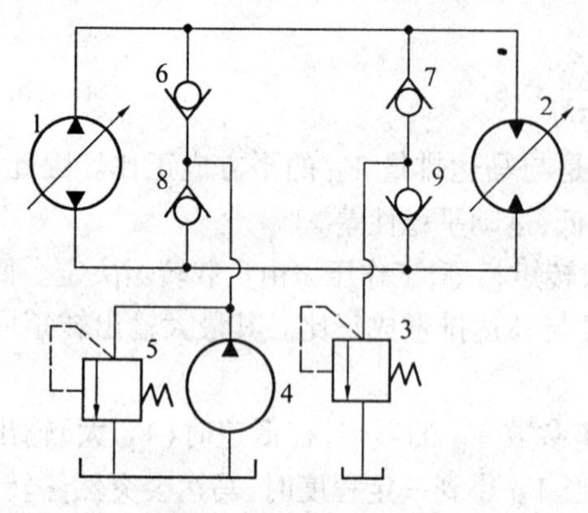

图 8.22 变量泵－变量马达容积调速回路

1—变量泵;2—变量马达;3—安全阀;

4—补油泵;5—溢流阀;6、7、8、9—单向阀

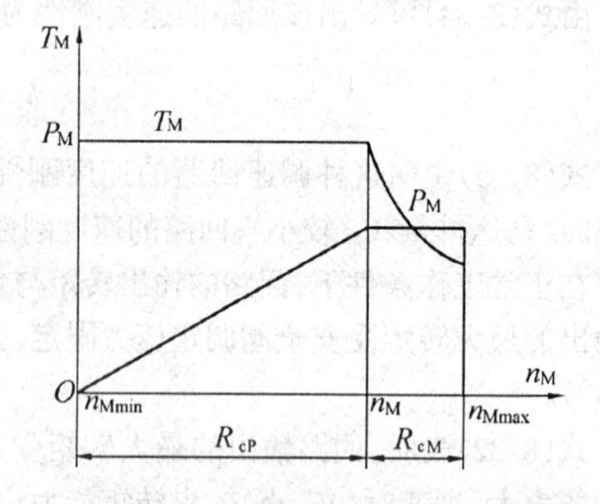

图 8.23 变量泵－变量马达容积调速回路工作特性

8.1.5 容积节流调速回路

容积调速回路虽然效率高、发热少,但仍存在速度－负载特性软的问题。调速阀式节流调速回路的速度－负载特性好,但回路效率低。采用两者的优点组成了容积节流调速回路,容积节流调速回路的效率虽然没有单纯的容积调速回路高,但比节流调速回路的效率高,它的速度－负载特性好。因此,在低速稳定性要求高的机床进给系统中得到了普遍的应用。

容积节流调速回路是采用压力补偿型变量泵供油,通过对节流元件的调整来改变流入或流出液压缸的流量来调节液压缸的速度;而液压泵输出的流量自动地与液压缸所需流量相适应。这种回路虽然有节流损失,但没有溢流损失,效率较高。常见的容积节流调速回路有下述两种。

1. 限压式变量泵－调速阀式容积节流调速回路

图 8.24 为限压式变量泵－调速阀式容积节流调速回路。它由限压式变量叶片泵、调速

阀和液压缸等主要元件组成。调速阀安装在进油路上(也可安装在回油路上)。液压缸的运动速度由调速阀调节,变量泵输出的流量 q_p 通过调速阀与进入液压缸的流量 q_1 相适应。其原理是:在调速阀通流截面积 A_T 调定后,通过调速阀的流量 q_1 是恒定不变的,而且 $q_p = q_1$。因此,当 A_T 调小,瞬时出现变量泵输出的流量 $q_p > q_1$ 时,泵的出口压力上升,通过压力反馈作用(见限压式变量叶片泵工作原理章节),使限压式变量叶片泵的流量自动减小到 $q_p \approx q_1$;反之,当 A_T 调大,瞬时出现变量泵输出的流量 $q_p < q_1$ 时,泵的出口压力下降,压力反馈作用又会使其流量自动增大到 $q_p \approx q_1$。可见调速阀在这里的作用不仅使进入液压缸的流量保持恒定,而且还使泵的输出流量恒定,并与液压缸流量相匹配。这样,变量泵的供油压力基本恒定不变,故又称为定压式容积节流调速回路。

这种调速回路的速度刚性、运动平稳性、承载能力和调速范围都和与它对应的节流调速回路类同。图 8.25 为这种调速回路的调速特性。

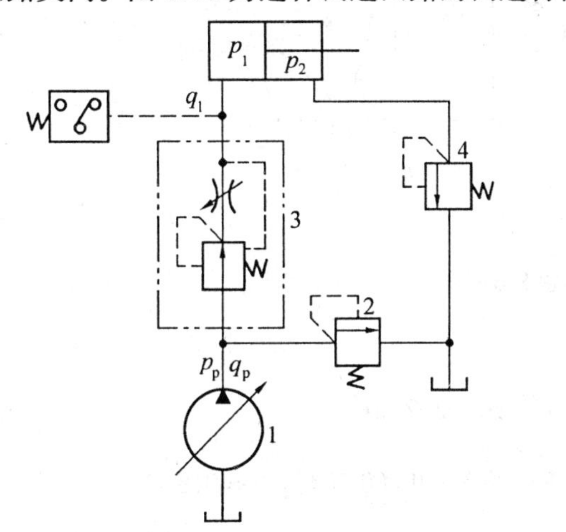

图 8.24　限压式变量泵 - 调速阀式容积节流调速回路

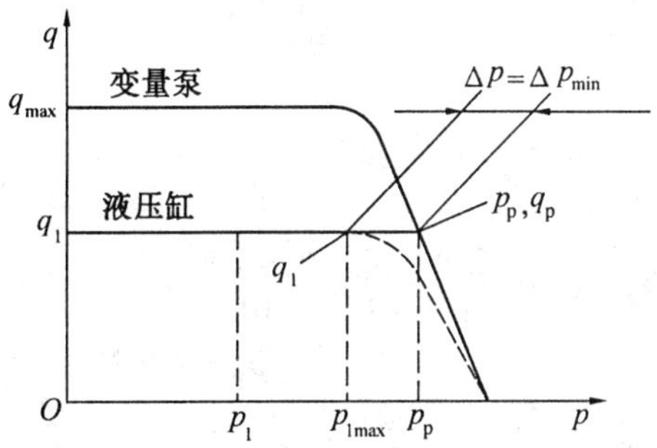

图 8.25　限压式变量泵 - 调速阀式容积节流调速回路的调速特性

由图 8.25 可见,这种回路虽然没有溢流损失,但仍然有节流损失,其损失的大小与液压缸的工作腔压力 p_1 有关。当进入液压缸的流量为 q_1 时,液压泵的供油流量应为 $q_p = q_1$,供油压力为 p_p。很明显,液压缸工作腔的正常工作压力范围是

$$p_1 = \frac{F}{A_1} + p_2 \frac{A_2}{A_1} = p_p - \Delta p \tag{8.36}$$

式中　Δp——保证调速阀正常工作的压差(Pa),一般它为 0.5 ~ 1 MPa 左右。

其他符号意义同前。

当 $p_1 = p_{1max}$ 时,回路中的节流损失最小;p_1 越小,节流损失越大。当液压缸回油腔(背压腔)压力 $p_2 = 0$ 时,回路的效率为

$$\eta_c = \frac{p_1}{p_p} \tag{8.37}$$

当 $p_2 \neq 0$ 时,回路的效率为

$$\eta_c = \frac{p_1 - p_2 \frac{A_2}{A_1}}{p_p} \tag{8.38}$$

例 8.6　如图8.26所示的液压回路,限压式变量叶片泵调定后的流量压力特性曲线如图 8.26 右图所示,调速阀的调定流量为 2.5 L/min,液压缸两腔的有效面积 $A_1 = 2A_2 = 50\ \text{cm}^2$,不计管路损失,求:(1)液压缸的大腔压力 p_1;(2)当负载 $F = 0$ 和 $F = 9\ 000$ N 时的小腔压力 p_2;(3)设液压泵的总效率为 0.75,求液压系统的总效率。

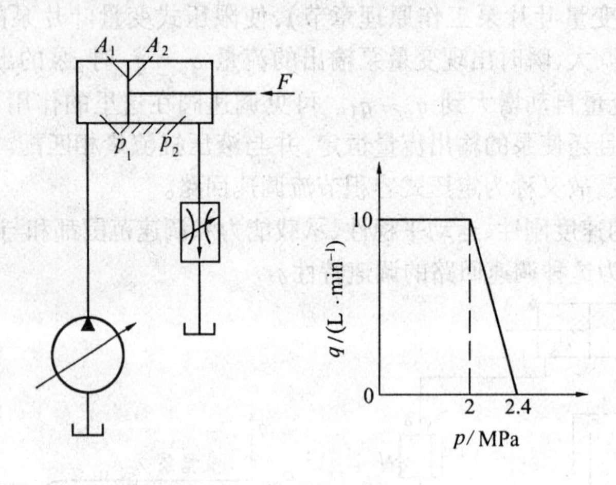

图 8.26　例题 8.6 附图

解　(1)由$\dfrac{2.4 - p_p}{2.4 - 2} = \dfrac{2.5 \times 2}{10}$得

$$p_p = 2.2\ \text{MPa} \qquad p_1 = p_p = 2.2\ \text{MPa}$$

(2)$p_2 = \dfrac{p_1}{A_2}A_1 - \dfrac{F}{A_2}$;当 $F = 0$ 时,$p_2 = 4.4$ MPa;当 $F = 9\ 000$ N 时,$p_2 = 0.8$ MPa。

(3)液压回路的效率

$$\eta = \frac{Fv}{p_1 q_1} = \frac{F\dfrac{q}{A_2}}{p_1 q_1} = \frac{F}{p_1 A_1} = \frac{9\ 000}{2.2 \times 10^6 \times 50 \times 10^{-4}} = 0.82$$

系统总效率

$$\eta = 0.82 \times 0.75 = 0.62$$

答:(1)液压缸的大腔压力 $p_1 = 2.2$ MPa;(2)当负载 $F = 0$ 时,小腔压力 $p_2 = 4.4$ MPa,负载 $F = 9\ 000$ N 时,小腔压力 $p_2 = 0.8$ MPa;(3)液压系统的总效率 $\eta = 0.82$。

2. 稳流量泵 - 节流阀式容积节流调速回路

稳流量泵 - 节流阀式容积节流调速回路如图8.27所示。它由稳流量式变量叶片泵 1、节流阀 2、安全阀 3 和液压缸等基本元件组成。稳流量泵的定子左右两侧各有一控制缸,左侧缸柱塞面积 A_{p1}与右侧缸活塞杆的面积相等。节流阀的进油口与左侧缸和右侧缸的有杆腔相通;节流阀的出口与右侧缸的无杆腔相通。右侧缸无杆腔的面积为 A_{p2},由压力 p_1 和压缩弹簧 R 产生的推力 F_s 可使定子左移,增加偏心距 e,从而使液压泵的排量增大。左侧缸及右侧缸有杆腔压力 p_p 产生的推力,可使定子右移,减小偏心距 e,使液压泵的排量减小。

该回路中液压缸的运动速度通过改变节流阀通流截面面积 A_T,控制进入液压缸的流量 q_1 来调节。当节流阀通流截面面积 A_T 调定后,液压泵输出流量 q_p 就自动与通过节流阀的

流量 q_1 相匹配。比如,若某时刻液压泵输出流量 $q_p > q_1$,液压泵输出流量泵出口压力 p_p 升高,则控制缸作用在定子左侧的推力大于右侧的推力,定子右移,使泵的排量减小,直至液压泵输出流量 $q_p = q_1$。反之,当液压泵输出流量 $q_p < q_1$ 时,p_p 减小,定子左移,使泵的排量增大,直到液压泵输出流量 $q_p = q_1$。由此可见,液压泵输出流量 $q_p = q_1$ 的过程是一个自动调节过程。在这个自动调节过程中,为了防止控制缸左右振动,在控制油路中设有阻尼孔 a,用以增加控制系统的阻尼,提高稳定性。

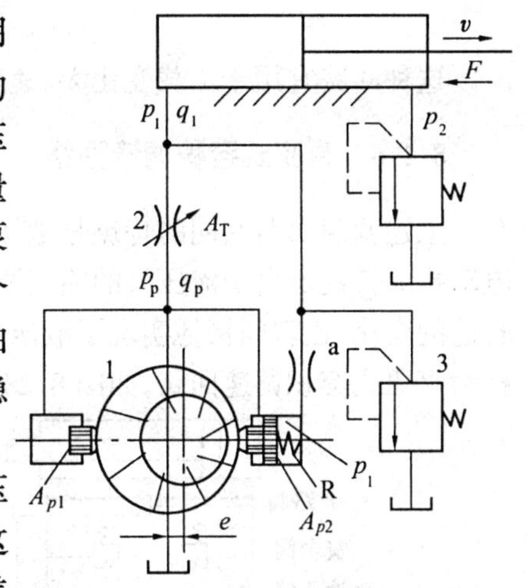

图 8.27　稳流量泵－节流阀式容积节流调速回路

1—稳流量泵;2—节流阀;3—安全阀

在这种回路中,当节流阀开口量调定后,输入液压缸的流量 q_1 基本不受负载变化的影响而保持恒定。这是因为稳流量泵的控制回路能保证节流阀的工作压差不变,并且具有自动补偿泄漏的功能。依据控制缸对定子作用力的静态平衡方程,可以导出节流阀工作压差 Δp 为

$$p_pA_{p1} + p_p(A_{p2} - A_{p1}) = p_1A_{p_2} + F_s$$

$$\Delta p = p_p - p_1 = \frac{F_s}{A_{p2}} \tag{8.39}$$

由式(8.39)可知,节流阀的工作压差 Δp 由弹簧 R 的推力 F_s 决定。由于该弹簧刚度较小,工作中压缩量变化又很小,所以推力 F_s 基本恒定,且面积 A_{p2} 较大,故可保证节流阀的工作压差 Δp 基本保持不变,使节流阀的工作压差不受负载变化的影响,具有调速阀的功能。其自动调节的工作过程是:当负载力变大使压力 p_1 增大时,在液压泵的排量及输出压力 p_p 未变的瞬间,由于节流阀的工作压差 Δp 减小,会使通过节流阀的流量 q_1 减小;但是,在 p_1 增大的同时,控制缸右腔的压力也增大,推动定子左移,增大液压泵的排量,使 p_p 随之增大,维持压差 Δp 基本不变。在这一自动调节过程中,液压泵所增加的理论流量正好补偿了由于压力 p_p 提高所增加的内泄漏量,因此液压泵的输出流量基本未变。反之,当负载变小从而使压力 p_1 减小时,控制缸右腔的压力也减小,则定子右移,使排量减小,导致压力 p_p 减小,维持压差 Δp 不变。在这个调节过程中,泵减小的理论流量与压力 p_p 降低所减少的泄漏量相当。因此,液压泵输出的流量基本未变。

由上述可知,这种回路的速度刚性、运动平稳性和承载能力都和限压式变量叶片泵－调速阀式容积节流调速回路相当。它的调速范围也只取决于节流阀的调速范围。该回路中液压泵的输出压力跟随负载而变化,因此,又称它为变压式容积节流调速回路。在节流阀出口并联一个溢流阀,起安全保护作用。

这种回路只有节流损失,无溢流损失,而且,由于泵的输出压力随负载的变化而增减,节流阀工作压差不变,故在变载情况下,节流损失比限压式变量叶片泵－调速阀式容积节流调速回路小得多,因此,回路效率高、发热少。

当液压缸回油腔压力为零时,回路效率为

$$\eta_c = \frac{p_1 q_1}{p_p q_p} = \frac{p_1}{p_1 + \Delta p} \tag{8.40}$$

这种回路宜用于负载变化大、速度较低的中、小功率场合，如某些组合机床的进给系统。

8.1.6　直驱式容积调速回路

上述调速回路共同的特点是液压泵的旋转速度基本保持恒定，这主要取决于驱动它的电动机的特性。由于液压泵的输出流量取决于泵的转速和排量，因此，如果能够控制电动机转速的变化，也就间接地实现了液压系统的调速功能。采用这种方式进行调速的液压回路称为直驱式容积调速回路，如图 8.28 所示。

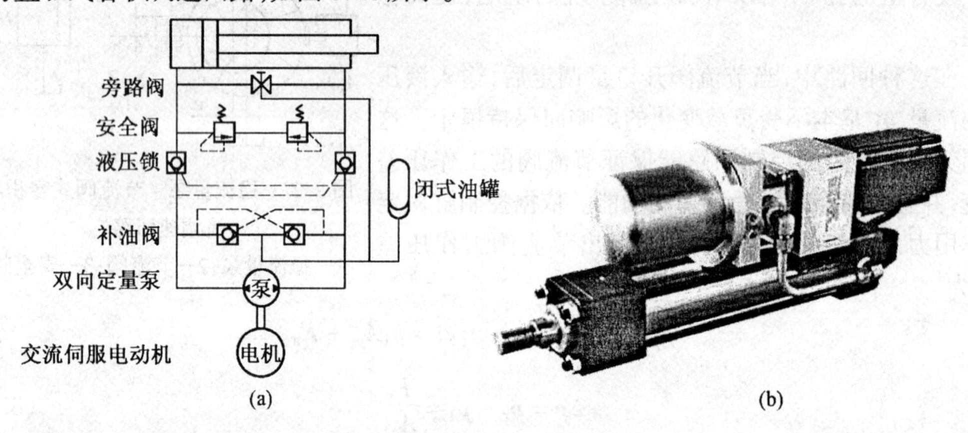

图 8.28　直驱式容积调速回路及产品

直驱式容积调速回路中采用定量泵作为油源，电动机的转速决定泵的输出流量，电动机的转向决定执行元件的运动方向。在液压回路正常工作时，油液不流经具有节流效果的阀类元件，因此也被称为无阀系统。该回路多采用控制性能较好的伺服电动机作为动力源，出于成本考虑，也可采用交流变频调速技术。

直驱式容积调速回路短，压力损失小，发热少，体积小，可靠性高，但其频率响应相对较低(通常小于 3 Hz)。

8.2　多缸运动回路

在液压传动系统中，用一个液压油源向两个或多个液压缸(或液压马达)提供液压油，并按各缸之间的运动关系进行控制，完成预定功能的回路，被称为多缸运动回路。多缸运动回路分为顺序运动回路、同步运动回路和互不干扰回路等。

8.2.1　顺序运动回路

多个液压缸各自严格地按给定顺序运动的回路，称为顺序运动回路。这种回路在机械制造等行业的液压传动系统中得到了普遍应用。如组合机床回转工作台的抬起和转位，夹紧机构的定位和夹紧等，都必须按固定的顺序运动。顺序运动回路的控制方式有三种，即行程控制、压力控制和时间控制。

1. 行程控制的顺序运动回路

行程控制是利用执行元件运动到一定位置(或行程)时,发出控制信号,使另一执行元件开始运动。

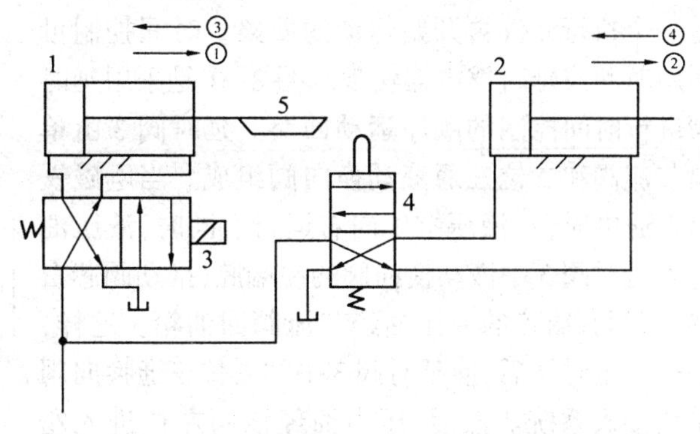

图 8.29　行程阀控制的顺序运动回路

1、2—液压缸;3—电磁换向阀;4—行程换向阀;5—挡块

图 8.29 是用机动换向阀(又称行程阀)控制的顺序运动回路。电磁换向阀和行程换向阀处于图示状态时,左液压缸和右液压缸的活塞都处于左端位置(即原位)。当电磁换向阀的电磁铁通电后,左液压缸的活塞按箭头①的方向右行。当液压缸运行到预定的位置时,挡块压下行程换向阀,使其上位接入系统,则右液压缸的活塞按箭头②的方向右行。当电磁换向阀的电磁铁断电后,左液压缸的活塞按箭头③的方向左行。当挡块离开行程换向阀后,右液压缸按箭头④的方向左行退回原位。

该回路中的运动顺序①与②和③与④之间的转换,是依靠机械挡块推压行程换向阀的阀芯使其位置变换来实现的,因此,动作可靠。但是,行程换向阀必须安装在液压缸附近,而且改变运动顺序较困难。

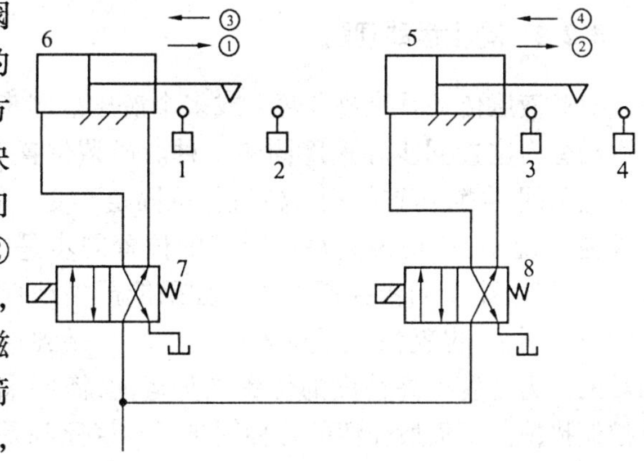

图 8.30　行程开关和电磁阀换向控制的顺序运动回路

1、2、3、4—行程开关;5、6—液压缸;7、8—电磁换向阀

图 8.30 是用行程开关和电磁换向阀控制的顺序运动回路。左电磁换向阀的电磁铁通电后,左液压缸按箭头①的方向右行。当它右行到预定位置时,挡块压下行程开关 2,发出信号使右电磁换向阀的电磁铁通电,则右液压缸按箭头②的方向右行。当它运行到预定位置时,挡块压下行程开关 4,发出信号使左电磁换向阀的电磁铁断电,则左液压缸按箭头③的方向左行。当它左行到原位时,挡块压下行程开关 1,使右电磁换向阀的电磁铁断电,则右液压缸按箭头④的方向左行,当它左行到原位时,挡块压下行程开关 3,发出信号表明工作循环结束。

这种用电信号控制转换的顺序运动回路,使用调整方便,便于更改动作顺序,因此,应用较广泛。这种回路工作的可靠性主要取决于电器元件的质量。

2. 压力控制的顺序运动回路

压力控制的顺序运动回路是利用系统工作过程中压力的变化来控制执行元件之间的顺序运动。回路的组成和工作原理见第 6 章中的顺序阀在液压传动系统中的应用一节。压力控制的顺序运动回路在定位夹紧等机构中获得应用。

3. 时间控制的顺序运动回路

时间控制的顺序运动回路是在一个执行元件开始运动后,经过预先设定的一段时间后,另一个执行元件再开始运动的回路。时间控制可利用时间或延时继电器实现。图 8.31 是采用延时阀进行时间控制的顺序运动回路。延时阀 3 由单向节流阀和二位三通液动换向阀组成。当电磁铁 1YA 通电时，右液压缸 1 向右运行。同时，液压油进入延时阀 3 中液动换向阀的左端腔，推动阀芯右移，该阀右端腔的液压油经节流阀回油箱。这样，经过一定时间后，使延时阀 3 中的二位三通换向阀左位接入系统。然后，压力油经该阀左位进入左液压缸 2 的左腔，使其向右运行。右液压缸 1 向右运行结束与左液压缸 2 向右运行开始的时间间隔可用延时阀 3 中的节流阀调节。当电磁铁 2YA 通电后，右液压缸 1 与左液压缸 2 一起快速左行返回原位。同时，压力油进入延时阀 3 的右端腔，使延时阀 3 中的二位三通阀阀芯左移复位。由于延时阀所设定的时间易受油温的影响，常在一定范围内波动，因此，这种回路很少单独使用，往往采用行程 - 时间复合控制方式。

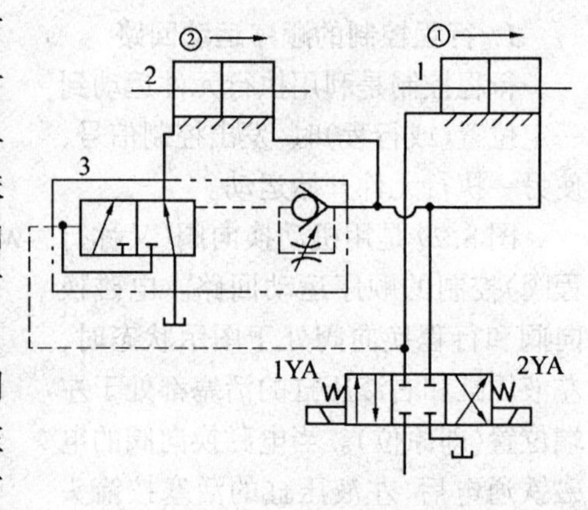

图 8.31　延时阀控制的顺序运动回路
1—右液压缸；2—左液压缸；3—延时阀

8.2.2　同步运动回路

有些液压传动系统要求两个或多个液压缸同步运动。同步运动分为位置同步和速度同步两种。所谓位置同步，就是在每一瞬间，各液压缸的相对位置保持固定不变。但是，在开环控制系统中，严格做到每一瞬间的位置同步是困难的，因此，常常采用速度同步控制方式。如果能严格地保证每一瞬间的速度同步，也就保证了位置同步。然而做到这一点也是困难的。为了获得高精度的位置同步运动，需要采用位置闭环控制措施。下面所介绍的几种同步运动回路都是开环控制的，同步精度不高。

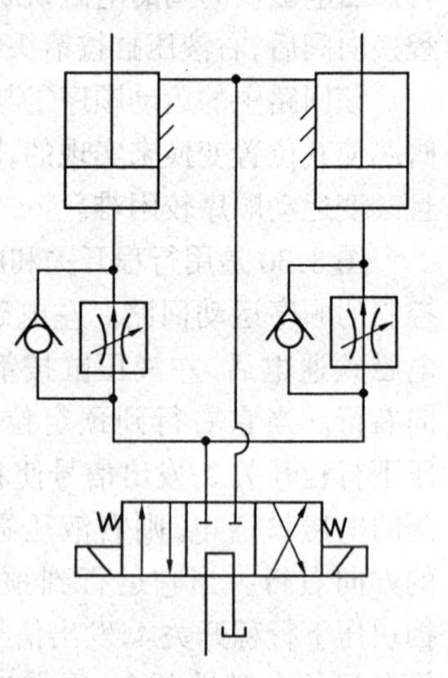

图 8.32　用调速阀控制的同步回路

1. 用调速阀控制的同步回路

图 8.32 所示的同步运动回路是在两个液压缸的进油路（或回油路）上分别接入调速阀，仔细调节调速阀开口，可实现两个液压缸在一个方向上（向上）运动速度的同步。这种同步回路的结构简单，组成回路容易。但是，调节麻烦，同步精度差，速度同步误差约为 5% ~ 10%。因此，很难实现位置同步。同时，液压缸最高运行速度受到调速阀流量的限制，因此，只用于同步精度要求不高、速度较低的场合。

例 8.7　图8.33所示液压系统中，已知两液压缸无杆腔面积皆为 $A_1 = 40\ \text{cm}^2$，有杆腔面积皆为 $A_2 = 20\ \text{cm}^2$，负载大小不同，其中 $F_1 = 8\,000$ N，$F_2 = 12\,000$ N，溢流阀的调整压力为 $p_y = 35\times10^5$ Pa，液压泵的流量 $q_p = 32$ L/min。节流阀开口不变，通过节流阀的流量 $q = CA\sqrt{\dfrac{2}{\rho}\Delta p}$，设 $C = 0.62$，$\rho = 900\ \text{kg/m}^3$，$A = 0.05\ \text{cm}^2$，求各液压缸活塞的运动速度。

解　对 I 缸分析,其压力 p_1 为

$$p_1=\frac{F_2}{A_1}=\frac{12\ 000}{40\times10^{-4}}=3\ \text{MPa}$$

对 II 缸分析,其压力 p_2 为

$$p_2=\frac{F_1}{A_1}=\frac{8\ 000}{40\times10^{-4}}=2\ \text{MPa}$$

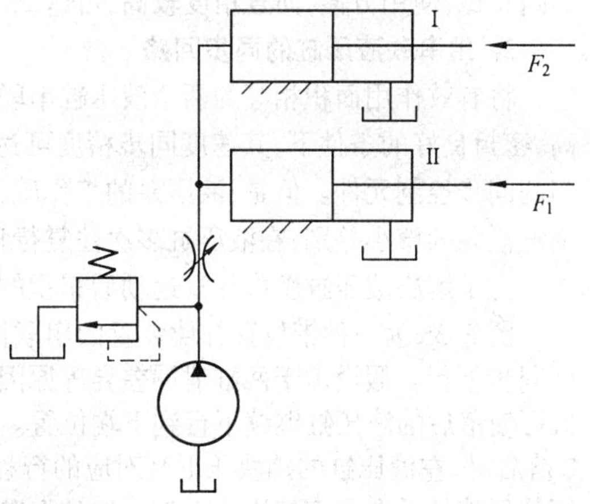

假设溢流阀的溢流量为 0,$q=5.33\times10^{-4}$ m^3/s,则

$$\Delta p=\left(\frac{q_p}{CA}\sqrt{\frac{\rho}{2}}\right)^2=\left(\frac{32\times10^{-3}}{60\times0.62\times0.05\times10^{-4}}\times\sqrt{\frac{900}{2}}\right)^2=13.3\ \text{MPa}$$

由 $p_p=p_1+\Delta p>p_y$,可知溢流阀处于溢流状态。

图 8.33　例题 8.7 附图

两个液压缸并联,其负载大小各不相同,故 II 缸先动,I 缸不动;当 II 缸活塞到头后,I 缸再动,故其速度按分别动作计算。

$$p_p=p_y=35\times10^5\ \text{Pa}=3.5\ \text{MPa}\qquad \Delta p_1=p_p-p_1=5\times10^5\ \text{Pa}=0.5\ \text{MPa}$$

$$\Delta p_2=p_p-p_2=15\times10^5\ \text{Pa}=1.5\ \text{MPa}$$

$$q_1=CA\sqrt{\frac{2}{\rho}\Delta p_1}=0.62\times0.05\times10^{-4}\times\sqrt{\frac{2}{900}\times5\times10^5}=1.03\times10^{-4}\ \text{m}^3/\text{s}$$

$$q_2=CA\sqrt{\frac{2}{\rho}\Delta p_2}=0.62\times0.05\times10^{-4}\times\sqrt{\frac{2}{900}\times15\times10^5}=1.79\times10^{-4}\ \text{m}^3/\text{s}$$

$$v_1=\frac{q_1}{A_1}=\frac{1.03\times10^{-4}}{40\times10^{-4}}=0.025\ 8\ \text{m/s}$$

$$v_2=\frac{q_2}{A_2}=\frac{1.79\times10^{-4}}{40\times10^{-4}}=0.044\ 8\ \text{m/s}$$

答:I 缸活塞运动速度为 0.025 8 m/s,II 缸活塞运动速度为 0.044 8 m/s。

2. 用分流阀控制的同步回路

用分流阀控制两个并联液压缸的同步运动回路如图 8.34 所示。在两个结构尺寸相同的液压缸的进油路上串接分流阀。该分流阀能保证进入两液压缸的流量相等,从而实现速度同步运动。其工作原理如下:分流阀 8 中左右两个固定节流口的尺寸和特性相同。分流阀阀芯可依据液压缸负载变化而自由地轴向移动,以调节 a、b 两处节流口的开度,保证阀芯左端压力 p_1 与右端压力 p_2 相等。这样,可保持左固定节流口 4 两端压差(p_p-p_1)与右固定节流口 5 两端压差(p_p-p_2)相等,从而使进入两液压缸的流量相同,实现两缸速度同步。例如,当阀芯处于某一平衡位置($p_1=p_2$)时,若左液压缸的负载压力 p' 增大,p_1 也会随之增大。假设此时的阀芯不动,由于左固定节流口 4 的工作压差(p_p-p_1)减小,会使进入液压缸 1 的流量减少,造成两缸不同步。但是,在 p_1 增大时,由于 $p_1>p_2$,使阀芯 3 右移,节流口 a 变大,b 变小,结果使压力 p_1 减小、p_2 增大,直到 $p_1=p_2$ 时阀芯停留在新的平衡位置。只要保证压力 $p_1=p_2$,左右两固定节流口上的工作压差就相等,流过节流阀的流量就相等,保证了两缸的速度同步。两缸反向时,两缸分别通过各自的单向阀回油,不受分流阀控制。

该回路采用分流阀自动调节进入两液压缸的流量,使其运动同步,与调速阀控制的同步

回路相比,使用方便,而且精度较高,可达 2% ~ 5%。但是,分流阀的制造精度及造价均较高。

3. 用串联液压缸的同步回路

将有效作用面积相等的两个液压缸串联起来,可以实现两缸的运动同步。在制造精度高、密封良好的条件下,其速度同步精度可达 2% ~ 3%。这种同步回路结构简单,不需要专门的同步控制元件。但是,液压泵的工作压力至少是两个液压缸工作压力之和。而且,由于两缸泄漏的微小差别,在液压缸多次往复行程后,会累积成显著的位置误差。

为了解决液压缸多次往复运动后累积的位置误差过大问题,可以采取位置补偿措施。

图 8.35 为一种带位置补偿装置的串联液压缸同步回路。左液压缸 1 和右液压缸 2 串联同步下行。假设由于两缸泄漏差异等原因,而不能同时到达下端位置时,通过液控单向阀 5,可使落后的液压缸继续下行到下端位置。例如,左液压缸 1 先到达下端位置而右液压缸 2 落后时,左液压缸的挡块压下其对应的行程开关 3,发出电信号,使电磁铁 1YA 通电,则液压油经液控单向阀直接进入右液压缸的上腔,使其继续下行到下端位置。假若右液压缸先到达下端位置,而左液压缸落后时,右液压缸的挡块压下其对应的行程开关 4,发出电信号使电磁铁 2YA 通电,则液压油与液控单向阀的控制口接通,将液控单向阀反向开启。这样,左液压缸的下腔经液控单向阀回油,使左液压缸的活塞继续下行直至下端位置。

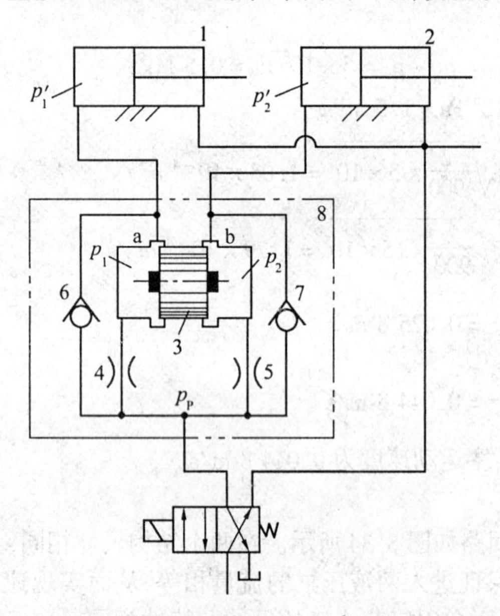

图 8.34 用分流阀控制的同步回路

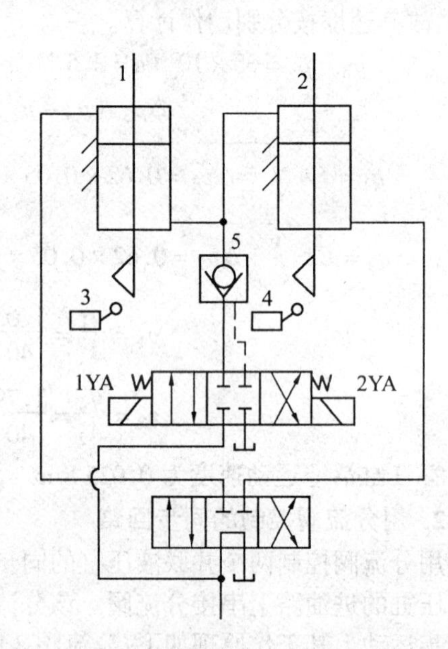

图 8.35 带位置补偿装置的串联液压缸同步回路

8.2.3 运动互不干扰回路

在多缸液压传动系统中,各液压缸运动时的负载压力是不等的。这样,在负载压力小的液压缸运动期间,负载压力大的液压缸就不能运动。例如,在组合机床液压系统中,如果用同一个液压泵供油,当某液压缸快速前进(或后退)时,因其负载压力小,其他液压缸就不能工作进给(因为工进时负载压力大)。这种现象被称为各缸之间运动的相互干扰。这里将介绍排除这种干扰的回路。

图 8.36 为双泵供油的快慢速互不干扰回路。各液压缸(1 和 2)工进时(这时的工作压力大),由左侧的小流量液压泵 5 供油,用左调速阀 3 调节左液压缸 1 的工进速度,用右调速

阀 4 调节右液压缸 2 的工进速度。快进时(这时的工作压力小),由右侧大流量液压泵6供油。两个液压泵的输出油路由二位五通换向阀隔离,互不相混。这样,就避免了因工作压力不同引起的运动干扰,使各液压缸均可单独实现快进→工进→快退的工作循环。通过电磁铁动作表(表 8.1)可以看出,自动工作循环各个阶段油路走向及换向的状态。

表 8.1　电磁铁动作表

	1YA	2YA	3YA	4YA
快进	+	–	+	–
工进	–	+	–	+
快退	+	+	+	+
原停	–	–	–	–

注:"+"表示通电;"–"表示断电。

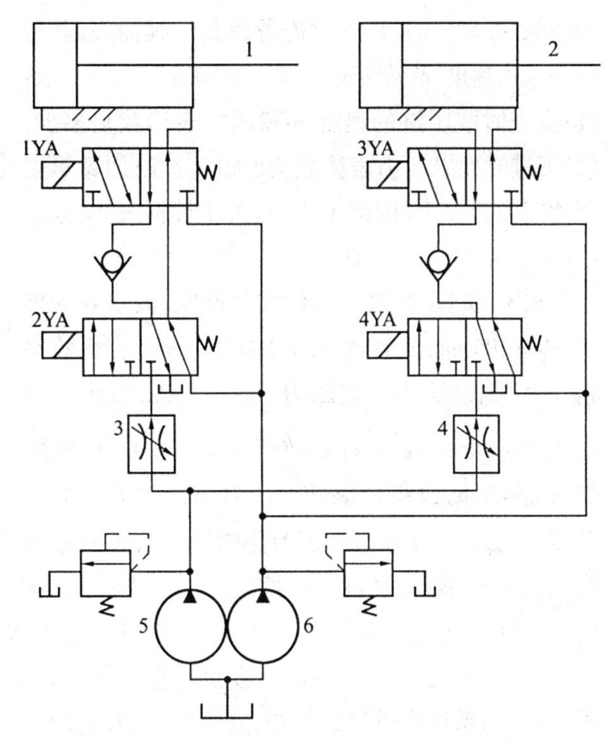

图 8.36　双泵供油的快慢速互不干扰回路

思考题和习题

8.1　如图 8.37 所示,各液压缸完全相同,负载 $F_2 > F_1$。已知节流阀能调节液压缸速度并不计压力损失。试判断在图(a)和图(b)的两个液压回路中,哪个液压缸先动? 哪个液压缸速度快? 请说明道理。

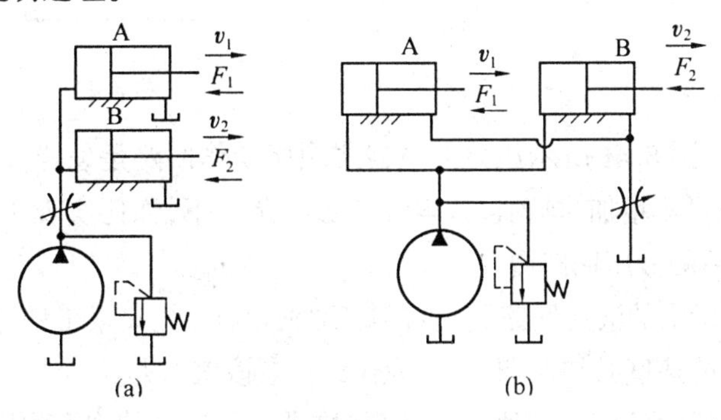

图 8.37

8.2　如图 8.38 所示,双泵供油,差动快进 – 工进速度换接回路有关数据如下:液压泵的输出流量 $q_1 = 16$ L/min, $q_2 = 4$ L/min;液压油的密度 $\rho = 900$ kg/m^3,运动黏度 $\nu = 20 \times 10^{-6}$ m^2/s,液压缸两腔面积 $A_1 = 100$ cm^2, $A_2 = 60$ cm^2,快进时的负载 $F = 1$ kN,油液流过方向阀时的压力损失 $\Delta p = 0.25$ MPa,连接液压缸两腔的油管 ABCD 的内径为 $d = 1.8$ cm,其中 ABC 段

因较长($L=3$ m),计算时需考虑其沿程损失,其他损失及由速度、高度变化引起的影响皆可忽略。求:

(1)快进时液压缸的速度 v 和压力表读数是多少;

(2)工进时如果压力表读数为8 MPa,此时回路承受载荷能力有多大(因流量很小,可不计损失)?液控顺序阀的调定压力宜选多大?

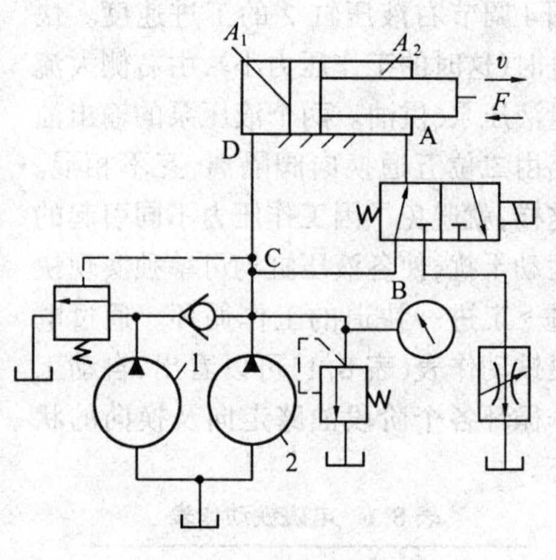

图 8.38

8.3 如图 8.39 所示的调速回路,液压泵的排量 $V_p=105$ mL/r,转速 $n_p=1\ 000$ r/min,容积效率 $\eta_{V_p}=0.95$,溢流阀调定压力 $p_y=7$ MPa,液压马达排量 $V_M=160$ mL/r,容积效率 $\eta_{VM}=0.95$,机械效率 $\eta_{mM}=0.8$,负载转矩 $T=16$ N·m。节流阀最大开度 $A_{T\max}=0.2\ cm^2$(可视为薄壁孔口),其流量系数 $C_q=0.62$,油液密度 $\rho=900\ kg/m^3$。不计其他损失。求:通过节流阀的流量和液压马达的最大转速 $n_{M\max}$、输出功率 P 和回路效率 η 各是多少?并请解释为何效率很低?

8.4 试说明图 8.40 所示容积调速回路中单向阀 A 和 B 的功用。在液压缸正反向移动时,为了向系统提供过载保护,安全阀应如何接?试做图表示。

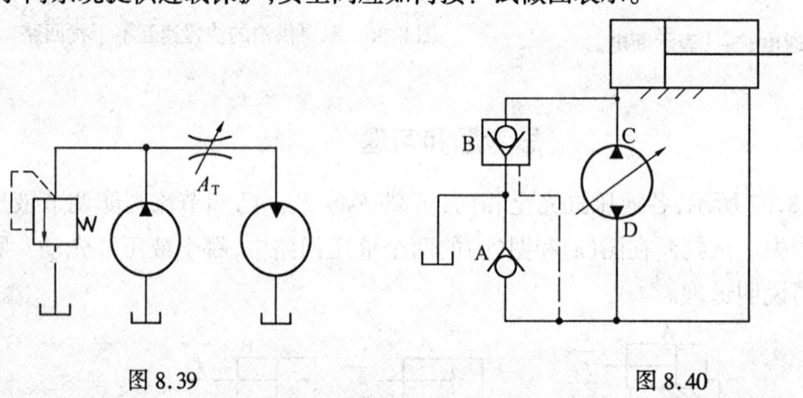

图 8.39　　图 8.40

8.5 请列表说明图 8.41 所示压力继电器式顺序动作回路是怎样实现 1→2→3→4 顺序动作的?在元件数目不增加、排列位置容许变更的条件下,如何实现 1→2→4→3 的顺序动作,画出变动顺序后的液压回路图。

8.6 如图 8.42 所示的液压回路,它能否实现"夹紧缸Ⅰ先夹紧工件,然后进给缸Ⅱ再移动"的要求(夹紧缸Ⅰ的速度必须能调节)?为什么?应该怎么办?

8.7 如图 8.43 所示的液压回路可以实现"快进→工进→快退"动作的回路(活塞右行为"进",左行为"退"),如果设置压力继电器的目的是为了控制活塞的换向,试问:图中有哪些错误?为什么是错误的?应该如何改正?

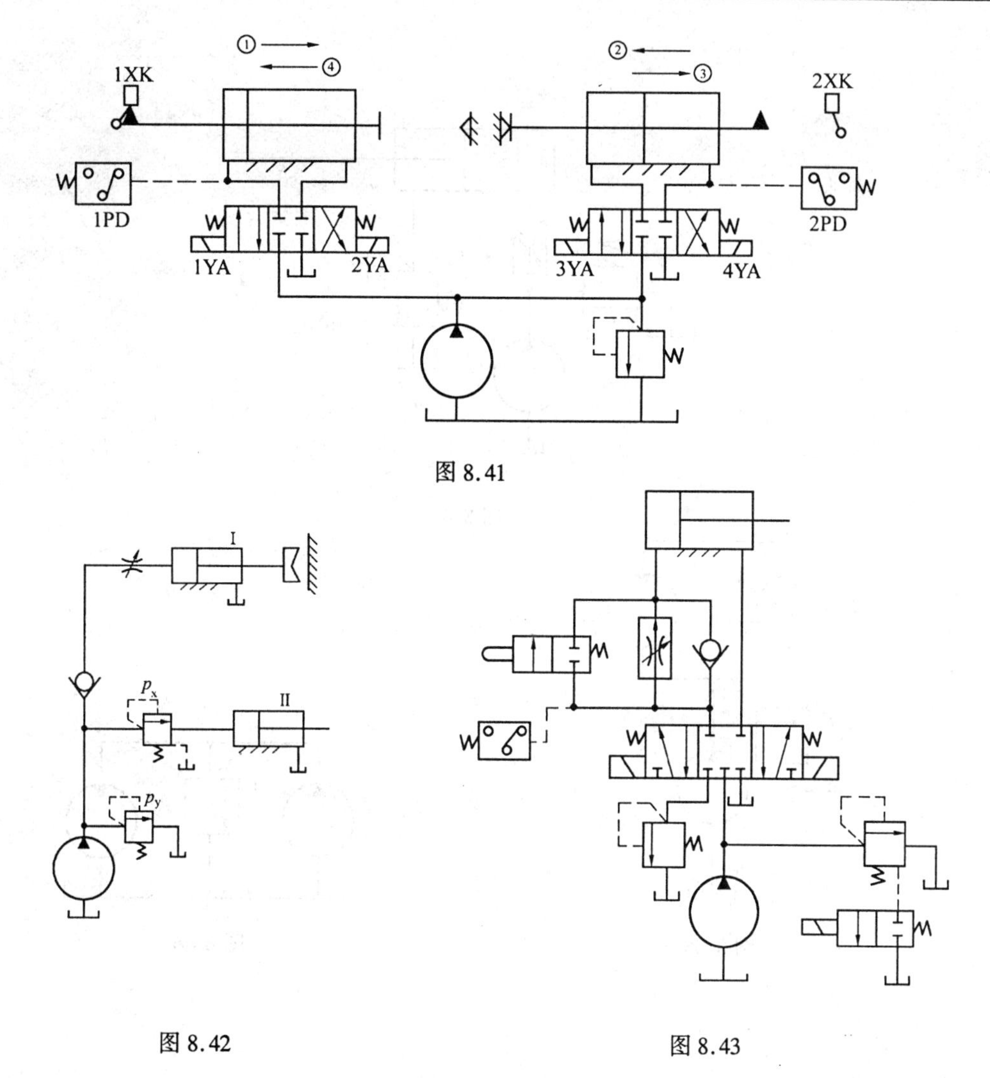

图 8.41

图 8.42

图 8.43

8.8　图 8.44 所示液压回路。已知液压泵流量 $q_p = 10$ L/min，液压缸无杆腔面积 $A_1 = 50$ cm²，有杆腔面积 $A_2 = 25$ cm²，溢流阀调整压力 $p_y = 24 \times 10^5$ Pa，负载 $F = 10\ 000$ N，节流阀通流截面面积 $A = 0.08$ cm²，通过节流阀的流量 $q = CA\sqrt{\dfrac{2}{\rho}\Delta p}$，设 $C = 0.62$，$\rho = 900$ kg/m³。计算回路中活塞的运动速度和液压泵的工作压力。

8.9　图 8.45 所示变量泵－定量马达调速回路，低压辅助泵输出压力 $p_y = 0.4$ MPa，变量泵最大排量 $V_{pmax} = 100$ mL/r，转速 $n_p = 1\ 000$ r/min，容积效率 $\eta_{Vp} = 0.9$，机械效率 $\eta_{mp} = 0.85$。马达的排量为 $V_M = 50$ mL/r，$\eta_{VM} = 0.95$，$\eta_{mM} = 0.9$。不计管道损失，求当马达输出转矩为 $T_M = 40$ N·m，转速为 $n_M = 160$ r/min 时，变量泵的排量、工作压力和输入功率。

8.10　如图 8.46，已知液压泵的输出压力 $p_p = 10$ MPa，泵的排量 $V_p = 10$ mL/r，泵的转速 $n_p = 1\ 450$ r/min，容积效率 $\eta_{Vp} = 0.9$，机械效率 $\eta_{mp} = 0.9$；液压马达的排量 $V_M = 10$ mL/r，容积效率 $\eta_{VM} = 0.92$，机械效率 $\eta_{mM} = 0.9$，泵出口和马达进油管路间的压力损失为 0.5 MPa，其他损失不计，求：(1)泵的输出功率；(2)驱动泵的电机功率；(3)马达的输出转矩；(4)马达的输出转速。

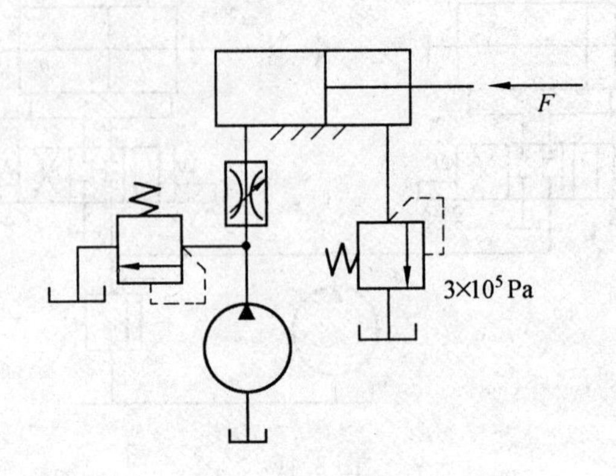

图 8.44

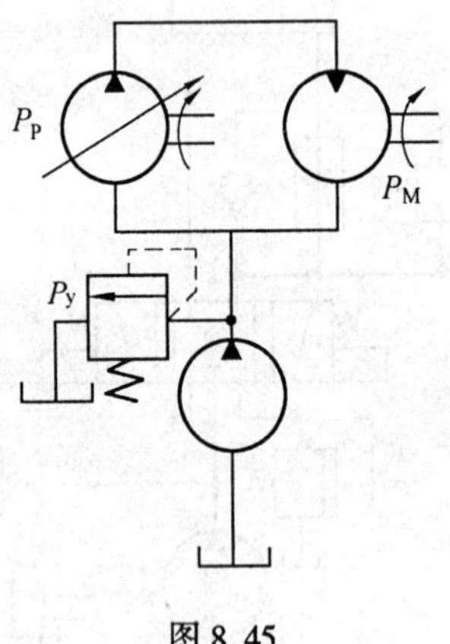

图 8.45

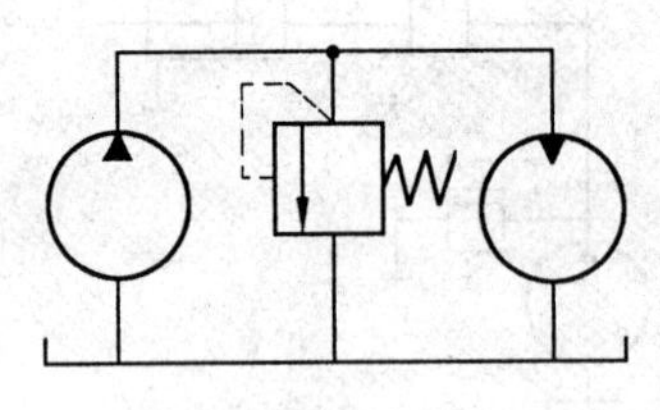

图 8.46

8.8　图8.44所示液压回路，已知液压泵[illegible]，活塞面积 $A_1 = 50$ cm²，有杆腔面积 $A_2 = 25$ cm²，[illegible]

[illegible]

8.9　图8.45[illegible]

[illegible]

8.10　[illegible]

[illegible]

第9章 典型液压传动系统

通常,机器或机械设备中的液压传动部分被称为液压传动系统。当机器或设备的工作主体是用液压来传动时,则它被称为液压设备。本章介绍的典型液压传动系统,是在现有的液压设备中,选出的几个有代表性的液压传动系统。学习本章的目的主要是在掌握前述液压传动知识和基本原理的基础上,在明确某机械设备工作要求的前提下,了解并掌握其液压传动是怎样实现的,即掌握几种典型液压传动系统的工作原理。同时,通过对典型液压传动系统的学习和分析,掌握阅读液压传动系统图的方法。

9.1 YT4543型组合机床动力滑台液压传动系统

9.1.1 概述

组合机床是适用于大批量零件加工的一种金属切削机床。在机械制造业的生产线或自动线中,它是不可缺少的设备。组合机床由通用部件和专用部件组成。以多轴钻组合机床为例(图9.1),它由中间底座1、床身2、动力滑台3、动力头4等通用部件和主轴箱5、夹具7等专用部件组成。通用部件是依据尺寸和动力的大小,已有系列化的设计产品,而专用部件是依据工件6的加工要求和特点进行专门设计的。

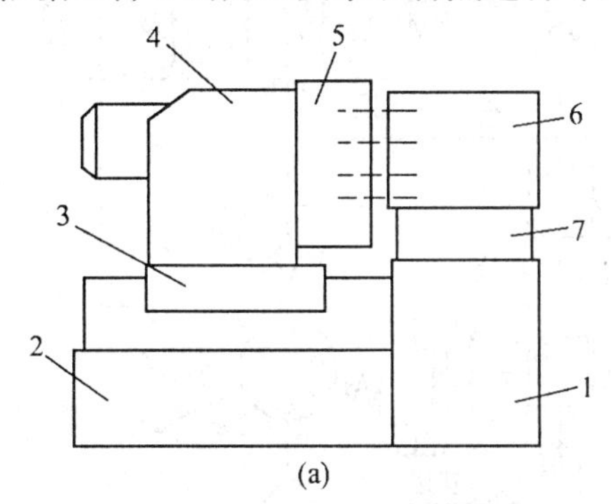

(a)

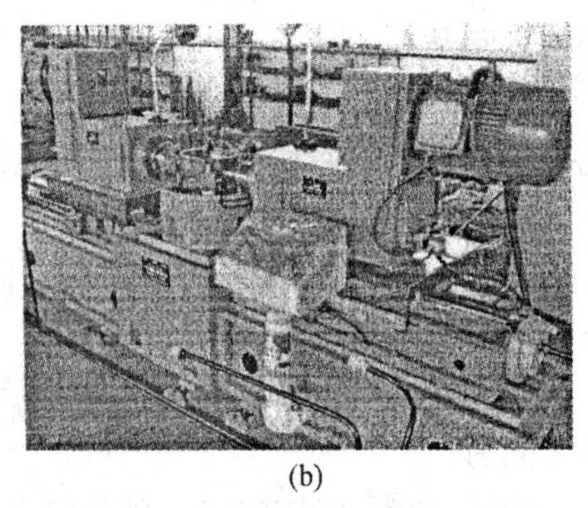
(b)

图9.1 多轴钻组合机床结构简图和实物图

1—中间底座;2—床身;3—动力滑台;4—动力头;5—主轴箱;6—工件;7—夹具

在组合机床上,动力滑台是提供进给运动的通用部件。配备相应的动力头、主轴箱及刀具后,可以对工件进行钻孔、扩孔、镗孔、铰孔等多孔或阶梯孔加工以及刮端面、铣平面、攻丝、倒角等工序。为了满足不同工艺方法的要求,动力滑台除提供足够大的进给力之外,还应能实现“快进→工进→停留→快退→原位停止”等自动工作循环。其中,除快进和快退的速度不可改变外,用户可根据工艺要求,对工进速度的大小进行调节。

动力滑台有机械和液压两类。由于液压动力滑台的机械结构简单,配上电器后容易实现进给运动的自动工作循环,又可以很方便地对工进速度进行调节,因此,它的应用比较广泛。

9.1.2 YT4543型动力滑台液压传动系统工作原理

YT4543型动力滑台的工作台面尺寸为450 mm×800 mm,由液压缸驱动。图9.2是其液压传动系统原理图,可实现"快进→一工进→二工进→死挡铁停留→快退→原位停止"的自动工作循环。快进和快退速度为7.3 m/min,工进速度可在6.6~660 mm/min的范围内进行无级调节;最大进给推力为45 kN。

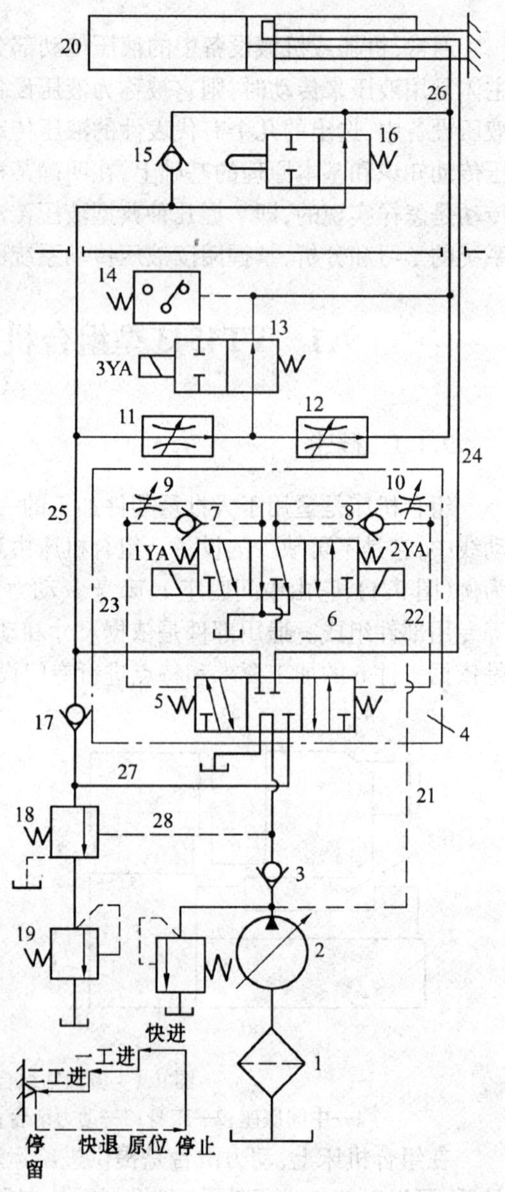

图9.2 YT4543型动力滑台液压系统

该系统由限压式变量叶片泵2、三位五通电液换向阀4、二位二通电磁换向阀13、液控顺序阀18、行程阀16、调速阀11、12、背压阀19、单向阀3、15、17,单出杆活塞液压缸20,压力继电器14,过滤器1和油箱、管道等组成。自动工作循环过程如下:

1. 快进

按下启动按钮,电液换向阀4中的电磁铁1YA通电,电磁阀6的阀芯移到右端,左位接入系统。由于电磁阀的先导控制作用,使液动换向阀5的左端接通控制压力油,而右端与油箱连通,使阀芯右移,将其左位接入系统。这时控制油路走向是:

进油路:油箱→过滤器1→液压泵2→控制油路21→电磁阀6左位→单向阀7→控制油路23→液动换向阀5左端。

回油路:液动换向阀5右端→控制油路22→节流阀10→电磁阀6左位→油箱。

当液动换向阀5的左位接入系统后,主油路的走向为:

进油路:油箱→过滤器1→液压泵2→单向阀3→液动换向阀5左位→油路25→行程阀16右位→油路26→液压缸20左腔(无杆腔)。

回油路:液压缸右腔→油路24→液动换向阀5左位→油路27→单向阀17→油路25→行程阀16右位→油路26→液压缸20左腔。

这时系统形成单出杆活塞液压缸差动连接,液压缸向左(活塞杆固定)快速前进,其回路如图9.3所示。

2. 第一次工进

当滑台快进行程终了时,挡块压下行程阀16的阀芯,使其左位接入系统,切断油路,则液压缸从快进速度变为第一工进速度。这时的主油路走向为：

进油路：油箱→过滤器1→液压泵2→单向阀3→液动换向阀5左位（此时，电磁铁1YA仍通电）→油路25→调速阀11→电磁阀13右位→油路26→液压缸20左腔。

回油路：液压缸20右腔→油路24→液动换向阀5左位→油路27→液控顺序阀18→背压阀19→油箱。

此时，系统变成了由限压式变量泵和调速阀组成的容积节流调速回路。简图如图9.4所示，这时液压缸的工进速度由调速阀11调节，限压式变量泵2输出的流量与通过调速阀11的流量相一致。

3. 第二次工进

通常第二次工作进给速度低于第一次工进速度。当第一工进行程终了时，行程挡铁压合电器行程开关（图中未画出），使电磁阀13的电磁铁3YA通电，推动阀芯移到右端，使阀左位接入系统，切断此处油路。则液压缸速度变为更低的第二工进速度。其主油路走向为：

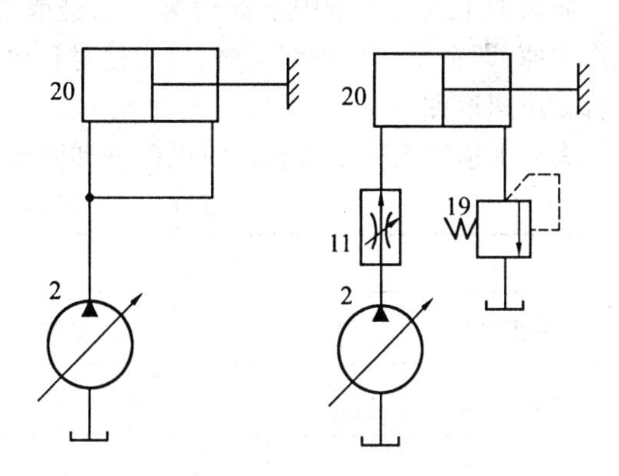

图9.3　快进回路　　图9.4　第一工进回路

进油路：油箱→过滤器1→液压泵2→单向阀3→液动换向阀5左位→油路25→调速阀11→调速阀12→油路26→液压缸20左腔。

回油路：液压缸右腔→油路24→液动换向阀5左位→油路27→液控顺序阀18→背压阀19→油箱。

第二次工作进给速度是在第一次工进回路的基础上再串接一个开口更小的调速阀来实现的，其回路如图9.5所示。液压缸的速度由调速阀12调节。液压泵输出的流量与通过调速阀12的流量相一致。

4. 死挡铁停留

当第二次工作进给行程终了时，滑台碰到死挡铁而停止，主油路的进、回油路与第二次工作时相同。这时，液压缸左腔的压力进一步升高，使压力继电器14动作发出信号给时间继电器。时间继电器的延时时间决定了滑台的停留时间。

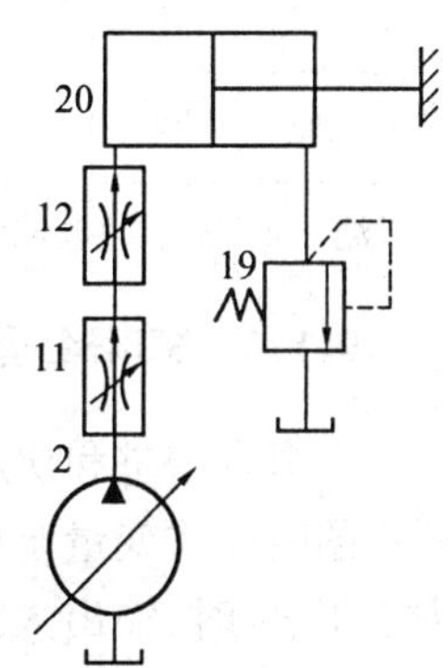

图9.5　第二工进回路

5. 快退

当滑台停留到达预定时间后，时间继电器发出信号，使电液换向阀4的电磁铁1YA断电，2YA通电，电磁阀6的阀芯移到左端，使其右位接入系统。电磁阀换向后，控制油路使液动换向阀的阀芯移到左端，其右位接入系统。主油路的走向是：

进油路：油箱→过滤器1→泵2→单向阀3→液动换向阀5右位→油路24→液压缸20右腔。

回油路：液压缸左腔→单向阀15→油路25→液动换向阀5右位→油箱。

这时,系统变成液压缸右腔通压力油而左腔与油箱连通的回路,其回路如图9.6所示,滑台向右快速退回。

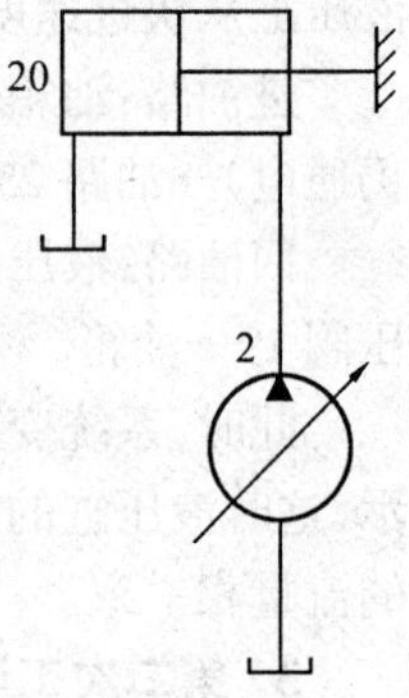

图9.6 快退回路

6.原位停止

当滑台退到原始位置时,挡铁压下原位行程开关,这时电磁铁 1YA、2YA 和 3YA 都断电,电磁阀 6、液动换向阀 5 都回到中位。电磁阀 13 处于右位(行程阀 16 处于右位)。液压缸两腔被液动换向阀 5 的中位封住而停止。变量泵输出的油液经单向阀 3 和液动换向阀 5 的中位流到油箱,处于低压卸荷状态。

如果加工工艺安排中不需用第二工进或死挡铁停留时,用户可将此动作去掉,即在第一工进结束时,发出信号让电磁铁 1YA 断电,2YA 通电,滑台就快速退回。

表 9.1 是该系统工作循环时电磁铁和液压元件的动作表。

表 9.1 电磁铁和液压元件动作表

动作名称	电磁铁			液压元件状态		
	1YA	2YA	3YA	行程阀 16	顺序阀 18	压力继电器 14
快　进	+	–	–	–	–	–
一工进	+	–	–	+	+	–
二工进	+	–	+	+	+	–
停　留	+	–	+	+	+	+
快　退	–	+	±	±	–	–
原　停	–	–	–	–	–	–

注:"+"表示通电或元件动作,"–"表示断电或元件常态。

9.1.3 YT4543 型动力滑台液压系统分析

在滑台快进和快退时,需要液压泵提供大的流量。从图 9.7 所示的限压式变量泵流量–压力特性曲线可知,当泵的输出压力小于 p_B 时,输出大流量。为此,在调整液压泵的输出特性曲线时,必须使 p_B 大于快进和快退时所需要的压力,以保证快进和快退时液压泵输出大流量的要求。

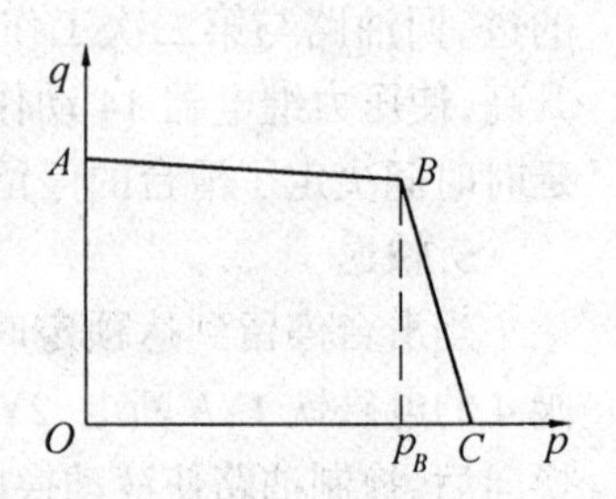

图 9.7 限压式变量泵流量–压力特性

该系统中顺序阀 18 的调整压力大于快进时泵的输出压力,小于一、二工进时泵的输出压力。这样,在快进时,阀 18 不开启,使液压缸右腔的回油经单向阀 17 与液压泵输出的液压油合流后进入液压缸左腔,实现差动连接。采用限压式变量泵和差动连接液压缸来实现快进,能量利用比较合理。

工进时,由于调速阀的接入,泵的输出压力大于顺序阀 18 的调整压力而将它开启,使液压缸右腔回油经阀18和19流回油箱。这时液压泵的输出流量自动减小,并与通过调速阀的流量相一致,变为容积节流调速,这样使系统有较好的速度刚性和较大的调速范围。接入背压阀后,又进一步提高了低速的平稳性,并且能防止钻通孔时滑台的前冲。系统采用了行程阀和液控顺序阀实现快进与工进的换接,不仅简化了电路,而且使其动作可靠,转换平稳,比电磁阀控制的换向精度高。

9.2　M1432型万能外圆磨床液压传动系统

9.2.1　概述

磨床是精加工金属切削机床,在工业生产中应用广泛。外圆磨床主要用于磨削圆柱、圆锥或阶梯轴的外圆表面以及阶梯轴的端面等。使用内圆磨头附件还可以磨削内圆和内锥孔表面。为了完成上述加工,外圆磨床应具有下述必需的运动(图9.8)。

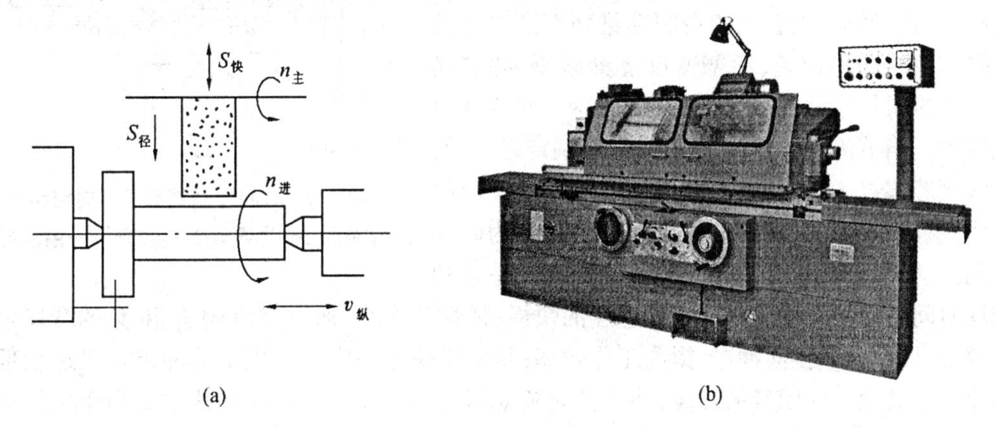

图9.8　外圆磨床基本运动示意图和实物图

1. 砂轮旋转运动 $n_{主}$

砂轮旋转是磨床的主运动,圆周线速度高,一般不需变速,由电动机驱动砂轮主轴实现。

2. 工件旋转运动 $n_{进}$

工件旋转运动是外圆磨床的周向进给运动,转速较低,由电动机经头架齿轮变速箱驱动。

3. 工作台纵向往复运动 $v_{纵}$

工作台带动工件纵向往复运动是外圆磨床的纵向进给运动。它对磨削零件的表面粗糙度、圆柱度以及阶梯轴的纵向尺寸精度等都有重要影响。为此,要求纵向进给速度能无级调节、运动平稳、换向位置精度高,并且在换向点处能停留等。为了满足这些要求,多采用液压传动。

4. 砂轮架的快速进退 $S_{快}$及径向切入运动 $S_{径}$

砂轮架的快速进退是辅助运动,在开始磨削时,先使砂轮架快速移近工件,磨削完毕或进行中间检测时,快速退离工件,其快速进退多用液压缸实现。砂轮架的切入运动是磨床径向间歇进给运动。它对工件的径向尺寸精度影响极大,要求切入量精确可调,为此,常采用液压与机械传动相结合的办法来实现。

此外，为了夹持工件方便和安全，尾座顶尖退回采用液压传动。

9.2.2 磨床液压传动系统的往复直线运动换向回路

磨床液压传动系统工作台往复直线运动换向回路的功用是使液压缸和与之相连的工作台等运动部件在其行程终端处迅速、平稳、准确地变换运动方向。简单的换向回路只需采用标准的普通换向阀，但是对磨床等换向精度要求高的换向回路，则需特殊设计的换向阀。根据具体要求的不同，可分为用于平面磨床等的时间控制制动式换向回路和用于内、外圆磨床等的行程控制制动式换向回路两种。

图9.9所示是一种时间控制制动式换向回路。这个回路中的主回油路只受换向阀3的控制。例如，先导阀2在图9.9所示的位置换到左端位置时，控制油路中的压力油经单向阀 I_2 通向换向阀3右端，换向阀3左端的油经节流阀 J_1 流回油箱，换向阀阀芯向左移动，阀芯上的右制动锥面逐渐关小液压缸右腔的回油通道，活塞速度逐渐减慢，并在换向阀3的阀芯移过 l 距离后将通道闭死，使活塞停止运动。当节流阀 J_1 和 J_2 的开口大小调定之后，换向阀阀芯移过 l 所需的时间(使活塞制动所经历的时间)就确定不变，因此，这种制动方式被称为时间控制制动式。时间控制制动式的主要优点是它的制动时间可以根据主机部件运动速度的快慢、惯性的大小，通过节流阀 J_1 和 J_2 的开口量得到调节，以便控制换向冲击，提高工作效率；其主要缺点是换向过程中的冲出量受运动部件的速度和其他一些因素的影响，使其换向精度不高。所以这种换向回路主要用于工作部件运动速度较高但换向精度要求不高的平面磨床等场合。

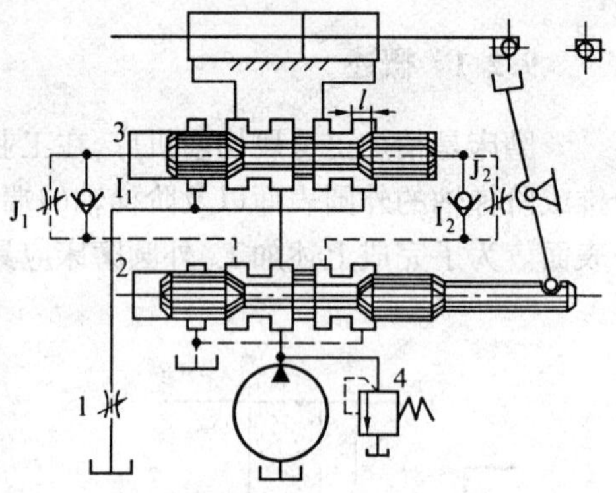

图9.9 时间控制制动式换向回路

1—节流阀；2—先导阀；3—换向阀；4—溢流阀

图9.10所示一种行程控制制动式换向回路。这种回路的结构和工作情况与时间控制制动式的主回要差别在于这里的主油路除了受换向阀3的控制外，还要受先导阀2的控制。图示位置的先导阀2在换向过程中向左移动时，先导阀阀芯的右制动锥将液压缸右腔的回油通道逐渐关小，使活塞速度逐渐减慢，对活塞进行预制动。当回油通道被关得很小、活塞速度变得很慢时，换向阀3的控制油路才开始切换，换向阀阀芯向左移动，切断主油路通道，使活塞停止运动，并立即使它向相反的方向启动。这里，不论运动部件原来的运动速度快慢如何，先导阀总是要先移动一段固定的行程 $l-\Delta$，将工作部件先进行预制动后，再由换向阀来使液压缸换向。这种制动方式被称为行程控制制动式。行程控制制动式换向回路的换向精度较高，冲出量较小；但是由于先导阀的制动行程恒定不变，制动时间的长短和换向冲击的大小将要受到运动速度快慢的影响。所以，这种换向回路宜用在工作部件运动速度

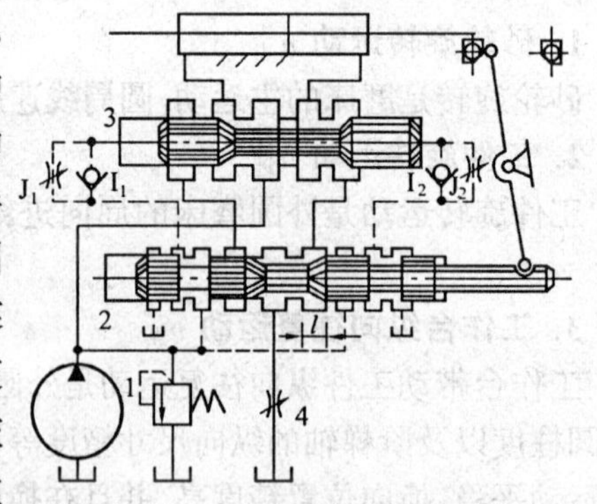

图9.10 行程控制制动式换向回路

1—溢流阀；2—先导阀；3—换向阀；4—节流阀

不大但换向精度要求较高的内、外圆磨床等场合。

9.2.3　M1432A型万能外圆磨床液压传动系统工作原理

M1432A型万能外圆磨床液压传动系统(图9.11)能实现工作台往复运动、砂轮架快速进退及径向周期切入进给运动、尾架顶尖的伸缩、工作台往复运动的手动与液压驱动的互锁、砂轮架丝杠螺母间隙的消除及导轨的润滑。

1. 工作台往复运动

M1432A型万能外圆磨床工作台由活塞杆固定的双杆活塞缸驱动,采用HYY21/3P-25T型专用液压操纵箱进行控制。该操纵箱由开停阀、节流阀、先导阀、换向阀、抖动缸等元件组成。它可以使工作台的运动速度在0.1～4 m/min范围内无级调节;并且对换向过程进行控制,以便获得高的换向位置精度,其同速精度为0.03 mm,异速精度为0.3 mm;它能使工作台在换向点处停留,以便保证被加工零件的圆柱度;在切入磨削时,它能使工作台"抖动"来保证切入磨削质量,其工作原理分述如下。

(1) 往复运动时的油路走向及调速。当开停阀处于"开"位(右位)及先导阀和换向阀的阀芯均处于右端位置时,液压缸向右运行。其油路走向为:

进油路:液压泵→油路9→换向阀→油路13→液压缸右腔。

回油路:液压缸左腔→油路12→换向阀→油路10→先导阀→油路2→开停阀右位→节流阀→油箱。

当工作台向右运行到预定位置时,其上的左挡块拨动先导阀操纵杆,使先导阀阀芯移到左端位置。这样,换向阀右端腔接通控制压力油,而左端腔与油箱连通,使阀芯处于左端位置。其控制油路走向为:

进油路:液压泵→精密过滤器→油路1→油路4→先导阀→油路6→单向阀I_2→换向阀右端腔。

回油路:换向阀左端腔→油路8→油路5→先导阀→油箱。

当换向阀阀芯处于左端位置后,主油路走向为:

进油路:液压泵→油路9→换向阀→油路12→液压缸左腔。

回油路:液压缸右腔→油路13→换向阀→油路7→先导阀→油路2→开停阀右位→节流阀→油箱。

这时,液压缸带动工作台向左运行。当运行到预定位置时,工作台上右挡块拨动先导阀操纵杆,使阀芯又移到右端位置,则控制油路使换向阀切换,工作台又向右运行。这样周而复始,工作台不停地往复运动,直到开停阀转到停位(左位)方可停止。工作台往复运动速度由节流阀调节,速度范围为0.1～4 m/min。

(2)换向过程。液压缸换向时,先导阀阀芯先受到挡块操纵而向左移动,先导阀阀芯移动过程中,其右制动锥关小主回油路,使工作台预制动。当先导阀阀芯移动了一个固定行程($l-\Delta$)后,操纵液动换向阀的控制油路变换,其进油路走向如前述,而其回油路走向先后变换三次,使换向阀阀芯依次产生第一次快跳→慢速移动→第二次快跳。这样,就使液压缸的换向在预制动后又经历了迅速制动、停留和迅速反向启动的三个阶段。具体过程如下:

换向阀左端腔至油箱的回油,视阀芯的位置不同,先后有三条线路。第一条线路是在阀芯开始移动阶段的回油线路:

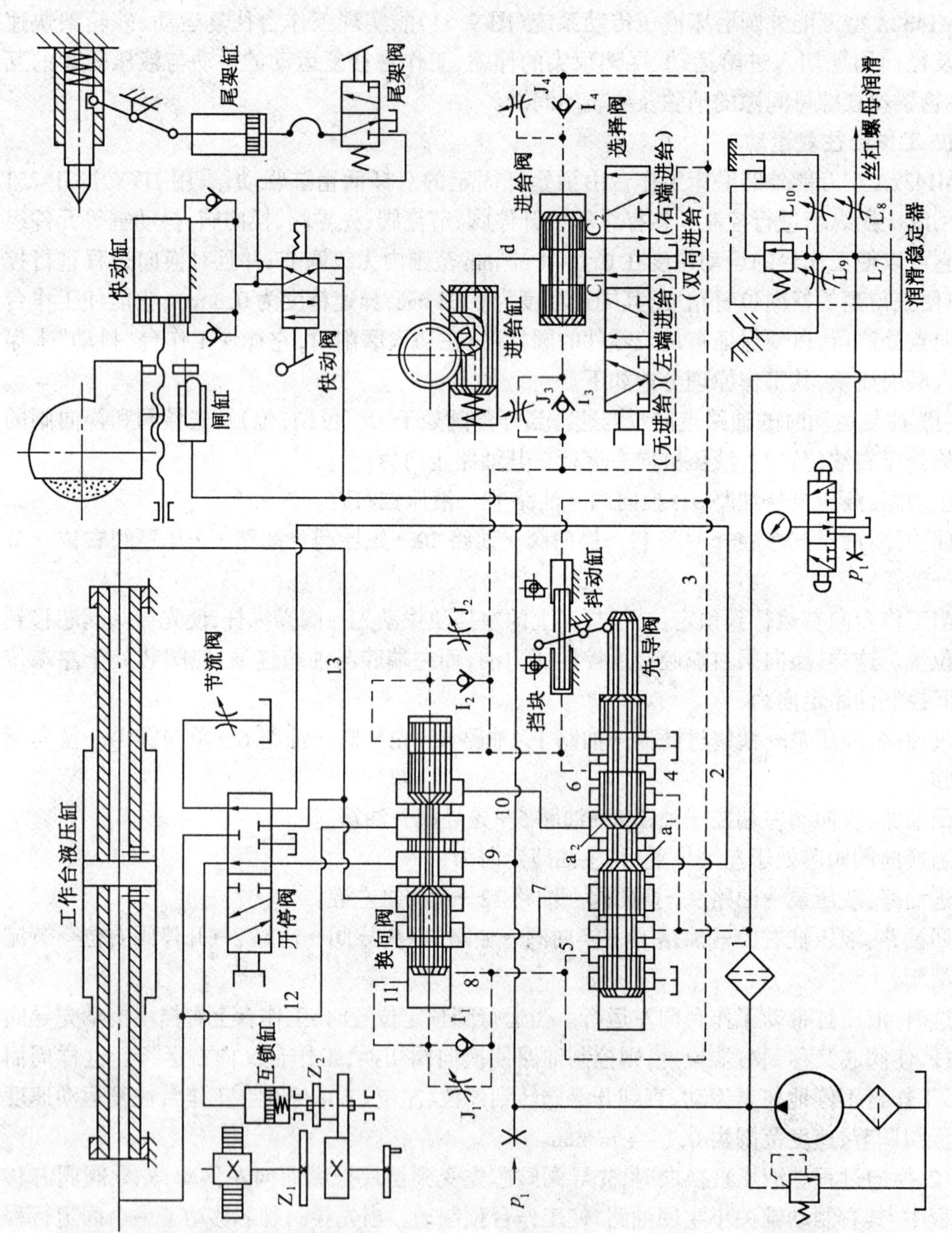

图 9.11　M1432A 型万能外圆磨床液压系统

换向阀左端腔→油路8→油路5→先导阀→油箱。

在此回油线路中无节流元件，管路通畅无阻，所以，阀芯移动速度快，产生第一次快跳。第一次快跳使换向阀阀芯中部台肩移到阀套的沉割槽处，导致液压缸两腔的油路连通（阀套沉割槽宽度大于阀芯台肩宽度），工作台停止运动。

当换向阀芯左端圆柱部分将油路8覆盖后，第一次快跳结束。其后，左端腔的回油只能经节流阀 J_1 至油路5，这样，阀芯按节流阀 J_1 调定的速度慢速移动。由于阀套沉割槽宽度大于阀芯中部台肩宽度，使得阀芯在慢速移动期间液压缸两腔油路继续互通，工作台停止状态持续一段时间。这就是工作台反向前的端点停留，停留时间由节流阀 J_1 调定，调节范围为0～5 s。

当换向阀阀芯移到左部环槽将通道11与8连通时，阀芯左端腔的回油管道又变为畅通无阻，阀芯产生第二次快跳。这样，主油路被切换，工作台迅速反向启动向左运行，至此换向过程结束。

工作台向左运行到预定位置，即在工件右端的换向过程与在工件左端的换向过程完全相同，不再赘述。

2. 砂轮架的快速进退运动

砂轮架上丝杠螺母机构的丝杠与液压缸（快动缸）活塞杆连接在一起，它的快进和快退由该快动缸驱动，通过手动换向阀（快动阀）操纵。当快动阀右位接入系统时，快动缸右腔进压力油，左腔接油箱，砂轮架快进。反之，快动阀左位接入系统时，砂轮架快退。砂轮架快进和快退的终点位置靠快动缸活塞与缸盖的机械接触来保证。为了防止砂轮架快速进退到终点处引起冲击，在快动缸两端设有缓冲装置。并设有柱塞缸（闸缸）抵住砂轮架，用以消除丝杠螺母间的间隙，使其重复位置误差不大于0.005 mm。

3. 砂轮架的周期进给运动

砂轮架的周期进给是在工作台往复运动到终点停留时自动进行的。它由进给阀操纵，经进给缸柱塞上的棘爪拨动棘轮，再通过齿轮、螺母丝杠等传动副带动砂轮架实现的。当进给缸右腔通压力油时为进给一次，通油箱时为空程复位。这个间歇式周期性进给运动可在工件左端停留（工作台向右运行到终点）时进行，也可在工件右端停留时进行，又可在两端停留时进行，也可以不进行。图9.11中选择阀的位置是“双向进给”。当工作台向右运行到终点时，由于先导阀已将控制油路切换，其油路走向为：

进油路：液压泵→精密过滤器→油路1→油路4→先导阀→油路6→选择阀→进给阀 C_1 口→油路d→进给缸右腔。

这样，进给缸柱塞向左移动，砂轮架产生一次进给。与此同时，控制压力油经节流阀 J_3 进入进给阀左端腔，而进给阀右端腔液压油经单向阀 I_4、油路3、先导阀左部环槽与油箱连通。于是进给阀阀芯移到右端，将 C_1 口关闭、C_2 口打开。这样，进给缸右端腔经油路d、进给阀 C_2 口、选择阀、油路3、先导阀左端环槽与油箱连通，结果进给缸柱塞在其左端弹簧作用下移到右端，为下一次进给做好准备。进给量的大小由棘轮棘爪机构调整，进给快慢通过调整节流阀决定。当工作台向左运行、砂轮架在工件右端进给时的过程与上述相同。

4. 工作台往复液压驱动与手动互锁

为了调整工作台的需要，工作台往复运动设有手动机构。手动是由手轮经齿轮、齿条等传动副实现的。这样，如果液动与手动驱动没有互锁机构，当工作台在液压驱动下往复运动时，手动用的手轮也会被带动旋转，容易伤人。因此，要采取措施保证两种运动的互锁。这个互锁动作是由互锁缸实现的。当开停阀处于开位（右位接入系统）时，互锁缸通入压力油，推动活塞使齿轮 Z_1 和 Z_2 脱开，工作台的运动不会带动手轮转动。当开停阀处于停位（左端接入系统）时，互锁缸接通油箱，活塞在弹簧作用下移动，使齿轮 Z_1 与 Z_2 啮合，手动传动链被接通。另外，当开停阀处于停位时，液压缸两腔通过开停阀互通而处于浮动状态。这样，转动手轮可以使工作台移动。

5. 尾座顶尖的退回

工作台上尾座内的顶尖起夹持工件的作用。顶尖伸出由弹簧实现，退回由尾架缸实现，通过脚踏式尾架阀操纵。顶尖只在砂轮架快速退离工件后才能退回，以确保安全，故系统中的压力油从进入快动缸小腔的油路上引向尾架阀。

9.2.4 M1432A 型万能外圆磨床液压传动系统分析

该磨床工作台往复运动系统采用了 HYY21/3P-25T 型快跳式液压操纵箱，结构紧凑，操纵方便，换向精度高，换向平稳性好，其主要原因是：

(1) 该操纵箱将换向过程分为由先导阀进行的预制动、由换向阀和先导阀同时进行的终制动、端点停留、反向启动四个阶段进行。预制动的主要作用是将工作台的速度降低，为工作台停止准确创造条件。由于预制动是行程控制方式，每次预制动结束时，工作台的位置和速度基本相同，因此提高了终制动的同速和异速时的位置精度。当预制动结束时，抖动缸使先导阀阀芯快跳。先导阀芯的快跳与换向阀芯的快跳几乎同时完成，由于先导阀阀芯移动不落后于换向阀的阀芯，可使换向过程顺利完成。

(2) 工作台往复运动采用结构简单的节流阀调速，功率损失小。这对于负载力不大且基本恒定（以摩擦力为主）的磨床来说是适宜的。节流阀位于液压缸出口油路中，不仅为液压缸建立了背压，有助于运动平稳，而且经节流发热的液压油流回油箱冷却，减少了热量对机床变形的影响。

抖动缸能使工作台在很短行程范围内换向，这样可以提高切入磨削质量。

9.3 YB32－200 型液压机液压传动系统

9.3.1 概述

液压机是一种利用液体静压力来加工金属、塑料、橡胶、木材、粉末等制品的机械。它常用于压制工艺和压制成形工艺，如：锻压、冲压、冷挤、校直、弯曲、翻边、薄板拉深、粉末冶金、压装等等。

液压机有多种型号规格，其压制力从几十吨到上万吨。用乳化液作介质的液压机，被称做水压机，产生的压制力很大，多用于重型机械厂和造船厂等。用矿物型液压油做工作介质的液压机被称做油压机，产生的压制力较水压机小，在许多工业部门得到广泛应用。

液压机多为立式，其中以四柱式液压机的结构布局最为典型，应用也最广泛。图 9.12 所示为液压机的外形图，它主要由充液筒 1、上横梁 2、上液压缸 3、上滑块 4、立柱 5、下滑块 6、下液压缸 7 等零部件组成。这种液压机有 4 个立柱，在 4 个立柱之间安置上、下两个液压缸 3 和 7。上液压缸驱动上滑块 4,下液压缸驱动下滑块 6。为了满足大多数压制工艺的要求,上滑块应能实现快速下行→慢速加压→保压延时→快速返回→原位停止的自动工作循环。下滑块应能实现向上顶出→停留→向下退回→原位停止的工作循环(图 9.13)。上下滑块的运动依次进行,不能同时动作。

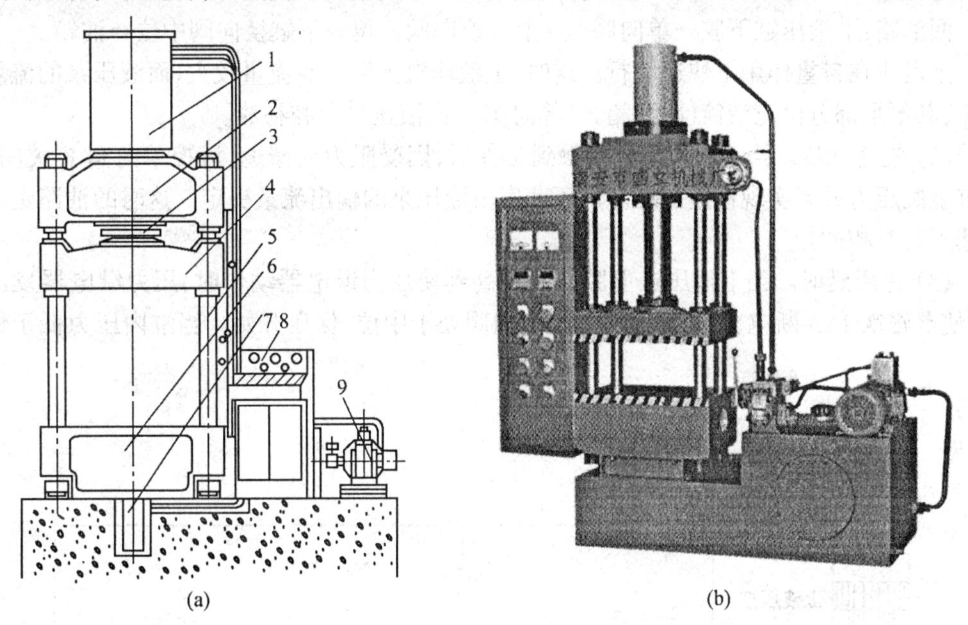

图 9.12　液压机结构简图和实物图

1—充液筒;2—上横梁;3—上压缸;4—上滑块;5—立柱;6—下滑块;7—下液压缸;
8—电气操纵箱;9—动力机构

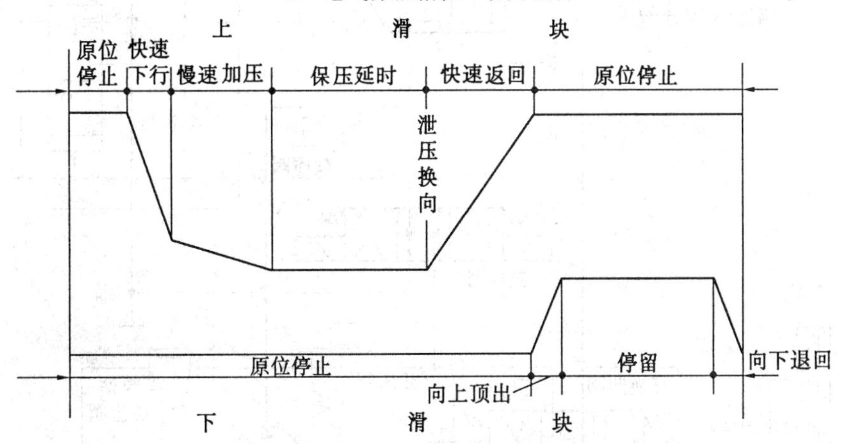

图 9.13　YB32 - 200 型液压机动作循环图

9.3.2　YB32 - 200 型液压机液压传动系统工作原理

四柱式 YB32 - 200 型液压机液压传动系统如图 9.14 所示。系统由高压轴向柱塞变量泵供油,上、下两个滑块分别由上、下液压缸带动,实现上述各种循环,其原理如下:

1. 上滑块工作循环

(1) 快速下行。当电磁铁1YA通电后,先导阀和上缸换向阀左位接入系统,液控单向阀I_2被打开,则系统主油路走向为:

进油路:液压泵→顺序阀→上缸换向阀左位→单向阀I_3→上液压缸上腔。

回油路:上液压缸下腔→单向阀I_2→上缸换向阀左位→下缸换向阀中位→油箱。

上滑块在自重作用下快速下行。这时,上液压缸上腔所需流量较大,而液压泵的流量又较小,其不足部分由充液筒(副油箱)经单向阀I_1向液压缸上腔补油。

(2) 慢速加压。当上滑块下行接触到工件后,因受阻力而减速,液控单向阀I_1关闭,液压缸上腔压力升高实现慢速加压。加压速度由液压泵的输出流量决定。这时的油路走向与快速下行时相同。

(3) 保压延时。当上液压缸上腔压力升高到使压力继电器动作时,压力继电器发出信号,使电磁铁1YA断电,则先导阀和上缸换向阀处于中位,保压开始。当缸内压力低于保压

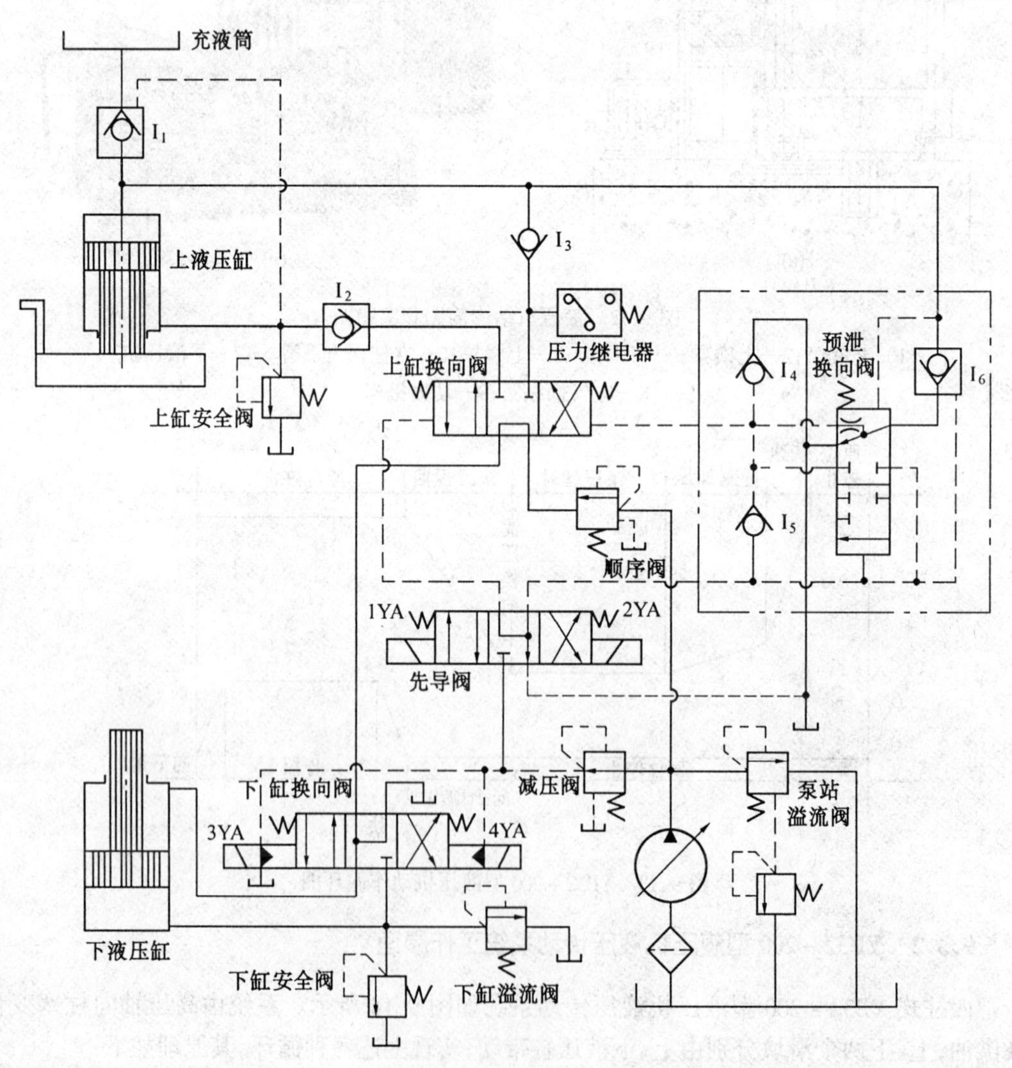

图 9.14　YB32－200型液压机液压系统图

要求所调定的压力时，由控制压力的元件发出信号，使电磁铁 1YA 通电，这时缸内压力升高直至再使压力继电器动作，重复保压过程。保压时间由时间继电器(图中未画出)控制，可在 0 ~ 24 min 内调节。

(4) 快速返回。在保压延时结束时，时间继电器使电磁铁 2YA 通电，先导阀右位接入系统，使控制压力油推动预泄换向阀，并将上缸换向阀右位接入系统。这时，液控单向阀 I_1 被打开，其主油路走向为：

进油路：液压泵→顺序阀→上缸换向阀右位→液控单向阀 I_2→上液压缸下腔。

回油路：上液压缸上腔→液控单向阀 I_1→充液筒(副油箱)。

这时上滑块快速返回，返回速度由液压泵流量决定。当充液筒内液面超过预定位置时，多余的油液由溢流管流回油箱。

(5) 原位停止。当上滑块返回上升到挡块压下行程开关时，行程开关发出信号，使电磁铁 2YA 断电，先导阀和换向阀都处于中位，则上滑块在原位停止不动。这时，液压泵处于低压卸荷状态，油路走向为：

液压泵→顺序阀→上缸换向阀中位→下缸换向阀中位→油箱。

2. 下滑块工作循环

(1) 向上顶出。当电磁铁 4YA 通电使下缸换向阀右位接入系统时，下液压缸带动下滑块向上顶出。其主油路走向为：

进油路：液压泵→顺序阀→上缸换向阀中位→下缸换向阀右位→下液压缸下腔。

回油路：下液压缸上腔→下缸换向阀右位→油箱。

(2) 停留。当下滑块上移至下液压缸活塞碰到上缸盖时，便停留在这个位置上。此时，液压缸下腔压力由下缸溢流阀调定。

(3) 向下退回。使电磁铁 4YA 断电，3YA 通电，下液压缸快速退回。此时油路走向为：

进油路：液压泵→顺序阀→上缸换向阀中位→下缸换向阀左位→下液压缸上腔。

回油路：下液压缸下腔→下缸换向阀左位→油箱。

(4) 原位停止。原位停止是在电磁铁 3YA 和 4YA 都断电，下缸换向阀处于中位的情况下得到的。

9.3.3　YB32 - 200 型液压机液压传动系统分析

1. 利用充油筒补油实现上缸快速下行

产生大的输出力是液压机液压传动系统的特点之一。为了获得大的压制力，除采用高压泵提高系统压力之外，还常常采用大直径的液压缸。这样，当上滑块快速下行时，就需要大的流量进入液压缸上腔。假若此流量全部由液压泵提供，则泵的规格太大，这不仅造价高，而且在慢速加压、保压和原位停止阶段，功率损失加大。液压机上滑块的重量均较大，足可以克服摩擦力及回油阻力而自行下落。该系统采用充液筒来补充快速下行时液压泵供油的不足，这样使系统功率利用更加合理，方案是正确的。

2. 保压延时

保压延时是液压机常有的工作状态。本系统采用液控单向阀 I_1、I_3 单向阀 I_6 的密封性和液压管路及油液的弹性来保压。此方案结构简单，造价低，比用泵保压节省功率。但是要求液压缸等元件密封性好。

3. 换向卸压

通常的液压机系统属于高压系统。对于高压系统,在液压缸以很高压力进行保压的情况下,假若立即启动换向阀使液压缸反向快速退回时,将会产生液压冲击。为防止这种现象发生,应对换向过程进行控制,先使高压腔压力释放以后,再切换油路。本系统采用预泄换向阀,先使液压缸上腔压力释放降低后,再使主油路换向。其原理是:在保压阶段,预泄换向阀的上位接入系统。当电磁铁 2YA 通电后,控制压力油经减压阀和先导阀右位进入预泄换向阀的下端腔和液控单向阀 I_6 的控制口。由于预泄换向阀上端腔与液压缸上腔油路连通,压力很高,其下端腔的控制压力油不能使阀芯向上移动。但是,液控单向阀 I_6 可以在控制压力油作用下打开。I_6 被打开后,液压缸上腔油液经液控单向阀 I_6、预泄换向阀上位泄至油箱。这时,压力被释放降低,直至预泄换向阀的阀芯被推移到使下位接入系统。接着,控制压力油经预泄换向阀下位进入上缸换向阀的右端腔,使其右位接入系统,切换主油路,实现液压缸快速退回。

4. 上、下液压缸互锁

在系统中,上、下两液压缸动作的协调是由两个换向阀的互锁来保证的。只有当上缸换向阀处于中位时,下缸换向阀才能接通压力油。这样,就保证了两个液压缸不可能同时接通压力油而动作。在拉伸操作中,为了实现"压边"工步,上液压缸活塞必须推着下液压缸活塞移动(下缸换向阀处于中位)。这时,上液压缸下腔油液进入下液压缸上腔(多余油液经下液压缸换向阀中位流回油箱),而下液压缸下腔油液经下液压缸溢流阀流回油箱,压边压力由该溢流阀调节。

5. 控制油路压力的控制

该系统利用换向阀中位实现液压泵的卸荷。为了保证对上缸换向阀(液动式)和下缸换向阀(电液动)进行控制,在液压泵出口至上缸换向阀的主油路上设有顺序阀,用来保证在换向阀处于中位时,控制油路仍有足够的压力。并且,用减压阀来调节控制油路压力(2 MPa)。在卸荷油路上设置顺序阀,提高了液压泵的卸荷压力(2.5 MPa),增大了液压泵卸荷时的功率损失,这是不利之处。

另外,在该系统中两个液压缸各有一个安全阀实现过载保护。

9.4 Q2-8 型汽车起重机液压传动系统

9.4.1 概述

汽车起重机是一种自行式起重设备。它可与装运的汽车编队行驶,机动性好,应用广泛。图 9.15 为 Q2-8 型汽车起重机结构简图和实物图。它主要由载重汽车 1、回转机构 2、支腿 3、吊臂变幅缸 4、吊臂伸缩缸 5、起升机构 6、基本臂 7 等部分组成。起重装置可连续回转,最大起重量为 80 kN(幅度为 3 m 时),最大起重高度为 11.5 m。当装上附加臂时,可用于建筑工地吊装预制件。

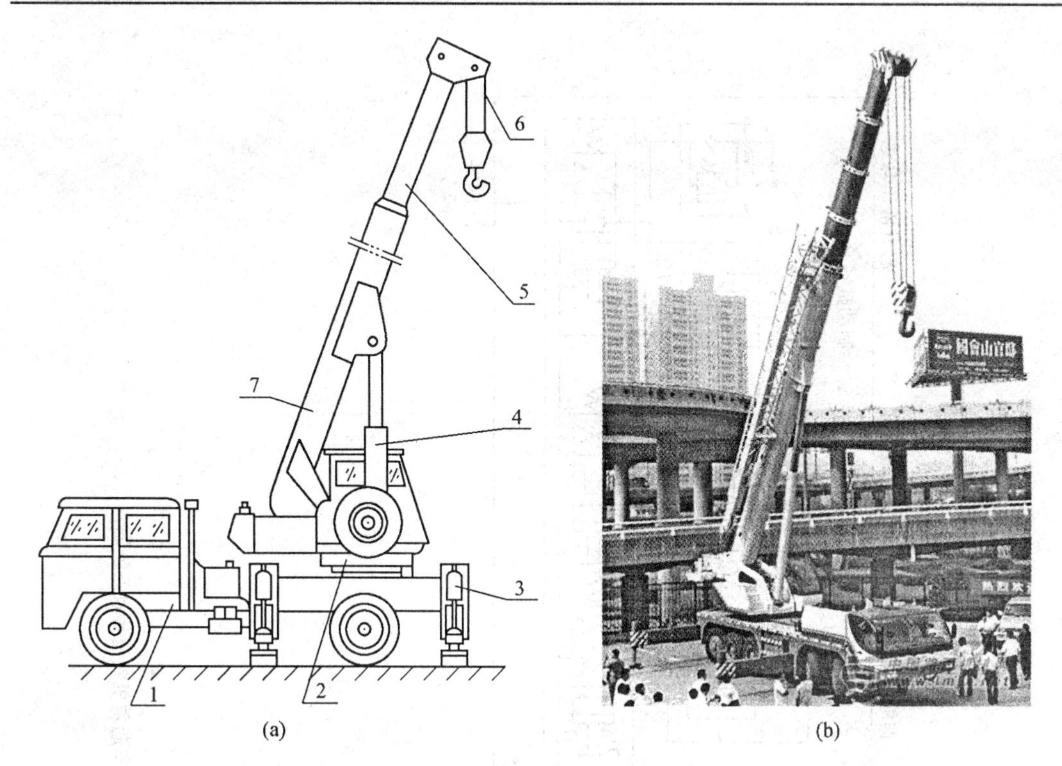

图 9.15 Q2－8 型汽车起重机结构简图和实物图

1—载重汽车;2—回转机构;3—支腿;4—吊臂变幅缸;5—吊臂伸缩缸;6—起升机构;7—基本臂

9.4.2 Q2－8 型汽车起重机液压传动系统工作原理

图 9.16 为 Q2－8 型汽车起重机液压传动系统图。该液压传动系统的执行机构包括支腿收放、回转机构、起升机构、吊壁伸缩和吊臂变幅等五部分。通过手动的多路阀组 1 和 2 进行操纵。各部分运动都有相对的独立性。该系统的液压泵由汽车发动机经装在底盘变速箱上的取力箱驱动,额定压力 21 MPa,转速 1 500 r/min,单转排量 40 mL。实际工作压力由压力表 12 显示。安全阀 3 用来防止系统过载,调整压力为 19 MPa。

系统中的液压泵、安全阀、阀组 1 及前后支腿部分装在下车(汽车车体部分),其他液压元件都装在上车(吊车旋转部分),其中油箱兼配重。上车和下车之间的油路通过中心回转接头 9 连通。

1. 支腿收放

为了解决汽车轮胎支承能力不足和保证起重时车体稳定性等问题,在起重作业时,必须放下支腿,将轮胎架空,在汽车行驶时将支腿收起。汽车前后各有两个支腿,每个支腿由一个液压缸驱动。液压缸的活塞下行时,将支腿放下,上行时,将支腿收回。在每个液压缸的进出油路上都串接一个由液控单向阀组成的双向液压锁,保证将支腿锁住在任何位置上,防止起重作业时的“软腿”和汽车行驶过程中支腿下落现象的出现。前支腿液压缸由三位四通手动换向阀 A 操纵,后支腿液压缸用另一个三位四通换向阀 B 操纵。两个换向阀都采用 M 型中位机能,油路串联。

2. 回转机构

回转机构带动整个上车部分转动。回转机构中的转盘由低速大扭矩液压马达经齿轮、

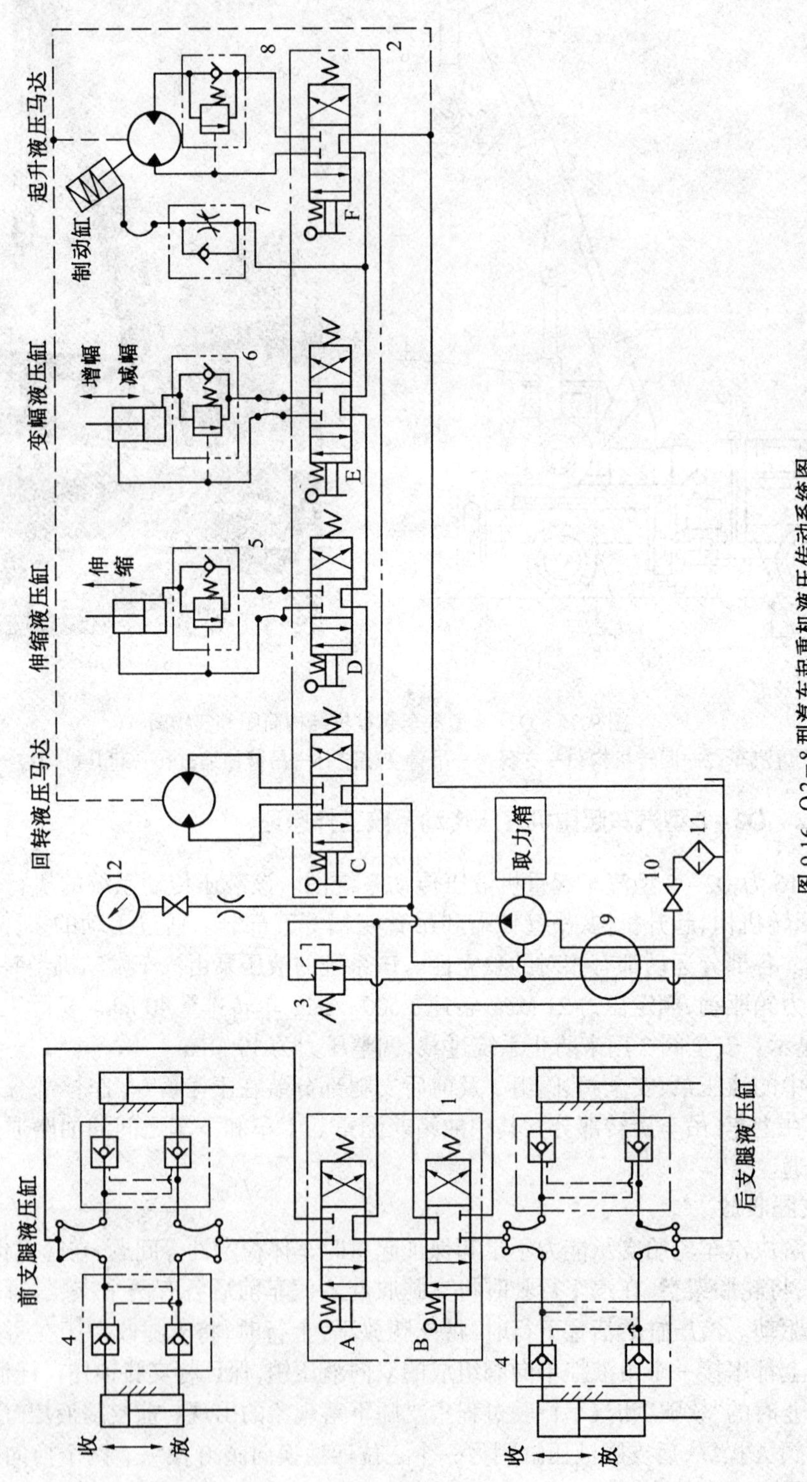

图 9.16　Q2－8 型汽车起重机液压传动系统图

蜗轮减速箱和一对内啮合齿轮驱动。由于转盘和液压马达转速较低,不需设置制动回路,这样,使得回转机构液压回路比较简单。用三位四通手动换向阀C操纵,可获得回转机构左转、停转、右转三种不同的工况。

3. 吊臂伸缩

吊臂由基本臂和伸缩臂组成。伸缩臂套装在基本臂中,由伸缩液压缸驱动使其伸缩。用三位四通手动换向阀D控制其伸缩和停止动作。为防止吊臂在自重作用下下落,在缩回的回路中设置平衡阀5。

4. 吊臂变幅

吊臂变幅是用一液压缸改变起重臂的起落角度。为防止吊臂自重下落,保证变幅作业时平稳可靠,在吊臂回路上设有平衡阀6。变幅缸的动作用三位四通手动换向阀E操纵。

5. 起升机构

起升机构是起重机的主要执行部件。它由低速大扭矩液压马达、卷扬机、制动机构、平衡阀等组成。卷扬机由液压马达驱动。马达的正反转和停止,用三位四通手动换向阀F操纵。为了防止重物自由下落,在马达下降的回油路上装有平衡阀8,用来平衡重物的质量。平衡阀由改进的液控顺序阀和单向阀组成。另外,由于马达的泄漏比液压缸严重,即使有平衡阀,重物也可能缓慢下滑。为此,设有制动缸,在液压马达停转时,制动它的转轴。在该制动缸中装有制动弹簧,当制动缸通油箱时实现制动;向缸中通压力油时,制动器松开。为了满足上闸快、松闸慢的使用要求,在制动缸的油路上设有单向节流阀7。

Q2-8型汽车起重机是一种小型汽车起重机。为简化机构,该系统用一个液压泵给各串联的执行元件供给液压油。因此,各换向阀的中位均是M型机能。这样,各执行件均可单独工作。当吊物质量不大时,各串联的执行件可任意组合,使两个或几个执行件同时运动。当各执行件都不工作时,液压泵卸荷。对于大型的汽车起重机,常采用多泵供油方案。

9.5　SZ-250A塑料注射成型机液压传动系统

9.5.1　概述

塑料注射成型机简称注塑机,主要用于塑料的成型加工。它将颗粒状塑料加热熔化到流动状态,以高压快速注射到模腔,经过一定时间的保压、冷却凝固成为一定形状的塑料制品。由于注塑机具有成型周期短,对各种塑料的加工适应性强,可以制造外形各异、复杂、尺寸较精确或带有金属镶嵌件的制品以及自动化程度高等优点,所以得到了广泛的应用。

图9.17所示为塑料注射成型机结构简图和实物图。它的机械结构除机身等支承部件外,主要由三大部分组成:

1. 合模部件

合模部件是安装模具用的成型部件。主要由定模板、动模板、合模机构、合模液压缸、顶出装置等组成。

2. 注射部件

注射部件是注塑机的塑化部件。主要由加料装置、料筒、螺杆、喷嘴、顶塑装置、注射液压缸、注射座和移动液压缸等组成。

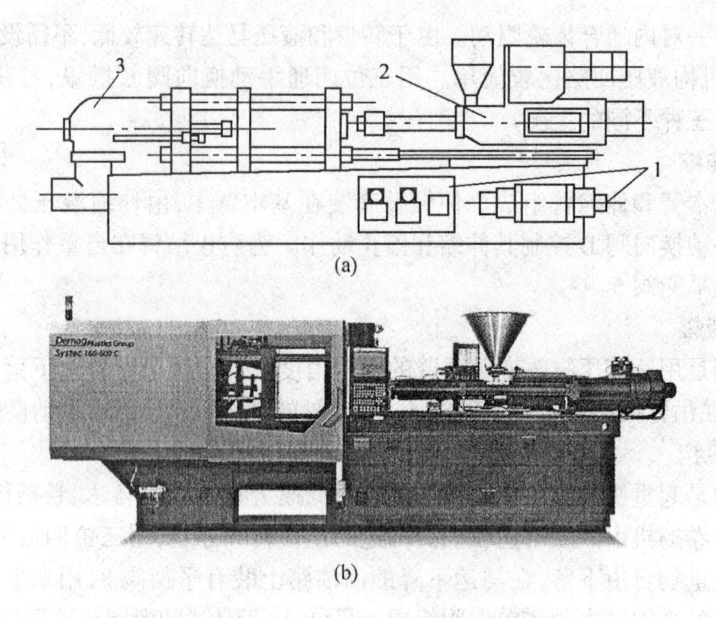

图 9.17　塑料注射成型机结构简图和实物图

1—液压传动系统;2—注射部件;3—合模部件

3. 液压传动及电气控制系统

液压传动及电气控制系统安装在机身内外腔上,是注塑机的动力和操纵控制部件。主要由液压泵、液压阀、电动机、电气元件及控制仪表等组成。

根据注射成型工艺,注塑机应按预定工作循环工作,其工作循环如图 9.18 所示。

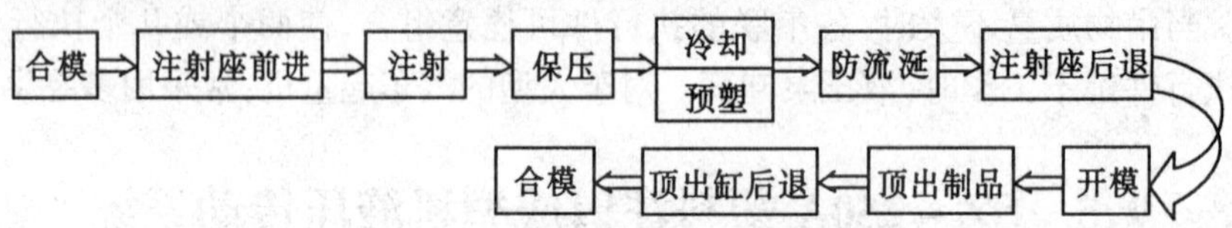

图 9.18　注塑机工作循环示意图

SZ－250A 型塑料注射成型机属于中小型注塑机,每次最大注射量为 250 g。依据塑料注射成型工艺,注塑机液压传动系统应满足下述要求:

(1) 合模液压缸具有足够大的合模力,其运行速度应能依据合模与启模过程要求而变化。

在注射过程中,熔融塑料常以 4～15 MPa 的高压注入模腔。这样,就要求合模机构具有足够大的合模力,以保证动模板与定模板紧密贴合。否则,模具离缝会产生塑料制品的溢边现象。为此,在不使合模液压缸的尺寸过大和压力过高的情况下,常常采用机械连杆增力机构来实现合模和锁模。

为了缩短空行程时间,提高生产率,合模液压缸应该快速移动动模板。但是,为了防止损坏模具和制品,避免机器受到强烈振动和产生撞击噪声,还要考虑模具启闭过程的缓冲问题。因此,液压缸在模具启闭过程中,各阶段的速度是不一样的。通常是慢→快→慢的变化过程,而且快慢速变化比较大。

(2) 注射座可整体移动(前进或后退)。前进时具有足够的推力,保证喷嘴与模具浇口紧密接触。另外,还应能按固定加料、前加料和后加料三种不同预塑形式对其动作进行调整。

(3) 注射的压力和速度应能调节，以便满足原料、制品几何形状和模具浇口布局不同等对注射力大小的要求，以及不同的制品对注射速度的要求。

(4) 熔体注入容腔后要保压冷却，在冷却凝固时，应能向型腔内补充冷凝收缩所需的熔体。

(5) 预塑过程可调节。在型腔熔体冷却凝固阶段，使料斗内的塑料颗粒通过料筒内螺杆的回转卷入料筒，并且连续向喷嘴方向推移。同时加热塑化、搅拌和挤压成为熔体。通常，将料筒每小时塑化的质量称为塑化能力，作为注射机生产能力的指标。在料筒尺寸确定的前提下，塑化能力与螺杆转速有关。因此，随着塑料熔点、流动性和制品的不同，要求螺杆的转速应该可调节，以便调节塑化能力。

(6) 顶出缸速度可调。制品在冷却成型后，脱模顶出时，为了防止制品受损，要求顶出运动平稳，且顶出缸的速度应能根据制品形状的不同而可调节。

9.5.2　SZ－250A 塑料注射成型机液压传动系统工作原理

图 9.19 为 SZ－250A 型注塑机液压传动系统。该系统由双级叶片泵 1、双联叶片泵(2、3)、合模液压缸 4、顶出液压缸 5、注射座移动液压缸 6、注射液压缸 7、液压马达 8 以及多个控制阀组成。该系统满足上述注射工艺对运动速度和压力的要求，并且在相应的行程开关配合下，可以实现注塑过程的自动或半自动工作循环。表 9.2 为该系统工作循环电磁铁动作表。各循环动作原理如下。

表 9.2　SZ－250A 注塑机动作顺序说明

动作 \ 电磁铁		1YA	2YA	3YA	4YA	5YA	6YA	7YA	8YA	9YA	10YA	11YA	12YA	13YA	14YA	15YA	16YA
闭模	慢速合模	+										+					
	快速合模	⊕	⊕	⊕								+	⊕				
	低压慢速合模		+									+		+			
	高压合模	+										+					
注射座整体前进		+						+							+		
注射	注射速度Ⅰ	⊕	⊕	⊕	+			(+)							+		
	注射速度Ⅱ	⊕	⊕	⊕	+			(+)							+		
	注射速度Ⅲ	⊕	⊕	⊕	+			(+)							+		
保压		+			+			+								+	
预塑		⊕	⊕	⊕		+		⊕									+
防流涎		+	+	+			+	⊕*							+		
注射座整体后退		+							+						+		
启模	慢速启模	+									+						
	快速启模	⊕	⊕	⊕							+						
	慢速启模		+								+						
顶出		+								+							
顶出缸退回		+													+		
螺杆后退		+					+								+		

注：+ 表示电磁铁通电；⊕表示电磁铁选择性通电；(+)表示电磁铁仅在自动、半自动操作时通电；⊕* 表示仅在固定加料和加料退回时通电。

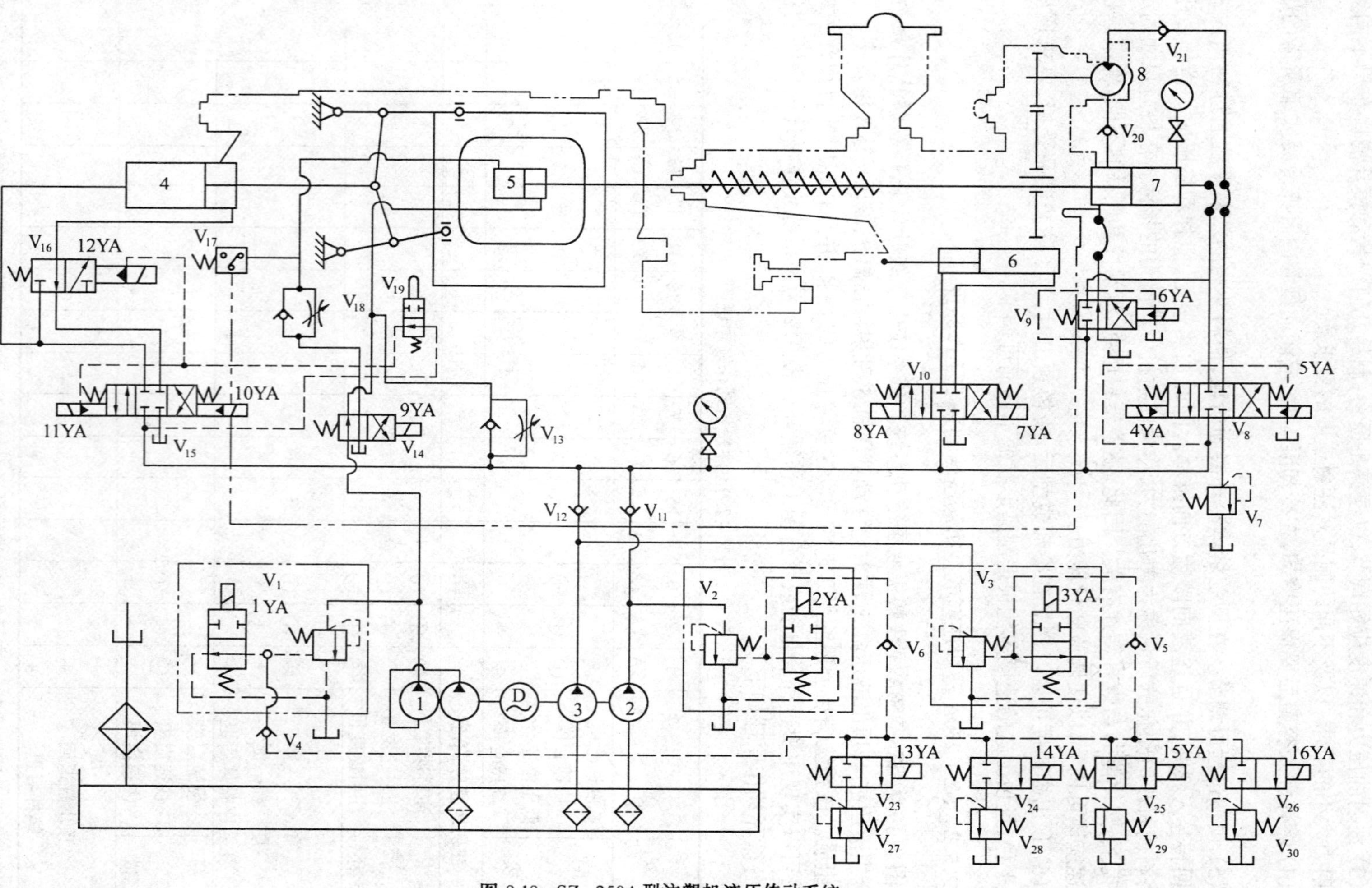

图 9.19 SZ-250A 型注塑机液压传动系统

1. 合模

合模运动液压缸4经机械连杆机构推动模板实现合模。合模运动分为慢速合模、快速合模、低压合模和高压合模工况。

(1) 慢速合模。慢速合模时由液压泵1供油,液压泵2、3卸荷。电磁铁1YA、11YA通电。油路走向如下。

进油路:液压泵1→电磁阀V_{14}左位→单向节流阀V_{13}→电液换向阀V_{15}左位→合模液压缸4左腔。

回油路:合模液压缸4右腔→电液换向阀V_{16}左位→电液换向阀V_{15}左位→油箱。

(2) 快速合模:快速合模时,由液压泵1、2、3同时供油,合模液压缸4差动连接。电磁铁1YA、2YA、3YA、11YA、12YA通电。油路走向如下。

进油路:

液压泵1→电磁阀V_{14}左位→单向节流阀V_{13}
液压泵2→单向阀V_{11}
液压泵3→单向阀V_{12}
}→换向阀V_{15}左位→合模液压缸4左腔。

回油路:合模液压缸4右腔→电液换向阀V_{16}右位→合模液压缸4左腔。

(3) 低压慢速合模。低压慢速合模时,由液压泵2供油,泵1、3卸荷。电磁铁2YA、11YA、13YA通电。油路走向如下。

进油路:液压泵2→单向阀V_{11}→换向阀V_{15}左位→液压缸4左腔。

回油路:液压缸4右腔→阀V_{16}左位→换向阀V_{15}左位→油箱。

低压合模时,进油路的安全压力由低压溢流阀V_{27}调节。由于调定压力较低,即使在两块模具中间存有硬质异物时,也不会损坏模具表面,起到保护模具作用。

(4) 高压合模。高压合模时,由液压泵1供油,泵2、3卸荷。电磁铁1YA、11YA通电。油路走向与慢速合模相同。当模具闭合后,连杆产生弹性变形,将模具牢固闭锁。此时,泵1的压力油经电磁溢流阀V_1溢流。因此,高压合模时,合模液压缸4左腔的压力由溢流阀V_1调定。

2. 注射座整体前进

注射座整体前进时,由液压泵1供油,泵2、3卸荷。电磁铁1YA、7YA、14YA通电。油路走向如下。

进油路:液压泵1→阀V_{14}左位→单向节流阀V_{13}→换向阀V_{10}右位→注射座移动缸6右腔(进油路安全压力由溢流阀V_{28}调定)。

回油路:液压缸6左腔→阀V_{10}右位→油箱。

3. 注射

按注射充模行程,可分为三段控制。注射缸的前进速度有多级可供选择。通过电磁铁1YA、2YA、3YA通电的不同组合,可以选择液压泵1、2、3中的某一个、两个或三个同时供油,实现多级速度控制,满足注射工艺要求。

例如,当选用最高注射速度时,电磁铁1YA、2YA、3YA、4YA、7YA、14YA通电。油路走向如下。

进油路:

液压泵 1→阀$_{14}$左位→单向节流阀 V_{13}
液压泵 2→阀 V_{11} ⎫→电液换向阀 V_8 左位→注射缸 7 右腔。
液压泵 3→阀 V_{12}

回油路：注射缸 7 左腔→电液换向阀 V_9 左位→油箱。

注射压力由溢流阀 V_{28}调定。

4．保压

保压时，电磁铁 1YA、4YA、7YA、15YA 通电。液压泵 2、3 卸荷，泵 1 供油进入注射缸 7 的右腔，补充泄漏。油路走向同注射工况。保压时，系统压力由溢流阀 V_{29}调定，泵 1 输出的大部分油液经溢流阀 V_1 溢流到油箱。

5．预塑

预塑时，液压马达 8 旋转，经齿轮副使螺杆转动，将料斗中的颗粒状塑料推向喷嘴方向。同时，螺杆在反推力作用下，连同注射缸的活塞一起右移。马达有多级转速，通过对液压泵 1、2、3 中某一个、两个或三个的不同组合供油的选择，实现多级调速。例如，马达的最高转速是三个泵同时供油。这时，电磁铁 1YA、2YA、3YA、5YA、7YA、16YA 通电。油路走向如下。

进油路：

液压泵 1→阀 V_{14}左位→单向节流阀 V_{13}
液压泵 2→阀 V_{11} ⎫→换向阀 V_8 右位→单向阀 V_{21}→马达 8。
液压泵 3→阀 V_{12}

回油路：液压马达 8→液控单向阀 V_{20}→液压缸 7 左腔→换向阀 V_9 左位→油箱。

马达 8 进油腔的安全压力由溢流阀 V_{30}调定。

当螺杆在反推力作用下连同注射缸活塞一起右移时，注射缸 7 右腔的油液经换向阀 V_8 右位和溢流阀 V_7 排回油箱，其背压力由阀 V_7 调定。液压缸 7 左腔由马达 8 排出的油液填充，不足部分经换向阀 V_9 左位从油箱抽吸。若马达 8 排出的流量大于液压缸 7 左腔的容积变化率，多余部分经阀 V_9 左位流至油箱。

6．防流涎

为了防止液态塑料从喷嘴端部流涎，由三个泵同时供油，使注射缸 7 的活塞带动螺杆强制快速后退(右行)，后退距离由行程开关控制。为此，电磁铁 1YA、2YA、3YA、6YA、14YA 通电。油路走向如下。

进油路：

液压泵 1→阀$_{14}$左位→单向节流阀 V_{13}
液压泵 2→阀$_{11}$ ⎫→换向阀 V_9 右位→注射缸 7 左腔。
液压泵 3→阀$_{12}$

回油路：注射缸 7 右腔→阀 V_9 右位→油箱。

7．注射座后退

注射座后退时，由液压泵 1 供油，泵 2、3 卸荷。电磁铁 1YA、8YA、14YA 通电，油路走向如下。

进油路：液压泵 1→换向阀 V_{14}左位→单向节流阀 V_{13}→换向阀 V_{10}左位→液压缸 6 左腔。

回油路：液压缸 6 右腔→阀 V_{10}左位→油箱。

8. 启模

(1) 慢速启模。慢速启模时,由液压泵1供油,泵2、3卸荷。电磁铁1YA、10YA通电。油路走向如下。

进油路:液压泵1→阀V_{14}左位→阀V_{13}→阀V_{15}右位→阀V_{16}左位→合模缸4右腔。

回油路:合模缸4左腔→阀V_{15}右位→油箱。

(2) 快速启模。快速启模时,三台泵同时供油。电磁铁1YA、2YA、3YA、10YA通电。油路走向如下。

进油路:

液压泵1→阀V_{14}左位→阀V_{13}
液压泵2→阀V_{11}
液压泵3→阀V_{12}
} →阀V_{15}右位→阀V_{16}左位→液压缸4右腔。

回油路:液压缸4左腔→阀V_{15}右位→油箱。

(3) 慢速启模:电磁铁2YA、10YA通电,液压泵2供油,液压泵1和3卸荷。其进回油路同(1)。

9. 顶出

制品的顶出由顶出缸5实现,液压泵1供油,泵2、3卸荷。电磁铁1YA、9YA通电。油路走向如下。

进油路:液压泵1→阀V_{14}右位→阀V_{18}→顶出缸5左腔。

回油路:顶出缸5右腔→阀V_{14}右位→油箱。

顶出速度由阀V_{18}中的节流阀调节,系统压力由溢流阀V_1调定。

10. 顶出缸退回

顶出缸退回动作由液压泵1供油,电磁铁1YA、14YA通电。油路走向如下。

进油路:液压泵1→阀V_{14}左位→顶出缸5右腔。

回油路:顶出缸5左腔→阀V_{18}中的单向阀→阀V_{14}左位→油箱。

11. 螺杆后退

当拆卸螺杆或清除螺杆包料时,需要使螺杆后退。这时,液压泵1供油,液压泵2、3卸荷。电磁铁1YA、6YA、14YA通电。油路走向如下。

进油路:液压泵1→阀V_{14}左位→阀V_{13}→阀V_9右位→注射缸7左腔;

回油路:注射缸7右腔→阀V_9右位→油箱。

9.5.3 SZ-250A塑料注射成型机液压传动系统分析

1. 速度控制回路

速度控制回路系统采用三台定量液压泵供油,液压泵1为双级叶片泵,可提供更高的压力,液压泵2、3为双联叶片泵。三台泵可同时或按不同的组合向各执行机构供油,满足各自运动速度的要求。除顶出缸的顶出速度由节流阀调节外,其余的液压执行元件运动速度均由油源的流量决定。因此,无溢流和节流功率损失,系统效率高。但是,执行机构的运动速度只能进行有级变换(本系统为 7 级),不能无级调节,因此它是有级容积调速回路。

2. 压力控制回路

电磁溢流阀 V_1、V_2 和 V_3 用来调节系统压力,同时分别作为三台液压泵的安全阀和卸荷阀。通过远程控制口,用调压阀 V_{27}、V_{28}、V_{29}和 V_{30}可分别控制模具低压保护压力、注射座整体移动压力、保压压力以及预塑时液压马达的工作压力。

溢流阀 V_7 用于调节预塑时的背压力。从而控制塑料的熔融和混合程度,使卷入的空气及其他气体从料斗中排出。

压力继电器 V_{17}用来限定顶出液压缸的最高压力,并在顶出结束时发出信号。

3. 方向控制回路

各液压缸和液压马达动作顺序及其方向的变换,均由电磁换向阀或电液换向阀控制,控制方便,实现容易。

4. 安全互锁

行程阀 V_{19}用于安全门的液-电连锁。当安全门打开时,阀 V_{19}上位接入系统,切断电磁换向阀 V_{15}和 V_{16}的控制油路,合模缸不能动作。只有在安全门关闭后,行程阀 V_{19}下位接入系统,合模缸才有可能动作。这样,防止了误操作造成的事故,保证了安全。

5. 其他液压阀的作用

为了防止注射时由螺杆带动液压马达 8 反转,在其进、出油路上分别设置液控单向阀 V_{20}和单向阀 V_{21}。单向阀 V_4 和 V_{13}用来防止液压泵 1 卸荷时,泵 2、3 的压力油向泵 1 倒灌和液压泵 2、3 卸压。同样,单向阀 V_{11}和 V_6 是防止液压泵 1、3 的压力油向泵 2 倒灌和液压泵 1、3 卸压,单向阀 V_{12}和 V_5 是防止液压泵 1、2 的压力油向泵 3 倒灌和液压泵 1、2 卸压。阀 V_{13}中的节流孔可以使液压泵停止时,压力表指针回到零位。

9.6 CLG200-3 挖掘机液压传动系统

9.6.1 概述

挖掘机按其作业过程,通常分为单斗挖掘机和多斗挖掘机两类。单斗液压挖掘机是工程机械中主要的机械,如图 9.20 所示,它广泛应用于工程建筑、施工筑路、水利工程、国防工事等土石方施工以及矿山采掘作业。按其传动形式,可以分为机械式和液压式两面三刃类挖掘机。目前中小型挖掘机几乎全部采用了液压传动。液压挖掘机与机械式挖掘机相比,具有体积小、质量小、操作灵活方便、挖掘力大、易于实现过载保护等特点。采用恒功率变量泵还可以充分有效地利用发动机功率。近年发展起来的负荷传感控制技术在挖掘机液压系统中的应用,使机器在满足挖掘机各种功能的前提下,更加节省功率、提高效率,有更佳的经济性、可靠性和先进性。

单斗挖掘机的组成示意如图 9.21 所示,主要由铲斗 15、铲斗液压缸 18、斗杆 17、斗杆液压缸 16、动臂 10、动臂液压缸 11、上部转台Ⅱ和行走装置Ⅲ组成。

图 9.20　单斗挖掘机

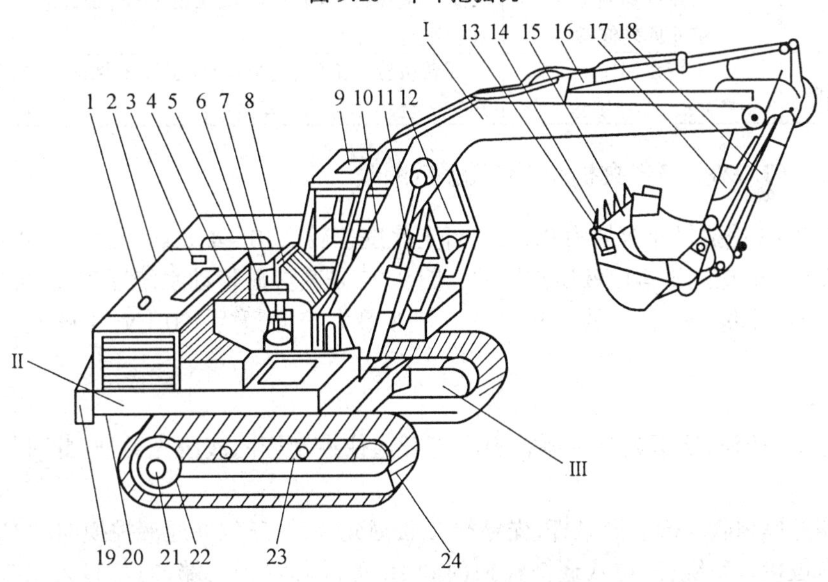

图 9.21　单斗液压挖掘机的总体结构

1—柴油机；2—机棚；3—液压泵；4—液压多路阀；5—液压油箱；6—回转减速器；7—液压马达；8—回转接头；9—驾驶室；10、11—动臂及液压缸；12—操纵台；13、14—边齿、斗齿；15—铲斗；16—斗杆液压缸；17—斗杆；18—铲斗液压缸；19—平衡重；20—转台；21—行走减速器与液压马达；22—支重轮；23—托链轮；24—履带；I—工作装置；II—上部转台；III—行走装置

9.6.2 单斗挖掘机工作过程

单斗液压挖掘机工作过程由动臂升降、斗杆收放、铲斗转动、平台回转、整机行走等动作组成。为了提高作业效率,在一个循环作业中可以组成复合动作。

①挖掘作业:铲斗和斗杆复合进行工作。

②回转作业:动臂提升,同时平台回转。

③卸料作业:斗杆和铲斗工作,同时大臂可调整位置高度。

④返回复位:平台回转、动臂和斗杆配合回到挖掘开始位置,进入下一个挖掘循环,在挖掘过程中应避免平台回转。

单斗挖掘机的作业程序见表9.3。

表9.3　单斗挖掘机的作业程序

作业程序		动作特性
顺　序	部件动作	
挖　掘	挖掘和铲斗回转 铲斗提升到水平位置	挖掘坚硬土壤以斗杆液压缸动作为主。挖掘松散土壤三只液压缸复合动作以铲斗液压缸为主
回转	铲斗提升 转台回转到卸载位置	铲斗液压缸推出,动臂抬起,满斗提升回转马达使工作装置转至卸载位置
卸　料	斗杆缩回 铲斗回转卸载	铲斗液压缸缩回,斗杆液压缸动作,视卸载高度动臂液压缸配合动作
返回复位	转台回转 斗杆伸出,工作装置下降	回转机构将工作装置转回到工作挖掘面,动臂和斗杆液压缸配合动作将铲斗降至地面

9.6.3 CLG200 - 3挖掘机液压传动系统原理

CLG200 - 3挖掘机斗容量为0.8 m^3,行走速度(高/低)0 ~ 4.6 km/h、0 ~ 2.9 km/h,回转速度为12 r/min,挖掘机构由液压缸驱动。图9.22是其液压传动系统原理图,可实现“挖掘→提升、回转→卸载→复位”的工作循环。铲斗最大挖掘力为120 kN;斗杆最大挖掘力为88 kN。

1.挖掘

按下启动按钮,压下先导控制杆 H_{22},打开通往控制杆的液压先导油,此时便可开始工作。

(1)斗杆单独收。搬动操纵杆,先导阀 X_4接通先导油,三位九通液控换向阀 H_5的阀芯移到右端,右位接入系统;三位八通液控换向阀 H_{11}的阀芯移到右端,右位接入系统。这时控制油路走向是:

先导进油路1:油箱→过滤器 L_1→先导泵 P_3→精过滤器 L_3→单向阀 D_{40}→先导控制阀 H_{22}下位→二位三通先导阀 X_4右位→控制油路XAa1→三位九通液动阀 H_5右端。

先导回油路1:三位九通液动阀 H_5左端→控制油路XBa1→二位三通先导阀 X_3左位→油箱。

先导进油路2:油箱→过滤器 L_1→先导泵 P_3→精过滤器 L_3→单向阀 D_{40}→先导控制阀 H_{22}下位→二位三通先导阀 X_4右位→控制油路XAa2→三位八通液动阀 H_{11}右端。

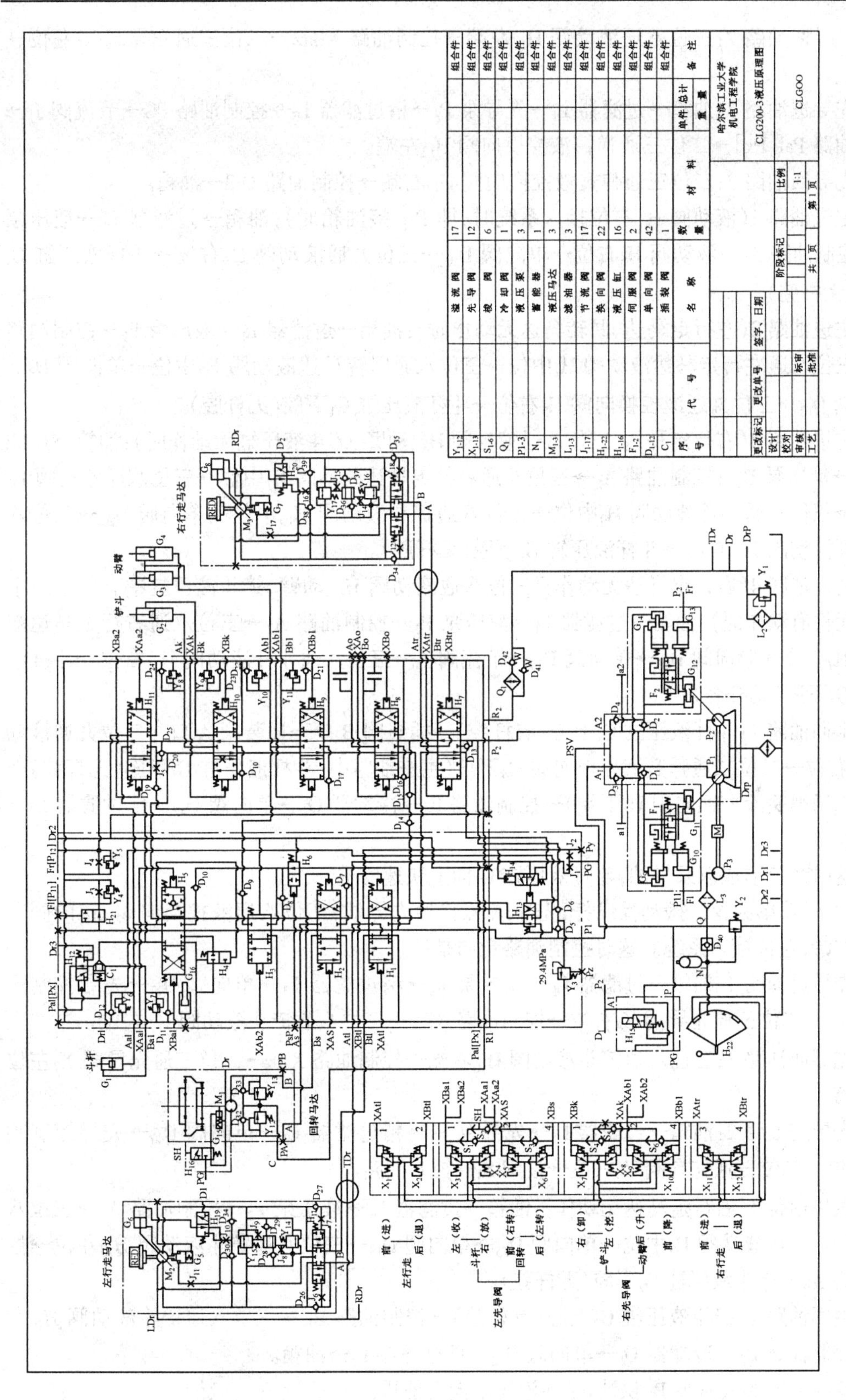

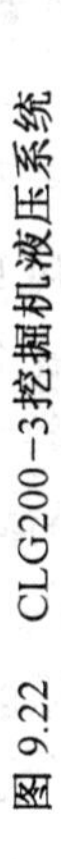
图 9.22　CLG200-3挖掘机液压系统

先导回油路 2:三位八通液动阀 H_{11}左端→控制油路 XBa2→二位三通先导阀 X_3左位→油箱。

先导进油路 3:油箱→过滤器 L_1→先导泵 P_3→精过滤器 L_3→控制油路 PG→节流阀 J_1→控制油路 Pal[Px]→二位三通弹簧液控换向阀 H_{12}左端。

先导回油路 3:二位三通弹簧液控换向阀 H_{12}右端→控制油路 Dr3→油箱。

主进油路 1(液动阀 H_6 右位接入系统时,即 Psp 接油箱时):油箱→过滤器 L_1→液压泵 P_1→控制油路 A_1→液动阀 H_6右位→单向阀 D_{10}→三位九通液动阀 H_5右位→斗杆液压缸 G_1下腔(无杆腔)。

主进油路 2(左行走马达、回转马达无动作时):油箱→过滤器 L_1→液压泵 P_1→控制油路 A_1→三位八通左行走马达液动阀 H_1中位→三位八通回转马达液动阀 H_2中位→单向阀 D_8→单向阀 D_{10}→三位九通液控换向阀 H_5右位→斗杆液压缸 G_1下腔(无杆腔)。

主进油路 3(右行走马达、三位八通液动阀 H_8、动臂、铲斗液压缸无动作时):油箱→过滤器 L_1→液压泵 P_2→控制油路 A_2→三位八通右行走马达液动阀 H_7中位→三位八通液动阀 H_8中位→三位八通动臂液动阀 H_9中位→三位八通铲斗液动阀 H_{10}中位→单向阀 D_{20}→三位八通斗杆液动阀 H_{11}右位→斗杆液压缸 G_1下腔(无杆腔)。

主进油路 4(右行走马达无动作且三位八通液动阀 H_8、动臂、铲斗液压缸中有任意一个执行元件有动作时):油箱→过滤器 L_1→液压泵 P_2→控制油路 A_2→三位八通右行走马达液动阀 H_7中位→单向阀 D_{15}→单向阀 D_{19}→节流阀 J_5→三位八通斗杆液动阀 H_{11}右位→斗杆液压缸 G_1下腔(无杆腔)。

主回油路 1:斗杆液压缸 G_1上腔(有杆腔)→插装阀 B 口→插装阀 A 口→三位九通液动阀 H_5右位→二位二通弹簧液控换向阀 H_4下位(主进油路中:斗杆液压缸 G_1下腔(无杆腔)→二位二通弹簧液控换向阀 H_4下端)→控制油路 R_2→冷却器 Q_1→单向阀 D_{42}→精过滤器 L_2→油箱。

这时系统形成双泵供油,斗杆液压缸 G_1向上快速前进。

(2)铲斗单独挖。搬动操纵杆,先导阀 X_8接通先导油,三位八通液控换向阀 H_{10}的阀芯移到左端,左位接入系统。这时控制油路走向是:

先导进油路 1:油箱→过滤器 L_1→先导泵 P_3→精过滤器 L_3→单向阀 D_{40}→先导控制阀 H_{22}下位→二位三通先导阀 X_8右位→控制油路 XAk→三位八通铲斗液动阀 H_{10}左端。

先导回油路 1:三位八通铲斗液动阀 H_{10}右端→控制油路 XBk→二位三通先导阀 X_7左位→油箱。

先导进油路 2:油箱→过滤器 L_1→先导泵 P_3→精过滤器 L_3→单向阀 D_{40}→先导控制阀 H_{22}下位→二位三通先导阀 X_8右位→梭阀 S_4→控制油路。

主进油路 1(右行走马达无动作):油箱→过滤器 L_1→液压泵 P_2→控制油路 A_2→三位八通右行走马达液动阀 H_7中位→单向阀 D_{15}→单向阀 D_{18}→三位八通铲斗液动阀 H_{10}左位→控制油路 Ak→铲斗液压缸 G_2下腔(无杆腔)。

主回油路 1:铲斗液压缸 G_2上腔(有杆腔)→控制油路 Bk→三位八通铲斗液动阀 H_{10}左位→控制油路 R_2→冷却器 Q_1→单向阀 D_{42}→精过滤器 L_2→油箱。

这时系统形成右泵 P_2 供油,铲斗液压缸向上前进。

(3)铲斗、斗杆复合动作。

① 斗杆。主进油路1(液动阀H_6右位接入系统时,即Psp接油箱时):油箱→过滤器L_1→液压泵P_1→控制油路A_1→液动阀H_6右位→单向阀D_{10}→三位九通液动阀H_5右位→斗杆液压缸G_1下腔(无杆腔)。

主进油路2(左行走马达、回转马达无动作时):油箱→过滤器L_1→液压泵P_1→控制油路A_1→三位八通左行走马达液动阀H_1中位→三位八通回转马达液动阀H_2中位→单向阀D_8→单向阀D_{10}→三位九通液动阀H_5右位→斗杆液压缸G_1下腔(无杆腔)。

主进油路3(右行走马达无动作且铲斗液压缸有动作时):油箱→过滤器L_1→液压泵P_2→控制油路A_2→三位八通右行走马达液动阀H_7中位→单向阀D_{15}→单向阀D_{19}→节流阀J_5→三位八通斗杆液动阀H_{11}右位→斗杆液压缸G_1下腔(无杆腔)。

主回油路1:斗杆液压缸G_1上腔(有杆腔)→插装阀B口→插装阀A口→三位九通液动阀H_5右位→二位二通弹簧液控换向阀H_4下位(主进油路中:斗杆液压缸G_1下腔(无杆腔)→二位二通弹簧液控换向阀H_4下端)→控制油路R_2→冷却器→单向阀D_{42}→精过滤器L_2→油箱。

② 铲斗。主进油路1(右行走马达无动作):油箱→过滤器L_1→液压泵P_2→控制油路A_2→三位八通右行走马达液动阀H_7中位→单向阀D_{15}→单向阀D_{18}→三位八通铲斗液动阀H_{10}左位→控制油路Ak→铲斗液压缸G_2下腔(无杆腔)。

主回油路1:铲斗液压缸G_2上腔(有杆腔)→控制油路Bk→三位八通铲斗液动阀H_{10}左位→控制油路R_2→冷却器→单向阀D_{42}→精过滤器L_2→油箱。

③ 复合总结。这时系统泵P_2供油,控制油路使进入斗杆的三位九通换向阀H_5处于截断状态,而进入斗杆的三位八通换向阀H_{11}进油口处于节流状态,油液首先满足铲斗。

2.提升、回转

铲斗液压缸推出,动臂抬起,满斗提升,回转马达使工作装置转至卸载位置。

(1)铲斗单独挖。油路不变。

(2)动臂单独升。当挖掘行程终了时,搬动操纵杆,先导阀X_9接通先导油,三位八通动臂液控换向阀H_9的阀芯移到左端,左位接入系统;二位八通动臂液控换向阀H_3的阀芯移到左端,左位接入系统,这时控制油路走向是:

先导进油路1:油箱→过滤器L_1→先导泵P_3→精过滤器L_3→单向阀D_{40}→先导控制阀H_{22}下位→二位三通先导阀X_9右位→控制油路XAb1→三位八通动臂液动阀H_9左端。

先导回油路1:三位八通动臂液动阀H_9右端→控制油路XBb1→二位三通先导阀X_{10}左位→油箱。

先导进油路2:油箱→过滤器L_1→先导泵P_3→精过滤器L_3→单向阀D_{40}→先导控制阀H_{22}下位→二位三通先导阀X_9右位→控制油路XAb2→二位八通动臂液动阀H_3左端。

先导回油路2:二位八通动臂液动阀H_3右端→控制油路Dr_2→油箱。

先导进油路3:油箱→过滤器L_1→先导泵P_3→精过滤器L_3→单向阀D_{40}→先导控制阀H_{22}下位→二位三通先导阀X_9右位→梭阀S_6→梭阀S_5→控制油路。

主进油路1(右行走马达无动作):油箱→过滤器L_1→液压泵P_2→控制油路A_2→三位八通右行走马达液动阀H_7中位→单向阀D_{15}→单向阀D_{17}→三位八通动臂液动阀H_9左位→控

制油路 Ab_1→动臂液压缸 G_3、G_4下腔(无杆腔)。

主进油路 2(液动阀 H_6右位接入系统时,即 Psp 接油箱时):油箱→过滤器 L_1→液压泵 P_1→控制油路 A_1→液动阀 H_8右位→二位八通动臂液控换向阀 H_3的阀芯移到左位→单向阀 D_9→动臂液压缸 G_3、G_4下腔(无杆腔)。

主进油路 3(左行走马达、回转马达无动作时):油箱→过滤器 L_1→液压泵 P_1→控制油路 A_1→三位八通左行走马达液动阀 H_1中位→三位八通回转马达液动阀 H_2中位→单向阀 D_8→二位八通动臂液控换向阀 H_3左位→单向阀 D_9→动臂液压缸 G_3、G_4下腔(无杆腔)。

主回油路 1:动臂液压缸 G_3、G_4上腔(有杆腔)→控制油路 Bb1→三位八通动臂液动阀 H_9左位→控制油路 R_2→冷却器→单向阀 D_{42}→精过滤器 L_2→油箱。

这时系统泵 P_1 和泵 P_2 一起给动臂供油,满足了动臂液压缸较大横截面积、较长行程耗油量较大的需求,最大限度地利用两泵的流量。

(3)回转马达单独回转(假设右转)。搬动操纵杆,先导阀 X_5接通先导油,三位八通回转马达液控换向阀 H_2 的阀芯移到左端,左位接入系统。这时控制油路走向是:

先导进油路 1:油箱→过滤器 L_1→先导泵 P_3→精过滤器 L_2→单向阀 D_{40}→先导控制阀 H_{22}下位→二位三通先导阀 X_5右位→控制油路 XAs→三位八通回转液动阀 H_2左端。

先导回油路 1:三位八通回转液动阀 H_2右端→控制油路 XBs→二位三通先导阀 X_6左位→油箱。

先导进油路 2:油箱→过滤器 L_1→先导泵 P_3→精过滤器 L_3→单向阀 D_{40}→先导控制阀 H_{22}下位→二位三通先导阀 X_5右位→梭阀 S_3→梭阀 S_2→控制油路 SH→二位三通弹簧液控阀 H_{16}上端。

先导回油路 2:二位三通弹簧液控阀 H_{16}下端→控制油路 Dr →精过滤器 L_2→油箱。

先导进油路 3:油箱→过滤器 L_1→先导泵 P_3→精过滤器 L_3→控制油路 PG→二位三通弹簧液控阀 H_{16}上位→锁紧缸 G_{15}有杆腔。

先导回油路 3:锁紧缸 G_{15}无杆腔→控制油路 Dr →精过滤器 L_2→油箱。

主进油路 1:油箱→过滤器 L_1→液压泵 P_1→控制油路 A_1→单向阀 D_7→三位八通回转马达液动阀 H_2左位→控制油路 As→控制油路 A→回转马达左进油口。

主回油路 1:回转马达右进油口→控制油路 B→控制油路 Bs→三位八通回转马达液动阀 H_2左位→控制油路 R_2→冷却器→单向阀 D_{42}→精过滤器 L_2→油箱。

这时系统由泵 P_1 供油,回转马达向右旋转。

(4)回转马达、动臂复合动作。此时各油路均不变。泵 P_1 给回转马达供油,当 Psp 接高压油时,泵 P_2 给动臂液压缸供油,当 Psp 接回油路时,泵 P_1、P_2 一起给动臂液压缸供油。

3.卸载

铲斗液压缸缩回,斗杆液压缸动作,视卸载高度动臂液压缸配合动作。

(1)铲斗单独卸。搬动操纵杆,先导阀 X_7接通先导油,三位八通液控换向阀 H_{11}的阀芯移到右端,右位接入系统。这时控制油路走向是:

先导进油路 1:油箱→过滤器 L_1→先导泵 P_3→精过滤器 L_3→单向阀 D_{40}→先导控制阀 H_{22}下位→二位三通先导阀 X_7右位→控制油路 XBk→三位八通铲斗液动阀 H_{10}右端。

先导回油路 1:三位八通铲斗液动阀 H_{10}左端→控制油路 XAk→二位三通先导阀 X_8左位

→油箱。

先导进油路 2：油箱→过滤器 L_1→先导泵 P_3→精过滤器 L_3→单向阀 D_{40}→先导控制阀 H_{22}下位→二位三通先导阀 X_7右位→梭阀 S_4→梭阀 S_5→控制油路。

主进油路 1（右行走马达无动作）：油箱→过滤器 L_1→液压泵 P_2→控制油路 A_2→三位八通右行走马达液动阀 H_7中位→单向阀 D_{15}→单向阀 D_{18}→三位八通铲斗液动阀 H_{10}右位→控制油路 Bk→铲斗液压缸 G_2上腔（有杆腔）。

主回油路 1：铲斗液压缸 G_2下腔（无杆腔）→控制油路 Ak→三位八通铲斗液动阀 H_{10}右位→控制油路 R_2→冷却器→单向阀 D_{42}→精过滤器 L_2→油箱。

这时系统形成右泵 P_2 供油，铲斗液压缸缩回。此时重力势能以及泵的压力能完全浪费掉了。

(2)斗杆单独放。搬动操纵杆，先导阀 X_3接通先导油，三位九通液控换向阀 H_5的阀芯移到左端，左位接入系统；三位八通液控换向阀 H_{11}的阀芯移到左端，左位接入系统。这时控制油路走向是：

先导进油路 1：油箱→过滤器 L_1→先导泵 P_3→精过滤器 L_3→单向阀 D_{40}→先导控制阀 H_{22}下位→二位三通先导阀 X_3右位→控制油路 XBa1→三位九通液动阀 H_5左端。

先导回油路 1：三位九通液动阀 H_5右端→控制油路 XAa1→二位三通先导阀 X_4左位→油箱。

先导进油路 2：油箱→过滤器 L_1→先导泵 P_3→精过滤器 L_3→单向阀 D_{40}→先导控制阀 H_{22}下位→二位三通先导阀 X_3右位→控制油路 XBa2→三位八通液动阀 H_{11}左端。

先导回油路 2：三位八通液动阀 H_{11}右端→控制油路 XAa1→二位三通先导阀 X_4左位→油箱。

先导进油路 3：油箱→过滤器 L_1→先导泵 P_3→精过滤器 L_3→控制油路 PG→节流阀 J_1→控制油路 Pal[Px]→二位三通弹簧液控换向阀 H_{12}左端。

先导回油路 3：二位三通弹簧液控换向阀 H_{12}右端→控制油路 Dr3→油箱。

主进油路 1（液动阀 H_6右位接入系统时，即 Psp 接油箱时）：油箱→过滤器 L_1→液压泵 P_1→控制油路 A_1→液动阀 H_6右位→单向阀 D_{10}→三位九通液动阀 H_5左位→插装阀 A 口→插装阀 B 口→斗杆液压缸 G_1上腔（有杆腔）。

主进油路 2（左行走马达、回转马达无动作时）：油箱→过滤器 L_1→液压泵 P_1→控制油路 A_1→三位八通左行走马达液动阀 H_1中位→三位八通回转马达液动阀 H_2中位→单向阀 D_8→单向阀 D_{10}→三位九通液动阀 H_5左位→插装阀 A 口→插装阀 B 口→斗杆液压缸 G_1上腔（有杆腔）。

主进油路 3（右行走马达、三位八通液动阀 H_8、动臂、铲斗液压缸无动作时）：油箱→过滤器 L_1→液压泵 P_2→控制油路 A_2→三位八通右行走马达液动阀 H_7中位→三位八通未知液动阀 H_8中位→三位八通动臂液动阀 H_9中位→三位八通铲斗液动阀 H_{10}中位→单向阀D_{20}→三位八通斗杆液动阀 H_{11}左位→插装阀 A 口→插装阀 B 口→斗杆液压缸 G_1上腔（有杆腔）。

主进油路 4（右行走马达无动作且三位八通液动阀 H_8、动臂、铲斗液压缸中有任一一个执行元件有动作时）：油箱→过滤器 L_1→液压泵 P_2→控制油路 A_2→三位八通右行走马达液动阀 H_7中位→单向阀 D_{15}→单向阀 D_{19}→节流阀 J_5→三位八通斗杆液动阀 H_{11}左位→插装阀

A 口→插装阀 B 口→斗杆液压缸 G_1上腔(有杆腔)。

主回油路 1:斗杆液压缸 G_1下腔(无杆腔)→三位九通液动阀 H_5左位→控制油路 R_2→冷却器→单向阀 D_{42}→精过滤器 L_2→油箱。

主回油路 2:斗杆液压缸 G_1下腔(无杆腔)→三位八通斗杆液动阀 H_{11}左位→控制油路 R_2→冷却器→单向阀 D_{42}→精过滤器 L_2→油箱。

这时系统形成双泵供油,斗杆液压缸快速收回。

(3)铲斗、斗杆复合动作。

① 斗杆。主进油路 1(液动阀 H_6右位接入系统时,即 Psp 接油箱时):油箱→过滤器L_1→液压泵 P_1→控制油路 A_1→液动阀 H_6右位→单向阀 D_{10}→三位九通液动阀 H_5左位→插装阀 A 口→插装阀 B 口→斗杆液压缸 G_1上腔(有杆腔)。

主进油路 2(左行走马达、回转马达无动作时):油箱→过滤器 L_1→液压泵 P_1→控制油路 A_1→三位八通左行走马达液动阀 H_1中位→三位八通回转马达液动阀 H_2中位→单向阀 D_8→单向阀 D_{10}→三位九通液动阀 H_5左位→插装阀 A 口→插装阀 B 口→斗杆液压缸 G_1上腔(有杆腔)。

主进油路 3(右行走马达无动作且铲斗液压缸有动作时):油箱→过滤器 L_1→液压泵 P_2→控制油路 A_2→三位八通右行走马达液动阀 H_7中位→单向阀 D_{15}→单向阀 D_{19}→节流阀 J_5→三位八通斗杆液动阀 H_{11}左位→插装阀 A 口→插装阀 B 口→斗杆液压缸 G_1上腔(有杆腔)。

主回油路 1:斗杆液压缸 G_1下腔(无杆腔)→三位九通液动阀 H_5左位→控制油路 R_2→冷却器→单向阀 D_{42}→精过滤器 L_2→油箱。

主回油路 2:斗杆液压缸 G_1下腔(无杆腔)→三位八通斗杆液动阀 H_{11}左位→控制油路 R_2→冷却器→单向阀 D_{42}→精过滤器 L_2→油箱。

② 铲斗。铲斗油路不变。

③ 复合总结。这时系统泵 P_1 和泵 P_2 的一小部分给斗杆供油,泵 P_2 的大部分给铲斗供油,使斗杆和铲斗能复合动作。满足了斗杆液压缸较大横截面积、较长行程耗油量较大的需求,最大限度地利用两泵的流量。

4.动臂单独降

当挖掘行程终了时,搬动操纵杆 1,先导阀 X_{10}接通先导油,三位八通动臂液控换向阀 H_9的阀芯移到右端,右位接入系统;二位八通动臂液控换向阀 H_3的阀芯移到右端,右位接入系统,这时控制油路走向是:

先导进油路 1:油箱→过滤器 L_1→先导泵 P_3→精过滤器 L_3→单向阀 D_{40}→先导控制阀 H_{22}下位→二位三通先导阀 X_{10}右位→控制油路 XAb1→三位八通动臂液动阀 H_9右端。

先导回油路 1:三位八通动臂液动阀 H_9右端→控制油路 XAb1→二位三通先导阀 X_9左位→油箱。

先导进油路 2:油箱→过滤器 L_1→先导泵 P_3→精过滤器 L_3→单向阀 D_{40}→先导控制阀 H_{22}下位→二位三通先导阀 X_{10}右位→梭阀 S_6→梭阀 S_5→原图未标识去向控制油路。

主进油路 1(右行走马达无动作):油箱→过滤器 L_1→液压泵 P_2→控制油路 A_2→三位八通右行走马达液动阀 H_7中位→单向阀 D_{15}→单向阀 D_{17}→三位八通动臂液动阀 H_9右位→控

制油路 Bb1→动臂液压缸 G_3、G_4上腔(有杆腔)。

主回油路1:动臂液压缸 G_3、G_4下腔(无杆腔)→控制油路 Ab1→三位八通动臂液动阀 H_9右位→控制油路 R_2→冷却器→单向阀 D_{42}→精过滤器 L_2→油箱。

这时系统泵 P_2 给动臂供油,动臂下降。此时重力势能以及泵的压力能完全浪费掉了。

5.动臂、铲斗、斗杆复合动作

(1)斗杆。与铲斗、斗杆复合动作时相同。

(2)铲斗。铲斗油路不变。

(3)动臂。动臂油路不变。

(4)复合总结。此时两泵同时供油,铲斗、动臂由泵 P_2 单独供油;斗杆主要由泵 P_1 供油,泵 P_2 合流供油。由于动臂、铲斗下降时,重力做功,进压力较低,斗杆缩回克服重力做功,进压力较高,在单向阀的作用下,故不会出现斗杆由泵 P_1 与泵 P_2 同时供油。因此斗杆由泵 P_1 单独供油。

6.复位

回转机构将工作装置转回到工作挖掘面,动臂和斗杆液压缸配合动作将铲斗降至地面。

(1)回转马达单独回转(假设左转)。搬动操纵杆,先导阀 X_6接通先导油,三位八通回转马达液控换向阀 H_2 的阀芯移到右端,右位接入系统。这时控制油路走向是:

先导进油路1:油箱→过滤器 L_1→先导泵 P_3→精过滤器 L_3→单向阀 D_{40}→先导控制阀 H_{22}下位→二位三通先导阀 X_6右位→控制油路 XBs→三位八通回转液动阀 H_2右端。

先导回油路1:三位八通回转液动阀 H_2左端→控制油路 XAs→二位三通先导阀 X_5左位→油箱。

先导进油路2:油箱→过滤器 L_1→先导泵 P_3→精过滤器 L_3→单向阀 D_{40}→先导控制阀 H_{22}下位→二位三通先导阀 X_6右位→梭阀 S_3→梭阀 S_2→控制油路 SH→二位三通弹簧液控阀 H_{16}上端。

先导回油路2:二位三通弹簧液控阀 H_{16}下端→控制油路 Dr →精过滤器 L_2→油箱。

先导进油路3:油箱→过滤器 L_1→先导泵 P_3→精过滤器 L_3→控制油路 PG→二位三通弹簧液控阀 H_{16}上位→锁紧缸 G_{15}有杆腔。

先导回油路3:锁紧缸 G_{15}无杆腔→控制油路 Dr →精过滤器 L_2→油箱。

主进油路1:油箱→过滤器 L_1→液压泵 P_1→控制油路 A_1→单向阀 D_7→三位八通回转马达液动阀 H_2右位→控制油路 Bs→控制油路 B→回转马达右进油口。

主回油路1:回转马达左进油口→控制油路 A→三位八通回转马达液动阀 H_2右位→控制油路 R_2→冷却器→单向阀 D_{42}→精过滤器 L_2→油箱。

这时系统由泵 P_1 供油,回转马达向左快速旋转。

(2)动臂单独降。此时动臂单独降油路不变。

(3)斗杆单独降。此时斗杆油路与斗杆单独挖时相同。

7.动臂、斗杆复合动作

(1)斗杆。

主进油路1(液动阀 H_6右位接入系统时,即 Psp 接油箱时):油箱→过滤器 L_1→液压泵 P_1→控制油路 A_1→液动阀 H_6右位→单向阀 D_{10}→三位九通液动阀 H_5右位→斗杆液压缸 G_1

下腔(无杆腔)。

主进油路2(左行走马达、回转马达无动作时):油箱→过滤器 L_1→液压泵 P_1→控制油路 A_1→三位八通左行走马达液动阀 H_1中位→三位八通回转马达液动阀 H_2中位→单向阀 D_8→单向阀 D_{10}→三位九通液动阀 H_5右位→斗杆液压缸 G_1下腔(无杆腔)。

主进油路3(右行走马达无动作且动臂液压缸有动作时):油箱→过滤器 L_1→液压泵 P_2→控制油路 A_2→三位八通右行走马达液动阀 H_7中位→单向阀 D_{15}→单向阀 D_{19}→节流阀 J_5→三位八通斗杆液动阀 H_{11}右位→斗杆液压缸 G_1下腔(无杆腔)。

主回油路1:斗杆液压缸 G_1上腔(有杆腔)→插装阀 B 口→插装阀 A 口→三位九通液动阀 H_5右位→二位二通弹簧液控换向阀 H_4下位(主进油路中:斗杆液压缸 G_1下腔(无杆腔)→二位二通弹簧液控换向阀 H_4下端)→控制油路 R_2→冷却器→单向阀 D_{42}→精过滤器 L_2→油箱。

(2)动臂。此时动臂油路与单独降相同。

(3)动臂、斗杆复合总结。此时由两泵同时供油,动臂由泵 P_2 供油,斗杆主要由泵 P_1 供油,由泵 P_2 部分供油。由于动臂斗杆均是下降动作,由重力做功,能量完全浪费。

8.其他

(1)行走。

① 左行走马达单独动作。

(a)左行走马达单独动作向前。搬动操纵杆1,先导阀 X_1接通先导油,三位八通左行走马达液控换向阀 H_1的阀芯移到左端,左位接入系统;三位五通左行走马达液控换向阀 H_{17}的阀芯移到左端,左位接入系统。这时控制油路走向是:

先导进油路1:油箱→过滤器 L_1→先导泵 P_3→精过滤器 L_3→单向阀 D_{40}→先导控制阀 H_{22}下位→二位三通先导阀 X_1右位→控制油路 XAtl→三位八通左行走马达液动阀 H_1左端。

先导回油路1:三位八通左行走马达液动阀 H_1右端→控制油路 XBtl→二位三通先导阀 X_2左位→油箱。

先导进油路2(兔子模式时,即先导部分二位三通弹簧电磁换向阀 H_{15}电磁铁接通时,即上位时):油箱→过滤器 L_1→先导泵 P_3→精过滤器 L_3→控制油路 P→二位三通弹簧电磁换向阀 H_{15}上位→控制油路 Dl。

主进油路1:油箱→过滤器 L_1→液压泵 P_1→控制油路 A_1→二位三通弹簧液控换向阀 H_{13}左位→三位八通左行走马达液动阀 H_1左位→控制油路 Atl→控制油路 A→单向阀 D_{26}→左行走马达左进油口。

主回油路1:左行走马达右进油口→三位五通左行走液动阀 H_{17}左位→控制油路 B→控制油路 Btl→三位八通左行走马达液动阀 H_1左位→控制油路 R_2→冷却器→单向阀 D_{42}→精过滤器 L_2→油箱。

主进油路2:油箱→过滤器 L_1→液压泵 P_1→控制油路 A_1→二位三通弹簧液控换向阀 H_{13}左位→三位八通左行走马达液动阀 H_1左位→控制油路 Atl→控制油路 A→三位五通左行走液动阀 H_{17}左位→节流阀 J_{11}→锁紧缸 G_5腔。

主回油路2:锁紧缸 G_5下腔→控制油路 RDr→控制油路 TDr→精过滤器 L_2→油箱。

主进油路3:油箱→过滤器 L_1→液压泵 P_1→控制油路 A_1→二位三通弹簧液控换向阀 H_{13}

左位→三位八通左行走马达液动阀 H_1左位→控制油路 Atl→控制油路A→单向阀 D_{26}→单向阀 D_{30}→节流阀 J_{10}→兔子模式二位三通弹簧液控换向阀 H_{19}右位→变量马达调速液压缸 G_6右腔(无杆腔)

这时系统由泵 P_1 供油。兔子模式时,行走马达排量减小,马达向前快速旋转;乌龟模式时,行走马达排量增大,马达向前慢速旋转。

(b)左行走马达单独动作后退。搬动操纵杆,先导阀 X_2接通先导油,三位八通左行走马达液控换向阀 H_1的阀芯移到右端,右位接入系统;三位五通左行走马达液控换向阀 H_{17}的阀芯移到右端,右位接入系统。这时控制油路走向是:

先导进油路 1:油箱→过滤器 L_1→先导泵 P_3→精过滤器 L_3→单向阀 D_{40}→先导控制阀 H_{22}下位→二位三通先导阀 X_2右位→控制油路 XBtl→三位八通左行走马达液动阀 H_1右端。

先导回油路 1:三位八通左行走马达液动阀 H_1左端→控制油路 XAtl→二位三通先导阀 X_1左位→油箱。

先导进油路 2(兔子模式时,即先导部分二位三通弹簧电磁换向阀 H_{15}电磁铁接通时,即上位时):油箱→过滤器 L_1→先导泵 P_3→精过滤器 L_3→控制油路 P→二位三通弹簧电磁换向阀 H_{15}上位→控制油路 D_1。

主进油路 1:油箱→过滤器 L_1→液压泵 P_1→控制油路 A_1→未知作用二位三通弹簧液控换向阀 H_{13}左位→三位八通左行走马达液动阀 H_1右位→控制油路 Btl→控制油路 B→单向阀 D_{27}→左行走马达右进油口。

主回油路 1:左行走马达左进油口→三位五通左行走液动阀 H_{17}右位→控制油路 A→控制油路 Atl→三位八通左行走马达液动阀 H_1右位→控制油路 R_2→冷却器→单向阀 D_{42}→精过滤器 L_2→油箱。

主进油路 2:油箱→过滤器 L_1→液压泵 P_1→控制油路 A_1→未知作用二位三通弹簧液控换向阀 H_{13}左位→三位八通左行走马达液动阀 H_1右位→控制油路 Btl→控制油路 B→三位五通左行走液动阀 H_{17}右位→节流阀 J_{11}→锁紧缸 G_5中腔。

主回油路 2:锁紧缸 G_5下腔→控制油路 RDr →控制油路 TDr →精过滤器 L_2→油箱。

主进油路 3:油箱→过滤器 L_1→液压泵 P_1→控制油路 A_1→二位三通弹簧液控换向阀 H_{13}左位→三位八通左行走马达液动阀 H_1左位→控制油路 Btl→控制油路B→单向阀 D_{27}→单向阀 D_{31}→节流阀 J_{10}→兔子模式二位三通弹簧液控换向阀 H_{19}右位→变量马达调速液压缸 G_6右腔(无杆腔)

这时系统由泵 P_1 供油。兔子模式时,行走马达排量减小,马达向后快速旋转;乌龟模式时,行走马达排量增大,马达向后慢速旋转。

② 右行走马达单独动作。

(a)右行走马达单独动作向前。搬动操纵杆,先导阀 X_{11}接通先导油,三位八通右行走马达液控换向阀 H_7的阀芯移到左端,左位接入系统;三位五通右行走马达液控换向阀 H_{18}的阀芯移到右端,右位接入系统。这时控制油路走向是:

先导进油路 1:油箱→过滤器 L_1→先导泵 P_3→精过滤器 L_3→单向阀 D_{40}→先导控制阀 H_{22}下位→二位三通先导阀 X_{11}右位→控制油路 XAtr →三位八通左行走马达液动阀 H_7左端。

先导回油路 1:三位八通右行走马达液动阀 H_7右端→控制油路 XBtr →二位三通先导阀

X_{12}左位→油箱。

先导进油路 2(兔子模式时,即先导部分二位三通弹簧电磁换向阀 H_{15}电磁铁接通时,即上位时):油箱→过滤器 L_1→先导泵 P_3→精过滤器 L_3→控制油路 P→二位三通弹簧电磁换向阀 H_{15}上位→控制油路 D_2。

主进油路 1:油箱→过滤器 L_1→液压泵 P_2→控制油路 A_2→单向阀 D_{13}→三位八通右行走马达液动阀 H_7左位→控制油路 Atr →控制油路 B→单向阀 D_{35}→右行走马达右进油口。

主回油路 1:右行走马达左进油口→三位五通右行走液动阀 H_{18}右位→控制油路 A→控制油路 Btr →三位八通右行走马达液动阀 H_7左位→控制油路 R_2→冷却器→单向阀 D_{42}→精过滤器 L_2→油箱。

主进油路 2:油箱→过滤器 L_1→液压泵 P_2→控制油路 A_2→单向阀 D_{13}→三位八通右行走马达液动阀 H_7左位→控制油路 Atr →控制油路 B→三位五通右行走液动阀 H_{18}右位→节流阀 J_{11}→锁紧缸 G_7中腔。

主回油路 2:锁紧缸 G_7下腔→控制油路 RDr →控制油路 TDr →精过滤器 L_2→油箱。

主进油路 3:油箱→过滤器 L_1→液压泵 P_2→控制油路 A_2→单向阀 D_{13}→三位八通右行走马达液动阀 H_7左位→控制油路 Atr →控制油路 B→单向阀 D_{35}→单向阀 D_{39}→节流阀 J_{16}→兔子模式二位三通弹簧液控换向阀 H_{20}右位→变量马达调速液压缸 G_8右腔(无杆腔)

这时系统由泵 P_1 供油。兔子模式时,行走马达排量减小,马达向前快速旋转;乌龟模式时,行走马达排量增大,马达向前慢速旋转。

(b)左行走马达单独动作后退。搬动操纵杆,先导阀 X_{12}接通先导油,三位八通右行走马达液控换向阀 H_7的阀芯移到右端,右位接入系统;三位五通右行走马达液控换向阀 H_{18}的阀芯移到左端,左位接入系统。这时控制油路走向是:

先导进油路 1:油箱→过滤器 L_1→先导泵 P_3→精过滤器 L_3→单向阀 D_{40}→先导控制阀 H_{22}下位→二位三通先导阀 X_{12}右位→控制油路 XBtr →三位八通右行走马达液动阀 H_7右端。

先导回油路 1:三位八通右行走马达液动阀 H_7左端→控制油路 XAtr →二位三通先导阀 X_{11}左位→油箱。

先导进油路 2(兔子模式时,即先导部分二位三通弹簧电磁换向阀 H_{15}电磁铁接通时,即上位时):油箱→过滤器 L_1→先导泵 P_3→精过滤器 L_3→控制油路 P→二位三通弹簧电磁换向阀 H_{15}上位→控制油路 D_2。

主进油路 1:油箱→过滤器 L_1→液压泵 P_2→控制油路 A_2→单向阀 D_{13}→三位八通右行走马达液动阀 H_7右位→控制油路 Btr →控制油路 A→单向阀 D_{34}→右行走马达左进油口。

主回油路 1:右行走马达右进油口→三位五通右行走液动阀 H_{18}左位→控制油路 B→控制油路 Atr →三位八通右行走马达液动阀 H_7右位→控制油路 R_2→冷却器→单向阀 D_{42}→精过滤器 L_2→油箱。

主进油路 2:油箱→过滤器 L_1→液压泵 P_2→控制油路 A_2→单向阀 D_{13}→三位八通右行走马达液动阀 H_7右位→控制油路 Btr →控制油路 A→三位五通右行走液动阀 H_{18}左位→节流阀 J_{11}→锁紧缸 G_7中腔。

主回油路 2:锁紧缸 G_7下腔→控制油路 RDr →控制油路 TDr →精过滤器 L_2→油箱。

主进油路 3:油箱→过滤器 L_1→液压泵 P_2→控制油路 A_2→单向阀 D_{13}→三位八通右行走马达液动阀 H_7右位→控制油路 Btr →控制油路 A→单向阀 D_{34}→单向阀 D_{38}→节流阀 J_{16}→兔

子模式二位三通弹簧液控换向阀 H_{20}右位→变量马达调速液压缸 G_8右腔(无杆腔)

这时系统由泵 P_2 供油。兔子模式时,行走马达排量减小,马达向后快速旋转;乌龟模式时,行走马达排量增大,马达向后慢速旋转。

(c)左、右行走马达复动作。各油路不变。

(2)行走与回转马达、动臂、斗杆、铲斗复合动作。

① 挖掘时复合动作。由于不可用行走当成附加的挖掘力量,这会导致严重的机械损坏,所以不存在行走与挖掘(斗杆、铲斗)复合动作的情况。

② 卸载等非挖掘时复合动作。系统中设有允许行走,与斗杆、铲斗、动臂或回转同时动作的机构,在挖掘机行走过程中操纵了斗杆、动臂或回转,其先导油路通过换向阀 H_{14}来控制换向阀 H_{13},使主泵 P_2 同时供油给左右行走马达,使左右行走马达由一个泵供油,成并联回路,实现工作装置有动作时也能慢速直线行走。此时主泵 P_1 给动臂、斗杆、铲斗、回转供油,使行走马达动作时,动臂、斗杆、铲斗、回转能适当调整位置。

9.6.4　CLG200－3 挖掘机液压传动系统特点

(1)回转马达设有常闭式弹簧液压制动器,在未给马达动作信号时,锁紧缸在弹簧作用下将马达锁死,保证系统在无操作时的安全性,当马达动作时,锁紧缸在高压油的作用下,解除马达锁紧状态。

(2)回转马达设有缓冲回路,由于回转马达制动采用中位封油制动,故会产生剧烈冲击,引起系统压力增大,从而使回转机构产生很大振动,故在马达出口的两个油路上装有灵敏的缓冲阀,高压油由缓冲阀回油箱,负压油路由单向阀补油,以减轻液压制动时过大的冲击。

(3)行走马达设有常闭式弹簧液压制动器,在未给马达动作信号时,锁紧缸在弹簧作用下将马达锁死,保证系统在无操作时的安全性,当马达动作时,锁紧缸在高压油的作用下,解除马达锁紧状态。

(4)根据需要操纵电磁阀通过控制变量液压缸控制变量马达的斜盘倾角,以控制马达的排量,实现马达速度控制,设有兔子(高)、乌龟(低)两种方式,可实现不同速度。

(5)在动臂、斗杆、铲斗设有限速回路,以防止作业时动臂、斗杆和铲斗因自重失控降落,发生危险。在动臂、铲斗下降换向阀的回油位上设有节流阀,在动作时起到单向节流的作用,在无动作时,换向阀回到中位,将油路封死;而在斗杆有杆腔油路上设有插装阀,在系统无压力时,将油路封死,保证安全,在斗杆下降时,回油路经一两位两通换向阀的常闭油口,只有在进油路为高压时,两位两通换向阀方能开启,起到单向节流作用,另外回油换向阀回油位内有一单向阀,当斗杆失控下降时,回油路压力增大,进油路压力减小,回油路被两位两通换向阀封死,会产生剧烈冲击,引起系统压力增大,此时回油路可通过单向阀流入进油路,以降低压力。

(6)在动臂、斗杆、铲斗设有限压回路。当挖掘时,在挖掘反力的作用下,不动的液压缸一侧将产生高压,另一侧产生负压,高压会引起管路的损坏,故在动臂、斗杆、铲斗液压缸进、回油路两侧均设有溢流阀和单向阀,高压油由溢流阀回油箱,负压油由单向阀补油。

(7)一台主泵给平台回转、斗杆、左行走马达供油,另一台主泵给动臂、铲斗、右行走马达供油。动臂提升或斗杆挖掘采用了合流系统,以提高动作速度,提高生产率。在动臂液压缸 G_3、G_4无杆腔回油路换向阀内部设有节流阀,使之下降平衡可靠。

(8)系统中设有回转优先阀。当操纵回转或斗杆先导阀时,优先阀将截断泵通往斗杆腔油路,使进油路经由回转马达换向阀中位通往斗杆系统,故如果回转马达动作时,自动截断通往斗杆的油路,优先满足回转的需求流量,保证回转优先动作。

(9)斗杆、动臂均有合流先导控制合流回路。当斗杆单独动作时,可通过换向阀 H_5、H_{11} 使泵 P_0、P_2 合流供油,当与动臂或铲斗复合动作时,换向阀 H_{11} 被换向阀 H_{10} 或 H_9 截断只能节流供油,主要由泵 P_1 单独供油;当动臂单独动作时,可通过换向阀 H_3、H_9 使泵 P_1、P_2 合流供油,当与回转马达复合动作时,换向阀 H_3 被换向阀 H_6 或 H_2 截断只能节流供油,主要由泵 P_2 单独供油。

(10)系统中设有允许行走,与斗杆、铲斗、动臂或回转同时动作的机构,在挖掘机行走过程中操纵了斗杆、动臂或回转,其先导油路通过换向阀 H_{14} 来控制换向阀 H_{13},使主泵 P_2 同时供油给左行走马达,使左右行走马达由一个泵供油,成并联回路,实现工作装置有动作时也能慢速直线行走。此时主泵 P_1 给动臂、斗杆、铲斗、回转供油,使行走马达动作时,动臂、斗杆、铲斗、回转能适当调整位置。

(11)该系统采用全功率变量系统。决定流量调节的不是一条回路的压力 P_1 或 P_2,而是两条回路的压力总和。每个泵都能够传递全部功率,只要在系统变量范围以内,两泵始终对两条回路供给相同的流量,即使一条回路只要求较小压力(甚至是零压力),而另一条回路要求较大压力,两条回路的仍然相等。全功率变量系统的功率利用很好,在变量范围以内两泵流量相等,司机易于掌握调整,尤其是履带式挖掘机,由于两个马达的转速相等,外部阻力不同,仍能同步行走,保证了直线行走性能。当挖掘机作业时,虽然一条回路上外载荷很大,由于流量相等,它的作业速度仍可加快。缺点是由于变量泵经常满载运转寿命较短。

(12)在空载情况下,两泵的压力均反馈到变量泵伺服阀上,调节变量液压缸,改变斜盘倾角,自动调节输出流量,可实现自动卸荷,以减少溢流和管路压力损失。

思考题和习题

9.1 如图 9.23 所示的组合机床动力滑台上使用的一种液压传动系统。简述其工作原理,写出其电磁铁动作表,并说明桥式油路结构的作用。

9.2 写出图 9.24 所示液压传动系统的电磁铁动作表,并评述这个液压传动系统的特点。

9.3 如图 9.25 所示的液压传动系统,并说明:(1)快进时油液流动路线;(2)这个液压传动系统的特点。

9.4 图 9.2 所示的 YT4543 型动力滑台液压传动系统中的单向阀 3、15 和 17 在液压传动系统中起什么作用?顺序阀 18 和溢流阀 19 在液压传动系统中各起什么作用?

9.5 图 9.11 所示外圆磨床液压系统为什么要采用行程控制式换向回路?外圆磨床工作台换向过程分为哪几个阶段?试根据图中所示的 M1432A 型外圆磨床液压系统说明工作台的换向过程。

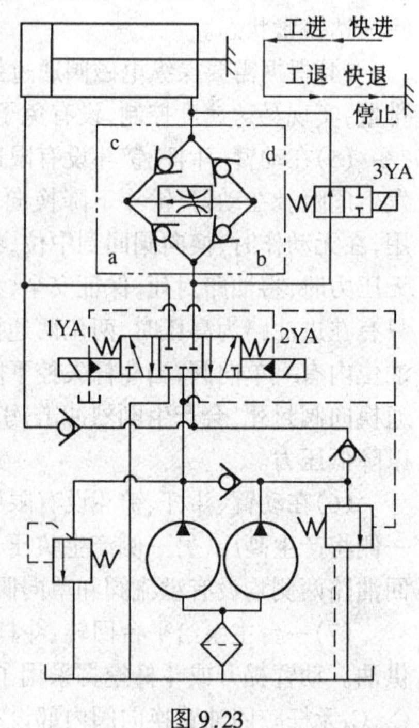

图 9.23

9.6　以表格的形式列出图 9.14 所示的 YB32－200 型液压机的工作循环及电磁铁的动作表。

9.7　在图 9.16 的 Q2－8 型汽车起重机液压传动系统中，为什么采用弹簧复位式手动换向阀控制各执行元件动作?

9.8　指出图 9.19 所示的 SZ－250A 型注塑机液压传动系统中各压力阀分别用于哪些工作阶段?

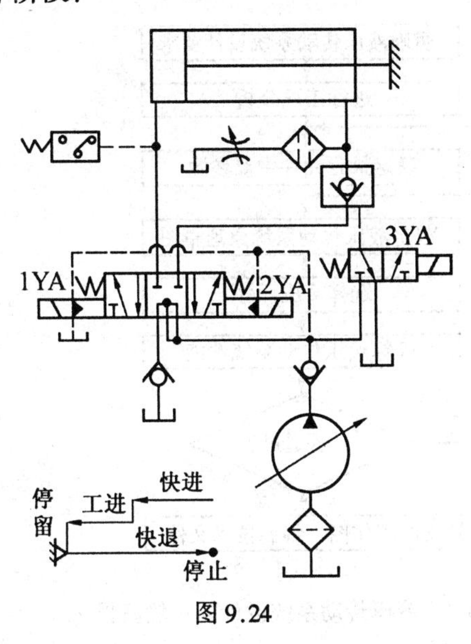

图 9.24

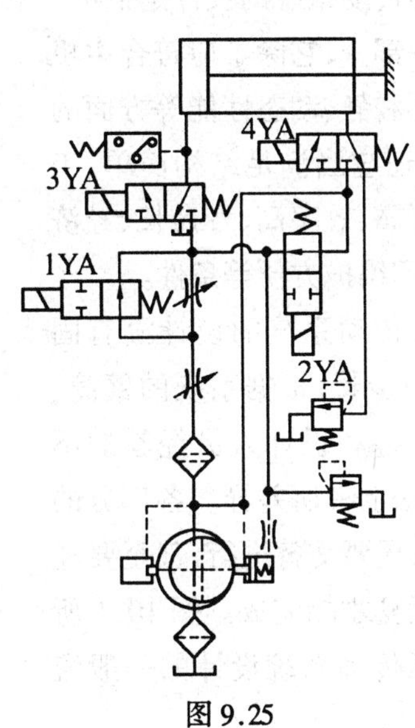

图 9.25

第10章 液压传动系统的设计和计算

液压传动系统的设计是整机设计的一部分,它除了应符合主机动作循环和静、动态性能等方面的要求外,还应当满足结构简单、工作安全可靠、效率高、寿命长、经济性好、使用维护方便等条件。

液压传动系统的设计没有固定的统一步骤,根据系统的繁简、借鉴的多寡和设计人员经验的不同,在做法上有所差异。各部分的设计有时还要交替进行,甚至要经过多次反复才能完成。图10.1所示为液压传动系统设计的一般流程。

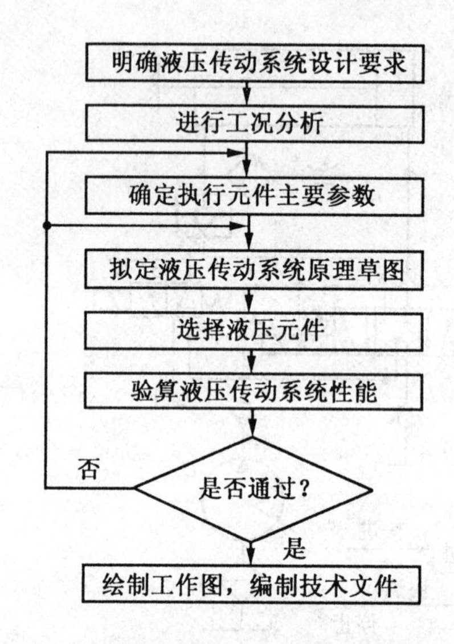

图10.1 液压传动系统设计的一般流程

10.1 明确设计要求,进行工况分析

10.1.1 明确设计要求

1. 明确液压传动系统的动作和性能要求

液压传动系统的动作和性能要求,主要包括:运动方式、行程和速度范围、载荷情况、运动平稳性和精度、工作循环和动作周期、同步或连锁要求、工作可靠性等。

2. 明确液压传动系统的工作环境

液压传动系统的工作环境,主要是指:环境温度、湿度、尘埃、是否易燃、外界冲击振动的情况以及安装空间的大小等。

10.1.2 执行元件的工况分析

对执行元件的工况进行分析,就是查明每个执行元件在各自工作过程中的速度和负载的大小、方向及其变化规律。通常是用一个工作循环内各阶段的速度和负载值列表表示,必要时还应做出速度和负载随时间(或位移)的变化图(称速度循环图和负载循环图)。

在一般情况下,液压缸承受的负载由六部分组成,即工作负载、导轨摩擦负载、惯性负载、重力负载、密封负载和背压负载,前五项构成了液压缸所要克服的机械总负载。

1. 工作负载 F_w

不同的机器有不同的工作负载。对于金属切削机床来说，沿液压缸轴线方向的切削力即为工作负载；对液压机来说，工件的压制抗力即为工作负载。工作负载 F_w 与液压缸运动方向相反时为正值，方向相同时为负值（如顺铣加工的切削力）。工作负载可能为恒值，也可能为变值，其大小要根据具体情况进行计算，有时还要由样机实测确定。

2. 导轨摩擦负载 F_f

导轨摩擦负载是指液压缸驱动运动部件时所受的导轨摩擦阻力，其值与运动部件的导轨形式、放置情况及运动状态有关。各种形式导轨的摩擦负载计算公式可查阅有关手册。机床上常用平导轨和 V 形导轨支承运动部件，其摩擦负载值的计算公式（导轨水平放置时）为：

平导轨

$$F_f = f(G + F_N) \tag{10.1}$$

V 形导轨

$$F_f = f\frac{G + F_N}{\sin\frac{\alpha}{2}} \tag{10.2}$$

式中　f——摩擦系数，其值参考表 10.1；

G——运动部件的重力（N）；

F_N——垂直于导轨的工作负载（N）；

α——V 形导轨面的夹角，一般 $\alpha = 90°$。

表 10.1　导轨摩擦系数

导轨种类	导轨材料	工作状态	摩擦系数
滑动导轨	铸铁对铸铁	启　动 低速运动 高速运动	0.16 ~ 0.2 0.1 ~ 0.22 0.05 ~ 0.08
滚动导轨	铸铁导轨对滚动体 淬火钢导轨对滚动体		0.005 ~ 0.02 0.003 ~ 0.006
静压导轨	铸铁对铸铁		0.000 5

3. 惯性负载 F_a

惯性负载是运动部件在启动加速或制动减速时的惯性力，其值可按牛顿第二定律求出，即

$$F_a = ma = \frac{G}{g}\frac{\Delta v}{\Delta t} \tag{10.3}$$

式中　g——重力加速度（m/s^2）；

Δv——Δt 时间内的速度变化值（m/s）；

Δt——启动、制动或速度转换时间（s），可取 $\Delta t = 0.01 \sim 0.5$ s，轻载低速时，取较小值，重载高速时，取较大值。

4. 重力负载 F_g

重力负载是指垂直或倾斜放置的运动部件在没有平衡的情况下，其自身质量造成的一

种负载力。倾斜放置时,只计算重力在运动方向上的分力。液压缸上行时重力取正值,反之取负值。

5. 密封负载 F_s

密封负载是指密封装置的摩擦力,其值与密封装置的类型和尺寸、液压缸的制造质量和液压油的工作压力有关,F_s 的计算公式详见有关手册。在未完成液压传动系统设计之前,不知道密封装置的参数,F_s 无法计算,一般用液压缸的机械效率 η_m 加以考虑,常取 $\eta_m = 0.90 \sim 0.97$。

6. 背压负载 F_b

背压负载是指液压缸回油腔压力所造成的阻力。在系统方案及液压缸结构尚未确定之前,F_b 也无法计算,在负载计算时可暂不考虑。

液压缸各个主要工作阶段的机械总负载 F 可根据实际受力进行分析,通常按下列公式计算:

启动加速阶段

$$F = (F_f + F_a \pm F_g)/\eta_m \tag{10.4}$$

快速阶段

$$F = (F_f \pm F_g)/\eta_m \tag{10.5}$$

工进阶段

$$F = (F_f \pm F_w \pm F_g)/\eta_m \tag{10.6}$$

制动减速阶段

$$F = (F_f \pm F_w - F_a \pm F_g)/\eta_m \tag{10.7}$$

以液压马达为执行元件时,负载值的计算类同于液压缸。

10.2 执行元件主要参数的确定

主要参数的确定是指确定液压执行元件的工作压力和主要结构尺寸。液压传动系统采用的执行元件形式可视主机所要实现的运动种类和性质而定,见表 10.2。

表 10.2 选择执行元件的形式

运动形式	往复直线运动		回 转 运 动		往复摆动
	短行程	长 行 程	高 速	低 速	
建议采用的执行元件形式	活塞缸	柱塞缸 液压马达与齿轮齿条机构 液压马达与丝杆螺母机构	高速液压马达	低速液压马达 高速液压马达与减速机构	齿条油缸与齿轮 摆动油缸

10.2.1 初选执行元件的工作压力

工作压力是确定执行元件结构参数的主要依据,它的大小影响执行元件的尺寸和成本,乃至整个系统的性能。工作压力选得高,执行元件和系统的结构紧凑,但对元件的强度、刚度及密封要求高,且要采用较高压力的液压泵;反之,如果工作压力选得低,就会增大执行元件及整个系统的尺寸，使结构变得庞大。所以应根据实际情况选取适当的工作压力。执行元件工作压力可以根据总负载值或主机设备类型选取，见表 10.3 和表 10.4。

表 10.3　按负载选择执行元件的工作压力

负载/kN	<10	10~20	20~30	30~50	>50
工作压力/MPa	0.8~1.2	1.5~2.5	3.0~4.0	4.0~5.0	≥5.0

表 10.4　按主机类型选择执行元件的工作压力

设备类型	精加工机床	半精加工机床	粗加工或重型机床	农业机械、小型工程机械、工程机械辅助机构	液压机、重型机械、大中型挖掘机、起重运输机械
工作压力/MPa	0.8~2	3~5	5~10	10~16	20~32

10.2.2　确定执行元件的主要结构参数

1. 液压缸主要结构尺寸的确定

在这里，需要确定的主要结构尺寸是指缸的内径 D 和活塞杆的直径 d。计算和确定 D 和 d 的一般方法见 5.1 节，例如，对于单杆液压缸，可按式(5.3)、(5.4)、(5.7)及 D、d 之间的取值关系计算 D 和 d，并按系列标准值确定 D 和 d。

对有低速运动要求的系统（如精镗机床的进给液压传动系统），尚需对液压缸的有效作用面积进行验算，即应保证

$$A \geqslant \frac{q_{\min}}{v_{\min}} \tag{10.8}$$

式中　A——液压缸的有效作用面积(m^2)；

$q_{\min}$——控制执行元件速度的流量阀的最小稳定流量(m^3/s)，可从液压阀产品样本上查得；

$v_{\min}$——液压缸要求达到的最低工作速度(m/s)。

验算结果若不能满足式(10.8)，则说明按所设计的结构尺寸和方案达不到所需的低速，必须修改设计。

2. 液压马达主要参数的确定

液压马达所需排量 V 可按下式计算

$$V = \frac{2\pi T}{\Delta p \eta_m} \tag{10.9}$$

式中　T——液压马达的最大负载转矩(N·m)；

Δp——液压马达的两腔工作压差(Pa)；

η_m——液压马达的机械效率。

求得排量 V 值后，可从产品样本中选择液压马达的型号。

10.2.3　复算执行元件的工作压力

当液压缸的主要尺寸 D、d 或马达的排量 V 计算出来以后，要按各自的系列标准进行圆

整，经过圆整的标准值与计算值之间一般都存在一定的差别，因此有必要根据圆整值对工作压力进行一次复算。

还须看到，在按上述方法确定工作压力的过程中，没有计算回油路的背压，因此所确定的工作压力只是执行元件为了克服机械总负载所需的那部分压力。在结构参数 D、d 及 V 确定之后，若选取适当的背压估算值(表 10.5)，即可求出执行元件工作腔的压力 p_1。

表 10.5 执行元件背压的估计值

背压 p_b/MPa		系 统 类 型
中低压系统 0～8 MPa	简单系统，一般轻载节流调速系统 回油路带调速阀的调速系统 回油路带背压阀 带补油泵的闭式回路	0.2～0.5 0.5～0.8 0.5～1.5 0.8～1.5
中高压系统 8～16 MPa	简单系统，一般轻载节流调速系统 回油路带调速阀的调速系统 回油路带背压阀 带补油泵的闭式回路	比中低压系统高 50%～100%
高压系统 16～32 MPa	如锻压机械等	初算时背压可忽略不计

对于单杆液压缸，其工作压力 p_1 可按下列公式复算：

差动快进阶段

$$p_1 = \frac{F}{A_1 - A_2} + \frac{A_2}{A_1 - A_2} p_b \tag{10.10}$$

无杆腔进油工进阶段

$$p_1 = \frac{F}{A_1} + \frac{A_2}{A_1} p_b \tag{10.11}$$

有杆腔进油快退阶段

$$p_1 = \frac{F}{A_2} + \frac{A_1}{A_2} p_b \tag{10.12}$$

式中 F——液压缸在各工作阶段的最大机械总负载(N)；

A_1、A_2——液压缸无杆腔和有杆腔的有效作用面积(m^2)；

p_b——液压缸回油路的背压(Pa)，在系统设计完成之前无法准确计算，可先按表 10.5 估计。差动快进时，有杆腔压力必须大于无杆腔，其压差 $\Delta p = p_b$ 是油液从有杆腔流入无杆腔的压力损失。

10.2.4 执行元件的工况图

各执行元件的主要参数确定之后，不但可以复算执行元件在工作循环各阶段内的工作压力，还可求出需要输入的流量和功率。这时就可做出系统中各执行元件在其工作过程中的工况图，即液压执行元件在一个工作循环中的压力、流量和功率随时间(或位移)的变化图(图 10.2 为某一机床进给液压缸工况图)。当在液压传动系统中是多个液压执行元件时，将系统中各执行元件的工况图进行叠加，便得到整个系统的工况图。液压传动系统的工况图可以显示整个工作循环中的系统压力、流量和功率的最大值及其分布情况，可为后续设计中选择元件、回路或修正设计提供依据。

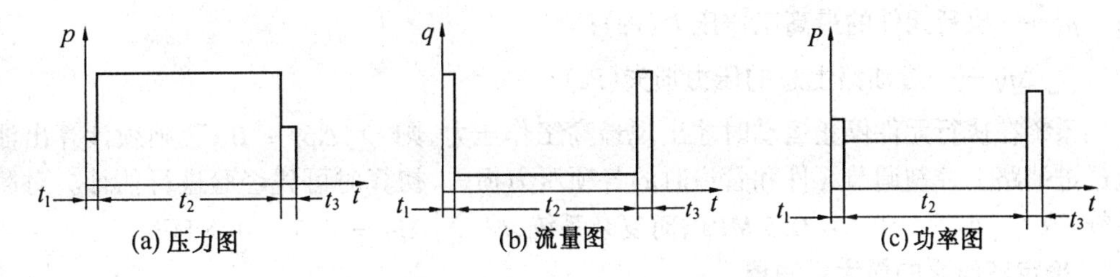

图 10.2　机床进给液压缸工况图

t_1—快进时间；t_2—工进时间；t_3—快退时间

对于单个执行元件的液压系统或某些简单系统，其工况图的绘制可以省略，而仅将计算出的各阶段压力、流量和功率值列表表示。

10.3　液压传动系统原理图的拟定

液压传动系统原理图是表示液压传动系统的组成和工作原理的图样。拟定液压传动系统原理图是设计液压传动系统的关键一步，它对系统的性能及设计方案的合理性、经济性具有决定性的影响。

1. 确定油路类型

一般具有较大空间可以存放油箱且不另设散热装置的系统，都采用开式油路；凡允许采用辅助泵进行补油并借此进行冷却油交换来达到冷却目的的系统，都采用闭式油路。通常节流调速系统采用开式油路，容积调速系统采用闭式回路。

2. 选择液压回路

在拟定液压传动系统原理图时，应根据各类主机的工作特点和性能要求，首先确定对主机主要性能起决定性影响的主要回路。例如，对于机床液压传动系统，调速和速度换接回路是主要回路；对于压力机液压传动系统，压力回路是主要回路。然后再考虑其他辅助回路，例如，有垂直运动部件的系统要考虑重力平衡回路，有多个执行元件的系统要考虑顺序动作、同步或互不干扰回路，有空载运行要求的系统要考虑卸荷回路等。

3. 绘制液压传动系统原理图

将挑选出来的各个回路合并整理，增加必要的元件或辅助回路，加以综合，构成一个完整的液压传动系统。在满足工作机构运动要求及生产率的前提下，力求所设计的液压传动系统结构简单、工作安全可靠、动作平稳、效率高、调整和维护保养方便。

10.4　液压元件的计算和选择

10.4.1　选择液压泵

首先根据设计要求和系统工况确定泵的类型，然后根据液压泵的最大供油量来选择液压泵的规格。

1. 确定液压泵的最高供油压力 p_p

$$p_p \geqslant p_1 + \sum \Delta p_l \tag{10.13}$$

式中 p_1——执行元件的最高工作压力(Pa)；

$\sum \Delta p_l$——进油路上总的压力损失(Pa)。

如系统在执行元件停止运动时才出现最高工作压力，则 $\sum \Delta p_l = 0$；否则须计算出油液流过进油路上控制调节元件和管道时的各项压力损失，初算时可凭经验进行估计。对简单系统，取 $\sum \Delta p_l = 0.2 \sim 0.5$ MPa；对复杂系统，取 $\sum \Delta p_l = 0.5 \sim 1.5$ MPa。

2. 确定液压泵的最大供油量

液压泵的最大供油量为

$$q_P \geqslant K \sum q_{max} \tag{10.14}$$

式中 K——系统的泄漏修正系数，一般取 $K = 1.1 \sim 1.3$，大流量取小值，小流量取大值；

$\sum q_{max}$——同时动作各液压缸所需流量之和的最大值(m^3/s)。

系统中采用液压蓄能器供油时，q_P 由系统一个工作周期 T 中的平均流量确定，即

$$q_P \geqslant \frac{K \sum V_i}{T} \tag{10.15}$$

式中 V_i——系统在整个周期中第 i 个阶段内的用油量(m^3)。

如果液压泵的供油量是按工进工况选取时(如双液压泵供油方案，其中小流量液压泵是供给工进工况流量的)，其供油量应考虑溢流阀的最小溢流量。

3. 选择液压泵的规格型号

液压泵的规格型号按计算值在产品样本中选取。为了使液压泵工作安全可靠，液压泵应有一定的压力储备量，通常液压泵的额定压力可比工作压力高 25% ~ 60%，液压泵的额定流量则宜与 q_P 相当，不要超过太多，以免造成过大的功率损失。

4. 选择驱动液压泵的电动机

驱动液压泵的电动机根据驱动功率和液压泵的转速来选择。

(1) 在整个工作循环中，液压泵的压力和流量在较多时间内皆达到最大数值时，驱动液压泵的电动机功率 P 为

$$P = \frac{p_P q_P}{\eta_P} \tag{10.16}$$

式中 p_P——液压泵的最高供油压力(Pa)；

q_P——液压泵的实际输出流量(m^3/s)；

η_P——液压泵的总效率，数值可见产品样本，一般有上下限。规格大时取上限，规格小时取下限；变量泵取下限，定量泵取上限。

(2) 限压式变量叶片泵的驱动功率，可按液压泵的实际压力－流量特性曲线拐点处的功率来计算。

(3) 在工作循环中，液压泵的压力和流量变化较大时，可分别计算出工作循环中各个阶段所需的驱动功率，然后求其均方根值 P_{cP}

$$P_{cP} = \sqrt{\frac{P_1^2 t_1 + P_2^2 t_2 + \cdots + P_n^2 t_n}{t_1 + t_2 + \cdots + t_n}} \tag{10.17}$$

式中 $P_1, P_2, \cdots, P_n$——一个工作循环中各阶段所需的驱动功率(W)；

$t_1, t_2, \cdots, t_n$——一个工作循环中各阶段所需的时间(s)。

在选择电动机时,应将求得的 P_{cP}值与各工作阶段的最大功率值比较。若最大功率符合电动机短时超载25%的范围,则按平均功率选择电动机;否则应适当增大电机功率,以满足电动机短时超载25%的要求,或按最大功率选择电动机。

10.4.2 选择阀类元件

各种阀类元件的规格型号,按液压传动系统原理图和系统工况图中提供的该阀所在支路最大工作压力和通过的最大流量从产品样本中选取。各种阀的额定压力和额定流量,一般应与其最大工作压力和最大通过流量相接近,必要时,可允许其最大通过流量超过额定流量的20%。

具体选择时,应注意溢流阀按液压泵的最大流量来选取;流量阀还需考虑最小稳定流量,以满足低速稳定性要求;单杆液压缸系统若无杆腔有效作用面积为有杆腔有效作用面积的 n 倍,当有杆腔进油时,则回油流量为进油流量的 n 倍,因此应以 n 倍的流量来选择通过该回油路的阀类元件。

10.4.3 选择液压辅助元件

油管的规格尺寸大多由所连接的液压元件接口处尺寸决定,只有对一些重要的管道才验算其内径和壁厚,验算公式见第7章。

过滤器、液压蓄能器和油箱容量的选择亦见第7章。

10.4.4 阀类元件配置形式的选择

对于机床等固定式的液压设备,常将液压传动系统的动力源、阀类元件(包括某些辅助元件)集中安装在主机外的液压站上。这样能使安装与维修方便,并消除了动力源振动与油温变化对主机工作精度的影响。而阀类元件在液压站上的配置也有多种形式可供选择。配置形式不同,液压系统元件的连接安装结构和压力损失也有所不同。阀类元件的配置形式目前广泛采用集成化配置,具体有下列四种:

1. 油路板式

油路板又称阀板,它是一块较厚的液压元件安装板,板式连接阀类元件由螺钉安装在板的正面,管接头安装在板的侧面,各元件之间的油路全部由板内的加工孔道形成,见图10.3。这种配置形式的优点是结构紧凑、油管少、调节方便、不易出故障;缺点是加工较困难、油路的压力损失较大。

2. 叠加阀式

叠加阀与一般管式、板式连接标准元件相比,其工作原理没有多大差别,但具体结构却不相同。它是自成系列的元件(图10.4),每个叠加阀既起控制阀的作用,又起通道体的作用。因此,叠加阀式配置不需要另外的连接块,只需用长螺栓直接将各叠加阀叠装在底板上,即可组成所需的液压传动系统。这种配置形式的优点是结构紧凑、油管少、体积小、质量小、不需设计专用的连接块,油路的压力损失很小。

3. 集成块式

集成块由通道体和其上安装的阀类元件及管接头组成。通道体是一块通用化的六面体,四周除一面安装通向执行元件的管接头之外,其余三面均安装阀类元件。块内由钻孔形

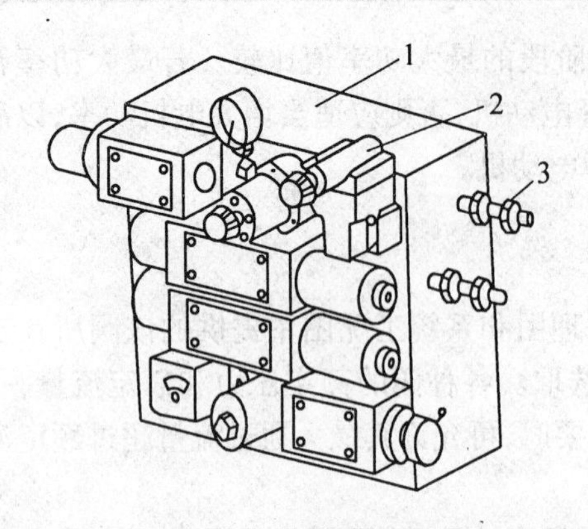

图 10.3 油路板式配置

1—油路板;2—板式阀;3—管接头

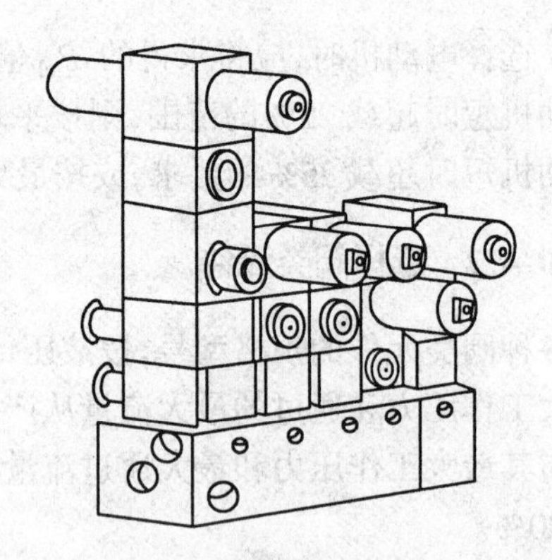

图 10.4 叠加阀式配置

成油路,一般一块就是一个常用的典型基本回路。一个液压传动系统往往由几个集成块组成,块的上下两面作为块与块之间的结合面,各集成块与顶盖、底板一起用长螺栓叠装起来,即组成整个液压传动系统,见图 10.5。总进油口与回油口开在底板上,通过集成块的公共孔道直接通顶盖。这种配置形式的优点是结构紧凑、油管少、可标准化、便于设计与制造、更改设计方便、油路压力损失小。

4.插装式

插装式安装形式需要一个或多个阀块作为载体,与其他形式不同的是,插装阀直接装入集成块的阀孔中实现各种控制阀的功能,阀块表面只露出管路接头,电气、机械接口或其他辅件如图 10.6 所示。这种配置形式最为紧凑,最大允许流量大,基本无外泄漏,压力损失小,但阀块设计难度相对较大,适用于较为成熟的批量生产情况下使用。有时出于性能和成本等方面考虑,可将插装式与其他形式结合起来,在设计时可以根据实际情况灵活运用。

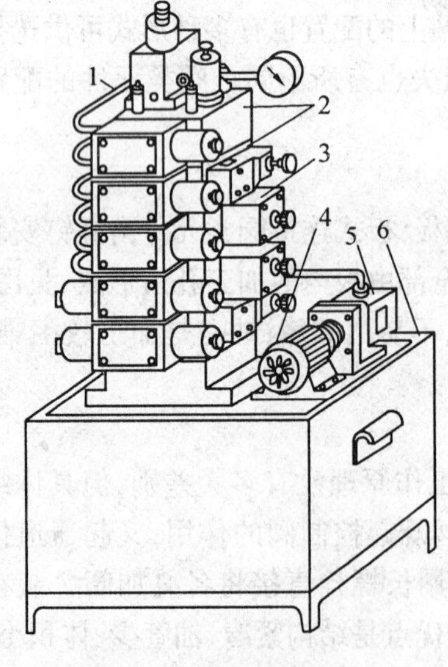

图 10.5 集成块式配置图

1—油管;2—集成块;3—液压阀;

4—电动机 5—液压泵 6—油箱

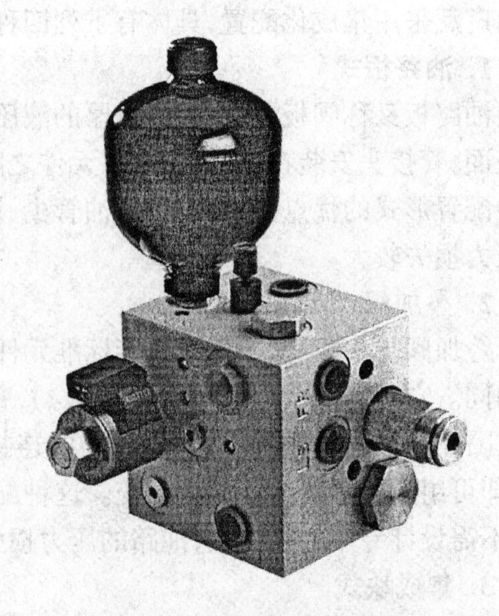

图 10.6 插装式配置实物图

10.5　液压传动系统技术性能的验算

液压传动系统初步设计完成之后,需要对它的主要性能包括系统的压力损失和发热温升加以验算,以便评判其设计质量,并改进和完善液压传动系统。下面介绍系统压力损失及发热温升的验算方法。

10.5.1　系统压力损失的验算

画出管路装配草图后,即可计算管路的沿程压力损失 Δp_λ、局部压力损失 Δp_ξ,它们的计算公式详见第 3 章。管路总的压力损失为

$$\sum \Delta p_w = \sum \Delta p_\lambda + \sum \Delta p_\xi \tag{10.18}$$

应按系统工作循环的不同阶段,对进油路和回油路分别计算压力损失。

但是,在系统的具体管道布置情况没有明确之前,$\sum \Delta p_\lambda$ 和 $\sum \Delta p_\xi$ 仍无法计算。为了尽早地评价系统的功率利用情况,避免后面的设计工作出现大的反复,在系统方案初步确定之后,通常用液流通过阀类元件的局部压力损失 $\sum \Delta p_V$(见式(3.29))来对管路的压力损失进行概略地估算,因为这部分损失在系统的整个压力损失中占很大的比重。

在对进、回油路分别算出 $\sum \Delta p_{V1}$ 和 $\sum \Delta p_{V2}$ 后,将此验算值与前述设计过程中初步选取的进、回油路压力损失经验值相比较,若验算值较大,一般应对原设计进行必要的修改,重新调整有关阀类元件的规格和管道尺寸等,以降低系统的压力损失。

需要指出,实践证明,对于较简单的液压传动系统,压力损失验算可以省略。

10.5.2　系统发热温升的验算

液压传动系统在工作时,有压力损失、容积损失和机械损失,这些损失所消耗的能量多数转化为热能,使油温升高,导致油液的黏度下降、油液变质、机器零件变形,影响正常工作。为此,必须控制温升 ΔT 在允许的范围内,如一般机床 $\Delta T = 25 \sim 30$℃;数控机床 $\Delta T \leqslant 25$℃;粗加工机械、工程机械和机车车辆 $\Delta T = 35 \sim 40$℃。

功率损失使系统发热,则单位时间的发热量 φ(kW)为

$$\varphi = P_1 - P_2 \tag{10.19}$$

式中　P_1——系统的输入功率(即泵的输入功率)(kW);

　　　P_2——系统的输出功率(即缸的输出功率)(kW)。

若在一个工作循环中有几个工作阶段,则可根据各阶段的发热量求出系统的平均发热量,即

$$\varphi = \frac{1}{T}\sum_{i=1}^{n}(P_{1i} - P_{2i})t_i \tag{10.20}$$

式中　T——工作循环周期(s);

　　　t_i——各工作阶段的持续时间(s);

　　　i——工作阶段的序号。

液压传动系统在工作中产生的热量,经过所有元件的表面散发到空气中去,但绝大部分热量是由油箱散发的。油箱在单位时间内的散热量可按下式计算

$$\varphi' = hA\Delta T \tag{10.21}$$

式中　h——油箱的散热系数(kW/(m²·℃))。当自然冷却通风很差时,$h=(8\sim9)\times10^{-3}$ kW/(m²·℃);当自然冷却通风良好时,$h=15\times10^{-3}$kW/(m²·℃);用风扇冷却时,$h=23\times10^{-3}$ kW/(m²·℃);用循环水冷却时,$h=(110\sim170)\times10^{-3}$kW/(m²·℃);

A——油箱的散热面积(m²);

ΔT——液压传动系统的温升(℃)。

当液压传动系统的散热量等于发热量时,$\varphi'=\varphi$,系统达到了热平衡,这时系统的温升为

$$\Delta T=\frac{\varphi}{hA} \tag{10.22}$$

如果油箱三个边长的比例在1:1:1~1:2:3范围内,且油面高度为油箱高度的80%,其散热面积 A 近似为

$$A=6.5\times10^{-4}\sqrt[3]{V^2} \tag{10.23}$$

式中　A——散热面积(m²);

V——油箱有效容积(L)。

按式(10.22)算出的温升值如果超过允许数值时,系统必须采取适当的冷却措施或修改液压传动系统图。

10.6　绘制正式工作图和编制技术文件

所设计的液压传动系统经过验算后,即可对初步拟定的液压传动系统进行修改,并绘制正式工作图和编制技术文件。

1. 绘制正式工作图

正式工作图包括液压传动系统原理图、液压传动系统装配图、液压缸等非标准元件装配图及零件图。

液压传动系统原理图中各元件应按国家标准规定的图形符号绘制(见附录),另外应附有液压元件明细表,表中标明各液压元件的规格、型号及压力、流量调整值。一般还应绘出各执行元件的工作循环图和电磁铁动作表。

液压传动系统装配图是液压传动系统的安装施工图,包括油箱装配图、液压泵站装配图、集成油路装配图和管路安装图等。在管路安装图中应画出各油管的走向、固定装置结构、各种管接头的形式和规格等。

2. 编制技术文件

技术文件一般包括液压传动系统设计计算说明书、液压传动系统使用及维护技术说明书、零部件目录表及标准件、通用件、外购件表等。

10.7　液压传动系统设计计算举例

设计一台钻镗两用组合机床液压传动系统,完成8个 $\phi14$ mm孔的加工进给的液压传动。设计过程如下:

10.7.1　明确液压传动系统设计要求

根据加工需要,该系统的工作循环是:快速前进→工作进给→快速退回→原位停止。

调查研究及计算结果表明,快进快退速度约为 4.5 m/min,工进速度应能在(20 ~ 120) mm/min(0.000 3 ~ 0.002 m/s)范围内无级调速,最大行程为 400 mm(其中工进行程为 180 mm),最大切削力 18 kN,运动部件自重为 25 kN,启动换向时间 $\Delta t = 0.05$ s,采用水平放置的平导轨,静摩擦系数 $f_s = 0.2$,动摩擦系数 $f_d = 0.1$,液压缸机械效率 η_m 取 0.9。

10.7.2　分析液压传动系统工况

液压缸在工作过程各阶段的负载为:

启动加速阶段

$$F = (F_f + F_a)\frac{1}{\eta_m} = \left(f_s G + \frac{G}{g}\frac{\Delta v}{\Delta t}\right)\frac{1}{\eta_m} =$$

$$\left(0.2 \times 25\,000 + \frac{25\,000}{9.8} \times \frac{0.075}{0.05}\right)\frac{1}{0.9} = 9\,807 \text{ N}$$

快进或快退阶段

$$F = \frac{F_f}{\eta_m} = \frac{f_d G}{\eta_m} = \frac{0.1 \times 25\,000}{0.9} = 2\,778 \text{ N}$$

工进阶段

$$F = \frac{F_W + F_f}{\eta_m} = \frac{F_W + f_d G}{\eta_m} = \frac{18\,000 + 0.1 \times 25\,000}{0.9} = 22\,778 \text{ N}$$

将液压缸在各阶段的速度和负载值列于表 10.6 中。

表 10.6　液压缸在各阶段的速度和负载值

工作阶段	速度 $v/(\text{m}\cdot\text{s}^{-1})$	负载 F/N	工作阶段	速度 $v/(\text{m}\cdot\text{s}^{-1})$	负载 F/N
启动加速	0→0.075	9 807	工进	0.000 3 ~ 0.002	22 778
快进、快退	0.075	2 778			

10.7.3　确定液压缸的主要参数

1. 初选液压缸的工作压力

由负载值大小查表 10.3,参考同类型组合机床,取液压缸工作压力为 3 MPa。

2. 确定液压缸的主要结构参数

由表 10.6 看出,最大负载为工进阶段的负载 $F = 22\,778$ N,则

$$D = \sqrt{\frac{4F}{\pi p}} = \sqrt{\frac{4 \times 22\,778}{3.14 \times 3 \times 10^6}} = 9.83 \times 10^{-2} \text{ m}$$

查设计手册,按液压缸内径系列表将以上计算值圆整为标准直径,取 $D = 100$ mm。

为了使快进速度与快退速度相等,采用差动连接,则 $d = 0.7D$,所以

$$d = 0.7 \times 100 = 70 \text{ mm}$$

同样圆整成标准系列活塞杆直径,取 $d = 70$ mm。由 $D = 100$ mm、$d = 70$ mm 算出,液压缸无杆腔有效作用面积为 $A_1 = 78.5 \text{ cm}^2$,有杆腔有效作用面积为 $A_2 = 40.1 \text{ cm}^2$。

工进若采用调速阀调速,查产品样本,调速阀最小稳定流量 $q_{min}=0.05$ L/min,因最小工进速度 $v_{min}=20$ mm/min,则

$$\frac{q_{min}}{v_{min}}=\frac{0.05\times10^3}{20\times10^{-1}}=25\ \text{cm}^2<A_2<A_1$$

因此能满足低速稳定性要求。

3. 计算液压缸的工作压力、流量和功率

(1)计算工作压力。根据表 10.5,该系统的背压估计值可在 0.5~0.8 MPa 范围内选取,故暂定:工进时,$p_b=0.8$ MPa;快速运动时,$p_b=0.5$ MPa。液压缸在工作循环各阶段的工作压力 p_1 即可按式(10.10)、(10.11)和(10.12)计算:

差动快进阶段

$$p_1=\frac{F}{A_1-A_2}+\frac{A_2}{A_1-A_2}p_b=\frac{277\ 8}{(78.5-40.1)\times10^{-4}}+\frac{40.1\times10^{-4}\times0.5\times10^6}{(78.5-40.1)\times10^{-4}}=$$
$$1.24\times10^6=1.24\ \text{MPa}$$

工作进给阶段

$$p_1=\frac{F}{A_1}+\frac{A_2}{A_1}p_b=\frac{22\ 778}{78.5\times10^{-4}}+\frac{40.1\times10^{-4}}{78.5\times10^{-4}}\times0.8\times10^6=$$
$$3.31\times10^6=3.31\ \text{MPa}$$

快速退回阶段

$$p_1=\frac{F}{A_2}+\frac{A_1}{A_2}p_b=\frac{2\ 778}{40.1\times10^{-4}}+\frac{78.5\times10^{-4}}{40.1\times10^{-4}}\times0.5\times10^6=1.67\times10^6(\text{Pa})=1.67\ \text{MPa}$$

(2)计算液压缸的输入流量。因快进快退速度 $v=0.075$ m/s,最大工进速度 $v_2=0.002$ m/s,则液压缸各阶段的输入流量为:

快进阶段

$$q_1=(A_1-A_2)v_1=(78.5-40.1)\times10^{-4}\times0.075=0.29\times10^{-3}\ \text{m}^3/\text{s}=17.4\ \text{L/min}$$

工进阶段

$$q_1=A_1v_2=78.5\times10^{-4}\times0.002=0.016\times10^{-3}\ \text{m}^3/\text{s}=0.96\ \text{L/min}$$

快退阶段

$$q_1=A_2v_1=40.1\times10^{-4}\times0.075=0.3\times10^{-3}\ \text{m}^3/\text{s}=18\ \text{L/min}$$

(3)计算液压缸的输入功率。

快进阶段

$$P=p_1q_1=1.24\times10^6\times0.29\times10^{-3}=360\ \text{W}=0.36\ \text{kW}$$

工进阶段

$$P=p_1q_1=3.31\times10^6\times0.016\times10^{-3}=50\ \text{W}=0.05\ \text{kW}$$

快退阶段

$$P=p_1q_1=1.67\times10^6\times0.3\times10^{-3}=500\ \text{W}=0.5\ \text{kW}$$

将以上计算的压力、流量和功率值列于表 10.7。

表 10.7　液压缸在各工作阶段的压力、流量和功率

工作阶段	工作压力 p_1/MPa	输入流量 q_1/(L·min^{-1})	输入功率 P/kW
快速进给	1.24	17.4	0.36
工作进给	3.31	0.96	0.05
快速退回	1.67	18	0.5

10.7.4　拟定液压传动系统原理图

根据钻镗两用组合机床的设计任务和工况分析，该机床对调速范围、低速稳定性有一定要求，因此速度控制是该机床要解决的主要问题。速度的换接、稳定性和调节是该机床液压系统设计的核心。

1. 速度控制回路的选择

该机床的进给运动要求有较好的低速稳定性和速度负载特性，故采用调速阀调速。因此有三种方案供选择，即进口节流调速、出口节流调速、限压式变量泵加调速阀的调速。本系统为小功率系统，效率和发热问题并不突出；钻镗属于连续切削加工，切削力变化不大，而且是正负载，在其他条件相同的情况下，进口节流调速比出口节流调速能获得更低的稳定速度，故该机床液压传动系统采用调速阀式进口节流调速，为防止孔钻通时发生前冲，在回油路上应加背压阀。

由表 10.7 得知，液压传动系统的供油主要为快进、快退时低压大流量和工进时高压小流量两个阶段，若采用单个定量泵，显然系统的功率损失大、效率低。为了提高系统效率和节约能源，所以采用双定量泵供油回路。

由于选定了节流调速方案，所以油路采用开式循环回路。

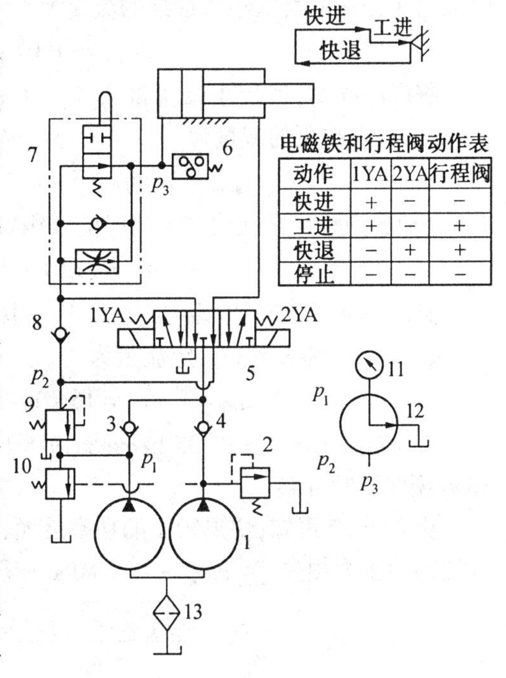

图 10.7　液压系统原理图

2. 换向和速度换接回路的选择

该系统对换向平稳性的要求不很高，流量不大，压力不高，所以选用价格较低的电磁换向阀控制换向回路。为便于差动连接，选用三位五通电磁换向阀。为了调整方便和便于增设液压夹紧支路，故选用 Y 型中位机能。由计算可知，当滑台从快进转为工进时，进入液压缸的流量由 17.4 L/min 降为 0.96 L/min，可选二位二通行程换向阀来进行速度换接，以减少液压冲击。由工进转为快退时，在回路上并联了一个单向阀，以实现速度换接。为了控制轴向加工尺寸，提高换向位置精度，采用死挡块加压力继电器的行程终点转换控制。

3. 压力控制回路的选择

由于采用双泵供油回路，故用液控顺序阀实现低压大流量泵卸荷，用溢流阀调整高压小流量泵的供油压力。为了便于观察和调整压力，在液压泵的出口处、背压阀和液压缸无杆腔

进口处设测压点。

将上述所选定的液压回路进行归并,并根据需要作必要的修改调整,最后画出液压传动系统原理图(见图 10.7)。

10.7.5 选择液压元件

1. 选择液压泵

由表 10.7 可知,工进阶段液压缸工作压力最大,如果取进油路总的压力损失是 $\sum \Delta p_w = 0.5$ MPa,则液压泵最高工作压力可按式(10.13)计算出,即

$$p_p \geqslant p_1 + \sum \Delta p_w = (3.31 + 0.5) = 3.81 \text{ MPa}$$

因此,液压泵的额定压力可以取$(3.81 + 3.81 \times 25\%)$MPa = 4.76 MPa。

将表 10.7 中的流量值代入式(10.14),可分别求出快进、工进阶段的供油流量。快进、快退时泵的流量为

$$q_p \leqslant kq_1 = 1.1 \times 18 = 19.8 \text{ L/min}$$

工进时泵的流量为

$$q_p \geqslant kq_1 = 1.1 \times 0.96 = 1.07 \text{ L/min}$$

考虑到节流调速系统中溢流阀的性能特点,尚需加上溢流阀稳定工作的最小溢流量,一般取为 3 L/min,所以小流量泵的流量为

$$q_p = (1.07 + 3) = 4.07 \text{ L/min}$$

查产品样本,选用小泵排量为 $V_1 = 6$ mL/r 的 YB1 型双联叶片泵,其额定转速为 $n = 960$ r/min,则小泵的流量为

$$q_{n1} = V_1 n \eta_V = 6 \times 10^{-3} \times 960 \times 0.95 = 5.47 \text{ L/min}$$

其中,0.95 为液压泵在快进工况时的容积效率。因此,大流量泵的流量为

$$q_{p2} = (19.8 - 5.47) = 14.33 \text{ L/min}$$

查产品样本,选用大泵排量为 $V_2 = 16$ mL/r 的 YB1 型双联叶片泵,其额定转速也为 $n = 960$ r/min,则大泵的额定流量为

$$q_{n2} = V_2 n \eta_V = 16 \times 10^{-3} \times 960 \times 0.95 = 14.59 \text{ L/min}$$

由于$(q_{n1} + q_{n2}) = 20.06$ L/min > 19.8 L/min,可以满足要求。故本系统选用一台 YB1-16/6 型双联叶片泵。

由表 10.7 可知,快退阶段的功率最大,故按快退阶段估算电动机的功率。若取快退时,进油路的压力损失 $\sum \Delta p_w = 0.2$ MPa,液压泵的总效率 $\eta_p = 0.7$,则电动机的功率为

$$P_p = \frac{p_p q_p}{\eta_p} = \frac{(p_1 + \sum \Delta p_l) q_n}{\eta_p} = \frac{(1.67 + 0.2) \times 10^6 \times (5.47 + 14.59) \times 10^{-3}}{60 \times 0.7} = 893 \text{ W}$$

查电动机产品样本,选用 Y90L-6 型异步电动机,功率 $P = 1.1$ kW,转速 $n = 960$ r/min。

2. 选择液压阀

根据所拟定的液压系统原理图,计算分析通过各液压阀油液的最高压力和最大流量,选择各液压阀的型号规格,列于表 10.8 中。

3. 选择辅助元件

油管内径一般可参照所接元件尺寸确定，也可按管路允许流速进行计算，本系统油管选 $\phi18\times1.6$ 无缝钢管。

油箱容量按第 7 章式(7.5)确定，即

$$V=mq_{\mathrm{p}}=(5\sim7)\times20=100\sim140\ \mathrm{L}$$

其他辅助元件型号规格的选取也列于表 10.8 中。

表 10.8　液压元件的型号规格

序号	元件名称	通过流量 $q/(\mathrm{L\cdot min^{-1}})$	型号规格	序号	元件名称	通过流量 $q/(\mathrm{L\cdot min^{-1}})$	型号规格
1	双联叶片泵	20.06	$\mathrm{YB_1-16/6}$	8	单向阀	10.03	I－10B
2	溢流阀	5.47	$\mathrm{Y_1-10B}$	9	背压阀	0.52	B－25B
3	单向阀	14.59	I－25B	10	外控顺序阀	14.59	XY－25B
4	单向阀	5.47	I－10B	11	压力表		Y－100T
5	三位五通电磁换向阀	40.12	35E－25B	12	压力表开关		$\mathrm{KF_3-E3B}$
6	压力继电器		$\mathrm{DP_1-63B}$	13	过滤器	20.06	WU－63X180
7	单向行程调速阀	40.12,20.06,1.04	QCI－25B				

10.7.6　液压传动系统性能的验算

由于该液压传动系统比较简单，压力损失验算可以忽略。又由于系统采用双泵供油方式，在液压缸工进阶段，大流量泵卸荷，功率使用合理；同时油箱容量可以取较大值，系统发热温升不大，故不必进行系统温升的验算。

思考题和习题

10.1　设计一个液压传动系统一般应有哪些步骤？要明确哪些要求？

10.2　设计液压传动系统要进行哪些方面的计算？

10.3　设计一个卧式单面多轴钻孔组合机床液压传动系统，要求它完成：(1)工件的定位与夹紧，所需夹紧力不超过 6 000 N；(2)机床进给系统的工作循环为快进→工进→快退→停止。机床快进、快退速度为 6 m/min，工进速度为(30～120)mm/min，快进行程为 200 mm，工进行程为 50 mm，最大切削力为 25 000 N；运动部件总重量为 15 000 N，加速(减速)时间为 0.1 s，采用平导轨，静摩擦系数为 0.2，动摩擦系数为 0.1(不考虑各种损失)。

10.4　现有一台专用铣床，铣头驱动电动机功率为 7.5 kW，铣刀直径为 120 mm，转速为 350 r/min。工作台、工件和夹具的总重量为 5 500 N，工作台行程为 400 mm，快进、快退速度为 4.5 m/min，工进速度为(60～1 000) mm/min，加速(减速)时间为 0.05 s，工作台采用平导轨，静摩擦系数为 0.2，动摩擦系数为 0.1，设计该机床的液压传动系统(不考虑各种损失)。

10.5　设计一台小型液压机的液压传动系统，要求实现快速空程下行→慢速加压→保压→快速回程→停止的工作循环。快速往返速度为 3 m/min，加压速度为(40～250) mm/min，压制力为 200 000 N，运动部件总重量为 20 000 N(不考虑各种损失)。

第 11 章　液压伺服系统

伺服系统又称随动系统或跟踪系统，是一种自动控制系统。在这种系统中，执行元件能以一定的精度自动按照输入信号的变化规律动作。液压伺服系统是用液压元件组成的伺服系统。

11.1　概　述

11.1.1　液压伺服系统的工作原理和特点

图 11.1 是一种进口节流阀式节流调速系统。在这种系统中，调定节流阀的开口量，液压缸就能以某一调定速度运动。通过前述分析可知，当负载、油温等参数发生变化时，这种系统将无法保证原有的运动速度，因而其速度精度较低。

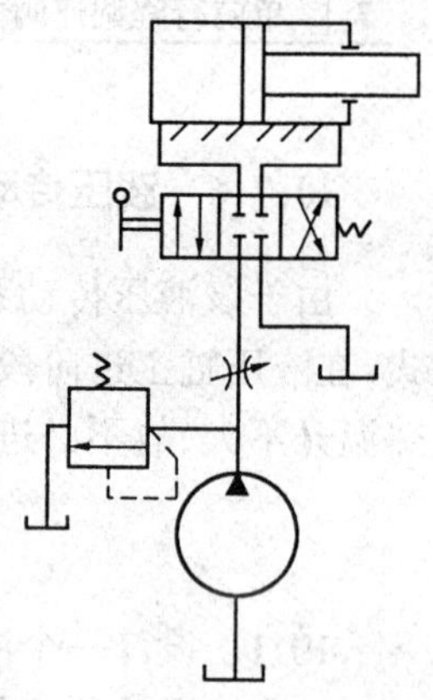

图 11.1　进口节流阀式节流调速回路

这里将节流阀的开口大小定义为输入量，将液压缸的运动速度定义为输出量或被调节量。在上述系统中，当负载、油温等参数的变化而引起输出量（液压缸速度）变化时，这个变化并不影响或改变输入量（阀的开口大小），这种输出量不影响输入量的控制系统被称为开环控制系统。开环控制系统不能修正由于外界干扰（如负载、油温等）引起的输出量或被调节量的变化，因此控制精度较低。

为了提高系统的控制精度，可以设想节流阀由操作者来调节。在调节过程中，操作者不断地观察液压缸的测速装置所测出的实际速度，并判断实际速度与所要求的速度之间的差别。然后，操作者按这一差别来调节节流阀的开口量，以减少这一差值（偏差）。例如，由于负载增大而使液压缸的速度低于希望值时，操作者就相应加大节流阀的开口量，从而使液压缸的速度达到希望值。这一调节过程可用图 11.2 表示。

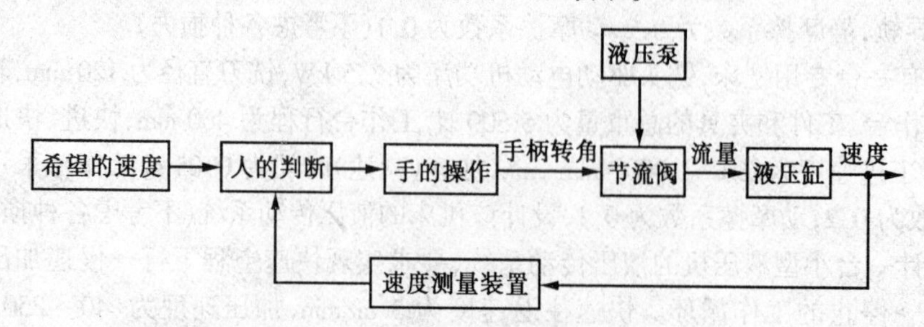

图 11.2　液压缸速度调节过程示意图

由图 11.2 可以看出，输出量（液压缸速度）通过操作者的眼、脑和手来影响输入量（节流阀的开口量）。这种反作用被称为反馈。在实际系统中，为了实现自动控制，必须以电器、机械装置来代替人，这就是反馈装置。由于反馈的存在，控制作用形成了一个闭合回路，这种带有反馈装置的自动控制系统，被称为闭环控制系统。图 11.3 为采用电液伺服阀控制的液压缸速度闭环自动控制系统。这一系统不仅使液压缸速度能任意调节，而且在外界干扰很大（如负载突变）的工况下，仍能使系统的实际输出速度与设定速度十分接近，即具有很高的控制精度和很快的响应能力。

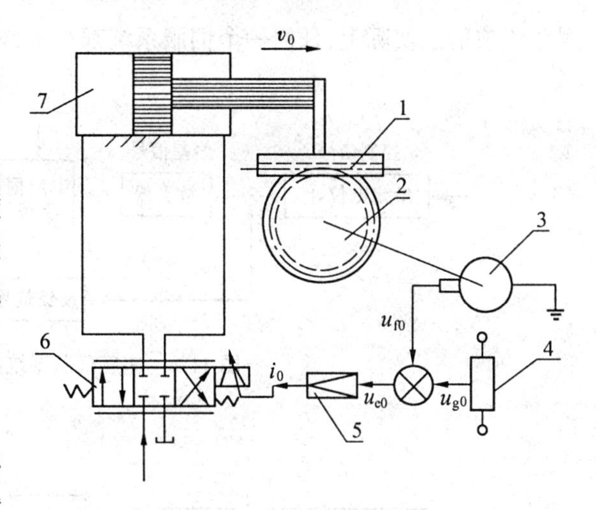

图 11.3　阀控液压缸闭环控制系统原理图
1—齿条；2—齿轮；3—测速发电机；4—给定电位计；5—放大器；6—电液伺服阀；7—液压缸

上述系统的工作原理如下：在某一稳定状态下，液压缸速度由测速装置测得（齿条 1、齿轮 2 和测速发电机 3）并转换为电压 u_{f0}。这一电压与给定电位计 4 输入的电压信号 u_{g0}进行比较，其差值 $u_{e0}=u_{g0}-u_{f0}$经放大器 5 放大后，以电流 i_0 输入给电液伺服阀 6。电液伺服阀 6 按输入电流的大小和方向自动地调节阀的开口量大小和移动方向，控制输出液压油的流量大小和方向。对应所输入的电流 i_0，阀的开口量稳定地维持在 x_{v0}，电液伺服阀 6 的输出流量为 q_0，液压缸速度保持为恒值 v_0。如果由于干扰的存在引起液压缸速度增大，则测速装置的输出电压 $u_f>u_{f0}$，而使 $u_e=u_{g0}-u_f<u_{e0}$，放大器输出电流 $i<i_0$。电液伺服阀开口量相应减小，使液压缸速度降低，直到 $v=v_0$ 时，调节过程结束。按照同样原理，当输入给定信号电压连续变化时，液压缸速度也随之连续地按同样规律变化，即输出自动跟踪输入。

通过分析上述伺服系统的工作原理，可以看出液压伺服系统的特点如下：

(1) 反馈。把输出量的一部分或全部按一定方式回送到输入端，并和输入信号进行比较，这就是反馈。在上例中，反馈（测速装置输出）电压和给定（输入信号）电压是异号的，即反馈信号不断地抵消输入信号，这是负反馈。自动控制系统大多数是负反馈。

(2) 偏差。要使液压缸输出一定的力和速度，伺服阀必须有一定的开口量，因此输入和输出之间必须有偏差信号。液压缸运动的结果又力图消除这个偏差。但在伺服系统工作的任何时刻都不能完全消除这一偏差，伺服系统正是依靠这一偏差信号来进行工作的。

(3) 放大。执行元件（液压缸）输出的力和功率远远大于输入信号的力和功率。其输出的能量是液压能源供给的。

(4) 跟踪。液压缸的输出量完全跟踪输入信号的变化。

11.1.2　液压伺服系统的职能方框图和系统的组成环节

图 11.4 是上述速度伺服系统的职能方框图。图中一个方框表示一个元件，方框中的文字表明该元件的职能。带有箭头的线段表示元件之间的相互作用，即系统中信号的传递方向。职能方框图明确地表示了系统的组成元件、各元件的职能以及系统中各元件的相互作用。因此，职能方框图是用来表示自动控制系统工作过程的。由职能方框图可以看出，上述速度伺服系统是由输入（给定）元件、比较元件、放大及转换元件、执行元件、反馈元件和控制

对象组成的。实际上,任何一个伺服系统都是由这些元件(环节)组成的,如图 11.5 所示。

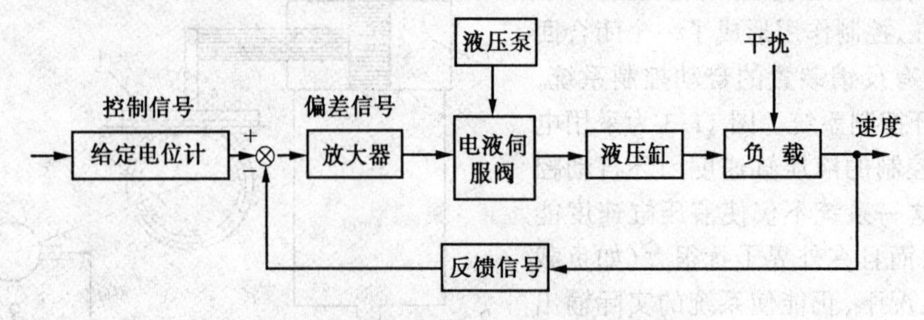

图 11.4　速度伺服系统的职能方框图

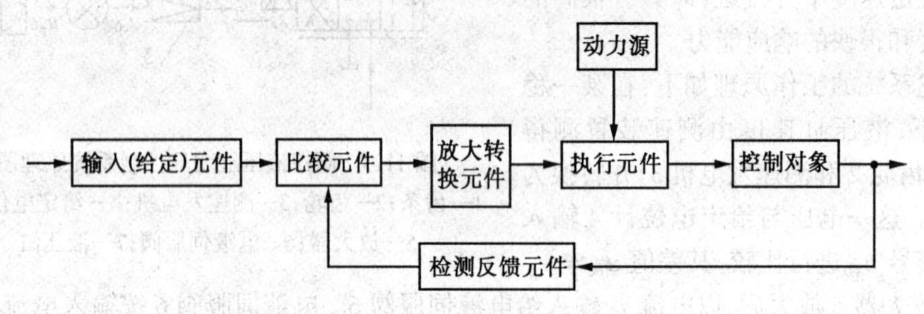

图 11.5　控制系统的组成环节

下面对图 11.5 中各元件做一些说明:

(1) 输入(给定)元件。通过输入元件,给出必要的输入信号。如上例中由给定电位计给出一定电压,作为系统的控制信号。

(2) 比较元件。将输入信号和反馈信号进行比较,并将其差值(偏差信号)作为放大转换元件的输入。有时系统中不一定有单独的比较元件,而是由反馈元件、输入元件或放大元件的一部分来实现比较功能。

(3) 放大、转换元件。将偏差信号放大并转换(电气、液压、气动、机械间相互转换)后,控制执行元件动作。如上例中的电液伺服阀。

(4) 执行元件(机构)。直接带动控制对象动作的元件或机构。如上例中的液压缸。

(5) 控制对象。如机床的工作台、刀架等。

(6) 检测、反馈元件。它随时测量输出量(被控量)的大小,并将其转换成相应的反馈信号送回到比较元件。上例中由测速发电机测得液压缸的运动速度,并将其转换成相应的电压作为反馈信号。

11.1.3　液压伺服系统分类

液压伺服系统可以从下面不同的角度加以分类。

(1) 按输入的信号变化规律分类,有定值控制系统、程序控制系统和伺服系统三类。

当系统输入信号为定值时,称为定值控制系统,其基本任务是提高系统的抗干扰能力。当系统的输入信号按预先给定的规律变化时,称为程序控制系统。伺服系统也称为随动系统,其输入信号是时间的未知函数,输出量能够准确、迅速地复现输入量的变化规律。

(2) 按输入信号的不同分类,有机液伺服系统、电液伺服系统、气液伺服系统等。

(3) 按输出的物理量分类,有位置伺服系统、速度伺服系统、力(或压力)伺服系统等。

(4) 按控制元件分类，有节流式控制（阀控）系统和容积式控制（变量泵控制、变量马达控制或直驱式容积控制）系统。

在机械设备中，阀控系统应用较多，故本章重点介绍阀控系统。

11.1.4　液压伺服系统的优缺点

液压伺服系统除具有液压传动系统所固有的一系列优点外，还具有控制精度高、响应速度快、自动化程度高等优点。

但是，液压伺服元件加工精度高，因此价格较贵；对工作介质污染比较敏感，所以可靠性受到影响；在小功率系统中，液压伺服控制不如电器控制灵活。随着科学技术的发展，液压伺服系统的缺点将不断地得到克服。在自动化技术领域中，液压伺服控制有着广泛的应用前景。

11.2　典型的液压伺服控制元件

伺服控制元件是液压伺服系统中最重要、最基本的组成部分，它起着信号转换、功率放大及反馈等控制作用。常用的液压伺服控制元件有滑阀、射流管阀和喷嘴挡板阀等，下面简要介绍它们的结构原理及特点。

11.2.1　滑阀

根据滑阀的通油口数，一般可分为二通、三通、四通。根据控制滑阀边数（起控制作用的阀口数）的不同，有单边控制式、双边控制式和四边控制式三种类型滑阀。

图 11.6 所示为单边控制滑阀组成结构简图。滑阀控制边的开口量 x_s 控制着液压缸右腔油液的压力和流量，从而控制液压缸运动的速度和方向。来自泵的压力油进入单杆液压缸的有杆腔，通过活塞上小孔 a 进入无杆腔，压力由 p_s 降为 p_1，再通过滑阀唯一的节流边流回油箱。在液压缸不受外载作用的条件下，$p_1A_1 = p_sA_2$。当阀芯根据输入信号往左移动时，开口量 x_s 增大，无杆腔压力减小，于是 $p_1A_1 < p_sA_2$，缸体向左移动。因为缸体和阀体连接成一个整体，故阀体左移又使开口量 x_s 减小（负反馈），直至平衡。

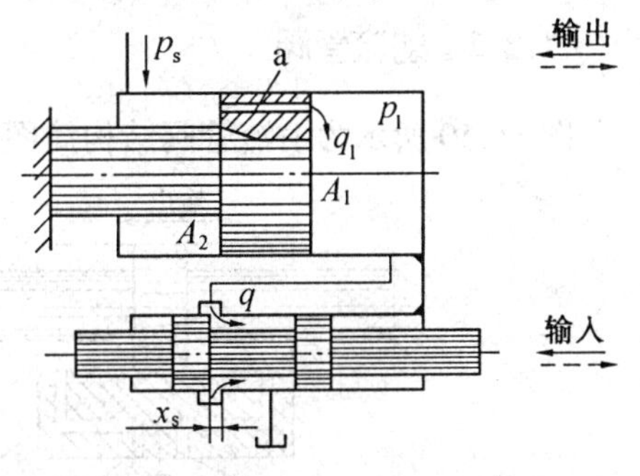

图 11.6　单边控制滑阀组成结构简图

图 11.7 所示为双边控制滑阀组成结构简图。压力油一路直接进入液压缸有杆腔，另一路经滑阀左控制边的开口 x_{s1} 和液压缸无杆腔相通，并经滑阀右控制边的开口 x_{s2} 流回油箱。当滑阀向左移动时，开口 x_{s1} 减小，x_{s2} 增大，液压缸无杆腔压力 p_1 减小，两腔受力不平衡，缸体向左移动；反之缸体向右移动。双边控制滑阀比单边控制滑阀的调节灵敏度高、工作精度高。

图 11.8 所示为四边控制滑阀组成结构简图。滑阀有四个控制边，开口 x_{s1}、x_{s2} 分别控制进入液压缸两腔的压力油，开口 x_{s3}、x_{s4} 分别控制液压缸两腔的回油。当滑阀向左移动时，液压缸左腔的进油口 x_{s1} 减小，回油口 x_{s3} 增大，使 p_1 迅速减小；与此同时，液压缸右腔的进

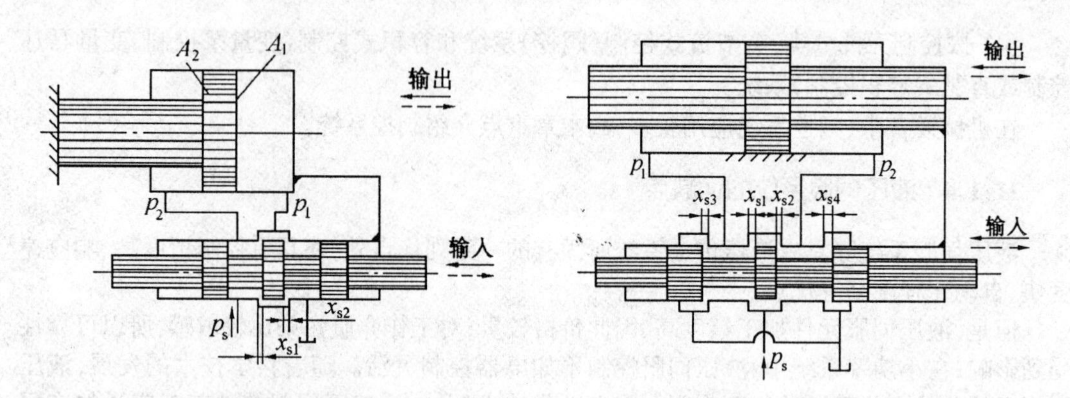

图 11.7　双边控制滑阀组成结构简图　　图 11.8　四边控制滑阀组成结构简图

油口 x_{s2} 增大，回油口 x_{s4} 减小，使 p_2 迅速增大。这样就使活塞迅速左移。与双边控制滑阀相比，四边控制滑阀同时控制液压缸两腔的压力和流量，故调节灵敏度高，工作精度也高。

由上可知，单边、双边和四边控制滑阀的控制作用是相同的，均起到换向和调节作用。控制边数越多，控制质量越好，但其结构工艺性差。通常情况下，四边控制滑阀多用于精度要求较高的系统；单边、双边控制滑阀用于一般精度系统。

滑阀在初始平衡的状态下，其开口有三种形式，即负开口（$x_s<0$）、零开口（$x_s=0$）和正开口（$x_s>0$），如图 11.9 所示。具有零开口的滑阀，其工作精度最高；具有负开口的滑阀有较大的不灵敏区，较少采用；具有正开口的滑阀，工作精度较负开口高，但功率损耗大，稳定性也差。

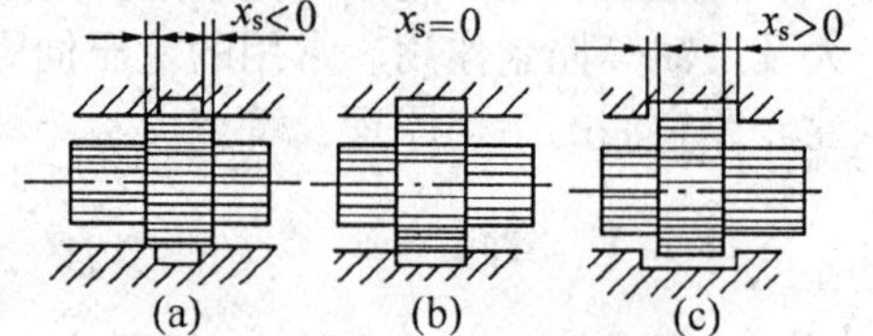

图 11.9　滑阀的三种开口形式

11.2.2　射流管阀

图 11.10 所示为射流管阀结构简图和实物图。射流管阀由射流管 1 和接收板 2 组成。

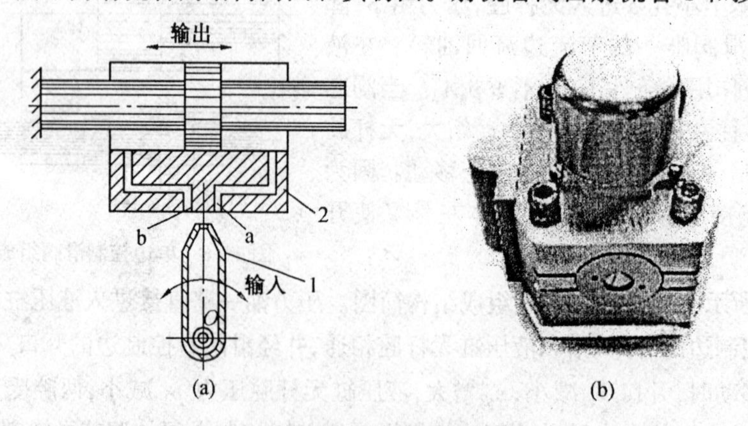

图 11.10　射流管阀结构简图和实物图

1—射流管；2—接收板

射流管可绕 O 轴左右摆动一个不大的角度，接收板上有两个并列的接收孔 a、b，分别与液压缸两腔相通。压力油从管道进入射流管后从锥形喷嘴射出，经接收孔进入液压缸两腔。当喷嘴处于两接收孔的中间位置时，两接收孔内液压油的压力相等，液压缸不动。当输入信号

使射流管绕 O 轴向左摆动一小角度时,进入孔 b 的液压油压力就比进入孔 a 的液压油压力大,液压缸向左移动。由于接收板和缸体连接在一起,接收板也向左移动,形成负反馈,当喷嘴又处于接收板中间位置时,液压缸停止运动。

射流管阀的优点是结构简单、动作灵敏、工作可靠。它的缺点是射流管运动部件惯性较大、工作性能较差;射流能量损耗大、效率较低;供油压力过高时易引起振动。此种控制只适用于低压小功率场合。

11.2.3　喷嘴挡板阀

喷嘴挡板阀主要有单喷嘴式和双喷嘴式两种,两者的工作原理基本相同。图 11.11 所示为双喷嘴挡板阀结构简图和实物图,它主要由挡板 1、喷嘴 2 和 3、固定节流小孔 4 和 5 等元件组成。挡板和两个喷嘴之间形成两个可变截面的节流缝隙 δ_1 和 δ_2。当挡板处于中间位置时,两缝隙所形成的节流阻力相等,两喷嘴腔内的液压油压力相等,即 $p_1 = p_2$,液压缸不动。压力油经阻孔 4 和 5、缝隙 δ_2 和 δ_1 流回油箱。当输入信号使挡板向左偏摆时,可变缝隙 δ_1 关小,δ_2 开大,p_1 上升,p_2 下降,液压缸缸体向左移动。因负反馈作用,当喷嘴跟随缸体移动到挡板两边对称位置时,液压缸停止运动。

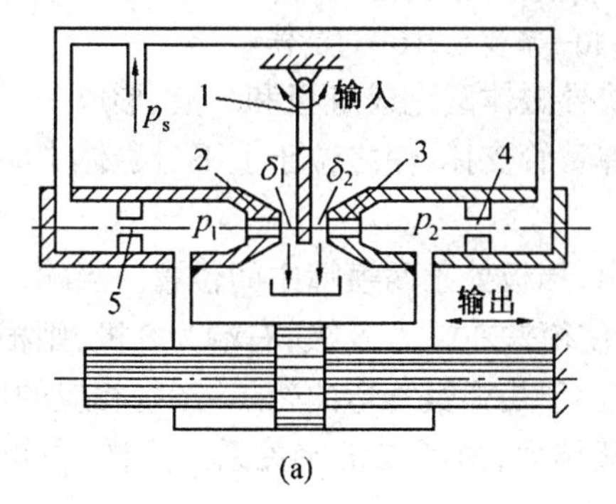

(a)

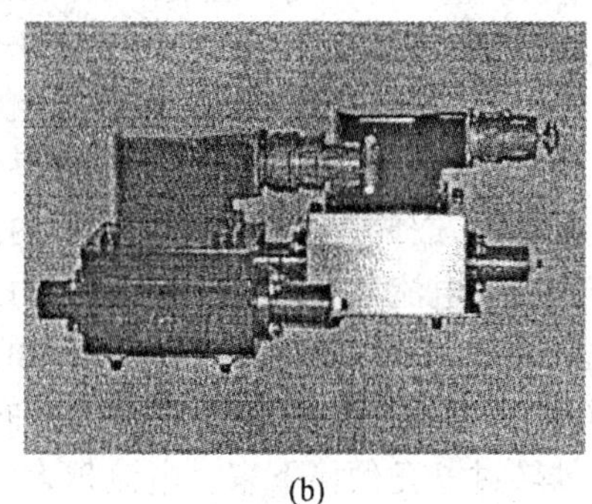
(b)

图 11.11　喷嘴挡板阀结构简图和实物图

1—挡板;2、3—喷嘴;4、5—节流小孔

喷嘴挡板阀的优点是结构简单、加工方便、运动部件惯性小、反应快、精度和灵敏度高;缺点是能量损耗大、抗污染能力差。喷嘴挡板阀常用作多级放大伺服控制元件中的前置级。

11.3　电液伺服阀

电液伺服阀是电液联合控制的多级伺服元件,它能将微弱的电气输入信号放大成大功率的液压能量输出。电液伺服阀具有控制精度高和放大倍数大等优点,在液压控制系统中得到广泛的应用。

图 11.12 是一种典型的电液伺服阀结构简图和实物图。它由电磁和液压两部分组成,电磁部分是一个力矩马达,液压部分是一个两级液压放大器。液压放大器的第一级是双喷嘴挡板阀,称前置放大级;第二级是四边滑阀,称功率放大级。电液伺服阀的结构原理如下:

1. 力矩马达

力矩马达主要由一对永久磁铁 1、导磁体 2 和 4、衔铁 3、线圈 5 和内部悬置挡板 7 及弹

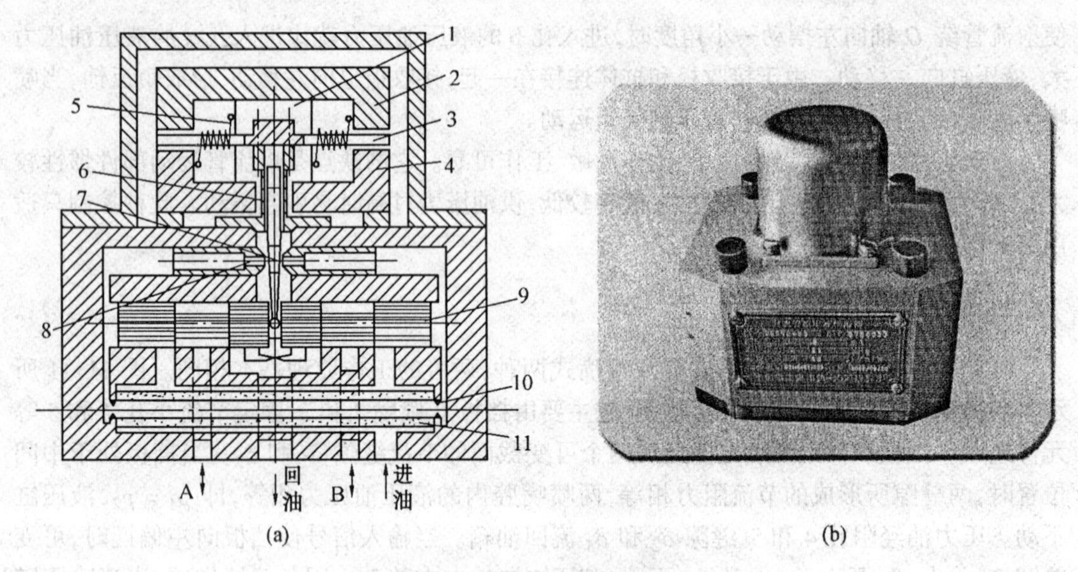

图 11.12　电液伺服阀结构简图和实物图

1—永久磁铁；2、4—导磁体；3—衔铁；5—线圈；6—弹簧管；

7—挡板；8—喷嘴；9—滑阀；10—节流孔；11—过滤器

簧管 *6* 等组成(图 11.12)。永久磁铁把上下两块导磁体磁化成 N 极和 S 极，形成一个固定磁场。衔铁和挡板连在一起，由固定在阀座上的弹簧管支撑，使之位于上下导磁体中间。挡板下端为一球头，嵌放在滑阀的中间凹槽内。

当线圈无电流通过时，力矩马达无力矩输出，挡板处于两喷嘴中间位置。当输入信号电流通过线圈时，衔铁 3 被磁化，如果通入的电流使衔铁左端为 N 极，右端为 S 极，则根据同性相斥、异性相吸的原理，衔铁向逆时针方向偏转。于是弹簧管弯曲变形，产生相应的反力矩，致使衔铁转过 θ 角便停下来。电流越大，θ 角就越大，两者成正比关系。这样，力矩马达就把输入的电信号转换为力矩输出。

2. 液压放大器

力矩马达产生的力矩很小，无法操纵滑阀的启闭来产生足够的液压功率。所以要在液压放大器中进行两级放大，即前置放大和功率放大。

前置放大级是一个双喷嘴挡板阀，它主要由挡板 7、喷嘴 8、固定节流孔 10 和过滤器 11 组成。液压油经过滤器和两个固定节流孔流到滑阀左、右两端油腔及两个喷嘴腔，由喷嘴喷出，经滑阀 9 的中部油腔流回油箱。力矩马达无信号输出时，挡板不动，左右两腔压力相等，滑阀 9 也不动。若力矩马达有信号输出，即挡板偏转，使两喷嘴与挡板之间的间隙不等，造成滑阀两端的压力不等，便推动阀芯移动。

功率放大级主要由滑阀 9 和挡板下部的反馈弹簧片组成。前置放大级有压差信号输出时，滑阀阀芯移动，传递动力的液压主油路即被接通(图 11.12 下方油口的通油情况)。因为滑阀位移后的开度是正比于力矩马达输入电流的，所以阀的输出流量也和输入电流成正比。输入电流反向时，输出流量也反向。

滑阀移动的同时，挡板下端的小球亦随同移动，使挡板弹簧片产生弹性反力，阻止滑阀继续移动；另一方面，挡板变形又使它在两喷嘴间的偏移量减小，从而实现了反馈。当滑阀上的液压作用力和挡板弹性反力平衡时，滑阀便保持在这一开度上不再移动。因这一最终位置是由挡板弹性反力的反馈作用而达到平衡的,故这种反馈是力反馈。

11.4　液压伺服系统实例

本节作为例子,介绍车床液压仿形刀架、机械手伸缩运动伺服系统和钢带张力控制系统,它们分别代表不同类型的液压伺服系统。

11.4.1　车床液压仿形刀架

车床液压仿形刀架是机液伺服系统。下面结合图 11.13 来说明它的工作原理和特点。液压仿形刀架倾斜安装在车床溜板 5 的上面,工作时随溜板纵向移动。样板 12 安装在床身后侧支架上固定不动。液压泵站置于车床附近。仿形刀架液压缸的活塞杆固定在刀架的底座上,缸体 6、阀体 7 和刀架连成一体,可在刀架底座的导轨上沿液压缸轴向移动。滑阀阀芯 10 在弹簧的作用下通过支杆 9 使杠杆 8 的触销 11 紧压在样件上。车削圆柱面时,溜板 5 沿床身导轨 4 纵向移动。杠杆触销在样件上方 *ab* 段内水平滑动,为了抵抗切削力,滑阀阀口有一定的开度,刀架随溜板一起纵向移动,刀架在工件 1 上车出 *AB* 段圆柱面。

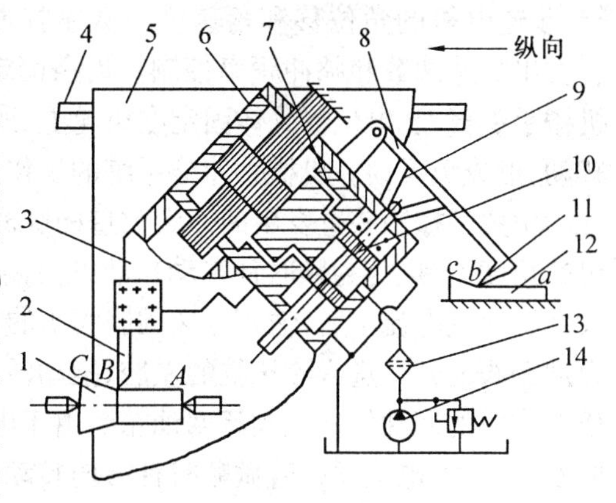

图 11.13　车床液压仿形刀架结构简图

1—工件;2—车刀;3—刀架;4—导轨;5—溜板;6—缸体;7—阀体;8—杠杆;9—支杆;10—阀芯;11—触销;12—样板;13—过滤器;14—液压泵

车削圆锥面时,触销沿样件 *bc* 段滑动,使杠杆向上偏摆,从而带动阀芯上移,打开阀口,压力油进入液压缸上腔,推动缸体连同阀体和刀架轴向后退。阀体后退又逐渐使阀口关小,直至关小到抵抗切削力所需的开度为止。在溜板不断做纵向运动的同时,触销在样件 *bc* 段上不断抬起,刀架也就不断做轴向后退运动,此两运动的合成就使刀具在工件上车出 *BC* 段圆锥面。

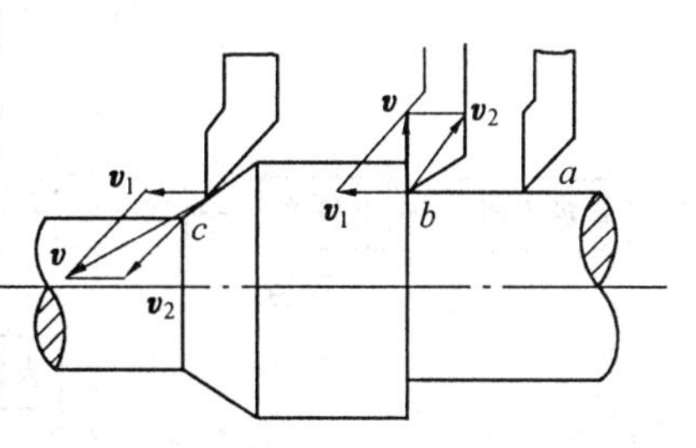

图 11.14　进给运动合成示意图

其他曲面形状或凸肩也都是在切削过程中两个速度合成形成的,如图 11.14 所示。图中 v_1、v_2 和 v 分别表示溜板带动刀架的纵向运动速度、刀具沿液压缸轴向的运动速度和刀具的实际合成速度。

从仿形刀架的工作过程可以看出,刀架液压缸(液压执行元件)是以一定的仿形精度按照触销输入位移信号的变化规律动作的,所以仿形刀架液压系统是机液伺服系统。

11.4.2　机械手伸缩运动伺服系统

一般机械手应包括四个伺服系统,分别控制机械手的伸缩、回转、升降和手腕的动作。由于每一个液压伺服系统的原理均相同,现仅以机械手伸缩伺服系统为例,介绍它的工作原理。图11.15是机械手手臂伸缩电液伺服系统结构简图。它主要由电液伺服阀 1、液压缸 2、活塞杆带动的机械手手臂 3、齿轮齿条机构 4、电位器 5、步进电机 6 和放大器 7 等元件组成，是电液位置伺服系统。当电位器的触头处在中位时，触头上没有电压输出。当它偏离这个位置时，就会输出相应的电压。电位器触头产生的微弱电压，须经放大器放大后才能对电液伺服阀进行控制。电位器触头由步进电机带动旋转，步进电机的角位移和角速度由数字控制装置发出的脉冲数和脉冲频率控制。齿条固定在机械手手臂上，电位器壳体固定在齿轮上，所以当手臂带动齿轮转动时，电位器与齿轮一起转动，形成负反馈。机械手伸缩系统的工作原理如下：

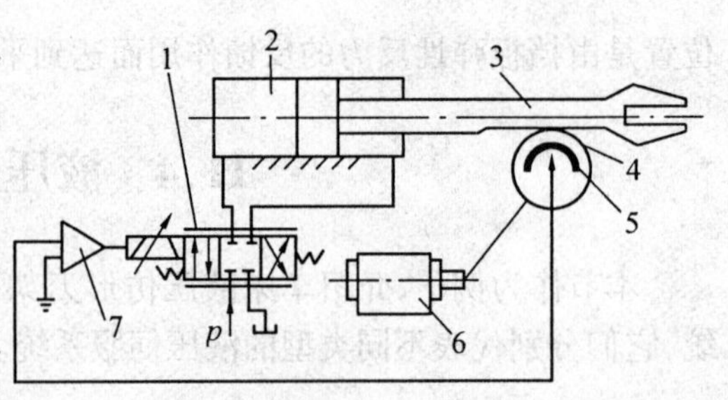

图 11.15　机械手伸缩运动电液伺服系统结构简图

1—电液伺服阀；2—液压缸；3—机械手手臂；4—齿轮齿条机构；5—电位器；6—步进电机；7—放大器

由数字控制装置发出的一定数量的脉冲，使步进电动机带动电位器 5 的动触头转过一定的角度 θ_i(假定为顺时针转动)，动触头偏离电位器中位，产生微弱电压 u_1，经放大器 7 放大并转换成电流 i 后，输入电液伺服阀 1 的控制线圈，使伺服阀产生一定的开口量。这时压力油经阀的开口进入液压缸的左腔，推动活塞连同机械手手臂一起向右移动，行程为 x_v；液压缸右腔的回油经伺服阀流回油箱。由于电位器的齿轮和机械手手臂上齿条相啮合，手臂向右移动时，电位器跟着做顺时针方向转动。当电位器的中位和触头重合时，动触头输出电压为零，电液伺服阀失去信号，阀口关闭，手臂停止移动。手臂移动的行程决定于脉冲数量，速度决定于脉冲频率。当数字控制装置发出反向脉冲时，步进电动机逆时针方向转动，手臂缩回。

图 11.16 为机械手手臂伸缩运动伺服系统方框图。

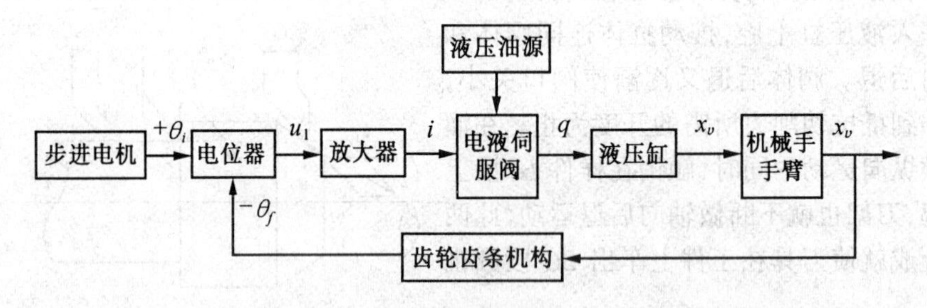

图 11.16　机械手伸缩运动伺服系统方框图

11.4.3　钢带张力控制系统

在带钢生产过程中，经常要求控制钢带的张力(例如在热处理炉内进行热处理时)，因此对薄带材的连续生产提出了高精度恒张力控制要求。这种系统是一种定值控制系统。

图 11.17 给出了钢带张力控制液压伺服系统的结构简图。热处理炉内的钢带张力由钢带牵引辊组 2 和钢带加载辊组 8 来确定。用直流电机 D_1 做牵引，直流电机 D_2 做负载，以造成所需张力。由于在系统中各部件惯量大，因此时间滞后大、精度低，不能满足要求，故在两辊组之间设置一液压伺服张力控制系统来控制精度。其工作原理是：在转向辊的下方设置

力传感器 5,把它作为检测装置,传感器 5 检测所得到的信号的平均值与给定信号值相比较,当出现偏差信号时,信号经电放大器放大后输入给电液伺服阀 7。如果实际张力与给定值相等,则偏差信号为零,电液伺服阀 7 没有输出,液压缸 1 保持不动,张力调节浮动辊 6 不动。当张力增大时,偏差信号使电液伺服阀 7 有一定的开口量,供给一定的流量,使液压缸 1 向上移动,浮动辊 6 上移,使张力减少到一定值。反之,当张力减少时,产生的偏差信号使电液伺服阀 7 控制液压缸 1 向下移动,浮动辊 6 下移,使张力增大到一定值。因此该系统是一个恒值力控制系统。它保证了带钢的张力符合要求,提高了钢材的质量。张力控制系统的方框图如图 11.18 所示。

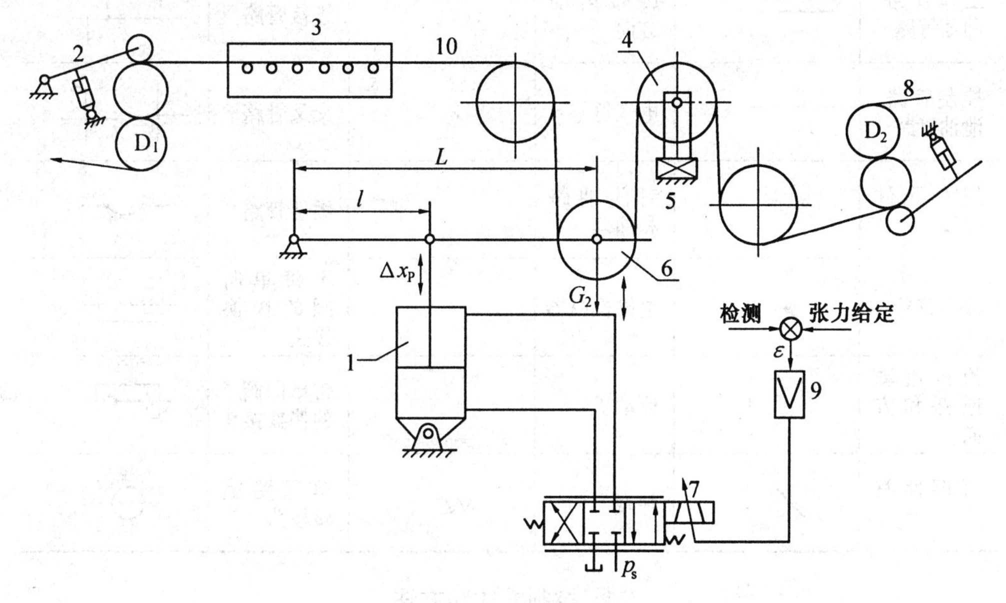

图 11.17　钢带张力控制系统结构简图

1—张力调整液压缸;2—1 号张力辊组;3—热处理炉;4—转向辊;5—力传感器;6—浮动辊;7—电液伺服阀;8—2 号张力辊组;9—放大器;10—钢带

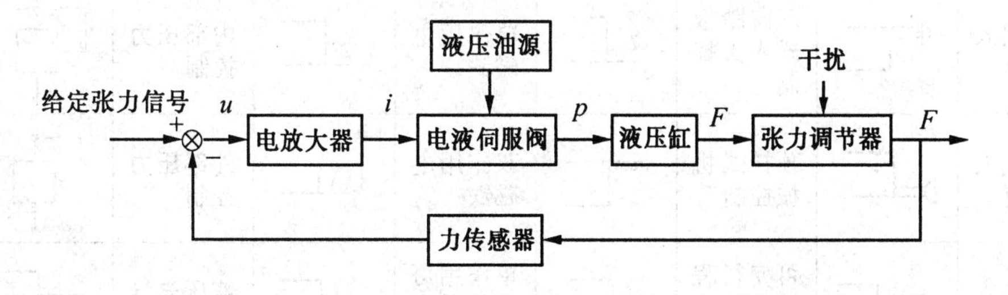

图 11.18　张力控制系统方框图

思考题和习题

11.1　若将液压仿形刀架上的控制滑阀与液压缸分开,成为一个系统中的两个独立部分,仿形刀架能工作吗?试做分析说明。

11.2　如果双喷嘴挡板式电液伺服阀有一喷嘴被堵塞,会出现什么现象?

11.3　试画出电液伺服阀的工作原理方框图。

附录　部分常用液压系统图形符号

（摘自 GB/T 786.1—2009）

一、基本符号、管路及连接

名称	符号	名称	符号	名称	符号
工作管路、回油管路		旋转运动方向		连接管路	
控制管路、泄油管路		电气符号		交叉管路	
组合元件框线		封闭油路和油口		柔性管路	
液压符号		电磁操纵器		不带单向阀的快换接头	
流体流动通路和方向		原动机	M	带单向阀的快换接头	
可调性符号		弹簧		单通路旋转接头	

二、控制方式和方法

名称	符号	名称	符号	名称	符号	名称	符号
定位装置		单向踏板式人工控制		滚轮式机械控制		直接加压或卸压控制	
按钮式人力控制		双向踏板式人工控制		单作用电磁铁		内部压力控制	
拉钮式人力控制		顶杆式机械控制		双作用电磁铁		外部压力控制	
按拉式人力控制		可变行程控制式机械控制		单作用可调电磁操纵器		液压先导加压控制	
手柄式人力控制		弹簧控制式机械控制		双作用可调电磁操纵器		电磁－液压先导控制	

三、液压泵、马达及缸

液压泵		单向定量液压泵		双向定量液压泵	
单向变量液压泵		双向变量液压泵		定量液压泵－马达	
液压马达		单向定量液压马达		双向定量液压马达	
单向变量液压马达		双向变量液压马达		变量液压泵－马达	
摆动马达		双联定量泵	M	双级定量泵	M
液压整体式传动装置		单作用柱塞缸		单作用单杆活塞缸	
单作用伸缩缸		双作用伸缩缸		单作用单杆弹簧复位缸	
双作用单杆活塞缸		双作用双杆活塞缸		双作用不可调单向缓冲缸	
双作用可调单向缓冲缸		双作用不可调双向缓冲缸		双作用可调双向缓冲缸	

四、方向控制阀

单向阀	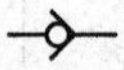	液控单向阀(控制压力关闭)	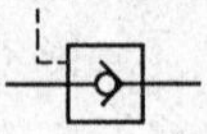
液控单向阀(控制压力打开)	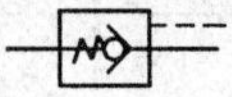	或门型梭阀	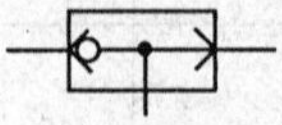
常闭式二位二通换向阀	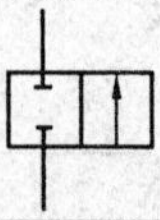	常开式二位二通换向阀	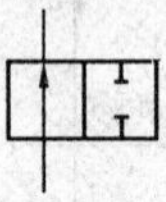
二位二通人力控制换向阀	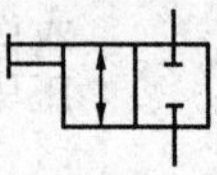	二位三通换向阀	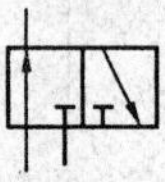
二位三通电磁换向阀	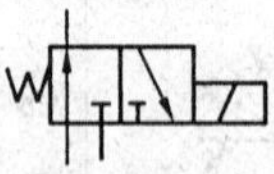	二位四通换向阀	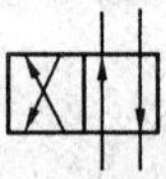
二位五通换向阀	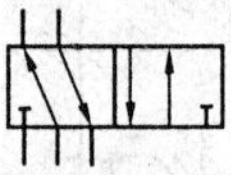	二位五通液动换向阀	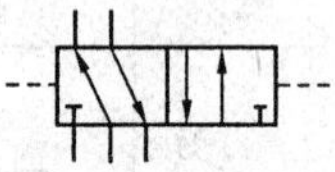
三位三通换向阀	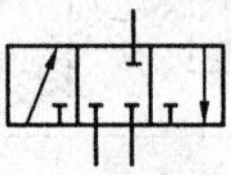	三位四通换向阀	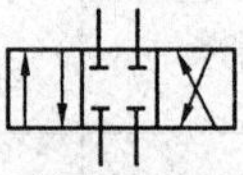
三位四通手动换向阀	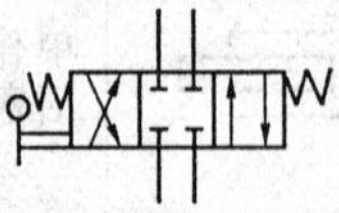	伺服阀	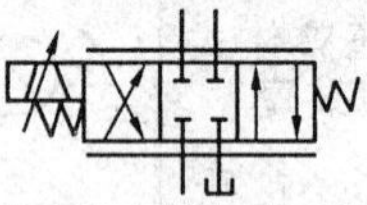
二级四通电液伺服阀	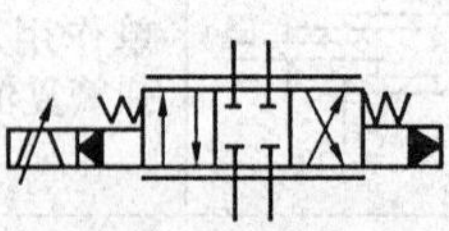	液压锁	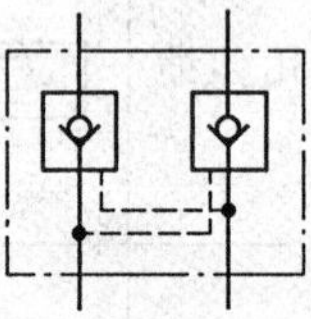
三位四通压力与弹簧对中并用外部压力控制电液换向阀(详细符号)	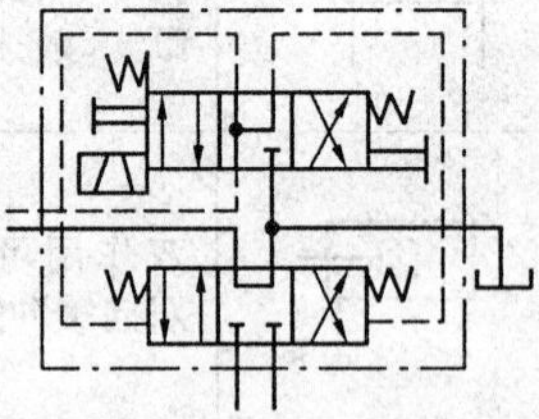	三位四通压力与弹簧对中并用外部压力控制电液换向阀(简化符号)	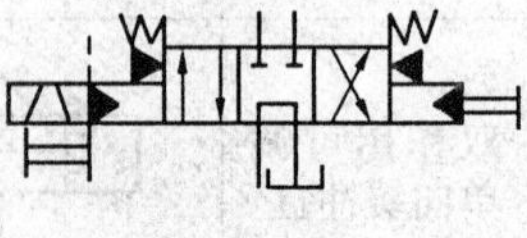
三位五通换向阀	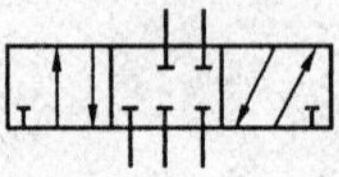	三位六通换向阀	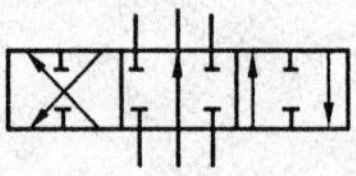

五、压力控制阀

直动内控溢流阀		直动外控溢流阀		带遥控口先导溢流阀	
先导型比例电磁式溢流阀		直动内控减压阀		先导型减压阀	
溢流减压阀		先导型比例电磁式溢流减压阀		定差减压阀	
内控内泄直动顺序阀		内控外泄直动顺序阀		外控外泄直动顺序阀	
先导顺序阀		直动卸荷阀		压力继电器	
单向顺序阀(平衡阀)		卸荷溢流阀		制动阀	

六、流量控制阀

可调节流阀		不可调节流阀		截止阀	
可调单向节流阀		减速阀		普通型调速阀	
温度补偿型调速阀		旁通型调速阀		单向调速阀	

续六

分流阀	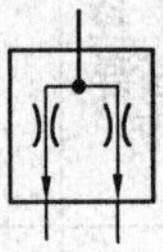	集流阀	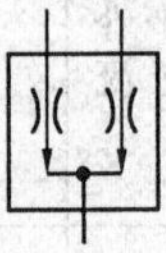	分集流阀	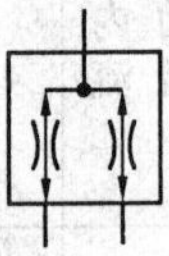

七、液压辅件和其他装置

管端在液面以上的通大气式油箱	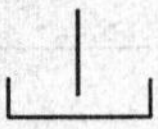	管端在液面以下的通大气式油箱		管端连接于油箱底部的通大气式油箱	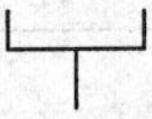
局部泄油或回油		密闭式油箱		过滤器	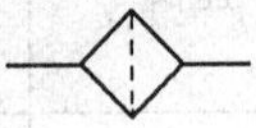
带磁性滤芯过滤器	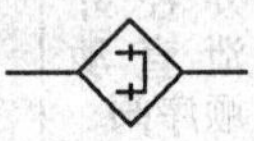	带污染指示器过滤器	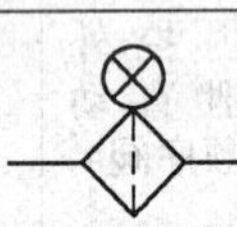	冷却器	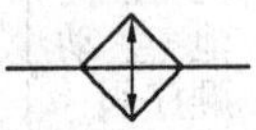
带冷却剂管路指示冷却器	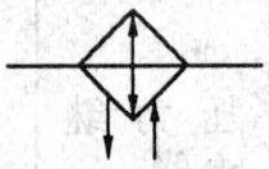	加热器	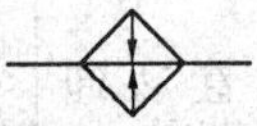	温度调节器	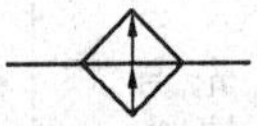
压力指示器		压力计		压差计	
液位计		温度计		流量计	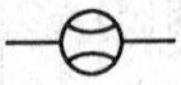
累计流量计		转速仪		转矩仪	
气体隔离式蓄能器		重锤式蓄能器		弹簧式蓄能器	

参考文献

[1] 杨永平.液压与气动技术[M].北京:化学工业出版社,2011.
[2] 刘忠伟.液压与气压传动[M].北京:化学工业出版社,2005.
[3] 雷天觉.液压工程手册[M].北京:机械工业出版社,1990.
[4] 章宏甲,黄谊.液压传动[M].北京:机械工业出版社,1995.
[5] 俞启荣.机床液压传动[M].北京:机械工业出版社,1990.
[6] 章宏甲.机床液压传动[M].南京:江苏科学出版社,1980.
[7] 大连工学院机械制造教研室.金属切削机床液压传动[M].2 版.北京:科学出版社,1985.
[8] 曾祥荣,叶文柄,吴沛容.液压传动[M].北京:国防工业出版社,1980.
[9] 黄人豪.二通插装阀控制技术[M].上海:上海实用技术研究中心,1985.
[10] 丁树模,姚如一.液压传动[M].北京:机械工业出版社,1992.
[11] 毛信理.液压传动和液力传动[M].北京:冶金工业出版社,1993.
[12] 何存兴,张铁华.液压传动与气压传动[M].2 版.武汉:华中科技大学出版社,2000.